高等学校应用型特色规划教材

微机原理与接口技术实用教程

(第2版)

杨帮华　马世伟　刘廷章　汪西川　编著

上海大学教材建设专项经费资助

清华大学出版社
北　京

内 容 简 介

本书共分 10 章，系统、全面地介绍了微型计算机的基本原理及其应用技术，具体内容包括微型计算机概述、微处理器、80X86 的寻址方式及指令系统、汇编语言程序设计、存储器、输入/输出接口、中断系统、可编程接口芯片、模拟接口和总线。

本书以基础理论—举例—实训为主线组织编写，大部分章节都设置了“小型案例实训”，以便于读者掌握各章的重点及提高实际应用和分析能力。本书结构清晰、易教易学、实例丰富、可操作性强、学以致用、注重能力，对易混淆和实用性强的内容进行了重点提示和讲解。本书既可作为普通高等院校相关课程的教材，也可作为各类工程技术人员和其他自学者的参考教程。

图书在版编目(CIP)数据

微机原理与接口技术实用教程/杨帮华，马世伟，刘廷章，汪西川编著. --2 版. --北京：清华大学出版社，2013（2024.8重印）
(高等学校应用型特色规划教材)
ISBN 978-7-302-29911-0

Ⅰ. ①微… Ⅱ. ①杨… ②马… ③刘… ④汪… Ⅲ. ①微型计算机—理论—高等学校—教材 ②微型计算机—接口技术—高等学校—教材 Ⅳ. ①TP36

中国版本图书馆 CIP 数据核字(2012)第 202270 号

责任编辑： 章忆文　杨作梅
封面设计： 杨玉兰
责任校对： 周剑云
责任印制： 刘　菲
出版发行： 清华大学出版社
网　　址： https://www.tup.com.cn, https://www.wqxuetang.com
地　　址： 北京清华大学学研大厦 A 座　　**邮　　编：** 100084
社 总 机： 010-83470000　　**邮　　购：** 010-62786544
投稿与读者服务： 010-62776969, c-service@tup.tsinghua.edu.cn
质量反馈： 010-62772015, zhiliang@tup.tsinghua.edu.cn
课件下载： https://www.tup.com.cn，010-62791865
印 装 者： 三河市君旺印务有限公司
经　　销： 全国新华书店
开　　本： 185mm×260mm　　**印　张：** 25.5　　**字　数：** 614 千字
版　　次： 2008年5月第1版　　2013 年 1 月第 2 版　　**印　次：** 2024 年 8月第13次印刷
定　　价： 59.00 元

产品编号：045334-03

丛 书 序

二十一世纪人类已迈入“知识经济”时代，科学技术正发生着深刻的变革，社会对德才兼备的高素质应用型人才的需求更加迫切。如何培养出符合时代要求的优秀人才，是全社会尤其是高等院校面临的一项急迫而现实的任务。

为了培养高素质应用型人才，必须建立高水平的教学计划和课程体系。在教育部有关精神的指导下，我们组织全国高校计算机专业的专家教授组成《高等学校应用型特色规划教材》学术编审委员会，全面研讨计算机和信息技术专业的应用型人才培养方案，并结合我国当前的实际情况，编审了这套《高等学校应用型特色规划教材》丛书。

编写目的

配合教育部提出要有相当一部分高校致力于培养应用型人才的要求，以及市场对应用型人才需求量的不断增加，本套丛书以“理论与能力并重，应用与应试兼顾”为原则，注重理论的严谨性、完整性，案例丰富、实用性强。我们努力建设一套全新的、有实用价值的应用型人才培养系列教材，并希望能够通过这套教材的出版和使用，促进应用型人才培养的发展，为我国建立新的人才培养模式作出贡献。

已出书目

本丛书陆续推出，滚动更新。现已出版如下书目：

- 《机械设计》
- 《机械设计课程设计》
- 《机械制图》
- 《机械制图习题集》
- 《机械制造基础(上册)》
- 《机械制造基础(下册)》
- 《数控技术及应用》
- 《自动控制系统及应用》
- 《液压与气压传动》
- 《塑料成型工艺与模具设计》
- 《微机原理与接口技术实用教程》
- 《冲压工艺与模具设计》
- 《金属压铸工艺与模具设计》
- 《电工技术基础》
- 《电子技术基础》
- 《单片机原理与应用技术》
- 《Pro/ENGINEER 培训教程》

- 《Protel DXP 培训教程》
- 《机械制造与模具制造工艺学》

丛书特色

- 理论严谨，知识完整。本丛书内容翔实、系统性强，对基本理论进行了全面、准确的剖析，便于读者形成完备的知识体系。
- 入门快速，易教易学。突出“上手快、易教学”之特点，用任务来驱动，以教与学的实际需要取材谋篇。
- 学以致用，注重能力。将实际开发经验融入基本理论之中，力求使读者在掌握基本理论的同时，获得实际开发的基本思想方法，并得到一定程度的项目开发实训，以培养学生独立开发较为复杂的系统的能力。
- 示例丰富，实用性强。以实际案例和部分考试真题为示例，兼顾应用与应试。
- 深入浅出，螺旋上升。内容和示例的安排难点分散、前后连贯，并采用循序渐进的编写风格，层次清晰、步骤详细，便于学生理解和学习。
- 提供教案，保障教学。本丛书绝大部分教材提供电子教案，便于老师教学使用，并提供源代码下载，便于学生上机调试。

读者定位

本系列教材主要面向普通高等院校和高等职业技术院校，适合本科和高职高专教学需要；同时也非常适合编程开发人员培训、自学使用。

关于作者

丛书编委特聘请执教多年、有较高学术造诣和实践经验的名师参与各册之编写。他们长期从事有关的教学和开发研究工作，积累了丰富的经验，对相应课程有较深的体会与独到的见解，本丛书凝聚了他们多年的教学经验和心血。

互动交流

本丛书贯穿了清华大学出版社一贯严谨、科学的图书风格，但由于我国计算机应用技术教育正在蓬勃发展，要编写出满足新形势下教学需求的教材，还需要我们不断地努力实践。因此，我们非常欢迎全国更多的高校老师积极加入到《高等学校应用型特色规划教材》学术编审委员会中来，推荐并参与编写有特色、有创新的应用型教材。同时，我们真诚希望使用本丛书的教师、学生和读者朋友提出宝贵意见或建议，使之更臻成熟。联系信箱：Book21Press@126.com。

《高等学校应用型特色规划教材》学术编审委员会

《高等学校应用型特色规划教材》
学术编审委员会

前　言

为适应高等院校人才培养迅速发展的趋势，本着厚基础、重能力、求创新的总体思想，着眼于国家发展和培养综合能力人才的需要，着力提高大学生的学习能力、实践能力和创新能力。清华大学出版社出版了《高等学校应用型特色规划教材》系列丛书，并使其成为切合当前教育改革需要的高质量的优秀教材。本书是该系列教材之一。本书第 2 版对第 1 版的一些不当之处进行了修订，在第 1 版基础上，伴随着计算机技术的发展，在第 1 章关于微型计算机及 CPU 的发展方面增加了一些新知识；在第 4 章汇编语言程序设计中增加了汇编语言与 C 语言的混合编程；在第 5 章存储器中增加了一些新的存储器知识；在第 8 章可编程接口芯片和第 9 章模拟接口中，增加了各个芯片的典型应用实例。本书大部分章节补充了更多实例，覆盖面更广，使学生更容易掌握。

1．关于微机原理与接口技术

“微机原理与接口技术”是理工科院校相关专业一门重要的专业基础课。本书围绕微型计算机系统的各个组成部分，相继介绍了微处理器、80X86 的寻址方式及指令系统、汇编语言程序设计、存储器、输入/输出接口、中断系统、可编程接口芯片、模拟接口和总线。本书内容丰富、论述清晰，包含了大量的例子，易学易懂。

2．本书阅读指南

本书由全局到局部，系统、全面地介绍了微型计算机的基本原理和应用技术。全书共分 10 章，具体内容如下。

第 1 章主要介绍计算机、微型计算机、微处理器的发展历程，微型计算机的组成、特点、分类、技术指标、应用领域，微型计算机系统的组成、功能、工作过程，计算机中的数据表示及编码。

第 2 章主要介绍 8086 微处理器的内部结构、编程结构、引脚及功能，8086/8088 的编程结构以及存储器组织，80286、80386、80486 及 Pentium 系列微处理器的主要特点。

第 3 章主要介绍 80X86 系统的各种寻址方式、80X86 的指令系统构成及各类指令的功能和用法。

第 4 章主要介绍汇编语言的基本语法规则，汇编语言中常用的伪指令和 DOS 功能调用，顺序、分支、循环和子程序设计的基本方法。

第 5 章主要介绍存储器的基本知识，RAM、传统 RAM、现代 RAM、ROM 的基本结构及典型应用，内存接口技术，外存有关的知识。

第 6 章主要介绍 I/O 接口基本知识，I/O 端口及其编址方式，CPU 与 I/O 接口之间的数据交换方式，输入/输出接口芯片。

第 7 章主要介绍中断的概念、8086/8088 中断系统、中断控制器 8259A 及其相关应用。

第 8 章主要介绍接口芯片与 CPU 及外设的连接，并行接口芯片 8255A、定时器/计数器芯片 8253、串行接口芯片 8251 的组成、结构、功能和应用。

第 9 章主要介绍 D/A 转换的技术指标、工作原理，DAC0832 芯片及接口，A/D 转换的技术指标、工作原理，ADC0809 芯片、AD574 芯片及接口。

第 10 章主要介绍总线的概念、分类、通信方式，计算机系统总线和常用外总线。

3．本书特色与优点

(1) **结构清晰，知识完整**。内容翔实、系统性强，依据高校教学大纲组织内容，同时覆盖最新知识点，并将实际经验融入基本理论之中。

(2) **学以致用，注重能力**。以基础理论—举例—案例分析为主线编写，大部分章节都设置了“小型案例分析”，以便于读者掌握本章的重点及提高实际应用能力。

(3) **示例丰富，实用性强**。示例众多，步骤明确，讲解细致，突出实用性。

4．本书读者定位

本书既可作为普通高等院校相关课程的教材，也可作为各类工程技术人员和其他自学者的参考教程。

第 2 版由上海大学自动化系杨帮华副教授、马世伟教授、刘廷章教授、汪西川副教授编著。在本书第 2 版撰写中，汪西川、苗中华、高守玮、周维民参与了许多修改工作。

本书的编写得到了上海芯敏微系统技术有限公司资深工程师张永怀博士、上海电机学院吴婷博士的大力支持和帮助，另外，研究生袁玲、陈辉、丁丽娜、宋适、杨晓、张艺也为本书的成稿做了大量的工作，在此一并表示衷心的感谢。

限于作者水平，书中难免存在不当之处，恳请广大读者批评指正。任何批评和建议请发至：Book21Press@126.com。

编　者

目　　录

第 1 章　微型计算机概述

本章要点

- 计算机的发展概况(计算机的发展历程、微型计算机的发展历程)
- 微处理器(发展历程、组成、性能指标)、微型计算机(组成、特点、分类、技术指标、应用领域)、微型计算机系统(组成、各组成部分的功能、工作过程)
- 数据表示及编码(数制及转换、常用码制、定点数与浮点数、BCD 码、ASCII 码)

1.1　计算机的发展概况

电子计算机是人类历史上最伟大的发明之一。人类从原始社会学会使用工具以来到现代社会经历了三次大的产业革命，即农业革命、工业革命和信息革命。信息革命是以计算机技术和通信技术的发展和普及为代表的。随着计算机的广泛应用，人类社会生活的各个方面都发生了巨大的变化。特别是随着微型计算机技术和网络技术的高速发展，计算机逐渐走进了人们的家庭，正改变着人们的生活方式，成为人们生活和工作不可缺少的工具，掌握计算机的使用方法也成为人们必不可少的技能。

1.1.1　计算机的发展历程

1946 年，在美国的宾夕法尼亚大学诞生了世界上第一台电子计算机 ENIAC(Electronic Numerical Integrator And Calculator)，如图 1.1 所示。该计算机由 18 800 个电子管组成，重 30t，占地 150m^2，功率 150kW，字长为 12 位，加法运算速度为 5000num/s(次/秒)，乘法运算速度为 56num/s，比先前的继电器计算机快 1000 倍，比人工计算快 20 万倍。ENIAC 的诞生，为计算机和信息产业的发展奠定了基础。

图 1.1　第一台电子计算机 ENIAC

自从 ENIAC 诞生以来，计算机的发展主要经历了以下几代。

1. 第一代计算机

第一代计算机的发展阶段为从 20 世纪 40 年代末到 50 年代中期，这个阶段的计算机以电子管为主要元件，也就是电子管时代的计算机。这一代计算机主要用于科学计算。

2. 第二代计算机

20 世纪 50 年代中期，晶体管取代电子管，大大缩小了计算机的体积，降低了成本，同时将运算速度提高了近百倍，这个时代的计算机也称为晶体管时代的计算机。在应用上，计算机不仅用于科学计算，而且开始用于数据处理和过程控制。

3. 第三代计算机

20 世纪 60 年代中期，集成电路问世之后，出现了中、小规模集成电路构成的第三代计算机。这一时期，实时系统和计算机通信网络有了一定的发展。

4. 第四代计算机

20 世纪 70 年代初，出现了以大规模集成电路为主体的第四代计算机。这一代计算机的体积进一步缩小，性能进一步提高，发展了并行技术和多机系统，出现了精简指令集计算机(Reduced Instruction Set Computer，RISC)。微型计算机(Microcomputer)也是在第四代计算机时代产生的。

5. 第五代计算机

主要目标是采用超大规模集成电路，在系统结构上类似人脑的神经网络，在材料上使用常温超导材料和光器件，在计算机结构上采用超并行的数据流计算等。

1.1.2 微型计算机的发展历程

作为第四代计算机的一个重要分支，微型计算机诞生于 20 世纪 70 年代初，其诞生的重要标志是其中央处理器(Central Processing Unit，CPU)的出现，CPU 芯片也称为微处理器(Micro Processing Unit，MPU 或 Microprocessor)。微型计算机的发展从 1971 年 Intel 公司首先研制成功的 4 位 Intel 4004 微处理器算起，已经走过了 40 多年，经历了如下几个阶段的演变(阶段的划分主要依据 CPU 的发展)。

1. 第一阶段(1971—1973 年)

4 位或 8 位低档微处理器和微型计算机时代，通常称为第一代，其典型的产品是 Intel 4004、Intel 8008 微处理器以及由它们组成的 MCS-4 和 MCS-8 微型计算机。系统结构和指令系统均比较简单，主要用于家用电器和简单的控制场合。其主要技术特点如下。

(1) 处理器为 4 位或低档 8 位。

(2) 采用 PMOS 工艺，集成度低。

(3) 运算功能较差，速度较慢。

(4) 语言主要以机器语言或简单的汇编语言为主。

2. 第二阶段(1974—1977 年)

8 位中高档微处理器和微型计算机时代，通常称为第二代，其典型产品是 Intel 公司的 8080/8085 等微处理器。其主要技术特点如下。

(1) 处理器为中高档 8 位。

(2) 采用 NMOS 工艺，集成度比第一代提高 4 倍左右。

(3) 运算速度提高 10～15 倍。

(4) 采用机器语言、汇编语言或高级语言，后期配有操作系统。

3. 第三阶段(1978—1980 年)

16 位微处理器和微型计算机时代，通常称为第三代，其典型产品是 Intel 公司的 8086/8088 及 80286 等微处理器。其主要技术特点如下。

(1) 处理器为 16 位。

(2) 采用 HMOS 工艺，集成度比第二代提高一个数量级(一个数量级就是 10 的 1 次方)。

(3) 运算速度比第二代提高一个数量级。

(4) 采用汇编语言、高级语言并配有软件系统。

4. 第四阶段(1981—1991 年)

32 位微处理器和微型计算机时代，通常称为第四代，其典型产品是 Intel 公司的 80386/80486 等微处理器，以及相应的 IBM PC 兼容机，如 386、486 等。其主要技术特点如下。

(1) 处理器为高性能的 16 位或 32 位处理器。

(2) 采用 HMOS 或 CMOS 工艺，集成度在 100 万晶体管/片以上。

(3) 运算速度再次提高。

(4) 部分软件硬件化。

5. 第五阶段(1992—2005 年)

高档的 32 位及 64 位微处理器和微型计算机时代，是奔腾系列处理器和奔腾系列微型计算机时代，通常称为第五代，其典型产品是 Intel 公司的 Pentium、Pentium Ⅱ、Pentium Ⅲ、Pentium 4、Itanium(安腾)等。

6. 第六阶段(2005 年至今)

多核低功耗微处理器和微型计算机时代。通过提高 CPU 的主频来提升 CPU 的运算能力已经走到了拐点，桌面处理器的主频在 2000 年达到了 1GHz，2001 年达到 2GHz，2002 年达到了 3GHz，但在以后 5 年内没有出现 4GHz 的处理器。电压和发热量成为最主要的障碍，导致在桌面处理器特别是笔记本电脑方面，Intel 公司和 AMD 公司无法再通过简单提升时钟频率就可设计出下一代的新 CPU。

面对主频之路走到尽头，Intel 公司和 AMD 公司开始寻找其他方式用以在提升能力的同时保持或者提升处理器的能效，而最具实际意义的方式是增加 CPU 内处理核心的数量。多核时代开创于 2005 年春季，其标志是 Intel 的 Pentium D 800 双核芯片，而 AMD 紧随其

后发布了 Athlon 64×2 芯片。Intel 酷睿 i7 2600 处理器内置四个运算核心和 HD Graphic 图形处理器，硬件支持 DirectX 10.1，为四核八线程，极大地提高了多媒体和多任务的处理能力，同时通过睿频技术在保证运行的稳定性的同时提升处理器频率、降低 CPU 的功耗。

1.2 微处理器

1.2.1 发展简介

微处理器(即 CPU)，是采用了大规模、超大规模集成电路技术制造的芯片。1971 年 4 月，美国 Intel 公司推出了第一片 4 位微处理器 Intel 4004，经过 30 多年的发展，CPU 已经从 4 位发展到目前正在使用的 64 位，发展过程中一些典型的 CPU 芯片如图 1.2 所示。CPU 的发展变化情况见表 1.1。

图 1.2 典型的 CPU 芯片

AMD Athlon 64×2

Intel Core i7 2600K

图 1.2　典型的 CPU 芯片(续)

表 1.1　CPU 发展变化表

CPU 名称	首推年月	位　数
Intel 4004	1971.10	4 位
Intel 8008	1972.3	低档 8 位
Intel 8080	1973	中档 8 位
Motorola　MC6800	1974.3	中档 8 位
Zilog　Z80	1975—1976	高档 8 位
Intel 8085	1976	16 位
Intel 8086	1978	16 位
Zilog Z8000	1979	16 位
Motorola MC 68000	1979	16 位
Zilog Z80000	1983	32 位
Motorola　MC68020	1984.7	32 位
Intel 80386	1985.10	32 位
Intel 80486	1989.4	32 位
Intel Pentium	1993.3	32 位
Intel Pentium Pro	1995.11	32 位
Intel Pentium with MMX	1997.1	32 位
Intel Pentium　Ⅱ	1997.5	32 位
Intel Pentium　Ⅲ	1999.3	32 位
Intel Pentium 4	2000.6	32 位
Intel Itanium	2000.11	64 位
Intel Core 2 Duo	2006.7	64 位
Intel Core i7 (Nehalem)	2008.11	64 位
Intel Core i7 (Sandy Bridge)	2011.1	64 位

1.2.2 CPU 的组成与功能

CPU 是微型计算机的核心部件，主要包括运算器、控制器、寄存器阵列、内部总线。一个典型的 CPU 结构如图 1.3 所示，各组成部分的功能如下。

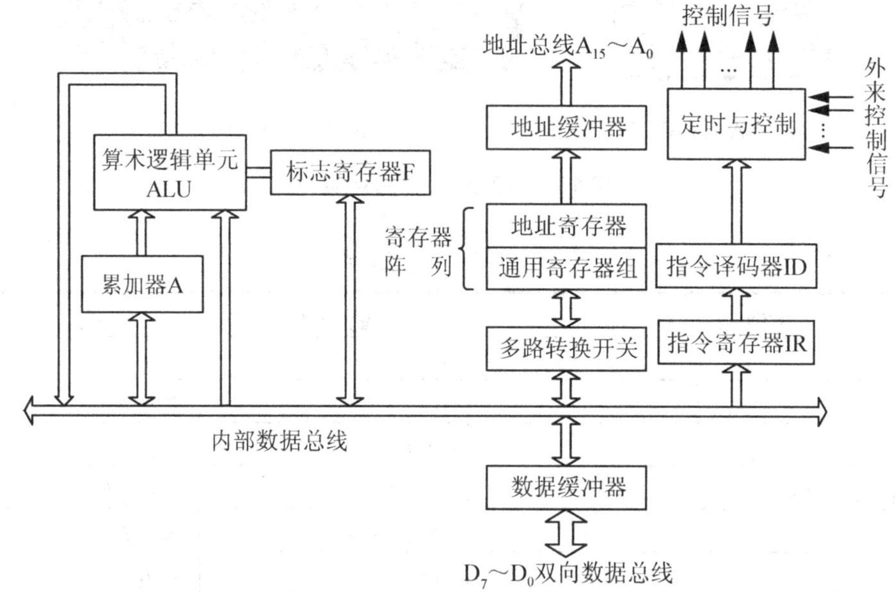

图 1.3　CPU 的典型结构

1. 运算器

运算器实现算术运算(+、−、×、÷、比较)和逻辑运算(与、或、非、异或、移位)的功能。它以 ALU 为核心，再加上累加器 A、程序状态标志寄存器 F 及暂存器等。ALU 用来完成二进制数的算术运算和逻辑运算，累加器 A 是 CPU 中工作最频繁的寄存器。在进行算术、逻辑运算时，累加器 A 往往在运算前暂存一个操作数(如被加数)，而运算后又保存其结果(如代数和)。标志寄存器 F 用来存放运算结果的一些特征，如有无进位、借位等。暂存器用来暂时存放操作数。

2. 控制器

控制器发出控制信号，实现控制指令执行的功能。控制器是 CPU 的神经中枢，主要包括定时控制逻辑电路、指令寄存器、指令译码器。指令寄存器存放当前正在执行的指令代码；指令译码器对指令代码进行分析、译码，根据指令译码的结果，输出相应的控制信号；定时控制逻辑电路产生各种操作电位、不同节拍的信号、时序脉冲等执行此条命令所需的全部控制信号。

3. 寄存器阵列

寄存器阵列存放参加运算的数据、中间结果、地址等。寄存器阵列实际上相当于微处

理器内部的存储器，包括一组通用寄存器和专用寄存器。通用寄存器用来存放参加运算的数据、中间结果或地址。CPU 内部有了这些寄存器之后，就可避免频繁地访问存储器，可缩短指令长度和指令执行时间，提高机器的运行速度，也给编程带来了方便。专用寄存器包括程序计数器、堆栈指示器等，它们的作用是固定的，用来存放地址或地址基值。

4. 内部总线

在 CPU 内部，运算器、控制器、寄存器阵列三部分之间的信息交换是通过总线结构来实现的。内部总线用来连接微处理器的各功能部件并传送微处理器内部的数据和控制信号。

注意：

- 内部总线分为内部数据总线和地址总线，它们分别通过数据缓冲器和地址缓冲器与芯片外的系统总线相连。
- 缓冲器用来暂时存放信息(数据或地址)，它具有驱动放大能力。

1.2.3 主要性能指标

CPU 从出现雏形到发展壮大的今天，制造技术越来越先进，其集成度越来越高。CPU 的性能大致上反映出了它所配置的微机的性能，因此 CPU 的性能指标十分重要。CPU 的主要性能指标有以下几点。

1. 主频

主频也就是 CPU 的时钟频率，简单地说也就是 CPU 的工作频率。一般来说，一个时钟周期完成的指令数是固定的，所以主频越高，CPU 的速度也就越快。不过由于各种 CPU 的内部结构不尽相同，所以并不能完全用主频来概括 CPU 的性能。主频=外频×倍频，外频就是系统总线的工作频率；而倍频则是指 CPU 外频与主频相差的倍数。我们通常说的赛扬 433、PⅢ 550 都是指 CPU 的主频。

2. 内部缓存(cache)

内部缓存也叫一级缓存(L1 cache)，这种存储器封装于 CPU 内部，存取速度与 CPU 主频相同，内部缓存容量越大，则整机工作速度也就越快。

3. 工作电压

工作电压是指 CPU 正常工作所需的电压。早期 CPU(386、486)由于工艺落后，它们的工作电压一般为 5V，发展到奔腾 586 时，工作电压就变为 3.5V/3.3V/2.8V 了。随着 CPU 的制造工艺与主频的提高，CPU 的工作电压有逐步下降的趋势，Intel 最新出品的酷睿 i7 2600 CPU 已经采用 1.2V 的工作电压了。低电压能解决耗电过大和发热过高的问题，这对于笔记本电脑尤其重要。

4. 制造工艺

Pentium CPU 的制造工艺是 0.35μm，Pentium 4 系列 CPU 可以达到 0.13μm，最新的

CPU 制造工艺可以达到 32nm，并且将采用铜配线技术，可以极大地提高 CPU 的集成度和工作频率。

1.3 微型计算机

1.3.1 组成

微型计算机是通过总线将微处理器(CPU)、内存储器(RAM、ROM)和输入/输出接口连接在一起的有机整体。其结构如图 1.4 所示，各组成部分的功能如下。

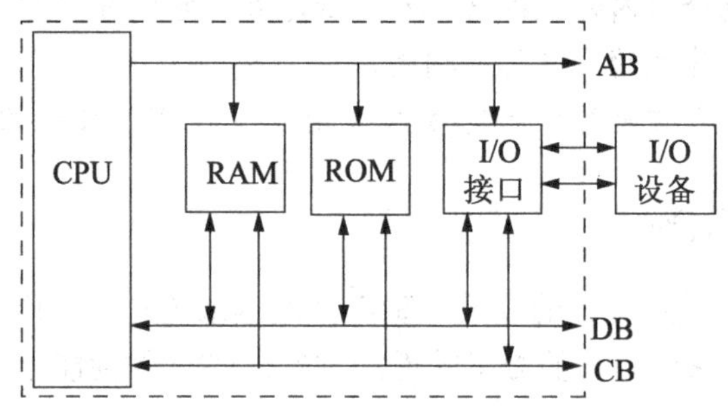

图 1.4 微型计算机结构

1. 微处理器(CPU)

CPU 是整个计算机的核心，可进行算术和逻辑运算；具有接收或发送数据给存储器和外设的能力；可暂存少量的数据；可对指令进行译码并执行指令规定的操作；提供整个系统所需的定时和控制信号；可响应其他部件发出的中断请求。

2. 内存储器(RAM、ROM)

内存储器也称为主存，用于存放计算机当前执行的程序和需要使用的数据，它的存取速度快，CPU 可以直接对它进行访问，主要由半导体存储器件组成。主存储器按读、写方式分为随机存储器 RAM(Random Access Memory)和只读存储器 ROM(Read only Memory)。RAM 也称为读/写存储器，在工作过程中，CPU 可根据需要随时对其内容进行读或写操作。RAM 是易失性存储器，即其内容在断电后会全部丢失，因而只能存放暂时性的程序和数据。ROM 的内容只能读出不能写入，断电后其所存信息仍保留不变，是非易失性存储器。所以 ROM 常用来存放永久性的程序和数据，如初始引导程序、监控程序，以及操作系统中的基本输入/输出管理程序 BIOS 等。

3. I/O(输入/输出)接口

I/O 接口电路是微型计算机的重要组成部件，是 CPU 与外部设备间交换信息的桥梁。它是微型计算机连接外部输入/输出设备及各种控制对象并与外界进行信息交换的逻辑控制电路。由于外设的结构、工作速度、信号形式和数据格式等各不相同，因此它们不能直接挂接到系统总线上，必须用接口电路进行中间转换，才能实现与 CPU 间的信息交换。I/O 接口也称 I/O 适配器，不同的外设必须配备不同的 I/O 适配器。I/O 接口电路是微机应用系统必不可少的重要组成部分。

4. 总线

所谓总线，是连接多个功能部件或多个装置的一组公共信号线。按在系统中的不同位置，总线可以分为内部总线和外部总线。内部总线是 CPU 内部各功能部件和寄存器之间的连线；外部总线是连接系统的总线，即连接 CPU、存储器和 I/O 接口的总线，又称为系统总线。微型计算机采用了总线结构后，系统中各功能部件之间的相互关系变为各个部件面向总线的单一关系。一个部件只要符合总线标准，就可以连接到采用这种总线标准的系统中，使系统的功能可以很方便地得以发展，微型机中目前主要采用的外部总线标准有：PC 总线、ISA 总线、VESA 总线等。

按所传送信息的类型不同，总线可以分为数据总线 DB(Data Bus)、地址总线 AB(Address Bus)和控制总线 CB(Control Bus)三种，通常称微型计算机采用三总线结构。

1)　地址总线

地址总线是微型计算机用来传送地址信息的信号线。地址总线的位数(n)决定了 CPU 可以直接寻址的内存空间的大小(2^n)。因为地址总是从 CPU 发出的，所以地址总线是单向的三态总线。单向指信息只能沿一个方向传送，三态指除了输出高、低电平状态外，还可以处于高阻抗状态(浮空状态)。

2)　数据总线

数据总线是 CPU 用来传送数据信息的信号线。数据总线是双向三态总线，即数据既可以从 CPU 送到其他部件，也可以从其他部件传送给 CPU，数据总线的位数和处理器的位数相同。

3)　控制总线

控制总线是用来传送控制信号的一组信号线。这组信号线比较复杂，由它来实现 CPU 对外部功能部件(包括存储器和 I/O 接口)的控制及接收外部传送给 CPU 的状态信号，不同的微处理器采用不同的控制信号。控制总线的信号线，有的为单向，有的为双向或三态，有的为非三态，其形式取决于具体的信号线。

1.3.2　特点

微型计算机在本质上与其他计算机并无太多的区别，所不同的是由于广泛采用了集成度相当高的器件和部件，特别是把组成计算机系统的两大核心部件——运算器和控制器集成在一起，形成了微型计算机系统的中央处理器(CPU)，因此微型计算机系统具有下列一系列特点。

1. 体积小、重量轻、功耗低

由于采用了大规模和超大规模集成电路，从而使构成微型计算机所需的器件数目大为减少，体积大为缩小。如一个 32 位的超级微处理器 80486，有 120 万个晶体管电路，其芯

片面积仅为 $16\times11mm^2$，芯片的重量仅十几克。工作在 50MHz 时钟频率时的最大功耗仅为 3W。随着微处理器技术的发展，今后推出的高性能微处理器产品的体积更小、功耗更低而功能更强，这些优点对于航空、航天、智能仪器仪表等领域具有特别重要的意义。

2. 可靠性高、使用环境要求低

微型计算机采用大规模集成电路以后，使系统内使用的芯片数大大减少，从而使印刷电路板上的连线减少，接插件数目大幅度减少，加之 MOS 电路芯片本身功耗低、发热量小，使微型计算机的可靠性大大提高，因而也降低了对使用环境的要求，普通的办公室和家庭环境就能满足要求。

3. 结构简单灵活、系统设计方便、适应性强

微型计算机多采用模块化的硬件结构，特别是采用总线结构后，使微型计算机系统成为一个开放的体系结构，系统中各功能部件通过标准化的插槽和接口相连，用户选择不同的功能部件(板卡)和相应外设就可构成不同要求和规模的微型计算机系统。由于微型计算机的模块化结构和可编程功能，使得一个标准的微型计算机在不改变系统硬件设计或只部分地改变某些硬件时，在相应软件的支持下就能适应不同应用任务的要求，或升级为更高档次的微机系统。从而使微型计算机具有很强的适应性和广泛的应用范围。

4. 性价比高

随着大规模和超大规模集成电路技术的不断成熟，集成电路芯片的价格越来越低，微型机的成本不断下降，同时也使许多过去只在大、中型计算机中采用的技术(如流水线技术、RISC 技术、虚拟存储技术等)也在微型机中采用，许多高性能的微型计算机的性能实际上已经超过了中、小型机(甚至是大型机)的水平，但其价格要比中、小型机低几个数量级。

随着超大规模集成电路技术的进一步成熟，生产规模和自动化程度的不断提高，微型机的价格还会越来越低，而性能会越来越高，这将使微型计算机得到更为广泛的应用。

1.3.3 微型计算机的分类

微型计算机的种类繁多，型号各异，可以从不同角度对其进行分类。例如按微处理器的制造工艺、微处理器的字长、微型机的构成形式、应用范围等进行分类。

1. 按微处理器 CPU 字长分类

1) 4 位微机

用 4 位微处理器作 CPU，其数据总线宽度为 4 位，一个字节数据要分两次来传送或处理，是微型机的低级阶段。

2) 8 位微机

用 8 位微处理器作 CPU，其数据总线宽度为 8 位。8 位微机中字长和字节是同一个概念。广泛用于事务管理、工业生产过程的自动检测和控制、通信、智能终端、教育以及家用电器控制等领域。

3) 16 位微机

用 16 位微处理器作 CPU，数据总线宽度为 16 位。由于 16 位微处理器不仅在集成度

和处理速度、数据总线宽度、内部结构等方面与 8 位机有本质上的不同，由它们构成的微型机在功能和性能上已基本达到了当时的中档小型机的水平，特别是以 Intel 8086 为 CPU 的 16 位微型机 IBM PC/XT 成为当时相当长一段时间内的主流机型，而且用户拥有量世界第一，以至在设计更高档次的微机时，都要保持对它的兼容。

4) 32 位微机

32 位微机使用 32 位的微处理器作 CPU，从应用角度看，字长 32 位是较理想的，它可满足绝大部分用途的需要，包括文字、图形、表格处理及精密科学计算等。

5) 64 位微机

64 位微机使用 64 位微处理器作 CPU，是目前的主流机型。

2. 按微型计算机的组装形式分类

1) 单片机

如图 1.5 所示，将 CPU、部分存储器、部分 I/O 接口集成在一个芯片上，一个芯片就是一台微型机，则该微型机就称为单片微型计算机，简称单片机。单片机的特点是集成度高、体积小、功耗低、可靠性高、使用灵活方便、控制功能强、编程保密化、价格低廉，利用单片机可较方便地构成一个控制系统。单片机在工业控制、智能仪器仪表、数据采集和处理、通信和分布式控制系统、家用电器等领域的应用日益广泛。典型产品有 Intel 公司的 MCS8051、8096(16 位单片机)，Motorola 公司的 MC68HC05，MC68HC11 等。

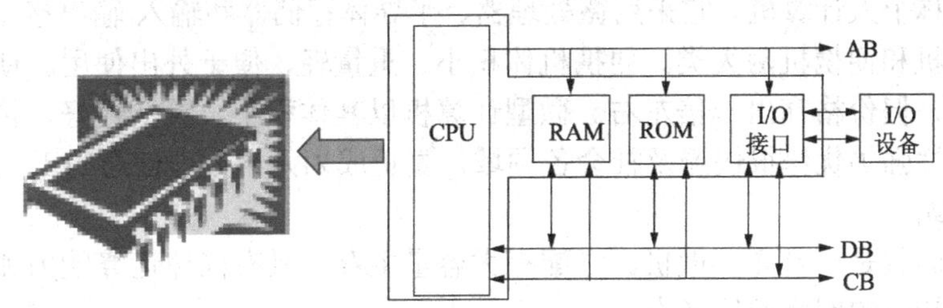

图 1.5 单片机的组成及外形

2) 单板机

如图 1.6 所示，将 CPU、存储器、I/O 接口及部分 I/O 设备安装在一个印制线路板上。这块印制线路板就是一台完整的微型机，称为单板微型计算机，简称单板机。单板机具有完全独立的操作功能，加上电源就可以独立工作。但由于它的输入输出设备简单、存储容量有限，工作时只能用机器码(二进制)编程输入，故通常只能应用于一些简单控制系统和教学中。现已被单片机、PC 替代。

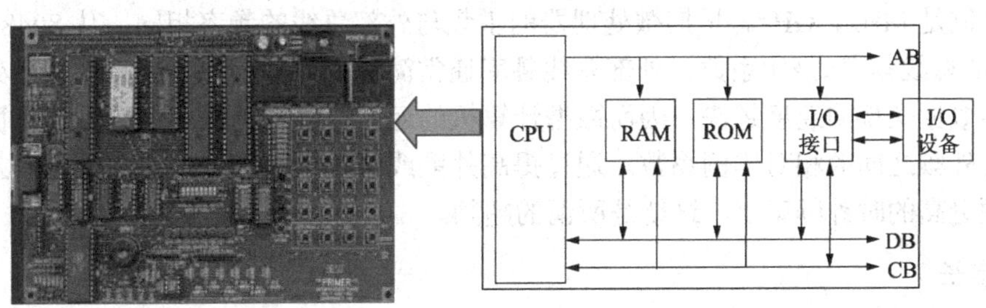

图 1.6 单板机的组成及外形

3) 个人计算机(Personal Computer，PC)

个人计算机是指便于搬动而且不需要维护的计算机。它是面向个人单独使用的一类微机，可以实现各种计算、数据处理及信息管理等功能。

3. 按计算机的综合性能指标分类

依据计算机的综合性能指标(运算速度、存储容量、输入/输出能力、规模大小、软件配置)可将计算机分为巨型机、大型机、小型机、微型机和工作站五大类。

1) 巨型机

巨型机也称超级计算机。它采用大规模并行处理的体系结构，其运算速度快、存储容量大、有极强的运算处理能力，如我国自行研制成功的“银河-III”百亿次巨型机、“曙光”千亿次计算机。巨型机大多数用于军事、科研、气象、石油勘探等领域。

2) 大型机

大型机有极强的综合处理能力，它的运算速度和存储容量次于巨型机。大型机主要用于计算中心和计算机网络中。

3) 小型机

小型机的规模较小、结构简单、操作简便、维护容易、成本较低。小型计算机主要用于科学计算、数据处理，还用于生产过程的自动控制以及数据采集、分析计算等。

4) 微型机

微型机也称个人计算机。它采用微处理器、半导体存储器和输入/输出接口组装。微型计算机分台式机和便携机两大类。便携机体积小、重量轻、便于外出使用。便携机的性能与台式机相当，但价格高出一倍左右。微型计算机以其体积小、灵活性好、价格便宜、使用方便、可靠性强等优势很快遍及社会各领域，真正成为人们处理信息的工具。

5) 工作站

工作站实际就是一台高档微机。它配有大容量主存，具有高速运算能力和很强的图形处理功能以及较强的网络通信能力。

1.3.4 计算机的主要技术指标

一台计算机的性能优劣，要由多项技术指标来综合评价，不同用途的计算机强调的侧重面也不同。通常微型计算机用下面几项指标来衡量其基本性能。

1. 主频

主频也叫作时钟频率，用来表示微处理器的运行速度，主频越高表明CPU运行越快，主频的单位是MHz、GHz。早期微处理器的主频与外部总线的频率相同，从80486开始，主频=外部总线频率×倍频系数。外部总线频率通常简称为外频，外频越高说明微处理器与系统内存数据交换的速度越快，因而微型计算机的运行速度也越快。倍频系数是微处理器的主频与外频之间的相对比例系数。通过提高外频或倍频系数，可以使微处理器工作在比标称主频更高的时钟频率上，这就是所谓的超频。

2. 字长

字长是指计算机内部参与运算的数的位数。它决定着计算机内部寄存器、ALU和数据总线的位数，直接影响着机器的硬件规模和造价。字长直接反映了一台计算机的计算精度，为适应不同的要求及协调运算精度和硬件造价间的关系，大多数计算机均支持变字长运算，即机内可实现半字长、全字长(或单字长)和双倍字长运算。微型机的字长通常为 4 位、8 位、16 位、32 位、64 位。

3. 运算速度

运算速度是衡量计算机性能的一个重要指标，在硬件一定的情况下，运算速度的快慢与机器所执行的操作及主时钟频率有关，执行的操作不同，所需要的时间不同，其运算速度也不同，执行同一种操作并使用同一计算方法时，机器主时钟频率不同，运算速度也不同。现在普遍采用单位时间内执行指令的条数作为运算速度指标，常用百万条指令每秒(Millions of Instruction Per Second)表示，并以 MIPS 作为缩写。由于执行不同类型的指令所需时间长度不同，所以 MIPS 通常是根据不同指令出现的频度乘上不同的系数求得的统计平均值。

4. 主存容量

主存容量是指主存储器所能存储二进制信息的总量。由于现代微机中字长是可变化的，所以微机的主存容量一般以字节(Byte)数来表示，每 8 位(Bit)二进制为一个字节，每 1024 个字节称为 1KB(2^{10}=1024=1K)，即千字节；每 1024KB 为 1MB(1024×1024=2^{20}= 1M)，即兆字节；每 1024MB 为 1GB，即吉字节。目前，微机的主存容量通常为 512MB、1GB 或更大。主存容量越大，软件开发和大型软件的运行效率就越高，系统的处理能力也就越强。

5. 可靠性

计算机的可靠性是一个综合的指标，一般常用平均无故障运行时间来衡量。平均无故障运行时间是指在相当长的运行时间内，用机器的工作时间除以运行时间内的故障次数所得的结果。它是一个统计值，此值越大，则说明计算机的可靠性越高，即故障率越低。

6. 性价比

性价比是机器性能与价格的比值，它是衡量计算机产品性能优劣的一个综合性指标。性价比的比值越大越好。一般来说，微型机的性价比要比其他类型计算机的性价比高得多。

1.3.5　应用

微型计算机的应用，归纳起来主要有以下几个方面。

1. 科学计算与数据处理

科学计算与数据处理是最原始、也是占比重最大的计算机应用领域。在科学研究、工程设计和社会经济规划管理中存在大量复杂的数学计算问题，如卫星轨道的计算、大型水坝的设计、航天测控数据的处理、中长期天气预报、地质勘探与地震预测、社会经济发展规划的制定等，常常需要进行几十阶微分方程组、几百个线性联立方程组和大型矩阵的求解运算，没有计算机是不可想象的，利用计算机则可快速得到较理想的结果。

2. 工业控制

在工农业、国防、交通等领域，利用计算机对生产和试验过程进行自动实时监测、控制和管理，可提高效率和品质、降低成本、缩短周期。

3. 自动化仪器、仪表装置

在仪器、仪表装置中使用微处理器或微型计算机，可明显增强功能，提高性能，减小重量和体积，如目前的虚拟仪器、网络化仪器等。

4. 计算机辅助设计

在航空航天器结构设计、建筑工程设计、机械产品设计和大规模集成电路设计等复杂设计活动中，为了提高质量，缩短周期，提高自动化水平，目前普遍借助计算机进行设计，即计算机辅助设计(Computer Aided Design，CAD)。CAD技术发展迅速，应用范围不断拓宽，派生出计算机辅助测试(Computer Aided Test，CAT)、计算机辅助制造(Computer Aided Manufacture，CAM)和将设计、测试、制造融为一体的计算机集成制造系统(Computer Integrated Manufacturing System，CIMS)。

5. 计算机仿真

在对一些复杂的工程问题和复杂的工艺过程、运动过程、控制行为等进行研究时，在数学建模的基础上，用计算机仿真的方法对相关的理论、方法、算法和设计方案进行综合、分析和评估，可以节省大量的人力、物力和时间。用计算机构成的模拟训练器和虚拟现实环境对宇航员和飞机、舰艇驾驶员进行模拟训练，也是目前培训驾驶员常用的办法。在军事研究领域，目前也常用计算机仿真的方法来代替真枪实弹、实兵演练的攻防对抗军事演习。

6. 人工智能

人工智能是用计算机系统模拟人类某些智能行为的新兴学科技术，包括声音、图像、文字识别，自然语言理解，问题求解，定理证明，程序设计自动化和机器翻译等。

7. 信息管理与办公自动化

现代企事业单位各部门需要管理的内容很多，如财务管理、人事档案管理、情报资料管理、仓库材料管理、生产计划管理、信贷业务管理、购销合同管理等。采用计算机和目前迅猛发展的计算机网络技术，可实现信息管理自动化和办公自动化、无纸化。

8. 文化、教育、娱乐和日用家电

计算机辅助教学(Computer Aided Instruction，CAI)早已成为国内外高等教育中一种重要的教学手段。目前，它已进一步从大学的殿堂走进中、小学和幼儿教育的领地，甚至进入家庭教育。今天电影、电视片的设计、制作，多媒体组合音像设备的推出，许多全自动、半自动“家电”用品的出现，以至许多智能型儿童小玩具，无一不是微型计算机发挥作用而产生的结果。

1.4 微型计算机系统

1.4.1 组成

微型计算机系统是指由硬件和软件共同组成的完整的计算机系统。以微型计算机为主体，再配上外设与外存、电源、软件等就构成了微机系统，如图1.7所示。

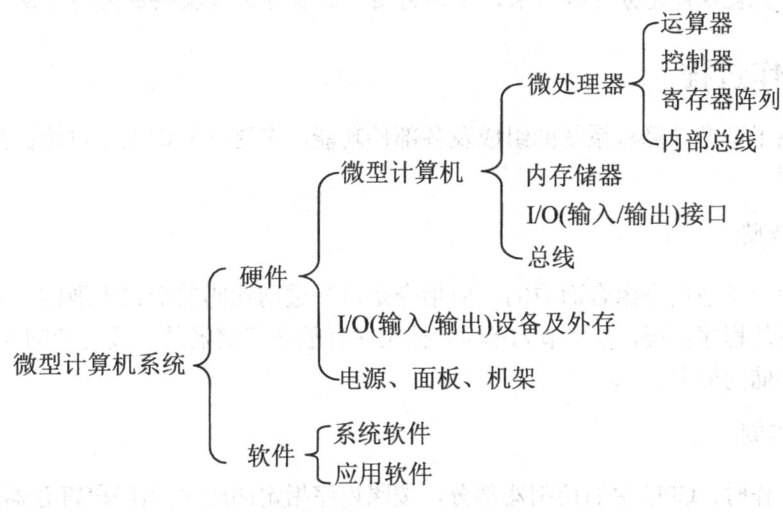

图1.7 微型计算机系统的组成

1. 硬件

硬件包括微型计算机、I/O(输入/输出)设备及外存、电源、面板、机架。

(1) 微型计算机：微型计算机是通过总线将微处理器CPU、内存储器(RAM、ROM)和输入/输出接口连接在一起的有机整体。具体介绍见1.3节。

(2) I/O(输入/输出)设备：统称为外部设备，简称外设。常用的输入设备有键盘、鼠标、光笔等，输出设备有显示器、打印机、绘图仪等。

(3) 外存：作为主存储器的后备和补充而被人们广泛使用的存储设备，它的特点是存储容量大、成本低，并可脱机保存信息，主要用于存放不是当前正在运行的程序和用到的数据，如硬盘、光盘等。

2. 软件

软件就是为运行、管理和维护计算机系统或为实现某一功能而编写的各种程序的总和及其相关资料。它是程序、数据和有关文档的集合，其中程序是完成任务所需要的一系列指令序列，文档则是为了便于了解程序所需要的阐明性资料。计算机软件划分为系统软件和应用软件两大类。

1) 系统软件

系统软件是面向计算机系统的软件，它的功能是组织计算机各个组成部分协调、正常地工作，并使计算机为用户提供友好的服务。系统软件包括操作系统、监控程序、各种语言处理程序(如汇编程序、编译程序、解释程序等)、机器调试程序和故障诊断程序等。

2) 应用软件

应用软件是面向应用领域、为解决某些具体问题由用户自己开发或外购的软件。

注意： 微型计算机只有配上高效的系统软件和丰富的应用软件后，才能将计算机的优良性能充分发挥出来，才能为用户的实际工作提供最大的方便。

1.4.2 工作过程

前面介绍了微型计算机系统的组成及各部件功能，在这一基础上，讨论微型计算机系统的工作过程。

1. 程序存储

程序是由一条条指令组合而成的，而指令是以二进制代码的形式出现的，把执行一项信息处理任务的程序代码，以字节为单位，按顺序存放在存储器的一段连续的存储区域内，这就是程序存储的概念。

2. 程序控制

计算机工作时，CPU 中的控制器部分，按照程序指定的顺序(由码段寄存器 CS 及指令指针寄存器 IP 指引)，到存放程序代码的内存区域中取指令代码，在 CPU 中完成对代码的分析，然后，由 CPU 的控制器部分依据对指令代码的分析结果，适时地向各个部件发出完成该指令功能的所有控制信号，这就是程序控制的概念。

3. 工作过程实质

计算机之所以能在没有人直接干预的情况下，自动地完成各种信息处理任务，是因为人们事先为它编制了各种工作程序，计算机的工作过程，就是执行程序的过程。简单地讲，微型计算机系统的工作过程是取指令(代码)→分析指令(译码)→执行指令的不断循环过程。

1.5 计算机中的数据表示及编码

计算机中的数据都是采用二进制形式存储和处理的，二进制数只有两个数字 0 和 1，这与我们日常生活中所使用的十进制数是不同的。

1.5.1 常用数制

数制是指用一组数字和一套统一的规则来表示数目，人们最常用的数是十进制数，计算机中采用的是二进制数，同时有的时候为了简化二进制数据的书写，也采用八进制和十六进制表示方法。下面分别介绍这几种常用的进制。另外，在数制中常用基数这个概念，基数是指数制中所含数字符号的个数。

1. 十进制

基数为 10 的计数制叫十进制，十进制数是大家熟悉的，用 0, 1, 2, …, 8, 9 十个不同的符号来表示数值，它采用的是“逢十进一，借一当十”的原则。各个位对应的权为 10^i。十进制数的表示方法如下：

$$N=\pm\sum_{i=-m}^{n}K_i\times10^i,\ K_i=0,\ 1,\ 2,\ 3,\ \cdots,\ 9$$

如十进制数 123.456 可以表示为 $123.456=1\times10^2+2\times10^1+3\times10^0+4\times10^{-1}+5\times10^{-2}+6\times10^{-3}$。

2. 二进制

基数为 2 的记数制叫二进制，用 0, 1 两个不同的符号来表示数值，它采用的是“逢二进一，借一当二”的原则。各个位对应的权为 2^i。二进制数常用“B”注明，它的表示方法如下：

$$N_B=\pm\sum_{i=-m}^{n}K_i\times2^i,\ K_i=0,\ 1$$

如二进制数 1011.01 可以表示为 $1011.01B=1\times2^3+0\times2^2+1\times2^1+1\times2^0+0\times2^{-1}+1\times2^{-2}$。

二进制数的算术运算规则如下。

加法运算：0+0 = 0；0+1 = 1；1+0 = 1；1+1 =10。

减法运算：0−0 = 0；10−1 =1；1−0 = 1；1−1 =0。

乘法运算：0×0 =0；0×1 =0；1×0 =0；1×1 =1。

除法运算：0 / 1 =0；1 / 1 =1。

二进制数的逻辑运算规则如下。

AND (与)：按位进行，有 0 出 0。

OR (或)：按位进行，有 1 出 1。

XOR (异或)：按位进行，相同出 0，不同出 1。

NOT (非)：按位进行，取反。

3. 八进制

基数为 8 的记数制叫八进制，八进制数是大家熟悉的，用 0, 1, 2, …, 7 八个不同的符号来表示数值，它采用的是“逢八进一，借一当八”的原则。各个位对应的权为 8^i。八进制数常用“O”注明，它的表示方法如下：

$$N_O=\pm\sum_{i=-m}^{n}K_i\times8^i,\ K_i=0,\ 1,\ 2,\ 3,\ \cdots,\ 7$$

如八进制数 467.5 可以表示为 $467.5O=4\times8^2+6\times8^1+7\times8^0+5\times8^{-1}$。

4. 十六进制

基数为 16 的记数制叫十六进制，用 0, 1, 2, …, 9, A, B, C, D, E, F 十六个不同的符号来表示数值，它采用的是“逢十六进一，借一当十六”的原则。各个位对应的权为 16^i。十六

进制数常用“H”注明，它的表示方法如下：

$$N_H=\pm\sum_{i=-m}^{n}K_i\times16^i,\ K_i=0,1,2,3,\cdots,9,A,B,C,D,E,F$$

如十六进制数 56D.3 可以表示为 $56D.3H = 5\times16^2 + 6\times16^1 + 13\times16^0 + 3\times16^{-1}$。

1.5.2 数制之间的相互转换

1. 二、八、十六进制数转换为十进制数

转换方法是按进制的位权展开相加。

【例 1.1】 将 11101.101B、2AE.4H、12.3O 转换为十进制数。

解：$11101.101B=1\times2^4+1\times2^3+1\times2^2+0\times2^1+1\times2^0+1\times2^{-1}+0\times2^{-2}+1\times2^{-3}$

$=16+8+4+0+1+0.5+0.25+0.125=29.875$

$2AE.4H=2\times16^2+10\times16^1+14\times16^0+4\times16^{-1}=512+160+14+0.25=686.25$

$12.3O=1\times8^1+2\times8^0+3\times8^{-1}=10.375$

2. 十进制数转换为非十进制数(二、八、十六进制)

方法是将整数部分和小数部分分别进行转换，然后再把转换结果进行相加。

(1) 整数部分：逐次除以进制数，直到商为零，将余数反序即可。

(2) 小数部分：逐次乘以进制数，直到积为整数，将积的整数部分正序排列后作为转换结果的小数部分即可。

【例 1.2】 25 转换为二进制

```
2  25
2  12  余1
2   6  余0
2   3  余0
2   1  余1
    0  余1
```

得：25=11001B

【例 1.3】 25 转换为十六进制

```
16  25
16   1  余9
     0  余1
```

得：25=19H

【例 1.4】 25 转换为八进制

```
8  25
8   3  余1
    0  余3
```

得：25=31O

【例 1.5】 0.625 转换为二进制

0.625×2=1.25

0. 25×2=0.5

0. 5×2=1

得：0.625=0.101B

【例 1.6】 0.625 转换为十六进制

0.625×16=10

得：0.625=0.AH

【例 1.7】 0.625 转换为八进制

0.625×8=5

得：0.625=0.5O

则：25.625=11001.101B=19.AH=31.5O

3. 二进制数和八进制数、十六进制数间的转换

1) 二进制数转换为八进制数

采用“三位化一位”的方法。从小数点开始向两边分别每三位分一组，向左不足三位的，从左边补 0；向右不足三位的，从右边补 0。

【例 1.8】 1000110.01B=001 000 110.010B=106.2O

2) 二进制数转换为十六进制数

采用“四位化一位”的方法。从小数点开始向两边分别进行每四位分一组，向左不足四位的，从左边补 0；向右不足四位的，从右边补 0。

【例 1.9】 1000110.01B =100 0110 . 01B=0100 0110. 0100B= 46. 4H

3) 八进制数转换为二进制数

采用“一位化三位”的方法。按顺序写出每位八进制数对应的二进制数，所得结果即为相应的二进制数。

【例 1.10】 352. 6O=011 101 010 110B =11101010. 11B

4) 十六进制数转换为二进制数

采用“一位化四位”的方法。按顺序写出每位十六进制数对应的二进制数，所得结果即为相应的二进制数。

【例 1.11】 5C7D.EBH=0101 1100 0111 1101. 1110 1011B=101110001111101.111B

1.5.3 常用码制

计算机中用二进制来表示一个数，实际的数值是带有符号的，既可能是正数，也可能是负数，运算的结果也可能是正数，也可能是负数。由于微型机只能识别 0 和 1，因此，在微型机内把 1 个二进制数的最高位作为符号位，用来表示数值的正与负，并用 0 表示“+”；用 1 表示“−”。例如(以 8 位为例)，+18 在机器中表示为 00010010，–18 在机器中表示为 10010010。

把原来的二进制数连同符号位一起作为一个新数，称为机器数。原来二进制数的数值称为机器数的真值。例如机器数 10110101 的真值为–53(十进制数)或–0110101(二进制数)；机器数 00101010 的真值为+42(十进制数)或+0101010(二进制数)。可见，在机器数中，用 0、1 取代了真值的正、负号。

为了运算方便(即把减法变为加法)，在机器中，带符号数有 3 种表示方法：原码、反码和补码。

1. 原码

最高位表示符号、数值位用二进制绝对值表示的方法，称为原码表示方法。

设机器数位长为 n，则数 X 的原码可定义如下：

$$[X]_{原} = \begin{cases} 0X_{n-1}\cdots X_2X_1(X \geqslant 0) \\ 0X_{n-1}\cdots X_2X_1(X \leqslant 0) \end{cases}$$

n 位原码表示数值的范围为：$-(2^{n-1}-1) \sim +(2^{n-1}-1)$，它对应于原码的 111…1～011…1。

【例 1.12】 用 8 位二进制原码表示+1 和−1。

解：设 X_1= +1，则$[X_1]_{原}$=00000001B；X_2= –1，则$[X_2]_{原}$=10000001B；

数 0 的原码有两种不同形式：$[+0]_原$=000…0；$[-0]_原$=100…0。

注意： 原码的表示简单、直观，与真值间的转换方便。但用它做加减法运算不方便，而且 0 有+0 和–0 两种表示方法。

2. 反码

一个正数的反码，等于该数的原码。一个负数的反码，等于该负数的原码，符号位不变(即为 1)，数值位按位求反(即 0 变 1，1 变 0)。例如，$[+3]_反$ = 00000011(设为 8 位)，$[-3]_反$ = 11111100(设为 8 位)。n 位反码表示数值的范围为 $-(2^{n-1}-1)\sim+(2^{n-1}-1)$，它对应于反码的 100…0～011…1。

数 0 的反码也是两种形式：$[+0]_反$ = 000…0(全 0)；$[-0]_反$ = 111…1(全 1)。

将反码还原为真值的方法是：反码→原码→真值。或者说，当反码的最高位为 0 时，后面的二进制序列值即为真值，且为正；最高位为 1 时，则为负数，后面的数值位要按位求反才为真值。

3. 补码

正数的补码表示与原码相同；负数的补码是将对应的正数补码的各位(连同符号位)取反加 1(最低位加 1)而得到的，或将其原码除符号位外各位取反加 1 而得到。例如，$[+3]_补$= 00000011(设为 8 位)，$[-3]_补$= 11111101(设为 8 位)。n 位补码表示数值的范围为 $-2^{n-1}\sim+(2^{n-1}-1)$，它对应于补码的 100…0～011…1。

数 0 的补码只有一个：$[+0]_补$= $[-0]_补$= 000…0(全 0)。

将补码还原为真值的方法是：补码→原码→真值。或者说，若补码的符号位为 0，则其后的数值即为真值，且为正；若符号位为 1，则应将其后的数值位按位取反加 1，所得结果才是真值，且为负。

4. 补码的运算规则

1) $[X+Y]_补=[X]_补+[Y]_补$

即：任何两个数相加，无论其正负号如何，只要对它们各自的补码进行加法运算，就可得到正确的结果，该结果是补码形式。

2) $[X-Y]_补=[X]_补+[-Y]_补$

即：任意两个数相减，只要对减数连同“–”号求补，则变成[被减数]补与[–减数]补相加，就可得到正确的结果，该结果是补码形式。

3) $[[X]_补]_补=[X]_原$

对于运算产生的补码结果，若要转换为原码表示，则正数的结果$[X]_补=[X]_原$；对于负数，只要对该补码结果再做 1 次求补码运算，就可得到负数的原码结果。

综上所述，可以得出以下几点结论。

(1) 原码、反码、补码的最高位都是符号位。符号位为 0 时，表示真值为正数，其余位为真值。符号位为 1 时，表示真值为负，其余位除原码外不再是真值；对于反码，需按位取反才是真值；对于补码，则需按位取反加 1 才是真值。

(2) 对于正数，三种编码都是一样的，即$[X]_原=[X]_反=[X]_补$；对于负数，三种编码互不相

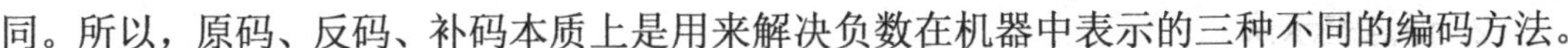

同。所以，原码、反码、补码本质上是用来解决负数在机器中表示的三种不同的编码方法。

(3) 二进制位数相同的原码、反码、补码所能表示的数值范围不完全相同。以 8 位为例，它们表示的真值范围分别为：原码–127～+127；反码–127～+127；补码–128～+127。

注意：

- 当计算机采用不同的码制时，运算器和控制器的结构不同。
- 采用原码形式的计算机称为原码机，类似的有反码机和补码机。目前以补码机居多，各种微型计算机基本上都是以补码作为机器码，原因是补码的加减法运算简单，减法运算可变为加法运算，可省掉减法器电路，而且它是符号位与数值位一起参加运算，运算后能自动获得正确结果。

1.5.4　定点数与浮点数

在微机中，数据不仅有符号，而且经常含有小数，即既有整数部分又有小数部分。当所要处理的数含有小数部分时，就有如何表示小数点的问题。对小数的表示主要表现在对小数点位置的处理上，其内容包括：一是如何表示一个带小数点的数；二是如何对带小数点的数进行运算。根据小数点的位置是否固定，数的表示方法可分为定点表示和浮点表示。

1. 定点表示法

在微型机中，小数点的位置固定不变的表示方法称为定点表示法。这个固定的位置是事先约定好的，不必用符号表示。用定点法表示的实数叫作定点数。通常，定点表示也有两种方法。

1)　定点整数表示法

小数点固定在最低数值位之后，机器中能表示的所有数都是整数。当用 n 位表示数 N 时，1 位为符号位，n-1 位为数值位，则 N 的范围为$-2^{n-1}\leqslant N\leqslant 2^{n-1}-1$。即：$n$=8，$-128\leqslant N\leqslant 127$；$n$=16，$-32\,768\leqslant N\leqslant 32\,767$。例如 N=+1011011，n=8，则在微型机内用定点整数表示法，将 N 表示为 0 1011011。

2)　定点小数表示法

小数点固定在最高数值位之前，机器中能表示的所有数即为纯小数。当用 n 位表示数 N 时，一位为符号位，n-1 位为数值位，则 N 的范围为$-(1-2^{1-n})\leqslant N\leqslant 1-2^{1-n}$。例如 N=−0.1011011，n=8，则在微型机内用定点小数表示法，将 N 表示为 11011011。

注意：

- 小数点的位置是假想的，实际机器内并不真正存入小数点，只是一种约定，一旦约定好后固定不变。
- 实际数值不可能全是整数，或全是小数。这就要求编程时选择“比例因子”将原始数据化成纯小数或整数，计算结果又要用比例因子恢复实际值。
- 在运算过程中，中间结果若超过最大绝对值，机器便产生“上溢”，中间结果如果小于最小绝对值，只能把它作为 0 处理，叫作“下溢”(微型机专门设有溢出标志)。无论出现上溢或下溢，都必须重新调整比例因子。
- 定点表示法所表示数的范围是限定的。遇到超出最大或超出最小绝对值所能表示的范围时，将无法正确表示。

2. 浮点表示法

在微型机中，小数点的位置不是固定不变的，而是可以变动的，这种表示法称为浮点表示法。用浮点表示法表示的实数，叫作浮点数。为了扩大数的表示范围或精度，小型机和高档机一般都采用浮点表示法。

任意一个二进制数 N 总可以表示如下：

$$N=\pm M\times 2^{\pm E}$$

其中，M 称为尾数，是纯二进制小数，指出数 N 的全部有效位。尾数前面的一位符号称作数符，表示数的正、负；E 称为阶码，它前面的符号称为阶符，指明尾数小数点向右或向左浮动，而阶码 E 指明尾数小数点移动的位置，所以阶符和阶码表明了数值 N 小数点的位置。这种小数点位置随 E 的符号和大小而浮动的方法，就是二进制数的浮点表示法，它所表示的数，就叫作二进制浮点数。在微型机中，阶符与数符为 0 表示正，为 1 表示负。浮点数的一般格式如下。

阶符	阶码 E	数符	尾数 N

通常规定：二进制浮点数，其尾数数字部分原码的最高位为 1，叫作规格化表示法。例如，0.0010101 可表示为 0.1010100×2^{2}，称为规格化浮点数，则其中阶符为 1，阶码 E 为 0010，数符为 0，尾数为 1010100。这样，要扩大数的表示范围，就增加阶码的位数，要提高精度，就增加尾数的位数。这就是浮点表示法的优势。

1.5.5 BCD 码

人们习惯使用十进制数，计算机内部使用二进制数，数字编码是一种两种不同数制间的转换方式。二-十进制转换追求数值上的相等，而数字编码方法追求的是方便。BCD 码是一种用 4 位二进制数字来表示一位十进制数字的编码，也称为二进制编码表示的十进制数(Binary Code Decimal)，简称 BCD 码。最常用的是 8421BCD 码，8, 4, 2, 1 分别是 4 位二进制数的位权值。表 1.2 给出了十进制数和 8421BCD 码的对应关系。

【例 1.13】 将十进制数 78.43 转换成相应的 BCD 码，再将 0110 1001.0001 0101BCD 转换成十进制数。

解：78.43=01111000.01000011BCD；　01101001.00010101BCD=69.15

表 1.2　8421BCD 码

十进制数	BCD 码	十进制数	BCD 码
0	0000	5	0101
1	0001	6	0110
2	0010	7	0111
3	0011	8	1000
4	0100	9	1001

另外，BCD 码有两种格式，一种是组合 BCD 码，它是用一个字节(8 位二进制)存放 2

位 BCD 数，也称为压缩 BCD 码，如 18 的组合 BCD 码为 0001 1000B；另一种是分离 BCD 码，它是用一个字节的低 4 位存放 1 位 BCD 数，高 4 位任意，也称为非压缩 BCD 码，如 18 的分离 BCD 码为 xxxx 0001B, xxxx 1000B。

1.5.6 ASCII 码

在计算机的发展过程中，众多厂商采用不同的技术标准进行编码，后来美国国家标准局制定了一套标准化信息交换码(America Standard Code for Information Interchange)，即现在广泛使用的 ASCII 码。ASCII 码使用指定的 7 位或 8 位二进制数组合来表示 128 或 256 种可能的字符。标准 ASCII 码使用 7 位二进制数来表示所有的大写和小写字母，数字 0 ～ 9、标点符号，以及在美式英语中使用的特殊控制字符。目前许多计算机系统都支持使用扩展(或“高”)ASCII 码。扩展 ASCII 码允许将每个字符的第 8 位用于确定附加的 128 个特殊符号字符、外来语字母和图形符号。

1.6 小型案例实训

案例 1——数制转换

(1) 将 101101.101B、11011.101B、101.01B、375.42O、0ABC.DEH、327H、FFH、3AB.11H 转换成十进制数。

解:

101101.101B=$1\times2^5+0\times2^4+1\times2^3+0\times2^1+1\times2^0+1\times2^{-1}+0\times2^{-2}+1\times2^{-3}$=45.625

11011.101B=$1\times2^4+1\times2^3+0\times2^2+1\times2^1+1\times2^0+1\times2^{-1}+0\times2^{-2}+1\times2^{-3}$= 27.625

101.01B =$1\times2^2+0\times2^1+1\times2^0+0\times2^{-1}+1\times2^{-2} = 2^2 + 2^0 + 2^{-2}= 4 + 1 + 0.25 =5.25$

375.42O = $3\times8^2 + 7\times8^1 + 5\times8^0 + 4\times8^{-1} + 2\times8^{-2} = 192 +56 + 5 + 0.5 + 0.03 = 253.53$

0ABC.DEH=$10\times16^2+11\times16^1+12\times16^0+13\times16^{-1}+14\times16^{-2}$=2560+176+12+0.81+0.05=2748.86

327H=$3\times16^2+2\times16^1+7\times16^0$=807

FFH=$15\times16^1+15\times16^0$=255

3AB.11H=$3\times16^2+10\times16^1+11\times16^0+1\times16^{-1}+1\times16^{-2}$

(2) 将 67.721O、125.64O、0A7B8.C9H、0.7A53H 转换成二进制数。

67.721O=110 111. 111 010 001B

125.64O=001 010 101. 110 100B

0A7B8.C9H=1010 0111 1011 1000. 1100 1001B

0.7A53H=0. 0111 1010 0101 0011B

案例 2——码制转换

设 X_1=+369，X_2=−369，X_3=−0.369，当用 16 位二进制数表示一个数时，求 X_1，X_2，X_3 的原码、反码及补码。

解: $[X_1]_{原}=[X_1]_{反}=[X_1]_{补}$=0000000101110001B

$[X_2]_{原}$=1000000101110001B

$[X_2]_{反}$=1111111010001110B

$[X_2]_{补}$=$[X_2]_{反}$+1=1111111010001111B

$[X_3]_{原}$=1.010111100111011B

$[X_3]_{反}$=1.101000011000100B

$[X_3]_{补}$=$[X_3]_{反}$+0.000000000000001B=1.101000011000101B

案例 3——补码运算

设 X=25DFH，Y=327BH，用补码运算求 $X+Y$，$X-Y$。

解：$[X]_{补}$=0010010111011111B

$[Y]_{补}$=0011001001111011B

$[-Y]_{补}$=1100110110000101B

$[X+Y]_{补}$=$[X]_{补}$+$[Y]_{补}$=0101100001011010B=585AH

$[X-Y]_{补}$=$[X]_{补}$+$[-Y]_{补}$=1111001101100100B

$X+Y$=0101100001011010B=+585AH

$X-Y$=$[[X-Y]_{补}]_{补}$=1000110010011100B=−0C9CH

1.7 小　　结

本章首先介绍了计算机的发展历程(五代)，微型计算机的发展历程(五个阶段)。接着介绍了微处理器 CPU 的发展历程，从一开始出现的 4 位 CPU 到目前常用的 64 位 CPU，然后介绍了 CPU 的组成部分，主要包括运算器、控制器、寄存器阵列、内部总线，并介绍了 CPU 的主要性能指标。

微型计算机是通过总线将微处理器 CPU、内存储器(RAM、ROM)和输入/输出接口连接在一起的有机整体。本章介绍了微型计算机中每个组成部分的功能，简介了微型计算机的特点、分类、主要技术指标和应用领域。以微型计算机为主体，再配上外设与外存、电源、软件等就构成了微机系统，本章还分析了微机系统的工作过程。

本章最后讨论了计算机中的数据表示及编码，介绍了常用的数制(二进制、八进制、十进制、十六进制)及各种数制之间的相互转换。为表示有符号的数，引入了码制，常用的码制包括原码、反码、补码；为表示小数，引入了定点数和浮点数。最后简单介绍了计算机中最常用的两种编码：BCD 码和 ASCII 码。

1.8 习　　题

一、简答题

1. 微型计算机以字长和微处理器芯片作为每个阶段的标志，可将微型计算机分为哪几个阶段？

2. 简介 CPU 的各个组成部分及功能。

3. 微型计算机的特点是什么？主要有哪些应用领域？

4. 计算机是由哪几部分组成的？阐述每部分的作用。

5. 简述何谓单片机、单板机。

6. 什么是总线？总线包括哪几类？系统总线通常包含哪几类传输线？它们各自的作用是什么？

二、计算题

1. 将下列各十进制数转换成为二进制数(最多保留 6 位小数)。

(1) 221 (2) 12.375 (3) 123.25 (4) 123

2. 以十六进制形式，给出下列十进制数对应的 8 位二进制补码。

(1) 46 (2) −46 (3) −128 (4) 127

3. 给出下列十进制数对应的压缩和非压缩 BCD 码。

(1) 58 (2) 1624

4. 将下列二进制数转换为十六进制数和十进制数。

(1) 101101 (2) 10000000 (3) 1111111111111111 (4) 11111111

5. 将下列十六进制数转换为二进制数和十进制数。

(1) FA (2) 5B (3) FFFE (4) 1234

6. 下列各数为十六进制表示的 8 位二进制数，请说明当它们被看作是用补码表示的带符号数时，它们所表示的十进制数是什么？

(1) D8 (2) FF (3) 4F (4) 2B (5) 73 (6) 59

7. 设机器的字长为 8 位，求下列数值的二进制原码和补码。

$X_1=110$ $X_2=-85$ $X_3=0.636$ $X_4=-0.6875$

8. 用补码方法计算下列各式(设机器字长为 8 位)。

(1) $X=7$，$Y=8$，求 $X+Y$。

(2) $X=5$，$Y=9$，求 $X-Y$。

(3) $X=6$，$Y=-7$，求 $X+Y$。

(4) $X=-11$，$Y=7$，求 $X-Y$。

9. 将下列两个十进制数转换为 8421BCD 码。

(1) 9753 (2) 24.68

10. 将下列两个 8421BCD 码转换成十进数。

(1) 10000001.01100010BCD (2) 011001100100111BCD

11. 将下列二进制数转换为相应的十进制数和十六进制数。

(1) 1101 (2) 1011.101 (3) 101110 (4) 10101001 (5) 11111111

12. 将下列十进制数转换为相应的二进制数、十六进制数和 BCD 码。

(1) 135.625 (2) 254.25 (3) 5874.375

(4) 117.574(二进制数精确到小数后 4 位，十六进制数精确到小数后 1 位)

13. 写出下列十进制数的原码、反码和补码(用 8 位二进制数表示)。

(1) +65 (2) −65 (3) +115 (4) −123

14. 用 4 位十六进制数写出下列十进制数的原码、反码和补码。

(1) +120　(2) −145　(3) +999　(4) −500

15. 求下列机器码的真值。

(1) $[x_1]_{原}$=10110101　(2) $[x_2]_{反}$=1.0110101

(3) $[y_1]_{补}$=10111111　(4) $[y_2]_{补}$=1.1101011

(5) $[z_1]_{反}$=1.1010011　(6) $[z_2]_{原}$=01010011

16. 将下列数表示成规格化浮点数(数值表示)。

(1) 2.5　(2) 1010B　(3) −16.75

第2章 微处理器

本章要点

- 8086 微处理器的内部结构、编程结构、引脚及功能
- 8086/8088 的编程结构以及存储器组织
- 80286、80386、80486 及 Pentium 系列微处理器的主要特点

2.1 8086/8088 微处理器

2.1.1 简介

处理器 CPU 是微型计算机的心脏，其性能的优劣直接影响整机的性能。8086 是 Intel 公司于 1978 年 6 月推出的第三代 16 位微处理器芯片，具有 16 根数据线和 20 根地址线，可寻址的地址空间达 1MB。内部包含约 29 000 个晶体管，采用 40 条引脚的 DIP(双列直插)封装，时钟频率有三种：5MHz(8086)、8MHz(8086-1)、10MHz(8086-2)。

8086 CPU 的一般性能特点如下。

(1) 16 位的内部结构，16 位双向数据信号线。

(2) 20 位地址信号线，可寻址 1MB 存储单元。

(3) 较强的指令系统。

(4) 利用第 16 位地址总线进行 I/O 端口寻址，可寻址 64K 个 I/O 端口。

(5) 中断功能强，可处理内部软件中断和外部中断，中断源可达 256 个。

(6) 单一的+5V 电源，单相时钟频率 5MHz。

几乎在推出 8086 微处理器的同时，Intel 公司还推出了一种准 16 位微处理器 8088。推出 8088 的主要目的是与当时已有的一整套 Intel 外围设备接口芯片直接兼容。8088 的内部寄存器、内部运算部件以及内部操作都是按 16 位设计的，但对外的数据总线只有 8 条。这两种微处理器除了数据总线宽度不同外，其他方面几乎完全相同。8086/8088 的另一个突出特点是其多重处理的能力，它们都能极方便地和数值数据处理器(NPX)8087、I/O 处理器(IOP)8089 或其他处理器组成多处理器系统，从而极大地提高系统的数据吞吐能力和数据处理能力。

2.1.2 内部结构

图 2.1 为 8086 CPU 的内部结构框图，从功能上来看，8086 CPU 分成两部分：总线接口部件 BIU(Bus Interface Unit)和执行部件 EU(Execution Unit)。这两个单元在 CPU 内部担负着不同的任务。微型计算机工作时，总是先从存储器中取指令，需要时再取操作数，然后执行指令，送出结果。取指令、读操作数和送出结果由 BIU 完成，而 EU 从 BIU 的指令

队列中取出指令，并且执行，不必访问存储器或 I/O 端口。CPU 若需访问存储器或 I/O 端口，也是由 EU 向 BIU 发出访问所需要的地址，在 BIU 中形成物理地址，然后访问存储器或 I/O 端口，取得操作数后送到 EU，或送结果到指定的内存单元或 I/O 端口。这两个单元并行地工作，能使大部分取指令操作与执行指令操作重叠进行。由于 EU 执行的是 BIU 已从存储器取出的指令，所以在大多数情况下取指令的时间“消失了”，从而加快了程序的运行速度。

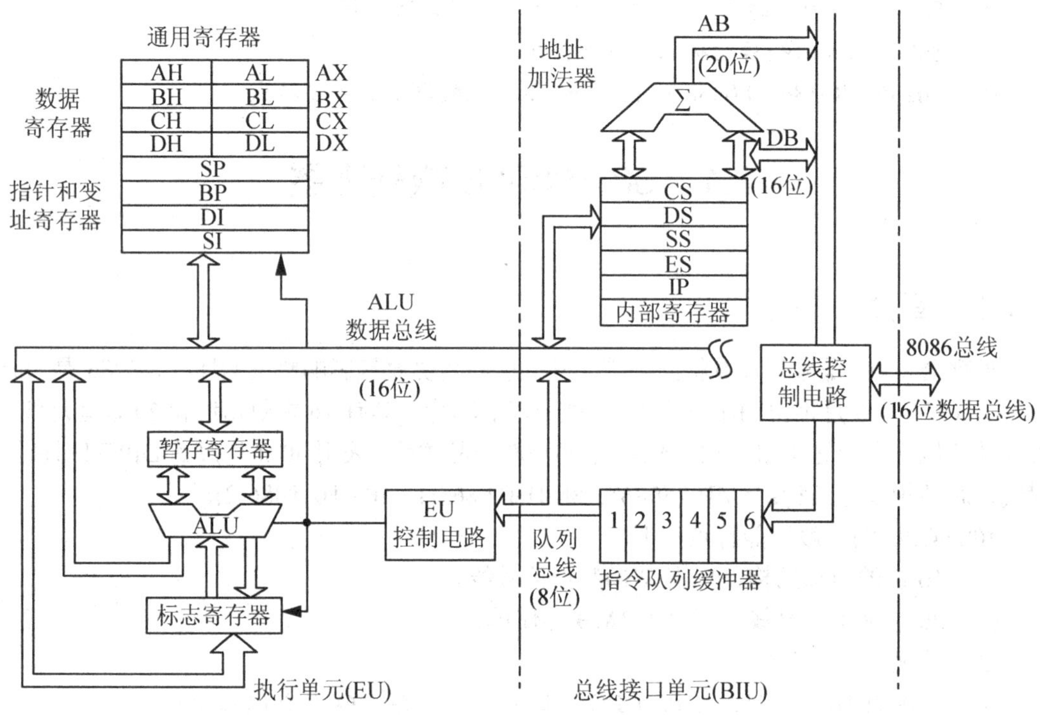

图 2.1　8086 CPU 的内部结构框图

1. 执行部件 EU

执行部件 EU 负责指令的译码和执行，包括 ALU(算术逻辑单元)、寄存器组、EU 控制器等，主要进行 8 位及 16 位的二进制运算，其中 ALU 完成 8 位或 16 位的二进制运算，16 位暂存寄存器可暂存参加运算的操作数，EU 控制器进行时序控制和取指令控制，4 个通用寄存器(AX、BX、CX、DX)和 4 个专用寄存器(基址指针寄存器 BP、堆栈指针寄存器 SP、源变址寄存器 SI、目的变址寄存器 DI)分别用来存放一些数据或地址信息，标志寄存器为 PSW 存放 ALU 的运算结果特征。

2. 总线接口部件 BIU

1)　功能

总体接口部件 BIU 负责与存储器及 I/O 接口之间的数据传送操作。具体来看，就是完成取指令，指令排队，配合执行部件的动作，从内存单元或 I/O 端口取操作数，或者将操作结果送内存单元或者 I/O 端口。

2) 组成

段寄存器：16位寄存器DS、CS、ES、SS、CS为代码段寄存器；DS为数据段寄存器；ES为附加段寄存器；SS为堆栈段寄存器。

16位指令指针寄存器IP：用来指向下一条要取出的指令代码。

20位地址加法器：将16位逻辑地址变换成存储器读/写所需的20位物理地址。

6字节指令队列缓冲器：预存6字节的指令代码。

总线控制逻辑：发出总线控制信号。实现存储器读/写控制和I/O读/写控制。它将8086 CPU的内部总线与外部总线相连，是8086 CPU与外部打交道不可缺少的路径。

3) 特点

8086 CPU的指令队列大小为6个字节，在执行指令的同时，可从内存中取出后续的指令代码，放在指令队列中，可以提高CPU的工作效率。

注意：

- 8086 CPU可用20位地址寻址1MB的内存空间，而CPU内部的寄存器都是16位，因此需要由一个附加的机构来计算出20位的物理地址。
- 用来产生20位物理地址的机构就是20位的地址加法器。例如：CS=0FE00H，IP=0400H，则表示要取指令代码的物理地址为0FE400H。

3. 8086 CPU工作过程

8086 CPU的工作过程具体如下。

(1) 首先在代码段寄存器CS中的16位段基地址的最低位后面补4个0，加上指令指针寄存器IP中的16位偏移地址，通过地址加法器产生20位物理地址。根据EU单元的请求，用20位物理地址对存储器进行读写操作，也可对I/O接口进行读写操作。BIU在取出指令的同时，从内存中取下一条或几条指令放在指令队列中，BIU的指令队列可存储6字节指令代码，它是先进先出的队列寄存器。一般情况下，指令队列中填满指令，EU可从指令队列中取出指令执行。当指令队列有2个或2个以上的字节空余时，BIU自动将指令取到指令队列中。当指令队列已满，并且执行部件EU未向BIU申请读/写存储器操作数时，BIU不执行任何总线周期，处于空闲状态。

(2) EU从指令队列中取走指令，经指令译码后，向BIU申请从存储器或I/O端口读写操作数。收到EU送来的逻辑地址后，BIU又将通过地址加法器将现行数据段及送来的逻辑地址组成20位物理地址，在当前取指令总线周期完成后，在读/写总线周期访问存储器或I/O端口完成读/写。最后EU执行指令，由BIU将结果读出。

(3) 指令指针寄存器IP由BIU自动修改，指向下一条指令在现行代码段内的偏移地址。当进行IP入栈操作时，也先自动调整IP到下一条要执行指令的地址，再把IP入栈。当EU执行转移指令时，BIU清除指令队列，从转移指令的新地址取得指令，立即送给EU执行，然后从后续指令序列中取指令填满队列。

4. BIU与EU的动作协调原则

BIU与EU协调工作，共同完成所要求的信息处理任务，协作原则如下。

(1) 每当8086的指令队列中有两个空字节，BIU就会自动把指令取到指令队列中。其

取指令的顺序是指令在程序中出现的前后顺序。

(2) 每当EU准备执行一条指令时，它会从BIU部件的指令队列前部取出指令的代码，然后用几个时钟周期去执行指令。在执行指令的过程中，如果必须访问存储器或者I/O端口，那么EU就会请求BIU，进入总线周期，完成访问内存或者I/O端口的操作；如果此时BIU正好处于空闲状态，会立即响应EU的总线请求。如BIU正将某个指令字节取到指令队列中，则BIU将首先完成这个取指令的总线周期，然后再去响应EU发出的访问总线的请求。

(3) 当指令队列已满，且EU又没有总线访问请求时，BIU便进入空闲状态。

(4) 在执行转移指令、调用指令和返回指令时，由于待执行指令的顺序发生了变化，则指令队列中已经装入的字节被自动消除，BIU会接着往指令队列装入转向的另一程序段中的指令代码。

从上述BIU与EU的动作管理原则中，不难看出，它们两者的工作是不同步的，正是这种既相互独立又相互配合的关系，使得8086 CPU可以在执行指令的同时，进行取指令代码的操作，也就是说BIU与EU是一种并行工作方式，改变了以往计算机取指令→译码→执行指令的串行工作方式，大大提高了工作效率，这正是8086 CPU获得成功的原因之一。

2.1.3 编程结构

对编程来讲，掌握微处理器的寄存器结构是至关重要的，寄存器用来存放存储单元的段地址或偏移地址、参与运算的数据、状态标志等。8086 CPU中有14个16位的寄存器，如图2.2所示，按用途分为四类。

AX	AH	AL	Accumulator	累加器
BX	BH	BL	Base Register	基址寄存器
CX	CH	CL	Count Register	计数(寄存)器
DX	DH	DL	Data Register	数据寄存器
SP			Stack Point	堆栈指针
BP			Base Point	基址指针
SI			Source Index	源变址寄存器
DI			Destination	目的变址寄存器
IP			Instruction	指令指针
FR			Flags	标志寄存器
CS			Code Register	代码段寄存器
DS			Data Register	数据段寄存器
SS			Stack Register	堆栈段寄存器
ES			Extra Register	附加段寄存器

图 2.2 8086 CPU 内部寄存器组

1. 通用寄存器组

通用寄存器组分为两类。

1) 数据寄存器

数据寄存器包括累加器 AX、基址寄存器 BX、计数寄存器 CX 和数据寄存器 DX。

每个数据寄存器可存放 16 位操作数或地址，也可拆成两个 8 位寄存器，用来存放 8 位操作数(不能放地址)。高 8 位寄存器是 AH、BH、CH 和 DH；低 8 位寄存器是 AL、BL、CL 和 DL；因此 8086 CPU 可按字运算也可按字节运算。

2) 指针和变址寄存器

这些寄存器存放的是段内的偏移量，用来形成操作数的存储地址。

SP——堆栈指针：总是与 SS 堆栈段一起使用，SP 指向栈顶。

BP——基址指针：总是与 SS 堆栈段一起使用，BP 指向栈的任一单元。

SI——源变址寄存器：通常与 DS 数据段一起使用。

DI——目标变址寄存器：指令中 SI 对应 DS、DI 对应 ES，不能互换。

2. 段寄存器组

段寄存器组由 CS、DS、SS 和 ES 四个 16 位的寄存器组成。在使用中可以对段寄存器进行编程，修改现行段的段基址。段寄存器所指向的段称为当前段，总共可有四个当前段。各个段寄存器的具体含义如下。

CS：代码段寄存器，存放当前执行的指令在内存中的段地址。CS 与 IP 决定了当前指令的逻辑地址。

DS：数据段寄存器，存放当前数据段的段地址。DS 与 SI 决定了字符串操作时目的操作数的地址。

SS：堆栈段寄存器，存放当前堆栈段的段地址，SS 与 SP 决定了当前堆栈的顶部。所谓堆栈是以“后进先出”规则保存信息的一种存储机构。8086 CPU 堆栈段地址在 SS 寄存器中，堆栈当前偏移地址在 SP 寄存器中，SP 的初值代表了堆栈区的大小。

ES：附加段寄存器，附加段是一个附加的数据段。ES 与 DI 决定了字符串操作时目的操作数的地址。

3. 指令指针 IP

16 位的指令指针 IP，用来存放下一条指令在 CS 中的偏移量。当发生中断或调用时，BIU 自动将 IP 的偏移量压入堆栈保存，并调整 IP 的内容。程序不能直接访问 IP，但可以通过中断、转移等指令来修改 IP 的内容。

4. 标志寄存器 FR

8086 CPU 设置了一个 16 位的标志寄存器 FR，用来显示微机的运行结果或控制机器的操作，规定了其中的 9 位，标志的设置情况见表 2.1。FR 的九个标志按作用可分为两大类，一类叫状态标志，用来表示运算结果的特征，它们是 CF、PF、AF、ZF、SF 和 OF；另一类叫控制标志，用来控制 CPU 的操作，它们是 IF、DF 和 TF。

表 2.1 8086 CPU 标志寄存器的设置情况表

D_{15}	D_{14}	D_{13}	D_{12}	D_{11}	D_{10}	D_9	D_8	D_7	D_6	D_5	D_4	D_3	D_2	D_1	D_0
				OF	DF	IF	TF	SF	ZF		AF		PF		CF

1) 状态标志

CF(Carry Flag)进位标志位：运算中发生进位或借位时，CF=1；否则，CF=0。STC 指令可置 CF=1；CLC 指令置 CF=0；CMC 指令对 CF 求反；循环指令也会影响该标志位。

AF(Auxiliary Carry Flag)辅助进位标志位：在运算结果的低 4 位向高 4 位有进位(加法)或有借位(减法)时，AF=1，否则 AF=0。该标志一般在 BCD 码运算中作为是否进行十进制调整的判断依据。

OF(Overflow Flag)溢出标志位：当运算结果超出机器的表示范围时，OF=1；否则 OF=0。如：带符号数的操作数，当按字节运算超出-128～+127；按字运算超出-32 768～+32 767范围时，OF=1。

SF(Sign Flag)符号标志位：进行有符号运算数的算术运算时，当运算结果为负时，SF=1；否则 SF=0。

ZF(Zero Flag)零标志位：运算结果为零时，ZF=1；否则 ZF=0。

PF(Parity Flag)奇偶标志位：当运算结果的低 8 位“1”的个数为偶数时，PF=1；否则PF=0。

2) 控制标志位

用来控制 CPU 的某些特定操作。这 3 个控制标志可以编程设置，故称为控制标志位。

DF(Direction Flag)方向标志位：控制串操作指令对字符串处理的方向。DF=0 时，变址地址指针 SI、DI 作增量操作，即由低地址向高地址进行串操作，字节操作增量为 1，字操作增量为 2；DF=1 时，做减量操作，即由高地址向低地址进行串操作。STD 指令可置 DF=1，CLD 指令置 DF=0。

IF(Interrupt Flag)中断允许标志位：控制可屏蔽中断的标志。当 IF=1 时，允许 CPU 响应屏蔽中断请求；当 IF=0 时，禁止响应。STI 指令可置 IF=1，CLI 指令置 IF=0。

TF(Trap Flag)陷阱标志位：这是为程序调试而提供的 CPU 单步工作方式。TF=1 时，CPU 每执行完一条指令就产生一个内部中断(单步中断)，以便对每条指令的执行结果进行跟踪调查。

【例 2.1】 给定 A 和 B 的值如下，求执行 A+B 运算后标志寄存器各个位的值。

(1) A=10110110B，B=01101000B

(2) A=0010 0011 0100 0101，B=0101 0010 0001 1001

(3) A=0101 0100 0011 1001，B=0100 0111 0110 1010

解：

(1) A+B=1 00011110B，CF=1，PF=1，AF=0，ZF=0，SF=0，OF=0

(2) A+B=0111 0101 0101 1110B，SF=0，CF=0，ZF=0，AF=0，PF=0(奇)，OF=0

(3) A+B=1001 1011 1010 0011，SF=1，CF=0，ZF=0，AF=1，PF=1(偶)，OF=1(溢出)

2.1.4 引脚及功能

1. 结构

8086 CPU 芯片都是双列直插式集成电路芯片，40 条引脚，其中 20 条地址线和 16 条数据线复用，另外 4 条地址线与状态信号线复用，再加上控制信号、电源、地线等。40 个

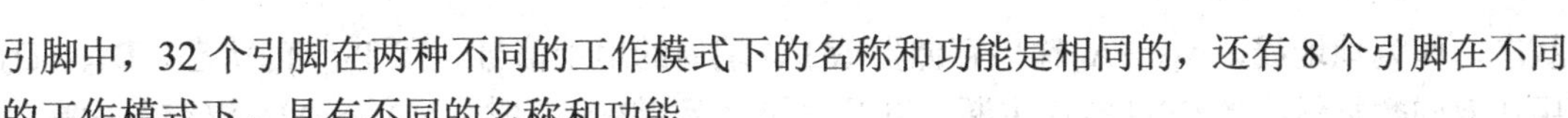

引脚中，32 个引脚在两种不同的工作模式下的名称和功能是相同的，还有 8 个引脚在不同的工作模式下，具有不同的名称和功能。

2. 工作模式

为了尽可能适应各种各样的使用场合，在设计 8086/8088 CPU 芯片时，应使它们可以在两种模式下工作，即最小模式和最大模式。最小模式是系统只有 8086 一个微处理器。在这种系统中，所有的总线控制信号都直接由 8086 产生，因此，系统中的总线控制逻辑电路被减到最少；最大模式用于中等规模或大型的 8086 系统中。系统包含两个或多个微处理器，其中一个主处理器是 8086，其他的处理器称为协处理器。和 8086 配合的协处理器有两个，一个是数值运算协处理器 8087，一个是 I/O 协处理器 8089。部分控制信号可由总线控制器 8288 提供。

8087 是一种专用于数值运算的协处理器，它能实现多种类型的数值运算，如高精度的整型和浮点型数值运算，超越函数(三角函数、对数函数)的计算等，这些运算若用软件的方法来实现，将耗费大量的机器时间。换句话说，引入了 8087 协处理器，就是把软件功能硬件化，可以大大提高主处理器的运行速度。

8089 协处理器，在原理上有点像带有两个 DMA 通道的处理器，它有一套专门用于输入/输出操作的指令系统，但是 8089 又和 DMA 控制器不同，它可以直接为输入/输出设备服务，使主处理器不再承担这类工作。所以，在系统中增加 8089 协处理器之后，会明显提高主处理器的效率，尤其是在输入/输出操作比较频繁的系统中。

3. 芯片引脚功能

8086 芯片引脚如图 2.3 所示。

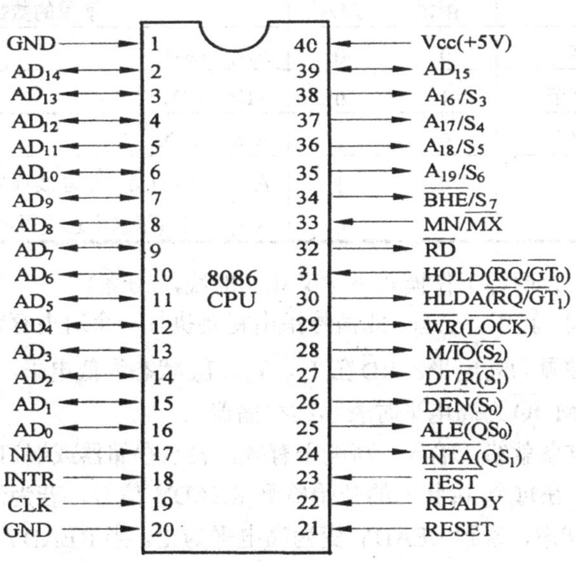

图 2.3 8086 芯片引脚

1) 地址总线和数据总线(21 条)

(1) AD_{15}～AD_0：分时复用的地址数据线，双向，输入/输出，三态，在总线周期 T_1

状态，作为地址线，A_{15}～A_0输出存储器或I/O端口的地址信号。在T_2～T_4状态，D_{15}～D_0用作双向数据线。当CPU响应中断，以及系统“保持响应”时，AD_{15}～AD_0浮空置为高阻状态。

(2) A_{19}/S_6～A_{16}/S_3：地址/状态复用引脚，输出，三态。在T_1期间，作地址线A_{19}～A_{16}用。对存储器进行读写时，高4位地址线由A_{19}～A_{16}给出。在T_2～T_4期间作为S_6～S_3状态线用。S_3与S_4状态线的特征如表2.2所示。S_5用来表示当前中断允许标志位IF的状态。IF=1，允许响应可屏蔽中断请求；IF=0，禁止。S_6在T_2～T_4期间状态恒为“0”，以表示CPU当前连在总线上。当系统总线处于“保持响应”时，A_{19}/S_6～A_{16}/S_3引脚线均为高阻状态。

表2.2　S_3与S_4的代码组合与段寄存器的关系

S_4	S_3	当前使用的段寄存器
0	0	ES
0	1	SS
1	0	对存储器寻址时，使用CS段；对I/O或中断矢量寻址时不用段寄存器
1	1	DS

(3) $\overline{BHE}/S_7$：高8位允许/状态复用引脚，输出，三态。在T_1状态作$\overline{BHE}$用，该引脚为0时，表示高8位有效。$\overline{BHE}$和AD_0的不同组合状态所代表的含义见表2.3。在T_2～T_4状态：输出状态信号S_7，未定义。

表2.3　$\overline{BHE}$和AD_0的不同组合状态表

操　作	$\overline{BHE}$	AD_0	使用的数据引脚
读或写偶地址的一个字	0	0	AD_{15}～AD_0
读或写偶地址的一个字节	1	0	AD_7～AD_0
读或写奇地址的一个字节	0	1	AD_{15}～AD_8
读或写奇地址的一个字	0	1	AD_{15}～AD_8(第一个总线周期放低8位数据字节)
	1	0	AD_7～AD_0(第二个总线周期放高8位数据字节)

2) 控制和状态线(两种工作模式下含义相同的线，10条)

(1) $\overline{RD}$：读选通，输出，三态。此信号指出将要执行一个对内存或I/O端口的读操作。在DMA方式，$\overline{RD}$被置为高电平。$\overline{RD}$在T_2、T_3、T_w状态为低电平，并且$M/\overline{IO}$为低电平时表示读I/O端口；$M/\overline{IO}$为高电平时表示读存储器。

(2) READY：准备就绪，输入，高电平有效，表示存储器或端口准备就绪，允许进行一次数据传送。CPU在每个T_3状态的开始检测READY信号，若为低电平，则在T_3状态结束后插入若干T_w状态，直到READY变为高电平为止。当READY为高电平时，表示设备已准备就绪，进入T_4状态，完成数据传送，并结束总线周期。

(3) INTR(Interrupt Request)：可屏蔽中断请求，输入，高电平有效。CPU在执行每一条指令的最后一个时钟周期会对INTR信号进行采样，如果CPU中的中断允许标志位IF=1，且又接收到INTR信号，那么，CPU就会在结束当前指令后，响应中断请求，执行一个中

断服务程序。

(4) $\overline{\text{TEST}}$：测试，输入，低电平有效。$\overline{\text{TEST}}$ 是和指令 WAIT 结合起来使用的，在 CPU 执行 WAIT 指令时，CPU 处于空闲状态进行等待，且每隔 5 个时钟周期对 $\overline{\text{TEST}}$ 进行一次测试。当 $\overline{\text{TEST}}$ 信号有效时，等待状态结束，CPU 继续往下执行被暂停的指令。

(5) NMI(Non-Maskable Interrupt)：不可屏蔽中断请求线，输入，上升沿有效。只要 CPU 采样到 NMI 由低电平到高电平的跳变，不管 IF 的状态如何，CPU 都会立即停止当前指令的执行，转而执行 0008H 入口地址(类型 2 中断)的中断服务程序。

(6) RESET：系统复位，输入，该信号必须保持 4 个时钟周期的高电平才有效。系统复位后，CPU 停止当前工作，且初始化 8086 的内部寄存器，即 FR、IP、DS、SS、ES 及指令列队缓存器全部清零(FR 清零后，禁止可屏蔽中断)，而 CS 置为 FFFFH。当 RESET 回到低电平时，CPU 重新启动，从存储器 FFFF0H 地址单元开始执行程序。

(7) CLK：时钟，输入，由时钟发生器(如 8284A)提供，它提供了处理器和总线控制器的定时操作。8086 要求时钟脉冲的占空比为 33%，即高电平 1/3，低电平 2/3。

(8) Vcc：+5V 电源线，输入。

(9) GND：接地，输入。

(10) MN/$\overline{\text{MX}}$：最小/最大模式选择，输入。此引脚固定接为+5V 时，CPU 处于最小模式；若接地，则 CPU 处于最大模式。

3) 控制和状态线(在“最小模式”系统，8 条)

(1) M/$\overline{\text{IO}}$：存储器或输入/输出控制，输出，三态。该引脚输出若为高电平，表示 CPU 与存储器之间进行数据传输。若为低电平，表示 CPU 和 I/O 设备之间进行数据传输。一般 M/$\overline{\text{IO}}$ 在上一总线周期的 T_4 状态成为有效电平，开始一个新的总线周期，有效电平保持到该总线周期的 T_4 状态为止。在 DMA 方式时，它被置为高阻状态。

(2) $\overline{\text{WR}}$：写信号，输出，三态。低电平有效时，表示 CPU 正在对存储器或 I/O 端口进行写数据操作，写入哪个数据由 M/$\overline{\text{IO}}$ 决定。对任何写操作，$\overline{\text{WR}}$ 只在 T_2、T_3、T_w 状态有效。DMA 方式时，被置为高阻。

(3) $\overline{\text{INTA}}$：中断响应，输出，响应 INTR，用来对外设的中断请求做出响应。对于 8086 来讲，实际上是位于连续周期中的两个负脉冲，在每个周期的 T_2、T_3 和 T_w 状态，$\overline{\text{INTA}}$ 端为低电平。第一个负脉冲通知外部设备的接口，它发出的中断请求已经得到了允许；外设接口收到第二个负脉冲后，往数据总线上放中断类型码，从而 CPU 便得到了有关中断请求的详尽信息。

(4) ALE(Address Latch Enable)：地址锁存允许，输出，在任一总线周期的 T_1 期间，ALE 输出一个高电平用于表示 AD_{15}～AD_0 输出的是地址信息，送外部地址锁存器锁存。要注意 ALE 端不能浮空。ALE 由高电平变低电平时地址锁存。

(5) DT/$\overline{\text{R}}$ (Data Transmit/Receive)：数据发送/接收，输出，三态。由于 CPU 的数据总线是双向传送的，DT/$\overline{\text{R}}$ 引脚用来控制数据收发器(如 8086/8087)的传送方向。DT/$\overline{\text{R}}$ 为高电平时，CPU 向数据总线发送数据，做写操作；反之，CPU 从外部接收数据，做读操作。DMA 方式，浮空置为高阻。

(6) $\overline{\text{DEN}}$ (DATA ENABLE)：数据允许信号输出端，输出，三态。在用 8286/8287 作为数据总线收发器时，$\overline{\text{DEN}}$ 为收发器提供了一个控制信号，表示 CPU 准备发送或接收

一个数据。在每一存储器、输入/输出访问周期或中断响应周期中，$\overline{DEN}$ 为低电平。只是在读周期或中断响应周期，$\overline{DEN}$ 在 T_2 状态的中间才成为低电平，并一直保持到 T_4 状态。而对于写周期，$\overline{DEN}$ 信号是在 T_2 状态一开始就成为低电平，并一直保持到 T_4 状态。在 DMA 工作方式，被置为高阻。

(7) HOLD(Hold Request)：总线保持请求，输入。用于其他控制器(协处理器，DMA 等)向本 CPU 请求占用总线。高电平有效。

(8) HLDA(Hold Acknowledge)：总线保持响应，输出。若系统中 CPU 之外的另一主模块要求占用总线，就在当前总线周期完成时，于 T_4 状态从 HLDA 引脚发出一个回答信号，对刚才的 HOLD 请求做出响应。同时，CPU 使地址/数据总线和控制状态总线处于浮空状态。总线请求部件收到 HLDA 信号后，就获得了总线控制权，在此后一段时间，HOLD 和 HLDA 都保持高电平。总线占有部件用完总线后，会把 HOLD 信号变为低电平，则 CPU 也将 HLDA 置为低电平，这样，CPU 又获得了地址/数据总线和控制状态总线的占有权。

4) 控制和状态线(在“最大模式”系统，8 条)

(1) $\overline{S_2}$，$\overline{S_1}$，$\overline{S_0}$：总线周期状态信号，输出。它们的编码组合提供当前总线周期中所进行的数据传输过程的类型。由总线控制器 8288 根据这些状态对存储器及 I/O 进行控制。其对应操作见表 2.4。

表 2.4 $\overline{S_2}$、$\overline{S_1}$、$\overline{S_0}$ 的状态编码表

$\overline{S_2}$	$\overline{S_1}$	$\overline{S_0}$	操作过程	$\overline{S_2}$	$\overline{S_1}$	$\overline{S_0}$	操作过程
0	0	0	发中断响应信号	1	0	0	取指令
0	0	1	读 I/O 端口	1	0	1	读存储器
0	1	0	写 I/O 端口	1	1	0	写存储器
0	1	1	暂停	1	1	1	无源状态(不作用)

注意：

- 表 2.4 中的总线周期状态中至少应有一个状态为低电平，方可进行一种总线操作。
- 当 $\overline{S_2}$、$\overline{S_1}$、$\overline{S_0}$ 都为高电平时表明操作过程即将结束，而另一个新的总线周期尚未开始，这时称为“无源状态”。
- 在总线周期的最后一个状态(即 T_4 状态)，$\overline{S_2}$、$\overline{S_1}$、$\overline{S_0}$ 中只要有一个信号改变，就表明是下一个新的总线周期开始。

(2) $\overline{RQ}/GT_0$、$\overline{RQ}/GT_1$(Request/Grant)：总线请求/允许，输入/输出，三态。供 CPU 以外的两个协处理器用来发出使用总线的请求和接收 CPU 对总线请求的回答信号。这两个引脚可以同时与两个外部处理器连接，$\overline{RQ}/GT_0$ 的优先级比 $\overline{RQ}/GT_1$ 高。在多处理器控制系统中，要用总线控制器 8288 和总线仲裁控制器 8289。

(3) $\overline{LOCK}$：总线锁定信号，输出，三态。当 $\overline{LOCK}$ 为低电平时，其他总线主控部件都不能占用总线。在 DMA 工作方式时，$\overline{LOCK}$ 被浮为高阻。$\overline{LOCK}$ 信号由指令前缀 LOCK 产生，在 LOCK 前缀后的一条指令执行完后，便撤销 $\overline{LOCK}$ 信号。为防止 8086 中断时总线被其他主控部件所占用，在中断过程中，$\overline{LOCK}$ 也自动变为低电平。

(4) QS_1、QS_0：指令队列状态，输出。这两个信号提供总线周期的前一个状态中指令队列的状态，便于外部主控设备对 CPU 内部的指令队列进行跟踪。其组合含义见表 2.5。

表 2.5 QS_1、QS_0 编码组合信息表

QS_1	QS_0	含 义
0	0	无操作
0	1	从指令队列中的第一个字节取指令代码
1	0	队列已空
1	1	从指令队列中取走后续字节

2.1.5 存储器组织

1. 存储器地址空间和数据存储格式

1) 存储器地址空间

8086 的存储器都是以字节(8 位)为单位组织的。它们具有 20 条地址总线，所以可寻址的存储器地址空间容量为 1MB 字节。每个字节对应一个唯一的地址，地址范围为 0～2^{20}(用十六进制表示为 00000～FFFFFH)，如图 2.4 所示。

8086 系统将其内存储器分成两个部分，如图 2.5 所示，每个部分都为 512KB。一部分叫偶存储体，其中内存单元的地址码都是偶数，如 00000H、000002H 等，该存储体的数据总线对应接 CPU 数据总线的低 8 位。另一部分叫奇存储体，其中内存单元的地址码都是奇数，如 00001H、00003H 等，该存储体的数据总线对应接 CPU 数据总线的高 8 位。每个存储体有 19 条地址线，两个存储体的全部地址线对应与 CPU 的 19 条地址总线 A_1～A_{19} 相连。CPU 的地址线 A_0 作为偶存储体的片选信号。为了实现对奇存储体的正确访问，8086 专门设置了一条控制线 $\overline{BHE}$ (总线高允许信号)，并用 $\overline{BHE}$ 作为奇存储体的片选信号，$\overline{BHE}$ 和 $A_0(AD_0)$不同组合状态所代表的含义见表 2.3。

十六进制地址	二进制地址	存储器
00000	0000 0000 0000 0000 0000	
00001	0000 0000 0000 0000 0001	
00002	0000 0000 0000 0000 0010	
00003	0000 0000 0000 0000 0011	
⋮	⋮	⋮
FFFFE	1111 1111 1111 1111 1110	
FFFFF	1111 1111 1111 1111 1111	

图 2.4 8086 的存储器组织图

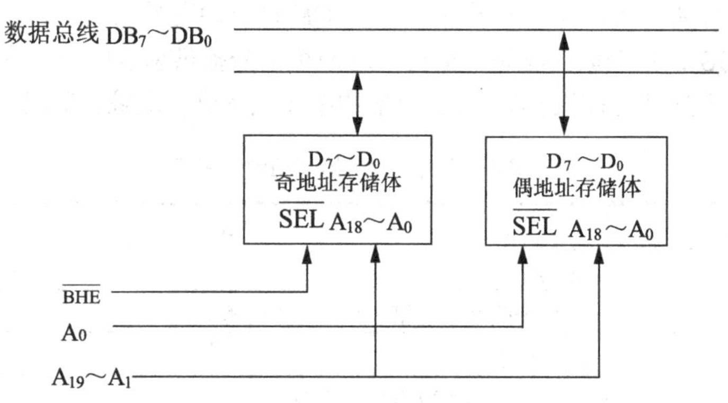

图 2.5　8086 CPU 与存储器的连接图

2)　数据存储格式

8086 有 16 条数据线，可以进行 16 位或 8 位运算。8 位二进制数组成一个字节(Byte)，两个字节组成一个字(Word)。存储器内两个连续的字节，定义为一个字，一个字中的每个字节，都有一个字节地址，每个字的低字节(低 8 位)存放在低地址中，高字节(高 8 位)存放在高地址中。字的地址指低字节的地址。各位的编号方法是最低位为 0，一个字节中，最高位编号为 7，一个字中最高位的编号为 15。

8086/8088 允许字从任何地址开始。字的地址是偶地址时，称字的存储是“对准”的，若字的地址是奇地址，则称字的存储是“未对准”的。8086 CPU 数据总线 16 位，对于访问(读或写)字节的指令，需要一个总线周期。对于访问一个偶地址的字的指令，用 D_{15}～D_0 16 条数据总线可一次访问成功，也是需要一个总线周期。而对于访问一个奇地址的字的指令，则需要两个总线周期(CPU 自动完成)。第一次用 D_{15}～D_8 访问奇存储体的低字节，第二次用 D_7～D_0。为了提高对数据字的访问速度，应将数据字的低字节放在偶存储体中，即使数据字的地址码为偶数。

2. 存储器的分段

8086 CPU 有 20 条地址线，能寻址外部存储空间为 1MB，而在 8086 CPU 内部能向存储器提供地址码的地址寄存器有六个，均为 16 位，所以用这六个 16 位地址寄存器任意一个给外部存储器提供地址，只能提供 64K 个地址，不能提供完整的 1MB 存储空间地址。这六个 16 位地址寄存器分别为 BX、BP、SI、DI、SP、IP。

为了使 8086 CPU 能寻址到外部存储器 1MB 空间中任何一个单元，采用了地址分段方法(将 1MB 空间分成若干个逻辑段)，每段不超过 64KB。段与段能连续排列。也能部分重叠，完全重叠，断续排列。段数也没有一定限制。一个存储单元可以只属于某一段，也可以属于多个互相重叠的段。最终将寻址范围扩大到 1MB。

在 1MB 的存储空间中，每个存储单元的实际地址编码称为该单元的物理地址(用 PA 表示)。一个段的起始地址的高 16 位自然数为该段的段地址。在一个段内的每个存储单元，可以用相对于本段的起始地址的偏移量来表示，这个偏移量称为段内偏移地址，也称为有效地址(EA)。

注意：

- 各逻辑段的起始地址必须能被16整除，即一个段的起始地址(20位物理地址)的低4位二进制码必须是0。
- 在1MB的存储空间中，可以有2^{16}个段地址。每相邻的两个段地址之间相隔16个存储单元。
- 在一个段内有2^{16}=64K个偏移地址，即一个段最大为64KB。
- 在一个64KB的段内，每个偏移地址单元的段地址是相同的，所以段地址也称为段基址。
- 由于相邻两个段地址只相隔16个单元，所以段与段之间大部分空间互相覆盖。

3. 存储器物理地址的形成

把1MB的存储空间分成若干个逻辑段以后，对一个段内的任意存储单元，都可以用两部分地址来描述，一部分为段地址(段基址)，另一部分为段内偏移地址(有效地址 EA)。段地址和段内偏移地址都是无符号的16位二进制数，常用4位十六进制数表示。这种方法表示的存储器单元的地址称为逻辑地址。逻辑地址的表示格式为：“段地址：偏移地址”。一个存储单元用逻辑地址表示后，CPU对该单元的寻址就应提供两部分地址：段地址和段内有效地址。段地址和段内有效地址分别由以下段寄存器提供。

CS——提供当前代码(程序)段的段地址。

DS——提供当前数据(程序)段的段地址。

ES——提供当前附加数据段的段地址。

SS——提供当前堆栈段的段地址。

BX、BP、SI、DI——CPU 对存储器进行数据读/写操作时，由这些寄存器以某种寻址方式向存储器提供段内偏移地址。

SP——堆栈操作时，提供堆栈段的段内偏移地址。

IP——CPU 取指令时，提供所取指令代码所在单元的偏移地址。

当访问存储单元时，提供段地址和段内有效地址的各个寄存器，如表2.6所示。

表2.6 段地址和段内有效地址间的关系

访问存储器类型	默认段地址	可指定段地址	段内偏移地址来源
取指令码	CS	无	IP
堆栈操作	SS	无	SP
字符串操作源地址	DS	CS、ES、SS	SI
字符串操作目的地址	ES	无	DI
BP用作基址寄存器时	SS	CS、DS、ES	依寻址方式求得EA
一般数据存放	DS	CS、ES、SS	依寻址方式求得EA

其中，可指定段地址由指令加1字节的段超越前缀来实现，如果用默认段地址寄存器

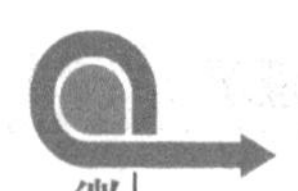

则无此前缀。如指令“MOV AX”，[SI]表示使用默认段地址DS，“MOV AX，ES:[SI]”表示使用指定段地址ES。

已知某存储单元的逻辑地址，该单元的物理地址=段地址×10H+段内偏移地址。8086 CPU中的BIU单元的地址加法器∑用来完成物理地址的计算。由逻辑地址到物理地址的形成过程和物理地址的计算方法如图2.6所示。

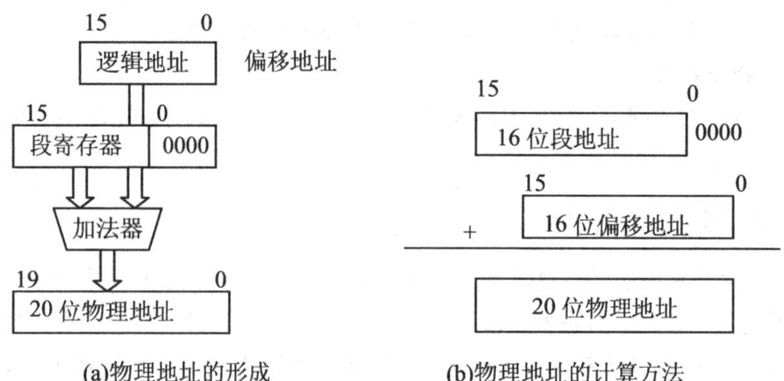

(a)物理地址的形成 (b)物理地址的计算方法

图2.6 物理地址的形成和计算方法

【例2.2】 某单元的逻辑地址为4B09H：5678H，求该存储单元的物理地址。

解： 物理地址(PA)=段地址×10H+EA=4B09H×10H+5678H=4B090H+5678H=50708H

【例2.3】 某单元的物理地址为00020H，求其对应的逻辑地址。

解： 该单元的逻辑地址可以有

(1) 0000H：0020H

00020H=0000H×10H+0020H

(2) 0001H：0010H

00020H=0001H×10H+0010H

(3) 0002H：0000H

00020H=0002H×10H+0000H

由此可见，一个存储单元，可以用不同的逻辑地址表示，但其PA是唯一的。

注意：

- 在访问存储器时，段地址总是由段寄存器提供的。8086微处理器的BIU单元设有4个段寄存器(CS、DS、SS、ES)，所以CPU可以通过这4个段寄存器来访问4个不同的段。
- 用程序对段寄存器的内容进行修改，可实现访问所有的段。一般地，把段地址装入段寄存器的那些段(不超过4个)称为当前段。
- 一个段的最大空间为64KB，实际使用时，不一定能用到64KB。理论上分段时，相邻段之间大部分空间是相互重叠的，但实际上不会重叠。汇编程序对用户源程序汇编时，会将用户程序中的不同信息段独立存放。

2.1.6　输入/输出(I/O)组织

I/O 设备包括与外界通信和存储大容量信息用的各种外部设备。由于这些外部设备的复杂性和多样性，特别是其存取速度比 CPU 低得多，因此 I/O 设备不能直接和总线相连接。I/O 接口是保证信息和数据在 CPU 和 I/O 设备之间正常传送的电路。接口由 I/O 芯片上的一个或若干个端口组成。每个端口都有独立的地址，分别对应芯片内的一个寄存器或一组寄存器。

8086/8088 CPU 共有 20 条地址线，对存储器和 I/O 端口的寻址采用独立编址的方式，低 16 位用来给 I/O 编址，所以能寻址的 I/O 空间为 64K(2^{16})个，端口号取值范围：0000H～FFFFH。两个端口编号相邻的 8 位端口可组成一个 16 位端口。

8086/8088 CPU 用地址线的低 16 位加上部分控制线完成对 I/O 端口的存取。指令系统中的 I/O 指令，可访问 8 位或 16 位端口。在执行 IN 指令对端口读操作时，8086 CPU 芯片的引脚 $\overline{RD}$ 和 M/$\overline{IO}$ 同时为有效的低电平；执行 OUT 指令对端口写操作时，引脚 $\overline{WR}$ 和 M/$\overline{IO}$ 也同时为低电平。端口寻址与存储器寻址方式相似，但是端口寻址不使用段寄存器。同存储器的字存储一样，I/O 端口的字存储也可以分为“对准”字与“未对准”字，当存储字的字地址为偶数时，称为“对准”字，为奇数时，称为“未对准”字。

2.1.7　系统配置

如前所述，8086 CPU 工作模式的选择是由硬件决定的，当 CPU 的引脚 MN/$\overline{MX}$ 接高电平(+5V)时，工作在最小模式；当 MN/$\overline{MX}$ 接低电平时，工作在最大模式。两种不同模式下的主要区别体现在 8086 CPU 的第 24～31 号引脚的功能有所不同。

本小节讨论这两种模式下的系统配置。

1. 最小模式下的系统配置

最小模式是 8086 CPU 最基本的配置，是单微处理器系统。图 2.7 所示为由 8086 CPU 构成的最小模式系统的基本配置，除 8086 CPU 以外，系统还包括存储器、I/O、接口时钟发生器 8284、地址锁存器 8282 和数据收发器 8286。

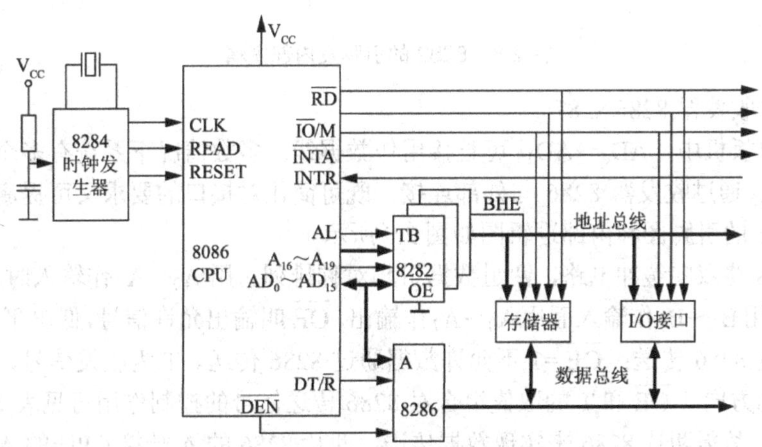

图 2.7　最小模式下 8086 系统的配置

1)　时钟发生器 8284

8086 典型配置中有一个时钟发生器 8284A，它的功能为：产生系统的时钟信号，对准备信号 READY 及复位信号 RESET 进行同步。不管外界控制信号 RDY(就绪)及 $\overline{\text{RES}}$ (复位)何时到来，8284A 都能将其同步后输出 READY 和 RESET 给 CPU。

2)　地址锁存器 8282/8283

8282 是 8 位地址锁存器，三态传输，其引脚和内部逻辑如图 2.8 所示。它有 8 个输入端 DI_0～DI_7 和 8 个输出端 DO_0～DO_7。STB 是选通信号，$\overline{\text{OE}}$ 是输出允许信号。当 STB=1 时，允许 DI_0～DI_7 上的数据通过，锁存电路在 STB 下降沿，在对应触发器中实现数据锁存。当 $\overline{\text{OE}}$ =0 时，允许锁存的数据从 DO_0～DO_7 线上输出。$\overline{\text{OE}}$ =1 时，锁存器输出为高阻状态。8086 最小模式系统中需要锁存的数据有 20 位地址信息和 1 个高 8 位数据有效信息 $\overline{\text{BHE}}$，因此需要三片 8282。8282 的 DI 端分别接 8086 的 AD_0～AD_{15}，A_{16}/S_3～A_{19}/S_6 和 $\overline{\text{BHE}}$，其输出为 A_0～A_{19} 20 条地址总线(称为系统地址总线)和 $\overline{\text{BHE}}$ 控制线。三片 8282 的 STB 端与 8086 的地址允许锁存信号 ALE 相连，8086 通过 ALE 来控制 8282 锁存地址信息。$\overline{\text{OE}}$ 直接接地，这样 8282 输出的总是其中锁存的地址信息。

8283 与 8282 的区别：8283 输出反相。

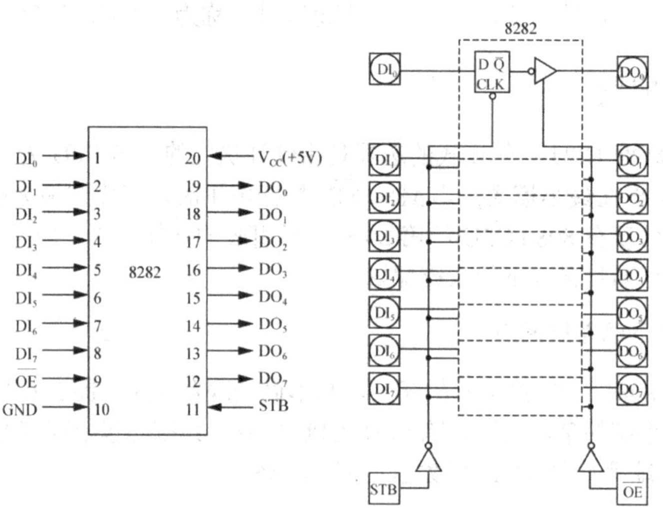

图 2.8　8282 的引脚及内部逻辑

3)　数据收发器 8286/8287

在小型单板机中，AD_0～AD_{15} 可直接用作数据线。多数情况下系统有多个接口，8086 的 AD_0～AD_{15} 通过收发器 8286 与外部连接，既可简化对接口的要求又可提高数据线的驱动能力。8286 的引脚图和内部逻辑图如图 2.9 所示。

8286 有 8 路双向缓冲电路，两组数据引脚对称排列。用 A_0～A_7 作输入时 B_0～B_7 用作输出；也可以用 B_0～B_7 作输入而用 A_0～A_7 作输出。$\overline{\text{OE}}$ 叫输出允许信号，低电平有效。$\overline{\text{OE}}$ =0 允许数据通过 8286 传送；$\overline{\text{OE}}$ =1 不允许数据通过 8286 传送。T 为收发信号，它的取值决定数据传送的方向。$\overline{\text{OE}}$ 和 T 的取值组合对 8286 传送信号的控制作用可见表 2.7。8086 有 16 条数据线，故需两片 8286 来实现数据传送。两片 8286 的 A 端接 CPU 的 AD_0～AD_{15}。8286 的 $\overline{\text{OE}}$ 端接 8086 的 $\overline{\text{DEN}}$，由 $\overline{\text{DEN}}$ 状态去决定 8286 是否传送数据。8286 的 T 端接

8086 的 DT/$\overline{\text{R}}$，由 DT/$\overline{\text{R}}$ 的状态控制 8286 传送数据的方向。两片 8286 B 端对外的 16 条引线就是系统数据总线。

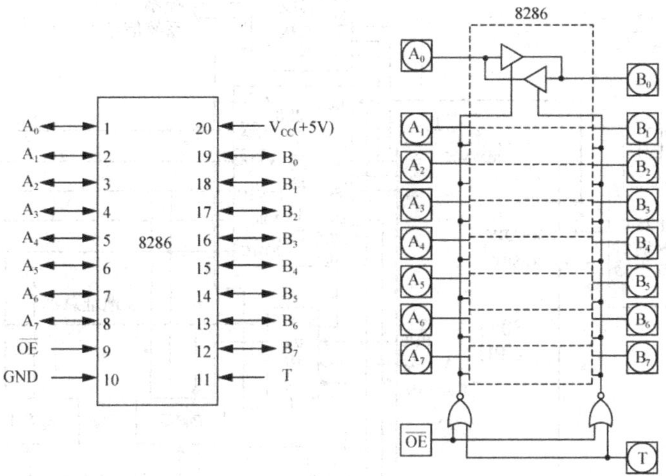

图 2.9 8286 的引脚及内部逻辑

表 2.7 $\overline{\text{OE}}$ 与 T 组合功能

$\overline{\text{OE}}$	T	传送方向
0	1	A 到 B
0	0	B 到 A
1	X	高阻

在 CPU 的地址/数据总线上发送地址信息期间，无论是读还是写，加在 8286$\overline{\text{OE}}$ 端上的 $\overline{\text{DEN}}$ 信号均为高电平，使 8286 呈高阻状态，阻止地址信息进入系统数据总线。

当 CPU 撤销地址/数据线上的地址信息后，$\overline{\text{DEN}}$ 由高电平变为低电平，允许数据通过 8286 传送。对于读周期 DT/$\overline{\text{R}}$=0，8286 把被访问的存储器 M 或 I/O 口的数据传送给 CPU。对于写周期 DT/$\overline{\text{R}}$=1，8286 将 CPU 在地址/数据总线 AD_0～AD_{15} 上发出的数据信息传送到系统总线。

8287 与 8286 的区别是：8287 输出反相。

2. 最大模式下的系统配置

最大模式系统是由多个微处理器/协处理器构成的多机系统，CPU 引脚 MN/$\overline{\text{MX}}$ 接地(GND)。在最小模式的配置上，增加了总线控制器(8288)和总线裁决器(8289)。系统组成如图 2.10 所示。

1) 总线控制器 8288

8086 CPU 在最大模式下，不再直接提供系统所需的控制信号，而是通过 $\overline{S_2}$、$\overline{S_1}$ 和 $\overline{S_0}$ 三脚输出总线状态信号，经 8288 译码产生相应的总线命令和控制命令。8288 总线控制器是 8086 工作在最大模式下构成系统时必不可少的支持芯片，它根据 8086 在执行指令时提供的总线周期状态信号 $\overline{S_2}$、$\overline{S_1}$ 和 $\overline{S_0}$ 建立控制时序，输出读/写控制命令，可以提供灵活多变的系统配置，以实现最佳的系统性能。

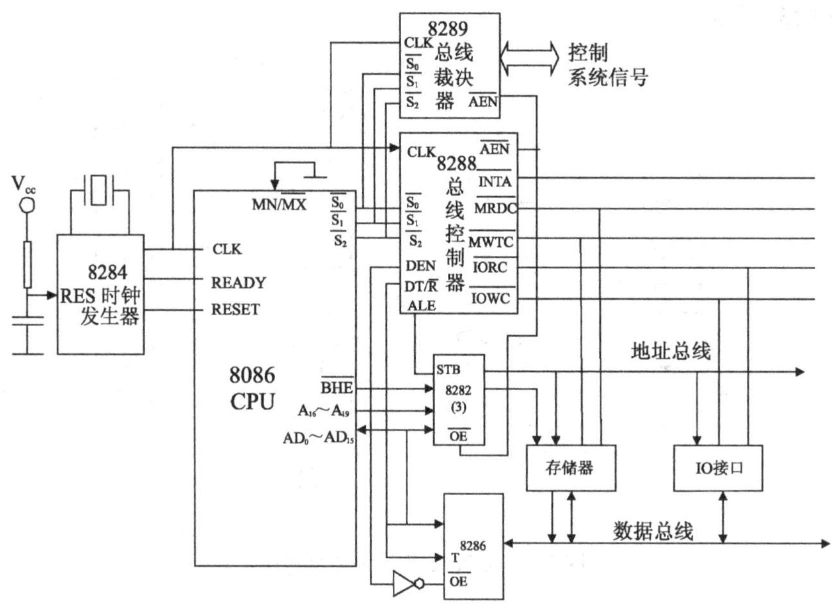

图 2.10　最大模式下 8086 系统配置

总线控制信号与总线命令的对应关系如表 2.8 所示。8288 的结构框图和引脚信号如图 2.11 所示。8288 各引脚的功能如下。

(1)　$\overline{MRDC}$：读存储器命令(输出)，低电平有效时，相当于最小模式中 CPU 发出 $\overline{RD}$=0 和 M/$\overline{IO}$=1 信号，将存储器数据送数据总线。

(2)　$\overline{IORC}$：读 I/O 端口命令(输出)，相当于最小模式中 $\overline{RD}$=0，M/$\overline{IO}$=0，允许 I/O 端口将数据送到数据总线上。

(3)　$\overline{MWTC}$ 和 $\overline{AMWC}$：写存储器命令(输出)，相当于最小模式当中 $\overline{WR}$ = 0，M/$\overline{IO}$=1，将数据写入所选存储器单元。但最大模式增加了一个“超前写存储器信号” $\overline{AMWC}$，它比 $\overline{MWTC}$ 提前一个时钟周期。

(4)　$\overline{IOWC}$ 和 $\overline{AIOWC}$：写 I/O 端口命令(输出)，相当于最小模式中 $\overline{WR}$ = 0，M/$\overline{IO}$=0，将数据写入所选 I/O 端口。但也增加了一个“超前写 I/O 端口信号” $\overline{AIOWC}$，它比 $\overline{IOWC}$ 提前一个时钟周期。

表 2.8　总线控制信号与总线命令的对应关系

$\overline{S_2}$　$\overline{S_1}$　$\overline{S_0}$	CPU 状态	8288 输出指令
0　0　0	中断响应	$\overline{INTA}$
0　0　1	读 I/O	$\overline{IORC}$
0　1　0	写 I/O	$\overline{IOWC}$　$\overline{AIOWC}$
0　1　1	暂停	无
1　0　0	取指令	$\overline{MRDC}$

续表

$\overline{S_2}$ $\overline{S_1}$ $\overline{S_0}$	CPU 状态	8288 输出指令
1 0 1	读存储器	$\overline{MRDC}$
1 1 0	写存储器	$\overline{MWTC}$ 、$\overline{AMWC}$
1 1 1	无	无

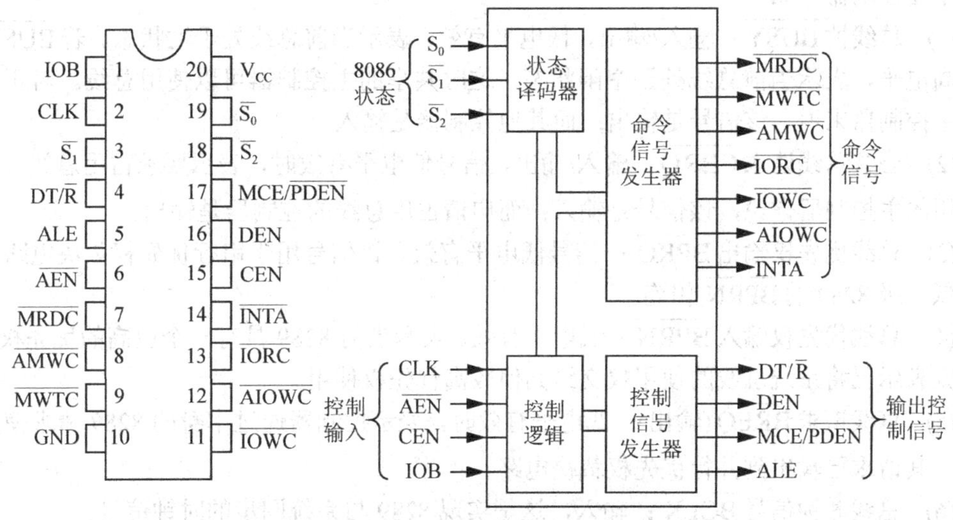

图 2.11 8288 的结构框图和引脚信号

注意： 连接在总线上的装置大都使用 $\overline{MWTC}$ 和 $\overline{IOWC}$ ，或者用 $\overline{AMWC}$ 和 $\overline{AIOWC}$，但不会四者都用。

(5) $\overline{INTA}$：中断响应信号(输出)，与最小模式时 $\overline{INTA}$ 的功能相同。

(6) CEN：片选信号(输入)，当有多片 8288 协同工作时起片选作用。当 CEN 为高电平时，允许该 8288 发出全部控制信号；当 CEN 为低电平时，禁止该 8288 发出总线控制信号，同时使 DEN 和 $\overline{PDEN}$ 呈高阻状态。任何时候只有一片 8288 的 CEN 为高电平。

(7) $\overline{AEN}$：地址允许信号(输入)，由总线裁决器 8289 输入，低电平有效。地址允许信号 $\overline{AEN}$ 是支持多总线结构的同步控制信号。

(8) MCE/$\overline{PDEN}$：双功能输出控制信号(主控级联/外设数据允许)，当 8288 工作于系统总线方式时，作 MCE 用。在中断响应周期的 T1 状态 MCE 有效，控制主 8259A(中断控制器)向从 8259A 输出级联地址；当 8288 工作于 I/O 总线方式时，作 $\overline{PDEN}$ 用，控制外部设备通过 I/O 总线传送数据。

(9) IOB：总线方式控制信号(输入)，8288 既可控制系统总线，又可控制 I/O 总线。当 IOB=1 时，8288 只用来控制 I/O 总线；当 IOB=0 时，8288 工作于系统总线工作方式。

2) 总线裁决器 8289

总线裁决器 8289 与总线控制器相互配合，可解决多个处理器同时申请使用系统总线的问题。在有多个主控制器同时要求使用总线时，由 8289 总线裁决器进行裁决，裁决方式有三种：并行优先级裁决、串行优先级裁决和循环优先级裁决。

并行裁决：要用优先级编码器及译码器将所有 8289 的 $\overline{BREQ}$ 送入编码器，经译码器送出到每一个 8289 的 $\overline{BPRN}$ 。

串行裁决：按优先级顺序，将上一级 8289 的 $\overline{BPRO}$ 与下一级 8289 的 $\overline{BPRN}$ 连接起来，优先级最高的 8289 的 $\overline{BPRN}$ 端接地。这种裁决方式不需增加任何设备，但响应速度受限制。如：在 $\overline{BCLK}$ 的频率为 10MHz 时，最高允许连接三片 8289。

循环裁决：与并行方式相似，但能使各个 8289 具有平等使用总线的权利，即循环使用。

主要控制命令如下。

(1) 总线忙 $\overline{BUSY}$ ：输入/输出，低电平有效，表示当前总线处于忙状态。若 $\overline{BUSY}$ 信号为高电平，表示当前总线处于空闲状态，这时共享的主控制器可以使用总线。对正在使用的主控制器来说，该信号是输出；而其他控制器是输入。

(2) 公共总线请求 $\overline{CBRQ}$ ：输入/输出，信号低电平有效时，表示要求占用总线。对正在使用的主控制器来说，该信号是输入；而申请占用总线的控制器是输出。

(3) 总线优先权输出 $\overline{BPRO}$ ：信号低电平有效。该信号用于串行优先权裁决电路，可以与低一级 8289 的 $\overline{BPRN}$ 相连。

(4) 总线优先权输入 $\overline{BPRN}$ ：低电平有效。表示当前 8289 具有一个更高的优先权。反之，则表示已将系统总线的使用权交给其他较高优先权使用。

(5) 总线请求 $\overline{BREQ}$ (输出)：低电平有效时，表示控制器通过本身的 8289 请求使用总线时，其请求已输出到并行优先权裁决电路。

(6) 总线时钟信号 $\overline{BCLK}$ ：输入，这是实现 8289 与系统同步的时钟信号。

注意： 最大模式系统中，HOLD 和 HLDA 信号被 8086 的总线请求/同意信号线($\overline{RQ}/\overline{GT_0}$ 和 $\overline{RQ}/\overline{GT_1}$)所取代，由它们提供对局部总线的特权访问机构。

2.1.8 基本时序

1. 时序的基本概念

计算机的工作是在时钟脉冲 CLK 的统一控制下，一个节拍一个节拍地实现的。CPU 执行某一个程序之前，先要把程序(已变为可执行的目标程序)放到存储器的某个区域。在启动执行后，CPU 就发出读指令的命令，存储器接到这个命令后，从指定的地址(在 8086 中由代码段寄存器 CS 和指令指针 IP 给定)读出指令，把它送至 CPU 的指令寄存器中，然后 CPU 对读出的指令经过译码器分析之后，发出一系列控制信号，以执行指令规定的全部操作，控制各种信息在系统各部件之间传送。

8086 执行指令涉及三种周期：时钟周期、总线周期和指令周期。首先要掌握这三种周期的区别与相互之间的联系。

时钟周期 T：是时钟脉冲的重复周期，是 CPU 的时钟频率的倒数，是 CPU 的时间基准，由计算机的主频决定。例如，8086 的主频为 5MHz，则 1 个时钟周期为 200ns。执行指令的一系列操作都是在时钟脉冲 CLK 的统一控制下一步一步进行的。

总线周期(Bus Cycle)：8086 CPU 与外部交换信息总是通过总线进行的。完成一次总线操作所需的时间，称为总线周期，一般包含多个总线周期 T(典型为 4 个)，每当 CPU 要从存储器或输入/输出端口存取一个字节或字时，就需要一个总线周期。

指令周期：执行一条指令所需的时间。每条指令的执行由取指令、译码和执行等操作组成，不同指令的指令周期是不等长的，一个指令周期由一个或若干个总线周期组成。

2. 总线周期的时序

8086 CPU 的总线周期至少由 4 个时钟周期组成，分别以 T_1、T_2、T_3和 T_4表示，如图 2.12 所示，T 又称为状态(State)。

一个总线周期完成一次数据传输，至少要有传送地址和传送数据两个过程。在第一个时钟周期 T_1期间，由 CPU 输出地址，在随后的三个总线周期(T_2、T_3和 T_4)用以传送数据。换言之，数据传送必须在 T_2～T_4这三个周期内完成，否则在 T_4周期后，总线将做另一次操作，开始下一个总线周期。

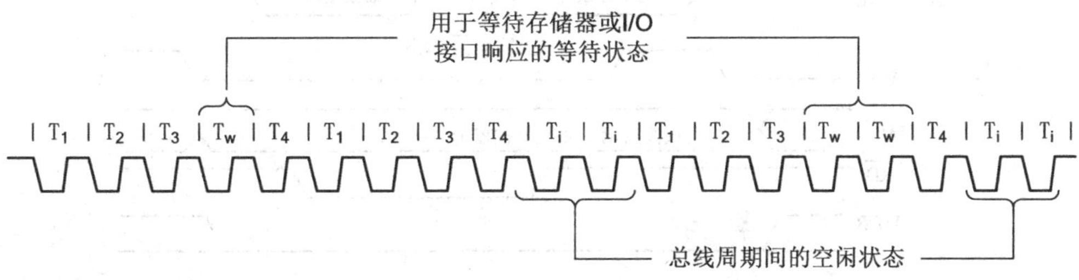

图 2.12 8086 CPU 的总线周期

在实际应用中，如果一些慢速设备在三个总线周期内无法完成数据读/写，那么在 T_4后总线就不能被它们所用，会造成系统读/写出错。为此，在总线周期中允许插入等待周期 T_w。当被选中进行数据读/写的存储器或外设无法在三个总线周期内完成数据读/写时，就由其发出一个请求延长总线周期的信号到 8086 CPU 的 READY 引脚，8086 CPU 收到该请求后，就在 T_3与 T_4之间插入一个等待周期 T_w，加入 T_w的个数与外部请求信号的持续时间长短有关，延长的时间 T_w也以时钟周期 T 为单位，在 T_w期间，总线上的状态一直保持不变。

如果在一个总线周期后不立即执行下一个总线周期，即总线上无数据传输操作，系统总线处于空闲状态，这时执行空闲周期 T_i，T_i也以时钟周期 T 为单位，两个总线周期之间插入几个 T_i与 8086 CPU 执行的指令有关。例如，在执行一条乘法指令时，需用 124 个时钟周期，而其中可能使用总线的时间极少，而且预取队列的填充也不用太多的时间，则加入的 T_i可能达到 100 多个。

3. 基本时序分析

8086 CPU 的操作是在指令译码器输出的电位和外面输入的时钟信号联合作用而产生的各个命令控制下进行的，可分为内操作与外操作两种。内操作控制 ALU(算术逻辑单元)进行算术运算，控制寄存器组进行寄存器选择以及判断是送往数据线还是地址线，进行读操作还是写操作等，所有这些操作都在 CPU 内部进行，用户可以不必关心。CPU 的外操作

是系统对 CPU 的控制或是 CPU 对系统的控制，用户必须了解这些控制信号以便正确使用。

8086 CPU 的外操作主要有如下几种：存储器读/写、I/O 端口读/写、中断响应、总线保持(最小方式)、总线请求/允许(最大方式)、复位和启动、暂停。

4. 读总线的时序

当 8086 CPU 进行存储器或 I/O 端口读操作时，总线进入读周期，8086 的读周期时序如图 2.13 所示。

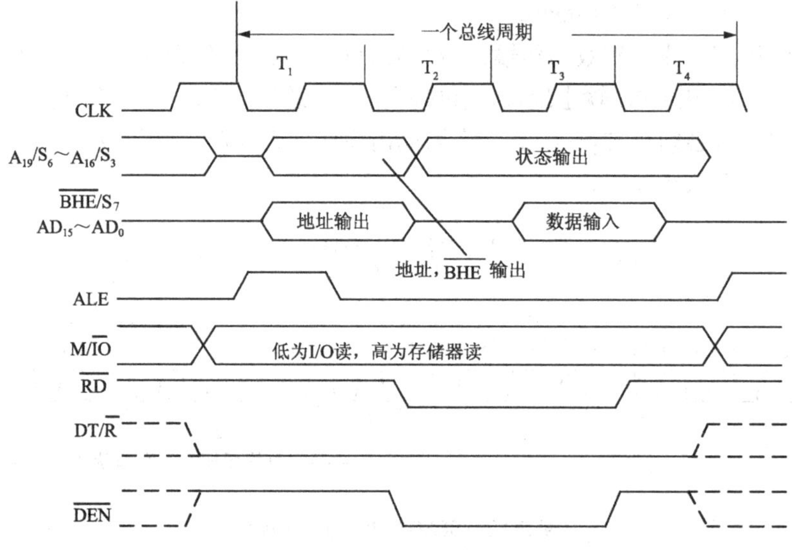

图 2.13　8086 读周期时序

基本的读周期由 4 个总线周期组成：T_1、T_2、T_3 和 T_4。当所选中的存储器和外设的存取速度较慢时，则在 T_3 和 T_4 之间插入一个或几个等待周期 T_w。在 8086 读周期内，有关总线信号的变化如下。

(1) $M/\overline{IO}$：在整个读周期保持有效，当进行存储器读操作时，$M/\overline{IO}$ 为高电平；当进行 I/O 端口读操作时，$M/\overline{IO}$ 为低电平。

(2) A_{19}/S_6～A_{16}/S_3：在 T_1 期间，输出 CPU 要读取的存储单元的高 4 位地址。T_2～T_4 期间输出状态信息 S_6～S_3。

(3) $\overline{BHE}/S_7$：在 T_1 期间输出 $\overline{BHE}$ 有效信号(低电平)，表示高 8 位数据总线上的信息可以使用，$\overline{BHE}$ 信号通常作为奇地址存储体的选择信号(偶地址存储体的选择信号是最低地址位 A_0)。T_2～T_4 期间输出高电平。

(4) AD_{15}～AD_0：在 T_1 期间输出 CPU 要读取的存储单元或 I/O 端口的地址 A_{15}～A_0。T_2 期间为高阻态，T_3～T_4 期间，存储单元或 I/O 端口将数据送上数据总线。CPU 从 AD_{15}～AD_0 上接收数据。

(5) ALE：在 T_1 期间地址锁存有效信号，为一正脉冲，系统中的地址锁存器正是利用该脉冲的下降沿来锁存 A_{19}/S_6～A_{16}/S_3、AD_{15}～AD_0 中的 20 位地址信息以及 BHE。

(6) $\overline{RD}$：在 T_2 期间输出低电平，送到被选中的存储器或 I/O 接口。要注意的是，只有被地址信号选中的存储单元或 I/O 端口，才会被 $\overline{RD}$ 信号从中读出数据(数据送上数据总

线 AD_{15}～AD_0)。

(7) DT/$\overline{R}$：在整个总线周期内保持低电平，表示本总线周期为读周期。在接有数据总线收发器的系统中，用来控制数据传输的方向。

(8) $\overline{DEN}$：在 T_2～T_3 期间输出有效低电平，表示数据有效。在接有数据总线收发器的系统中，用来实现数据的选通。

5. 写总线的时序

8086 的写周期时序如图 2.14 所示。总线写操作的时序与读操作时序相似，其不同之处如下。

(1) AD_{15}～AD_0：在 T_2～T_4 期间送上欲输出的数据，而无高阻态。

(2) $\overline{WR}$：在 T_2～T_4 期间输出有效低电平，该信号送到所有的存储器和 I/O 接口。要注意的是，只有被地址信号选中的存储单元或 I/O 端口才会被 WR 信号写入数据。

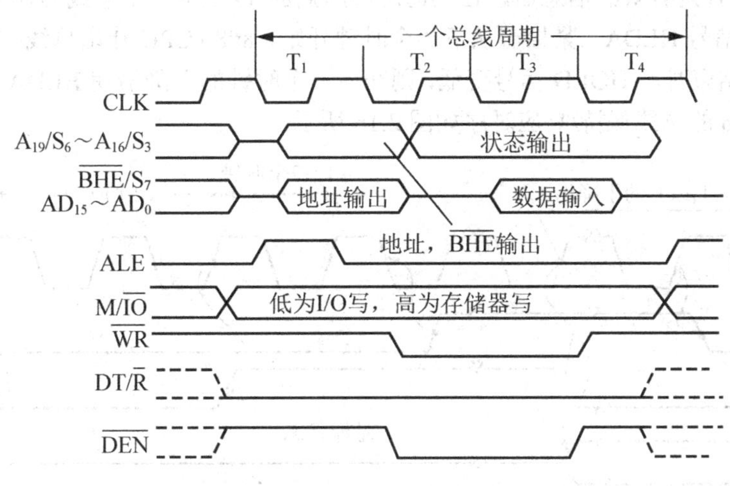

图 2.14 8086 写周期时序

(3) DT/$\overline{R}$：在整个总线周期内保持高电平，表示本总线周期为写周期。在接有数据总线收发器的系统中，用来控制数据传输方向。

6. 中断响应操作

当 8086 CPU 的 INTR 引脚上有一有效电平(高电平)，且标志寄存器中 IF=1 时，8086 CPU 在执行完当前的指令后，响应中断。在响应中断时 CPU 执行两个中断响应周期，如图 2.15 所示。每个中断响应周期由 4 个总线周期组成。在第一个中断响应周期中，从 T_2 至 T_4 周期，INTA 为有效(低电平)，作为对中断请求设备的响应；在第二个中断响应周期中，同样从 T_2 至 T_4 周期，INTA 为有效(低电平)，该输出信号通知中断请求设备(通常是通过中断控制器)，把中断类型号(决定中断服务程序的入口地址)送到数据总线的低 8 位 AD_7～AD_0(在 T_2～T_4 期间)。在两个中断响应周期之间，有 3 个空闲周期(T_i)。

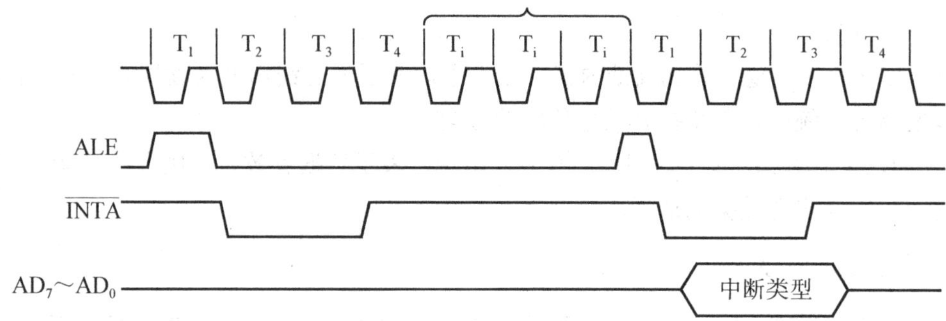

图 2.15　中断响应周期时序

7. 总线保持与响应

当系统中有其他的总线主设备请求总线时，向 8086 CPU 发出请求信号 HOLD，CPU 接收到 HOLD 且为有效的信息后，在当前总线周期的 T_4 或下一个总线周期的 T_1 的后沿，输出保持响应信号 HLDA，紧接着从下一个时钟开始，8086 CPU 让出总线控制权。当外设的 DMA 传送结束时， HOLD 信号变低，则在下一个时钟的下降沿使 HLDA 信号变为无效(低电平)。8086 的总线保持/响应时序如图 2.16 所示。

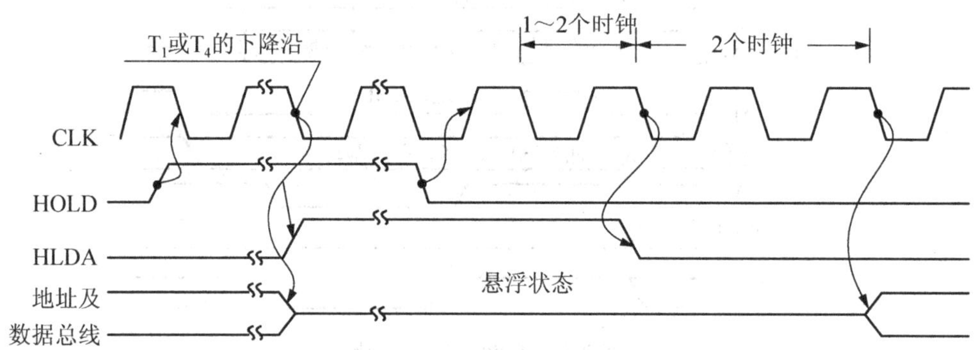

图 2.16　总线保持/响应时序

8. 系统复位时序

8086 CPU 的 RESET 引脚，可以用来启动或再启动系统，当 8086 在 RESET 引脚上检测到一个脉冲的上跳沿时，它停止正在进行的所有操作，处于初始化状态，直到 RESET 信号变低。复位时序如图 2.17 所示。图中 RESET 输入是引脚信号，CPU 内部是用时钟脉冲 CLK 来同步外部的复位信号的，所以内部 RESET 是在外部引脚 RESET 信号有效后的时钟上升沿有效的。复位时，8086 CPU 将使总线处于如下状态：地址线浮空(高阻态)，直到 8086 CPU 脱离复位状态，开始从 FFFF0H 单元取指令；ALE、HLDA 信号变为无效(低电平)；其他控制信号线，先变高一段时间(相应于时钟脉冲低电平的宽度)，然后浮空。另外，复位时 CPU 内寄存器的状态为：标志寄存器、指令指针(IP)、DS、SS、ES 清零；CS 置 FFFFH；指令队列变空。

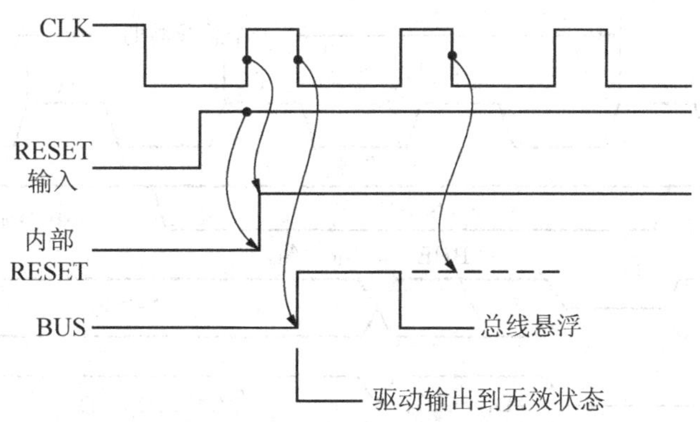

图 2.17 系统复位时序

9. 最大模式时序与最小模式时序的区别

最大模式下的总线时序基本上与最小模式相同，其区别有四点。

1) 控制信号 ALE、DEN 和 DT/$\overline{R}$

在最大模式中，ALE、DEN(注意不是$\overline{DEN}$)和 DT/$\overline{R}$ 由总线控制器 8288 发出；而在最小模式中，ALE、DEN 和 DT/$\overline{R}$ 由 8086 CPU 直接发出。同时数据允许信号极性相反，一个是高电平有效(DEN，最大方式)，一个是低电平有效($\overline{DEN}$，最小方式)。

2) 命令信号$\overline{MRDC}$、$\overline{MWTC}$、$\overline{AMWC}$、$\overline{IORC}$、$\overline{IOWC}$、$\overline{AIOWC}$以及总线周期状态信号$\overline{S_2}$、$\overline{S_1}$ 和$\overline{S_0}$

由于在最大模式中必须使用总线控制器 8288，因此在其时序图中必然出现访问存储器和 I/O 接口的命令信号：$\overline{MRDC}$、$\overline{MWTC}$、$\overline{AMWC}$、$\overline{IORC}$、$\overline{IOWC}$ 和$\overline{AIOWC}$，随之，最大模式下的总线周期状态信号$\overline{S_2}$、$\overline{S_1}$ 和$\overline{S_0}$ 也必然出现在时序图中。最大模式下的总线读时序和总线写时序如图 2.18 和图 2.19 所示。总线周期状态信号$\overline{S_2}$、$\overline{S_1}$ 和$\overline{S_0}$ 在 T_1～T_3 保持规定状态(由总线周期类型定)，在 T_3～T_4 返回到无效状态($\overline{S_2}$=$\overline{S_1}$=$\overline{S_0}$=高电平)。

3) 中断响应时序

最大模式中的中断响应时序如图 2.20 所示。最大模式下的中断响应时序增加了一个控制信号——LOCK。在第一个中断响应周期的 T_1 到第二个中断响应周期的 T_2 保持为有效(低电平)，以保证在中断响应过程中禁止其他主 CPU 占有总线控制权，从而使中断过程不受外界的影响。

4) 总线请求和允许时序

最大模式下有一种总线请求/允许时序，如图 2.21 所示。

该时序同最小模式中的总线保持/响应时序的不同之处如下。

(1) 该时序是通过 RQ/GT_0 或 RQ/GT_1 引脚来控制的。

(2) 在最大模式中，总线请求由其他的 CPU(数字协处理器 8087 或 I/O 处理器 8089 等)发出；而在最小模式中总线保持请求由系统主控者(如 DMAC-DMA 控制器)发出。

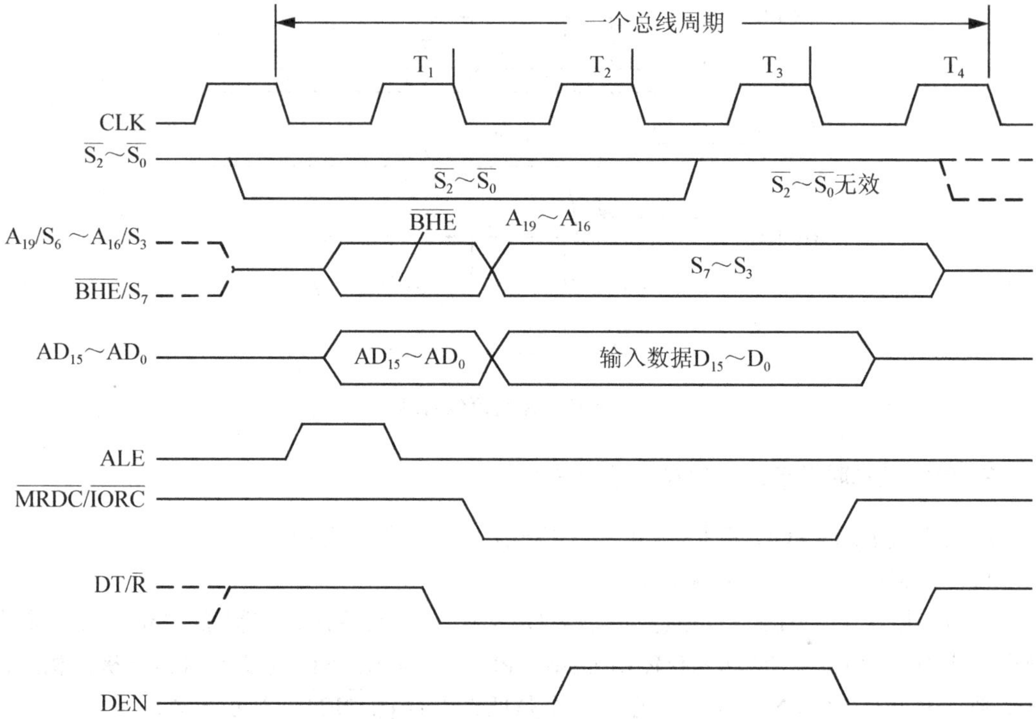

图 2.18　8086 读周期时序(最大模式)

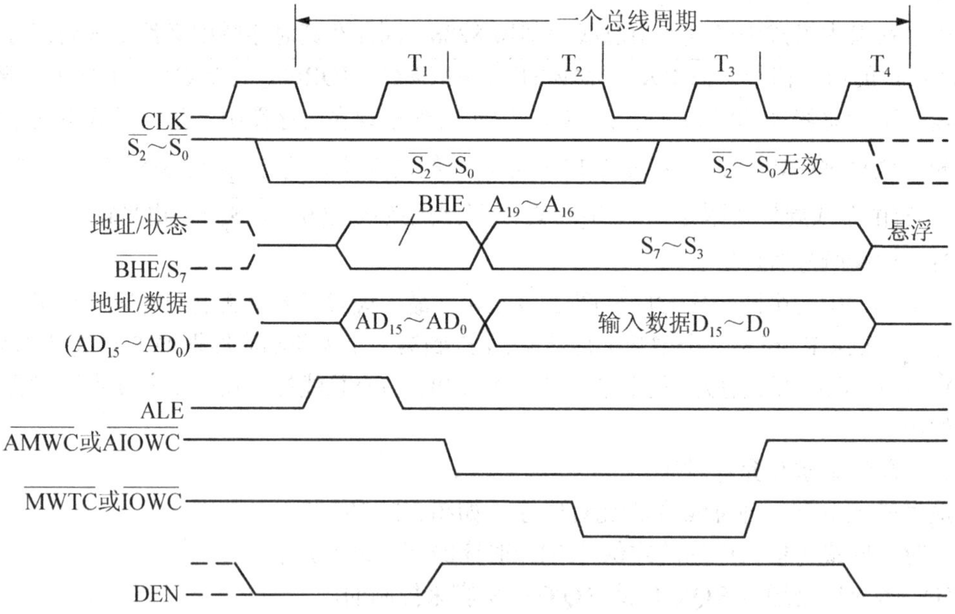

图 2.19　8086 写周期时序(最大模式)

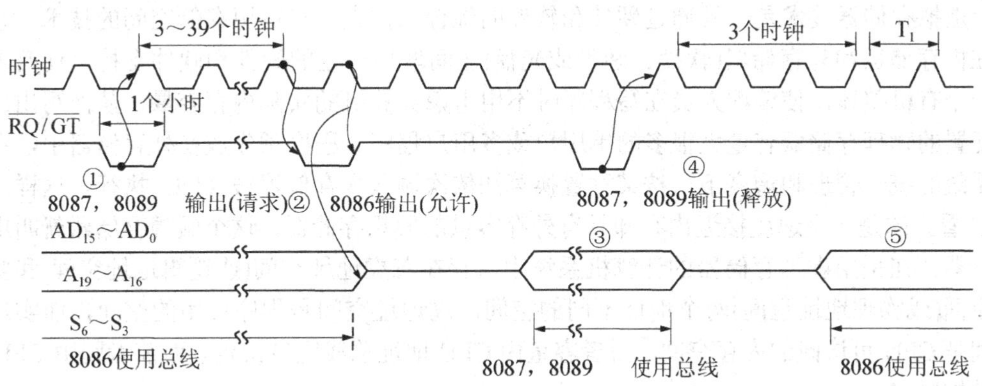

图 2.20　中断响应时序(最大模式)

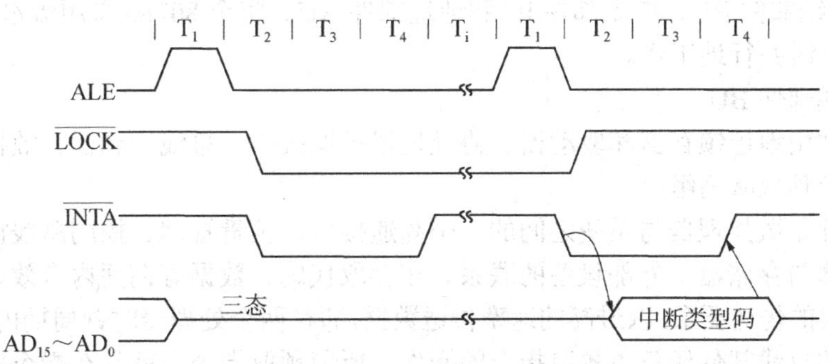

图 2.21　总线请求/允许时序(最大模式)

2.2　80X86 微处理器

本节主要介绍 80286、80386、80486、Pentium 系列微处理器的有关知识。

2.2.1　基本结构

1. 80286 微处理器

Intel 80286 微处理器是 Intel 公司于 1982 年推出的产品。80286 芯片内含 13.5 万个晶体管，内部和外部数据总线都是 16 位，地址总线为 24 位，可寻址 2^{24}B 即 16MB 内存。80286 片内具有存储器管理和保护机构，它有实模式和保护模式两种工作方式。与 8086 微处理器相比，以下特点值得注意。

注意：

- 80286 与 8086 在目标代码级完全保持了向上的兼容性。
- 80286 由地址单元、总线单元、指令单元和执行单元 4 个单元组成。
- 80286 片内具有存储器管理部件和保护机构。
- 80286 片内的存储器管理部件 MMU 首次实现了虚拟存储器管理功能。

虚拟存储器技术是一种通过硬件和软件的综合来扩大用户可用存储空间的技术。它可以在内存储器和外存储器(软盘、硬盘或光盘)之间增加一定的硬件和软件支持，使两者形成一个有机整体，使编程人员在写程序时不用考虑计算机的实际内存容量，从而写出比实际配置的物理存储器容量大很多的单用户或多用户程序。程序预先放在外存储器中，在操作系统的统一管理和调度下，按某种置换算法依次调入内存储器被 CPU 执行。这样，从 CPU 看到的是一个速度接近内存却具有外存容量的假想存储器，这个假想存储器就叫虚拟存储器。在采用虚拟存储器的计算机系统中，存在着虚地址空间(或逻辑地址空间)和实地址空间(或物理地址空间)两个地址不同的空间。虚地址空间是程序可用的空间，而实地址空间是 CPU 可访问的内存空间。后者容量由 CPU 地址总线宽度决定，而前者则由 CPU 内部结构决定。

80286 将 8086 中的 BIU 和 EU 两个处理单元进一步分离成四个处理单元，分别是执行部件 EU、总线部件 BU、指令部件 IU 和地址部件 AU。整个 80286 采用流水线作业方式，使各部件能同时并行地工作。

1) 总线部件 BU

总线部件由地址锁存器和驱动器、协处理器扩展接口、总线控制器、数据收发器、预取器和 6 字节预取队列组成。

总线部件是微处理器与系统之间的一个高速接口，负责管理、控制总线操作，管理、控制微处理器与存储器、外部设备的联系。在存取代码、数据等期间内有效地满足微处理器对外部总线的传送要求,以最高的速率传送数据,即在两个处理器时钟周期内传送一个字。

80286 的总线部件还负责预取指令的操作。所谓预取指令，就是在指令执行之前把它从存储器中取出，并送入指令队列中，等待进一步的译码操作。80286 的指令预取队列最多可保存 6 字节的指令代码。预取器总是力图使该队列装满代码的有效字节。每当队列有部件空闲或发生一次控制转移后，预取器便请求预取，以保持队列总被装满。

2) 指令部件 IU

指令部件中设有指令译码器和译码指令队列，用来指令译码，并为执行部件的执行做好准备。当指令部件把来自 6 字节预取队列的指令译码后，就把它们存放到已译好码的指令队列中，准备执行。指令部件连续译码，使得已译好码的队列内总有几条已完成译码操作的指令字节等待执行。与此同时，执行部件执行的总是事先译好的指令，使得译码部件和执行部件并行操作，从而大大提高了 80286 微处理器的工作速度。指令部件以每个时钟周期 1 个字节的速度接收数据。

3) 执行部件 EU

由寄存器、控制部件、算术逻辑运算单元(ALU)和微程序只读存储器组成，负责执行指令，即完成算术运算、逻辑运算以及其他数据加工操作。

4) 地址部件 AU

地址部件由偏移量加法器、段界限检查器、段基地址寄存器、段长度寄存器和物理地址加法器等组成。一个功能是实施存储器管理及保护功能，计算出操作数的物理地址，同时检查保护权。另外一个功能是地址部件在检查访问权的同时完成地址转换。在这个部件内有一个高速缓冲寄存器，该寄存器保存着段的基地址、段长界限和当前正在执行的任务所用的全部虚拟存储段的访问权。为使从存储器中读出的信息减至最小，高速缓冲器允许地址部件在一个时钟周期内完成它的功能。

80286 微处理器的这四个部件，构成了一个有机的整体。总线部件把微处理器连接到外部系统总线，并且控制地址、数据及控制信号从微处理器输出或向微处理器输入。其中的预取部件负责从指定的存储区域中取出指令，送入预取指令队列。该队列是预取器和指令译码器之间的一个缓冲。指令部件中的指令译码器将指令从队列中取出、译码后送入已译码指令队列。执行部件根据已译码的指令，按照所需步骤执行这条指令。地址部件根据执行部件的请求，从执行部件的寄存器中取出寻址信息，根据寻址规则形成物理地址，然后把物理地址送到总线部件的地址锁存器和驱动器中，所产生的地址是物理存储器地址或I/O 设备的端口。

2. 80386 微处理器

80386 是 Intel 公司于 1985 年推出的一种高性能 32 位微处理器，80386 内部和外部数据总线都是 32 位的，地址总线为 32 位，可寻址 4GB。它是对 8086～80286 微处理器的彻底改进。其主要特点如下。

(1) 80386 CPU 内部结构由 6 个逻辑单元组成。

逻辑单元分别是：总线接口部件 BIU(Bus Interface Unit)、指令预取部件(Instruction Prefetch Unit，IPU)、指令译码部件(Instruction Decode Unit，IDU)、执行部件(Execution Unit，EU)、段管理部件(Segment Unit，SU)和页管理部件(Paging Unit，PU)。CPU 采用流水线方式，可并行地运行取指令、译码、执行指令、存储管理等功能，达到四级并行流水操作(取指令、指令译码、操作数地址生成和执行指令操作)。

(2) 80386 可以按实模式、保护模式以及虚拟 8086 三种模式对存储器进行访问。

实模式下，80386 的操作像一个极快的 8086。保护模式与 80286 类似，但是 80386 的存储器管理部件 MMU 由分段部件和分页部件组成，实现了存储器的段页式管理，这是 80386 的又一新特点。在 80386 中，虚拟存储空间大小可达 64TB。在保护虚拟 8086 模式下，每个任务都用 8086 的语义运行，从而可以运行 8086 的各种软件。

6 个逻辑单元如图 2.22 所示，各个单元的功能介绍如下。

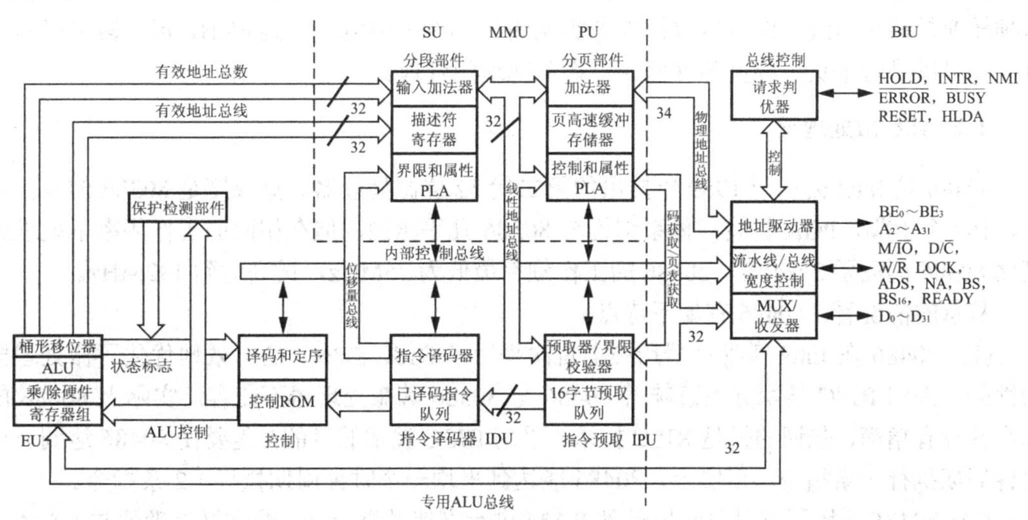

图 2.22 80386 基本结构

1) 总线接口部件 BIU

总线接口部件是微处理器与系统的高速接口，它控制着 32 位的数据总线和地址总线。其功能是：在取指令、取数据、分段部件请求和分页部件请求时，有效地满足微处理器对外部总线的传送请求。总线接口部件被设计成能接收多个内部总线请求，并且能按优先权加以选择，这些动作是与当前的总线操作重叠进行的。

2) 预取部件 PU

预取部件的职责是从存储器预先取出指令。它有一个能容纳 16 条指令的队列。预取部件把取出的指令存放在队列中，以便于指令译码部件进行有效的译码。每当预取代码队列中有一部分变空，或者发生一次控制转移之后，预取部件就发出预取总线周期的请求信号。当总线空闲周期到来时，就从存储器预取代码，并保持代码队列总是满的。

3) 指令译码部件 IDU

指令译码部件的职责是对指令进行译码，并且做好执行部件处理的准备工作。该部件从预取部件的指令队列中取出指令字节，对它们进行译码，将翻译好的代码存入自身的已译码指令队列中。

4) 执行部件 EU

执行部件由控制部件、数据处理部件和保护测试部件组成。控制部件中包含控制 ROM、译码电路等微程序驱动机构。数据处理部件中有 8 个 32 位通用寄存器、算术逻辑运算器 ALU、1 个 64 位桶形移位器、1 个乘除法器以及专用的控制逻辑，它执行控制部件所选择的数据操作。为了提高执行部件的处理速度，80386 把每条访问存储器指令的执行与前一条指令的执行部分地重叠，并且还把微指令的取指令操作和执行操作重叠起来，从而明显地提高了 CPU 的工作速度。

5) 分段部件和分页部件

分段部件根据执行部件的要求，完成有效地址的计算，实现以逻辑地址到线性地址的转换。同时还要由保护测试部件完成总线周期分段的违章检查。转换好的线性地址与总线周期操作信息一起发送给分页部件。分页部件将分段部件产生的线性地址转换成物理地址，这种转换是通过两级页面重定位机构来实现的。 80386 中每一页为 4KB，每一段可以是一页，也可以是若干页。分页部件提供对物理地址的管理。

3. 80486 微处理器

80486 是 Intel 公司于 1989 年推出的第二代 32 位微处理器。集成度是 80386 的 4 倍以上，168 个引脚，PGA 封装，体系结构与 80386 几乎相同，但在相同的工作频率下处理速度比 80386 提高了 2～4 倍，80486 的工作频率最低为 25MHz，最高达到 132MHz。

从总的情况看，80486 有如下特点。

(1) 80486 在 Intel 微处理器历史上首次采用了 RISC 技术。它有效地优化了微处理器的性能。采用 RISC 技术并不意味着 80486 与 80386 等微处理器不兼容，实际上 80486 的指令并没有精简，强调的只是 RISC 技术。采用 RISC 技术的目的，是要使 80486 达到一个时钟周期执行一条指令。事实上，80486 能达到平均一个时钟周期执行 1.2 条指令。

(2) 80486 采用了突发总线同外部 RAM 进行高速数据交换。通常微处理器与 RAM 进行数据交换时，取一个地址，交换一个数据。采用突发总线后，取得一个地址，会使这个地址及以后地址中的数据都一起参与，从而大大加快了微处理器与RAM间的数据传送率。这种技术尤其适用于图形显示和网络应用，因为在这两种情况下，所涉及的地址空间一般都是连续的。

(3) 80486微处理器中配置了8KB的高速缓存器(Cache)。高速缓存采用4路相连的实现方案，具有较高的命中率。高速缓存由指令和数据共用，若在高速缓存器中找不到所需数据，可访问外部的存储器，一次可从外部调入16字节指令或数据。

(4) 80486微处理器内部还设置了一个数值协处理器，这就使得80486不再需要片外80387的支持，而直接具有浮点数据处理能力。这个协处理器可以极高的速度进行浮点数运算，且与80387兼容。

(5) 80486在其高速缓存部件与协处理器之间设置有两条高速数据总线，这两条32位总线也可作为一条64位总线使用。高档80486芯片的数据总线宽度可达128位。如此宽的数据交换通道为数据高速处理提供了保证。

80486保持与86系列微处理器在机器码级上的兼容性,其芯片的内部结构由总线接口、高速缓存、指令预取、指令译码、控制和保护测试、算术逻辑运算、浮点运算、分段和分页九大部件组成。这些部件可重叠工作，并构成五级流水线的指令处理，如图2.23所示。各部件的功能如下。

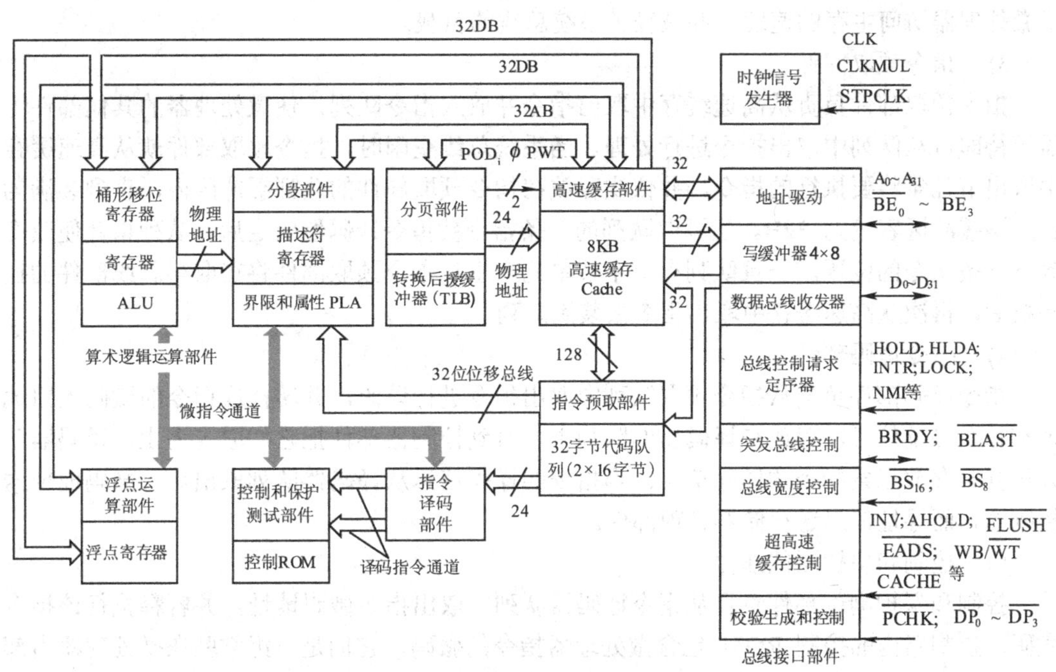

图2.23 80486基本结构

1) 总线接口部件

总线接口部件负责微处理器的内部单元与外部数据总线之间的信息交换(如取指令、数据传送)，并产生相应的总线周期控制信号。在内部，它通过三个32位内部总线与指令预取部件和高速缓存部件相互通信；在外部，它负责微处理器的内部单元与外部数据总线之间的信息交换，并产生总线周期的各种控制信号。此外，总线接口部件还支持突发总线读

周期，即一次总线操作从主存中读取连续四个 32 位数据或指令块，这样可以加快主存储器信息的读取。另外，总线接口部件还设置了存放四个 32 位数据的写缓存器，支持存储器写总线周期。若外部总线处于忙状态，微处理器内部单元就不必等待外部总线周期结束，而把要输出的数据存放在总线接口部件的写缓冲存储器中，当外部总线空闲时，总线接口部件才把写缓存器中的内容输出。

2) 高速缓存部件

在 32 位微处理器和微型机中，为了加快运算速度，普遍在 CPU 与常规主存储器之间增设了一级或两级高速小容量存储器，称为高速缓冲存储器(Cache)。高速缓冲存储器的存取速度比主存要快一个数量级，大体与 CPU 的处理速度相当。有了它以后，CPU 在对一条指令或一个操作数寻址时，首先要看其是否在高速缓存器中。若在，就立即存取；否则，就要作一常规的存储器访问，同时根据“程序局部性或存取局部性”原理，将所访问相邻指令及相邻数据块复制到高速缓存器中。当指令或操作数在高速缓存器中时，称为“命中”，否则称为“未命中”。

由于程序中相关数据块一般都按顺序存放，并且大都存在相邻的存储单元中，因此，CPU 对存储器的访问大都是在相邻的单元中进行。一般说来，CPU 对高速缓存器存取的命中率可在 90%以上，甚至高达 99%。这个片内 Cache 既可存放数据，又可存放指令，加快了微处理器访问主存的速度，并减轻了系统总线的负载。

3) 指令预取部件

指令预取部件负责从高速缓存中取出指令并放入指令队列，使微处理器的其他部件无需等待即可从队列中取出指令进行处理。当系统总线空闲时，指令预取部件就从高速缓存中取出下几条将要执行的指令，并依次存放在指令预取部件的队列缓冲区内，直到装满为止。该缓冲区容量为 32B。当预取队列的一条指令被指令译码器取走后，队列指针便改变到下一条指令的位置。一旦队列有空字节单元产生，指令预取部件将在取得总线部件的控制权后，再次从高速缓存中取出指令去装满队列。

4) 指令译码部件

指令译码部件负责从指令预取队列中取出指令进行译码，并转换成指令的微码入口地址和指令寻址信息，存放在译码器的队列中，直到控制器部件把它们取走为止。译码器队列可同时存放三条指令的译码信息。当指令的译码信息从译码器队列取出后，微码地址送控制器，而寻址信息送存储器管理部件。

5) 控制和保护测试部件

控制和保护测试部件负责从指令译码器队列中取出指令微码地址，并解释执行该指令微码。控制器内的控制 ROM 包含微处理器指令的微码，它们是一组常驻在微处理器内部 ROM 的低级命令，用来产生对各部件实际操作所需的一系列控制信号。微处理器的每条指令都有一组相应的微码，译码器产生的微码入口地址就是指向该组命令的地址。例如，指令 ADD AX，CX 具有如下微码：将 AX 和 CX 寄存器的内容装入运算逻辑部件(ALU)，命令 ALU 产生这两个数的和，再将结果存入 AX 寄存器。当该指令执行完毕后，控制器部件又从译码器接收下一条指令执行，不断地重复此过程。

6) 算术逻辑运算部件

算术逻辑运算部件负责执行控制器所规定的算术与逻辑运算。它包括运算逻辑单元

ALU、8 个通用寄存器、若干个专用寄存器和一个桶形移位寄存器。算术逻辑运算部件可以通过内部的 64 位数据总线与高速缓存部件、浮点运算部件、分段部件进行信息交换。桶形移位寄存器单元可加快移位指令、乘除运算指令的执行。

7) 浮点运算部件

浮点运算部件是专门用来完成实数运算和复杂运算的处理单元。它不但能处理一般的实数运算，还能完成对数、指数、三角几何等复杂函数运算。浮点运算部件集成在芯片内部，可以与其他单元部件互相通信，而且还能与算术逻辑运算部件并行操作。

8) 分段部件与分页部件

在 80486 微处理器芯片内设有一个存储器管理部件 MMU，它由分段部件与分页部件组成。分段部件用来把指令给出的逻辑地址转换成线性地址，并对逻辑地址空间进行管理，实现多任务之间存储器空间的隔离和保护，同时也实现了指令和数据区的再定位。分页部件用来把线性地址转换成物理地址，并对物理地址空间进行管理，实现虚拟存储器。分页部件内还有一个称为后援缓冲器(TLB)的超高速缓存，TLB 也称为页转换高速缓存，存有 32 个最新使用页的表项内容(线性页号和物理页号)，TLB 作为页地址变换机构的速查表。

4. Pentium 系列微处理器

Intel 公司对 80X86 系列微处理器的性能不断进行创新与改造，继 80486 之后，1993 年推出新一代名为 Pentium 的微处理器。1995 年又推出名为 Pentium Pro 的微处理器。1997 年、1999 年和 2000 年又相继推出 Pentium Ⅱ、Pentium Ⅲ和 Pentium 4 微处理器。

1) Pentium 微处理器

Pentium 微处理器采用亚微米级的 CMOS，实现了 0.8μm 技术，一方面使器件的尺寸进一步减小；另一方面使芯片上集成的晶体管数达到 310 万个。在 Pentium 微处理器的体系结构上，采用了许多过去在大型机中才采用的技术，迎合了高性能微型机系统的需要，其主要体现在超标量流水线设计、双高速缓存、分支预测、改善浮点运算等方面。Pentium 的基本结构如图 2.24 所示，其主要特点如下。

(1) 超标量流水线设计是 Pentium 处理器的核心。

它由 U 和 V 两条指令流水线构成，每一条流水线都拥有自己的 ALU、地址生成电路和与数据 Cache 的接口。这种流水线结构允许处理器在单个时钟周期内执行两条整数指令，即实现指令并行。

流水线(Pipeline)技术是一种将每条指令分解为多步，并让不同指令的各步操作重叠，从而实现几条指令并行处理，以加速程序运行过程的技术。每步由各自独立的电路来处理。采用流水线技术后，并没有加速单条指令的执行。每条指令的执行步骤一个也不能少，只是多条指令的不同操作步骤同时执行，因而从总体看加快了指令流速度，缩短了程序执行时间。

为了进一步满足普通流水线设计所不能适应的更高时钟速率的要求，高档微处理器中流水线的深度(级数)在逐代增多。当流水线深度在 5～6 级以上时，通常称为超流水线结构(Superpipeline)。显然，流水线的级数越多，每级所花的时间越短，时钟周期就可设计得越短，指令流速度也就越快，指令平均执行时间也就越短。有的微处理器(如 Pentium、Pentium Pro、Power PC 等)甚至在片内集成了两条或更多条流水线，使之一个时钟周期平均可执行一条以上的指令。这种流水线技术被称为超标量(Superscalar)设计技术。

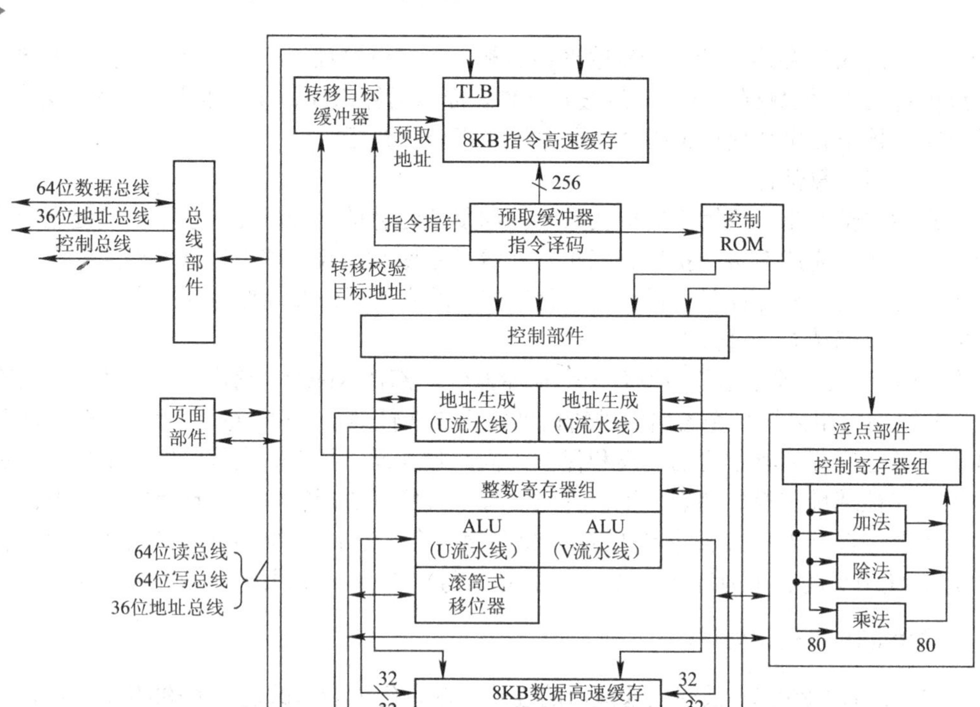

图 2.24　Pentium 的基本结构

(2) Pentium 采用双 Cache 结构。

每个 Cache 为 8KB，数据宽度为 32 位。两个 Cache 中，一个作为指令 Cache，另一个作为数据 Cache。数据 Cache 有两个接口，分别通向 U 和 V 两条流水线，以便能在同一时刻同两个独立工作的流水线进行数据交换。双高速缓存的使用，大大节省了微处理器的时间。

(3) Pentium 微处理器中还设置有分支目标缓存器 BTB。

实际上是一个较小的高速缓存器，用于动态地预测程序分支。当一条指令导致程序分支时，BTB 会记住这条指令和分支目标的地址，并用这些信息预测这条指令再次产生分支时的路径，并预先从此取得，保证流水线的指令预取步骤不会空置。当 BTB 判断正确时，分支程序即刻得到解码。

(4) 浮点运算部件。

为了加强浮点运算能力，Pentium 中的浮点运算部件在 80486 基础上进行了彻底改进，其执行过程分为 8 级流水线，使每个时钟周期至少能完成一个浮点操作。浮点运算部件对一些常用指令采用了新的算法，并用电路进行固化，用硬件实现使得运算速度大为提高。

2) Pentium Pro 微处理器

Intel 公司于 1995 年年底推出的 Pentium Pro 微处理器，是第六代微处理器系列的第一个产品。Pentium Pro 比普通 Pentium 增加了 8 条指令，与 X86 微处理器系列完全兼容。Pentium Pro 微处理器具有 64 位数据线、36 位地址线。197 平方毫米的芯片上集成了 550 万个晶体管。

Pentium Pro 主要有三大特点。

(1) Pentium Pro 采用了 RISC 技术，超标量与流水线相结合的核心结构实现了动态执行技术。每个时钟周期可执行三条指令，可推测执行 30 条指令。特别适合于多线程的 32 位程序运行。

(2) Pentium Pro 处理器使用的是一种 387 引脚网格阵列(PGA)的陶瓷封装技术，片内除 CPU 外，集成了 256 或 512KB L2 Cache。这个 L2 Cache 能以处理器的工作时钟高速运行。

(3) Pentium Pro 处理器支持不加附加逻辑的对称多处理，即不需要额外的逻辑电路就可支持多达四个 CPU，这一结构对服务器、工作站实现多处理器系统特别有利。

3) Pentium II 微处理器

1997 年 5 月 Intel 公司正式推出 Pentium II 微处理器。它是 Pentium Pro 的先进性与 MMX 多媒体增强技术相结合的新型第六代微处理器，采用 0.35μm 的 CMOS 半导体技术，片内集成 750 万个半导体元件，片内 L1 Cache 为 32KB，L2 Cache 为 512KB。Pentium II 的优异性能与先进结构主要体现在以下三方面。

(1) 动态执行技术与 MMX 技术。

与 Pentium MMX 一样，Pentium II 也集成了 MMX 技术，增加了 57 条 MMX 指令，增强了音频、视频和图形等多媒体应用的处理能力，也加速了数据加密和数据压缩与解压缩过程。同时，与 Pentium Pro 一样，Pentium II 采用了先进的核心结构，具有包括数据流分析、转移预测和推测执行在内的动态执行技术。

(2) 双重独立的总线结构。

Pentium II 微处理器的外部为 64 位总线，即数据总线宽度为 64 位、地址总线 36 位。寻址空间为 64GB，虚拟地址空间为 64TB。Pentium II 处理器核心外部采用了双重独立总线结构，即具有纠错功能的 64 位 CPU 总线，负责与系统内存和 I/O 通信，具有可选纠错功能的专用总线负责与 L2 Cache 交换数据，这样解决了 Pentium 和 Pentium MMX 单一总线结构中由于 CPU 工作时钟速率成倍提高而在 CPU 和 L2 Cache 数据交换中所出现的瓶颈问题。

(3) SEC 单边接触封装技术。

为了双重总线结构的需要，Pentium II 处理器封装采用了一种新型的单边接触 SEC (Single Edge Contact)卡式盒结构。SEC 卡是一块带金属外壳的印刷电路板，上面集成有 Pentium II CPU 芯片和 32KB 的 L1 Cache。CPU 芯片的管芯只有 203 平方毫米大小，采用的是一种 528 引脚的网格阵列(PLGA)封装技术。SEC 卡要插接到主板上被称为 Slot 1 的插槽中。

4) Pentium III 微处理器

Intel 公司于 1999 年 1 月正式发布了 Pentium III 处理器，并于 2 月底正式上市。Pentium III 处理器采用 0.25μm 的 CMOS 半导体技术，处理器核心集成有 950 万个晶体管，其结构与 Pentium II 相仿，与 Pentium II 的最大不同在于如下三点。

(1) Pentium III 也是采用双重独立总线结构，但是前端总线的时钟频率至少为 100MHz，处理器核心与 L2 Cache 之间专用的后端总线时钟频率最初是主频的一半，后来的产品也有与主频同速。

(2) Pentium III 处理器首次采用了 Intel 公司自行开发的流式单指令多数据扩展 SSE(Streaming SIMD Extension)技术，使得 Pentium III 处理器在三维图像处理、语言识别、

视频实时压缩等方面都有了很大进步。

(3) Pentium Ⅲ微处理器首次设置了处理器序列号(Processor Serial Number，PSN)。PSN 是一个 96 位的二进制数，制造芯片时它被编入处理器晶片的核心代码中，它的作用相当于处理器和系统的标识符，可用来加强资源跟踪、安全和内容管理。

2.2.2 编程结构

80X86 的寄存器组主要包括基本结构寄存器组、系统级寄存器组、浮点寄存器组，其中基本结构寄存器组和浮点寄存器组可由应用程序访问，而系统级寄存器组仅能由系统程序访问，并且它的特权级必须为零级，具体见表 2.9。

表 2.9 80X86 寄存器的分类

基本结构寄存器组	系统级寄存器组	浮点寄存器组
通用寄存器	系统地址寄存器	数据寄存器
指令指针寄存器	控制寄存器	标记字寄存器
标志寄存器	测试寄存器	指令和数据指针寄存器
段寄存器	调试寄存器	控制字寄存器

1. 基本结构寄存器组(16 个)

如图 2.25 所示，基本结构寄存器组包括 8 个通用寄存器、1 个指令指针寄存器、1 个标志寄存器和 6 个段寄存器。

EAX		AH	AX	AL	累加器
EBX		BH	BX	BL	基址寄存器
ECX		CH	CX	CL	计数寄存器
EDX		DH	DX	DL	数据寄存器
ESP		SP			堆栈指针寄存器
EBP		BP			基址指针寄存器
ESI		SI			源变址寄存器
EDI		DI			目的变址寄存器
EIP		IP			指令指针寄存器
EFLAGS		FLAGS			标志寄存器
		CS			代码段寄存器
		DS			数据段寄存器
		ES			附加段寄存器
		SS			堆栈段寄存器
		FS			
		GS			

图 2.25 基本结构寄存器组

1) 通用寄存器(8 个)

80486 共有 8 个 32 位的通用寄存器，包括累加器 EAX、基址寄存器 EBX、计数寄存器 ECX、数据寄存器 EDX、源变址寄存器 ESI、目的变址寄存器 EDI、基址指针寄存器 EBP

和堆栈指针寄存器 ESP，这些通用寄存器用于保存数据或地址位移量。它们作为 32 位寄存器来使用时，寄存器分别命名为：EAX、EBX、ECX、EDX、ESI、EDI、EBP 和 ESP。这些寄存器的低 16 位又可单独访问，命名为 AX、BX、CX、DX、SI、DI、BP 和 SP，功能同 8086 的通用寄存器。16 位寄存器 AX、BX、CX、DX 又可分为高、低字节单独访问，它们分别为 AH、BH、CH、DH(高字节)和 AL、BL、CL、DL(低字节)。

2)　指令指针寄存器(1 个)

指令指针寄存器是一个 32 位寄存器，命名为 EIP。它用于保存下一条指令相对于段基址的偏移值。EIP 的低 16 位也是一个 16 位指令指针寄存器，命名为 IP，提供给 16 位寻址使用。程序员不能对 EIP(或 IP)进行直接的存取操作，程序中的转移指令、返回指令和中断指令能对 EIP(或 IP)进行操作。

3)　标志寄存器(1 个)

标志寄存器是一个 32 位的寄存器，命名为 EFLAGS，如图 2.26 所示。EFLAGS 的状态位用来反映 80X86 算术逻辑运算结果的特征状态，控制位则用来控制指令的执行操作。EFLAGS 的低 16 位命名为 FLAGS，各位的意义与 8086 的 FLAGS 基本相同。这里仅对 80X86 新增加的标志位进行说明。

31										21	20	19	18	17	16	15	14	13	12	11	10	9	8	7	6	5	4	3	2	1	0
										ID	VIP	VIF	AC	VM	RF		NT	IOPL		OF	DF	IF	TF	SF	ZF		AF		PF		CF

图 2.26　标志寄存器

IOPL——I/O 特权级标志位。这两位用于保护方式，取值范围为 0、1、2 和 3 共四个值，它规定了执行 I/O 指令的四个特权级。80286 及以上的微处理器有该标志位。

NT——任务嵌套标志位。用来表示当前的任务是否嵌套在另一任务内。当 NF 被置为 1 时，表明当前任务嵌套在前一个任务中，如果执行 IRET 指令，则转换到前一个任务；否则，表明无任务嵌套。80286 及以上的微处理器有该标志位。

RF——恢复标志位。它与调试寄存器的断点一起使用，以保证不重复处理断点。当 RF 被置为 1 时，断点或调试故障均被忽略。成功地执行一条指令后，RF 位自动被复位(IRET、POPF、JMP、CALL、INT 指令除外)。

VM——虚拟 8086 方式标志位。在保护模式下，当 VM 被置 1 时，微处理器工作方式转换为虚拟 8086 方式。若该标志位清零，则微处理器将返回到正常保护方式。80386 以上的微处理器有该标志位。

AC——对准标志位。当该位被置为 1，并且 CR0 寄存器的 AM 位也置为 1 时，CPU 将在访问存储器操作数时，对其地址按字、双字或 4 字进行对准检查。若 CPU 发现在访问存储器操作数时未按边界对准，则产生一个异常中断 17 错误报告。AC 位为 0 时，则不进行对准检查。80486 以上的微处理器有该标志位。

VIF——虚拟中断标志位。在虚拟方式下中断标志的拷贝，仅用于 Pentium 及 Pentium Pro 微处理器。

VIP——虚拟中断挂起位。在虚拟方式下提供有关中断的信息，在多任务下，为操作系统提供虚拟中断标志和中断挂起信息，仅用于 Pentium 及 Pentium Pro 微处理器。

ID——标识标志位。用以指示对 CPUID 指令的支持状态。CPUID 指令为系统提供了

有关 Pentium 及 Pentium Pro 微处理器的信息。仅用于 Pentium 及 Pentium Pro 微处理器。

4) 段寄存器(6 个)

与 8086 相比，80286 以上的微处理器除具有 CS、DS、SS、ES 寄存器外，又增加了 FS 和 GS 两个新的 16 位寄存器，以支持对附加数据段的访问。这样，80286 以上的微处理器在任一时刻可以访问代码段、数据段、堆栈段和三个附加数据段共六个当前存储段。

80X86 对存储器段的访问不再用 8086 简单的段管理机制，而采用较复杂的段描述符管理机制。80X86 为每个存储段都定义了一个 8 字节长的数据结构，用来说明段的基址、段的界限长度和段的访问控制属性，该数据结构称为段描述符。系统把有关的段描述符放在一起并构成一个系统表，该表称为段描述符表。CPU 若要访问存储段内的信息，首先要从系统的段描述符表中取得该段的描述符，然后根据描述符提供的段基址、段界限和段访问控制属性等信息访问段内数据，如图 2.27 所示。

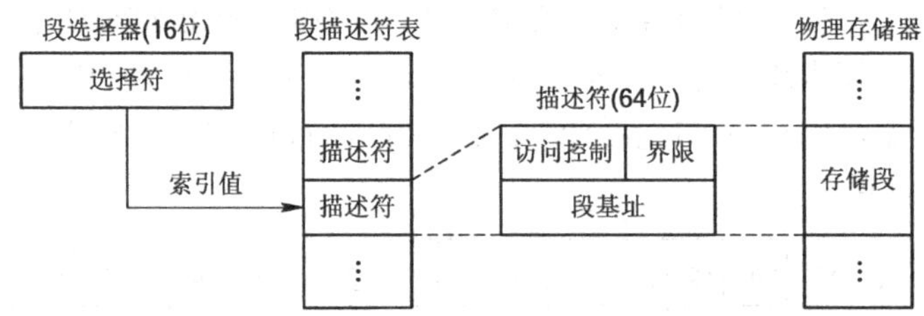

图 2.27 段描述符存储管理

为了能标识一个段描述符是在哪一个段描述符表中，其索引号为多少，它的特权级为多少，80X86 为每个段定义了一个 16 位的段选择符。CS、DS、SS、ES、FS 和 GS 寄存器则用来存放每个当前段的选择符，因此，CS、DS、SS、ES、FS 和 GS 寄存器在 80X86 中称为段选择器，而 80X86 的段寄存器则由 16 位的段选择器和与之对应的 64 位描述符寄存器构成。

在 80X86 段寄存器中，段选择器是程序可访问的，描述符寄存器则是程序不能访问的。描述符寄存器用来存放段的描述符信息(如段的 32 位基地址、20 位界限和 12 位属性)。每当一个段寄存器中的选择器值确定以后，80X86 硬件会自动根据段选择器的索引值，从系统的描述符表中取出一个 8 字节(64 位)的描述符，装入相应的段描述符寄存器中。以后每当出现对该段寄存器的访问，就可直接使用相应的描述符寄存器中的段基址作为线性地址计算的一个元素，而不需在内存中查表得到段基址。这样，可加快存储器物理地址的形成。

2. 系统级寄存器组(22 个)

系统级寄存器组包括系统地址寄存器、控制寄存器、测试寄存器和调试寄存器。

1) 系统地址寄存器(4 个)

80X86 的 4 个系统地址寄存器，用来保存系统描述符表所在存储段的基址、界限和段属性信息。系统描述符表主要有如下四种。

(1) 全局描述符表 GDT(Global Descriptor Table)：用于存放操作系统和各任务公用的描述符，如公用的数据和代码段描述符、各任务的 TSS 描述符和 LDT 描述符等。

(2) 局部描述符表 LDT(Local Descriptor Table)：用于存放各个任务私有的描述符，如本任务的代码段描述符和数据段描述符等。

(3)　中断描述符表 IDT(Interrupt Descriptor Table)：用于存放系统中断描述符。

(4)　任务状态段 TSS(Task State Segment)：用来存放各个任务的私有运行状态信息描述符。

这些系统描述符表在存储器中的段基地址和界限(大小)由系统地址寄存器指定，如图 2.28 所示。

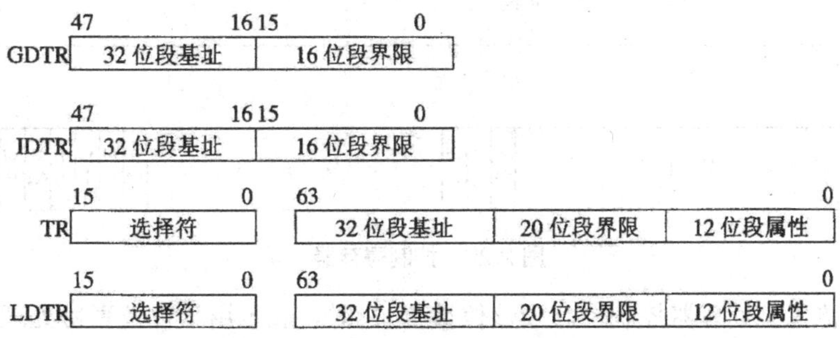

图 2.28　系统地址寄存器

GDTR 和 IDTR 这两个寄存器分别用来保存 GDT 和 IDT 所在段的 32 位基地址以及 16 位界限值。GDT 和 IDT 的界限都是 16 位，即表长度最大为 64KB，每个描述符为 8 个字节，故每个表可以存放 8K 个描述符。由于 80486 只有 256 个中断，IDT 表中最多为 256 个中断描述符。

LDTR 寄存器用来存放当前任务的 LDT 所在存储段的选择符及其段描述符。TR 寄存器用来存放当前任务的 TSS 所在存储段的选择符及其段描述符。局部描述符表 LDT 和任务状态段 TSS 是面向任务的，它们所在的段不是由这些表本身决定，而是由任务来决定的，即由任务给出的选择符决定。当 LDTR 的选择器加载选择符时，以此为索引从 GDT 表中选取一个 LDT 描述符(描述要访问的 LDT 表所在段的基地址、段限界和属性)，并将其自动加载到 LDTR 的描述符寄存器。当 TR 的选择器加载选择符时，以此为索引从 GDT 表中选取一个 TSS 描述符(描述要访问的任务状态段 TSS 所在段的基地址、段限界和属性)，并将其自动加载到 TR 的描述符寄存器。

2)　控制寄存器(5 个)

80X86 有 5 个控制寄存器，用来实现对 80X86 微处理器多种功能的选择与控制。5 个寄存器如图 2.29 所示。

(1)　CR_0 控制寄存器。

CR_0 的低 16 位也称为机器的状态字 MSW，CR0 的所有控制状态位可分为以下几类。工作模式控制位：PG、PE；片内高速缓存控制位：CD、NW；浮点运算控制位：TS、EM、MP、NE；对准控制位：AM；页的写保护控制位：WP。下面对这些控制位的功能进行简要说明。

PE——保护方式允许位。当该位被置 1 时，CPU 将转移到保护方式工作，允许给段实施保护。若 PE 位被清零，则 CPU 返回到实地址方式工作。

MP——监视协处理器控制位。当该位被置 1 时，表示有协处理器。否则，表示无协处理器。

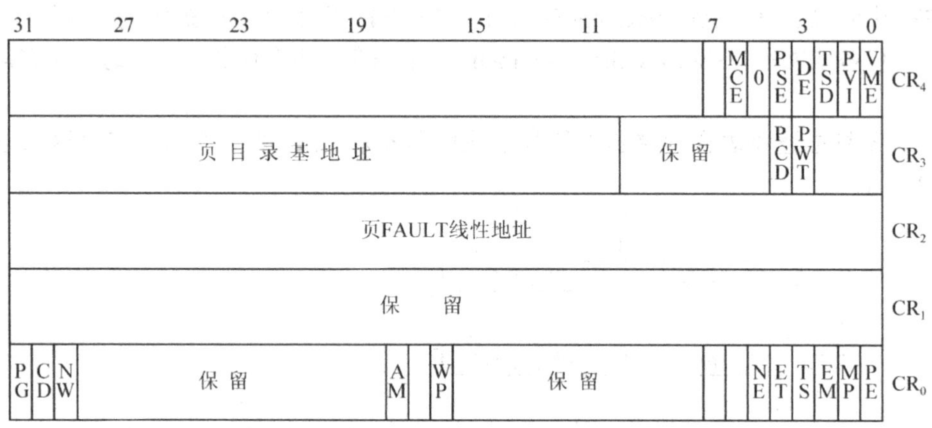

图 2.29　控制寄存器

EM——仿真协处理器控制位。当该位被置 1 时，表示用软件仿真协处理器，而这时 CPU 遇到浮点指令，则产生故障中断 7。如果 EM=0，浮点指令将被执行。

TS——任务转换控制位。每当进行任务转换时，由 CPU 自动将 TS 置 1。

NE——数字异常中断控制位。当该位被置 1 时，若执行浮点指令时发生故障，则进入异常中断 16 处理。否则，进入外部中断处理。

WP——写保护控制位。当该位被置 1 时，将对系统程序读取的专用页进行写保护。

AM——对准屏蔽控制位。当该位被置 1，并且 EFLAGS 的 AC 位有效时，将对存储器操作进行对准检查。否则，不进行对准检查。

NW——通写控制位。当该位被清零时，表示允许 Cache 通写，即所有命中 Cache 的写操作不仅要写 Cache，同时也要写主存储器。否则，禁止 Cache 通写。

CD——高速缓存允许控制位。当该位被置 1，高速缓存未命中时，不允许填充高速缓存。否则，高速缓存未命中时，允许填充高速缓存。

PG——允许分页控制位。当该位被置 1 时，允许分页。否则，禁止分页。

(2)　CR_1 控制寄存器。

保留给将来的 Intel 微处理器使用。

(3)　CR_2 控制寄存器。

即页故障线性地址寄存器，它保存的是最后出现页故障的 32 位线性地址。

(4)　CR_3 控制寄存器。

其中的高 20 位为页目录表的基地址寄存器，CR_3 中的 PWT 和 PCD 位是与高速缓存有关的控制位，它们用来确定以页为单位进行高速缓存的有效性。

(5)　CR_4 控制寄存器。

Pentium 以上的微处理器新增加了 CR_4 控制寄存器，这里不再详述。

3)　测试寄存器(5 个)

80X86 有 5 个测试寄存器 TR_3～TR_7，TR_3～TR_5 用于高速缓存的测试操作(测试数据、测试状态、测试控制)，TR_6～TR_7 则用于页部件的测试操作(测试控制、测试状态)。

4)　调试寄存器(8 个)

80X86 有 8 个 32 位的调试寄存器 DR_0～DR_7，这 8 个调试寄存器支持 80486 微处理器

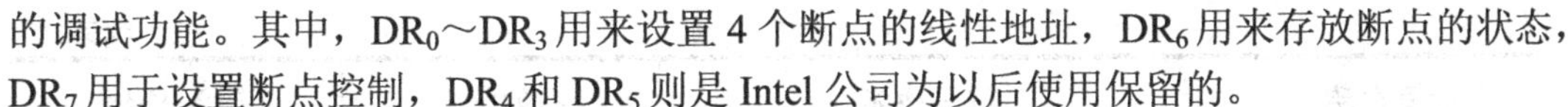

的调试功能。其中，DR_0～DR_3用来设置4个断点的线性地址，DR_6用来存放断点的状态，DR_7用于设置断点控制，DR_4和DR_5则是Intel公司为以后使用保留的。

3. 浮点寄存器组(12个)

浮点寄存器组包括数据寄存器、标记寄存器、指令和数据指针寄存器、控制字寄存器等。

1) 数据寄存器(8个)

这是一组80位的寄存器，8个80位的数据寄存器中的每一个都分成同FPU的扩展精度数据类型对应的字段。指令可以隐式或显式寻址这些数据寄存器。

2) 标记寄存器(1个)

用来标记每个数值寄存器的内容，每两位标记表示8个数据寄存器中的一个，共16位。重要功能是优化FPU的功能。

3) 指令和数据指针寄存器(2个)

包含一个指令指针和一个数据指针，以提供发生故障的指令的地址及其数据存储器操作数的地址。

4) 控制字寄存器(1个)

FPU 提供若干选择项，这些选择项是通过将存储器的控制字装入控制寄存器进行选择的。

注意： 在Pentium以上的微处理器中，在应用程序模式下，上述浮点寄存器组不再使用，所以这里不再详细描述。

2.2.3 引脚功能

1. 80386微处理器

80386 采用 PGA(引脚栅格阵列)封装技术，芯片封装在正方形管壳内，管壳每边三排引脚，共132根。80386引脚的名称和功能见表2.10。

表2.10 80386引脚名称和功能

信号名称	信号功能	有效状态	输入/输出
CLK_2	时钟	—	I
D_{31}～D_0	数据总线	—	IO
$\overline{BE_0}$～$\overline{BE_3}$	字节使能	低	O
A_{31}～A_0	地址总线	—	O
$W/\overline{R}$	写读指示	—	O
$D/\overline{C}$	数据-控制指示	—	O
$M/\overline{IO}$	存储器-I/O指示	—	O
$\overline{LOCK}$	总线封锁指示	低	O

续表

信号名称	信号功能	有效状态	输入/输出
$\overline{ADS}$	地址状态	低	O
$\overline{NA}$	下地址请求	低	I
$\overline{BS_{16}}$	总线宽度16位	低	I
$\overline{READY}$	传送认可(准备好)	低	I
HOLD	总线占用请求	高	I
HLDA	总线占用认可	高	O
PEREQ	协处理器请求	高	I
$\overline{BUSY}$	协处理器忙	低	I
$\overline{ERROR}$	协处理器出错	低	I
INTR	可屏蔽中断请求	高	I
NMI	不可屏蔽中断请求	高	I
RESET	复位	高	I

2. 80486DX微处理器

80486DX微处理器有168条引脚，采用网格阵列(PGA)封装。其引脚结构如图2.30所示。各引脚的具体功能如下。

1) 地址总线和数据总线

A_{31}～A_2——地址总线(输出、三态)。用于寻址一个4字节单元，和BE_3～BE_0相结合，起到32位地址的作用。

$\overline{BE_3}$～$\overline{BE_0}$——字节选通(输出)，低电平有效。用于选通在当前的传送中要涉及4字节数据中的哪几个字节。具体地说，$\overline{BE_3}$用于选通允许D_{31}～D_{24}传送；$\overline{BE_2}$用于选通允许D_{23}～D_{16}传送；$\overline{BE_1}$用于选通允许D_{15}～D_8传送；$\overline{BE_0}$用于选通允许D_7～D_0传送。

D_{31}～D_0——数据总线(双向、三态)。可支持32位、16位或8位数据传送。

2) 控制总线

(1) 奇偶校验信号

DP_3～DP_0——奇偶校验信号(输入/输出)。DP_3用于D_{31}～D_{24}数据线奇偶校验，DP_2用于D_{23}～D_{16}数据线奇偶校验，DP_1用于D_{15}～D_8数据线奇偶校验，DP_0用于D_7～D_0数据线奇偶校验。

$\overline{PCHK}$——奇偶校验状态(输出)，低电平有效。有效时表示数据有奇偶校验错误。

(2) 总线周期定义信号——表示正在操作的总线周期类型

$M/\overline{IO}$——存储器/输入输出选择(输出)。用于区别存储器操作和I/O周期。高电平表示对存储器访问，否则为I/O访问。

$W/\overline{R}$——读/写控制(输出)。用于区别写操作和读操作周期。高电平表示执行写操作，否则执行读操作。

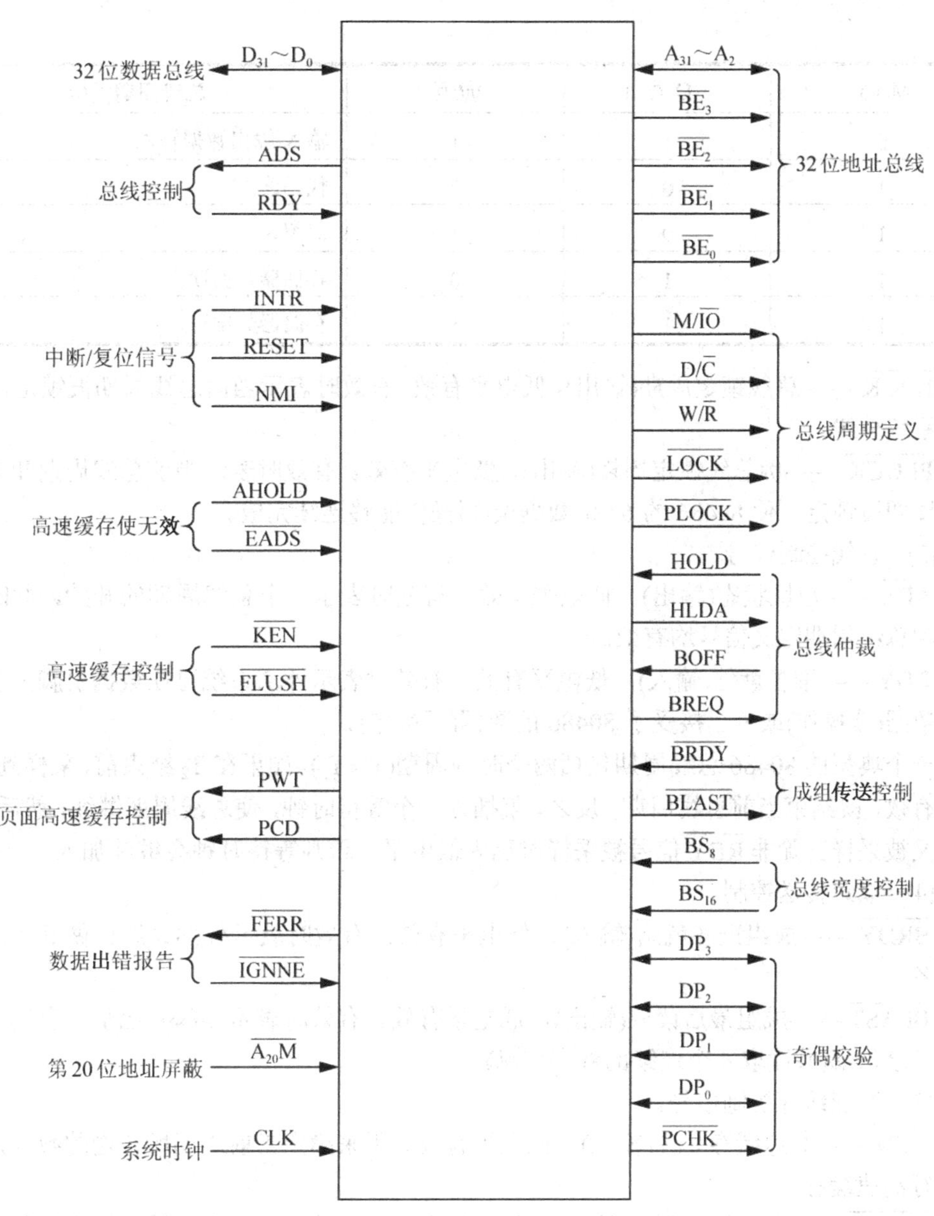

图 2.30　80486 引脚结构简图

D/$\overline{C}$——数据/控制信号(输出)。用于区别传送数据操作和传送控制信号操作周期。高电平表示目前传送数据，否则为传送控制信号。

M/$\overline{IO}$、W/$\overline{R}$、D/$\overline{C}$信号的状态组合定义了总线周期的类型，如表 2.11 所示。

表 2.11　M/$\overline{IO}$、W/$\overline{R}$、D/$\overline{C}$的组合状态表

M/$\overline{IO}$	D/$\overline{C}$	W/$\overline{R}$	总线周期类型
0	0	0	中断响应
0	0	1	终止/专用周期
0	1	0	输入/输出数据读出

续表

$M/\overline{IO}$	$D/\overline{C}$	$W/\overline{R}$	总线周期类型
0	1	1	输入/输出数据写入
1	0	0	代码读出
1	0	1	保留
1	1	0	存储器数据读出
1	1	1	存储器数据写入

$\overline{LOCK}$——总线锁定周期(输出)，低电平有效。有效时表示当前总线周期被锁定，80486独占系统总线。

$\overline{PLOCK}$——伪总线锁定周期(输出)，低电平有效。有效时表示当前总线周期和下一个总线周期被锁定，使 80486 的 64 位数据读/写操作能够连续完成。

(3) 总线控制信号。

$\overline{ADS}$——地址状态(输出)，低电平有效。有效时表示一个总线周期的开始，此时地址信号和总线周期定义信号均有效。

$\overline{RDY}$——准备就绪(输入)，低电平有效。有效时表示外部系统已在数据引脚上放好了有效数据(读操作)或者已接受了 80486 的数据(写操作)。

一个典型的 80486 总线周期包括两个时钟周期(T_1、T_2)。如果在 T_2 结束前，采样到 $\overline{RDY}$ 信号有效，就结束当前总线周期；反之，就插入一个等待时钟，使总线周期继续，然后 $\overline{RDY}$ 信号又被采样。除非 $\overline{RDY}$ 信号被采样时已为低电平，否则等待时钟会继续加入。

(4) 成组传送控制。

$\overline{BRDY}$——成组准备就绪(输入)，低电平有效。有效时表示外部系统已做好成组传送的准备。

$\overline{BLAST}$——成组最后读取(输出)，低电平有效。有效时表示 80486 已从主存读取最后一个双字信息(共读取 4 个连续的双字信息)。

(5) 高速缓存控制信号。

$\overline{KEN}$——高速缓存允许(输入)，低电平有效。用来确定当前周期所传送的数据是否可以进行高速缓存。

$\overline{FLUSH}$——高速缓存刷新(输入)，低电平有效。有效时在一个时钟周期内清除整个内部高速缓存的全部内容。

(6) 高速缓存使无效控制信号。

AHOLD——外部地址保持(输入)，高电平有效。有效时强制微处理器立即放弃地址总线输出，并允许读入外部地址。

$\overline{EADS}$——外部地址保持(输入)，低电平有效。有效时表示一个有效地址已送到地址总线上，微处理器可以从地址总线读入该地址。

(7) 页面高速缓存控制信号。

PWT——页通写(输出)，高电平有效。有效时允许进行页通写操作。

PCD——页高速缓存禁止(输出)，高电平有效。有效时禁止页高速缓存操作。

(8) 数据出错报告信号。

$\overline{FERR}$——浮点出错(输出)，低电平有效。有效时表示浮点运算中出现了错误。

$\overline{IGNNE}$——数据出错忽略(输入)，低电平有效。有效时处理器将忽略当前的浮点运算出错状态。

(9) 第20位地址A_{20}屏蔽信号。

$\overline{A_{20}M}$——地址位A_{20}屏蔽(输入)，低电平有效。有效时微处理器在查找内部Cache或访问某个存储单元之前，将屏蔽第20位地址线(A_{20})，使微处理器只访问1MB以内的低序地址。

(10) 总线仲裁信号。

BREQ——总线请求(输出)，高电平有效。有效时表示80486内部已提出一个总线请求。

HOLD——总线保持请求(输入)，高电平有效。其他总线设备要求使用系统总线时，通过HOLD向80486提出总线保持请求。

HLDA——总线保持响应(输出)，高电平有效。有效时表示微处理器已将总线控制权交给提出总线保持请求的总线设备。

$\overline{BOFF}$——总线释放(输入)，低电平有效。有效时将强制微处理器在下一个时钟周期释放对总线的控制。

(11) 总线宽度控制信号。

$\overline{BS_8}$、$\overline{BS_{16}}$——总线宽度控制(输入)，低电平有效。$\overline{BS_8}$和$\overline{BS_{16}}$均由外部硬件提供，用来控制数据总线传送的速度，以满足8位和16位设备数据传送的需要。当$\overline{BS_8}$有效时，传送8位数据；$\overline{BS_{16}}$有效时，传送16位数据；$\overline{BS_8}$和$\overline{BS_{16}}$同时有效时，传送8位数据；$\overline{BS_8}$和$\overline{BS_{16}}$均无效时，传送32位数据。

(12) 中断/复位信号。

INTR——可屏蔽中断请求(输入)，高电平有效。有效时表示外部有可屏蔽中断请求。

NMI——不可屏蔽中断请求(输入)，上升沿有效。有效时表示外部有不可屏蔽中断请求。

RESET——复位(输入)，高电平有效。有效时将终止80486正在进行的所有操作，并设置80486为初始状态。复位之后，80486将从FFFFFFF0H单元开始执行指令。

3) 时钟信号

CLK——时钟信号(输入)。CLK为80486提供基本的定时和内部工作频率。所有外部定时与计数操作都是相对于CLK的上升沿制定的。

3. Pentium 微处理器

Pentium芯片有168个引脚。其引脚封装如图2.31所示。主要引脚的功能简介如下。

1) 数据线及其控制信号

数据线：D_{63}～D_0共64位。

奇偶校验信号：DP_7～DP_0，每个字节产生1个校验位。

读校验错：$\overline{PCHK}$。Pentium为每个数据字节加入校验码，在写总线周期中，为D_0～D_{63}上的每个字节产生一位偶校验码，通过DP_7～DP_0输出。在读总线周期中，D_0～D_{63}及DP_7～DP_0上的数据按字节进行对应的偶校验，如出现错误，$\overline{PCHK}$信号将逻辑0送至外部

电路，在每个 $\overline{\text{BRDY}}$ 以后的两个时钟里，以奇偶校验的状态驱动 $\overline{\text{PCHK}}$ 。

奇偶校验允许：$\overline{\text{PEN}}$ 。

总线检查：$\overline{\text{BUSCHK}}$ 。

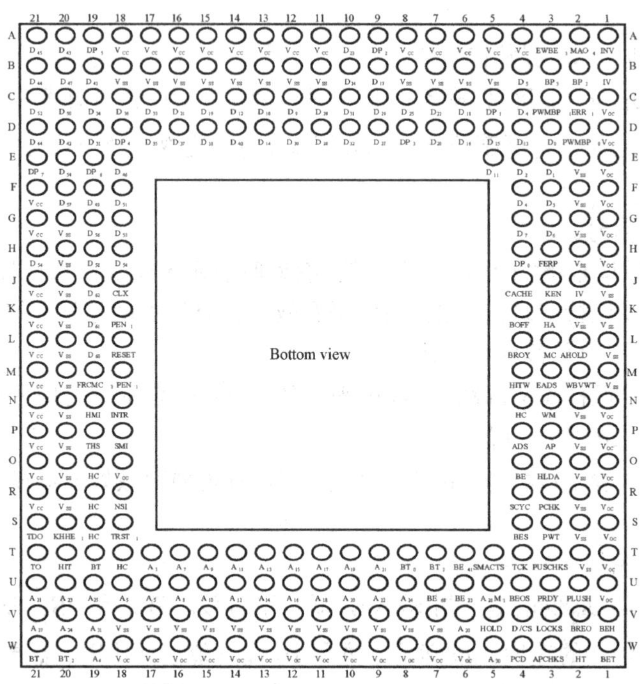

图 2.31　Pentium 的引脚封装图

2)　地址线及控制信号

A_{35}～A_3：地址线。

$\overline{BE_7}$ ～ $\overline{BE_0}$ ：字节允许信号(存储体选中信号)，外围电路对 $\overline{BE_7}$ ～ $\overline{BE_0}$ 译码以产生 A_2～A_0 信号。

3)　系统控制信号

时钟输入 CLK，是微处理器内部与外部操作的同步时基信号。

可屏蔽中断请求：INTR。

非屏蔽中断请求：NMI。

系统复位信号：RESET。

系统复位后，程序运行的地址为：FFFFFFF0H；在实模式下，CS：F000H，IP：0FFF0H。

4)　总线周期定义信号(输出)

M/$\overline{\text{IO}}$ ：为 1 表明该总线周期 CPU 与存储器交换信息；为 0 表明该总线周期 CPU 与 I/O 接口交换信息。

W/$\overline{\text{R}}$ ：为 1 表明该总线周期 CPU 进行写操作；为 0 表明该总线周期 CPU 进行读操作。

D/$\overline{\text{C}}$ ：为 1 表明该总线周期传输的是数据；为 0 表明该总线周期传输的是指令代码。

这三个信号的组合，决定了当前总线周期所要完成的操作，组合含义如表 2.12 所示。

表 2.12 M/$\overline{IO}$、W/$\overline{R}$、D/$\overline{C}$组合含义

M/$\overline{IO}$	D/$\overline{C}$	W/$\overline{R}$	操 作
0	0	0	中断
0	0	1	中止/专用周期
0	1	0	I/O 读
0	1	1	I/O 写
1	0	0	微代码读
1	0	1	保留
1	1	0	存储器读
1	1	1	存储器写

$\overline{LOCK}$：总线锁定信号，$\overline{LOCK}$=0，通知外围电路，不允许外部信号打断当前的总线周期。当一条指令有 LOCK 前缀时，该引脚输出为 0。

5) 总线控制信号

$\overline{ADS}$：地址选通信号(输出)，该信号由 1→0，表明地址线和总线定义信号(M/$\overline{IO}$、W/$\overline{R}$、D/$\overline{C}$)均为有效可用。

$\overline{BRDY}$：准备就绪信号(输入)，该信号由外电路产生，$\overline{BRDY}$=0，表明外部电路(存储器、I/O 接口)已经做好数据读写的准备，能在规定时间内完成数据的读写。$\overline{BRDY}$=1，表明存储器或 I/O 不能在规定时间内完成数据的读/写，请 CPU 延长总线周期。

6) 总线仲裁信号

HOLD：总线保持请求(输入)。

HLDA：总线保持响应(输出)。

2.2.4 基本时序

1. 80386 时序

80386 的总线周期由三个信号定义，它们是 M/$\overline{IO}$、W/$\overline{R}$ 和 D/$\overline{C}$。有效地址由地址信号 A_2～A_{31} 和字节允许信号 $\overline{BE_0}$ ～ $\overline{BE_3}$ 输出，状态 $\overline{ADS}$ 表示 80386 新的总线周期的开始和新的地址的发出。

若 80386 从最近的总线周期开始，以及从最近的总线周期终止后，$\overline{ADS}$(地址选通输出)无新的有效信号，则此时处于空闲状态(80386 执行内部操作)。若 80386 输出 HLDA 有效信号，则处于保持响应状态。总线操作的最短时间单位是一个总线状态 T(宽度为一个内部处理器时钟周期，即 2 个 CLK_2 周期)，可以由 2 个或更多个总线状态构成一个完整的数据传送的总线周期。80386 最快的总线周期只需两个总线状态。

80386 的总线周期可分为两类：基本总线周期和地址流水线方式的总线周期。

1) 80386 的基本总线周期

如图 2.32 所示，图中画出了 3 个连续的总线周期，每个周期由两个总线状态组成，命名为 T_1 和 T_2。如果外部硬件的速度足够快，任何存储器或 I/O 地址都可由一个两状态的总线周期存取。外部系统硬件要用 80386 的 $\overline{READY}$ 输入信号对总线进行响应，若在总线周期的第一个 T_2 信号结束前，$\overline{READY}$ 信号变为有效以响应总线周期，则可产生最短的总线

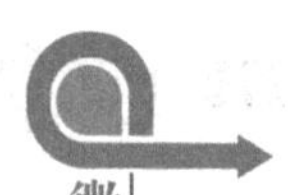

周期，仅需 T_1 和 T_2。若在 T_2 信号结束前 $\overline{READY}$ 无效，就不断重复 T_2，直到检测到 $\overline{READY}$ 有效。

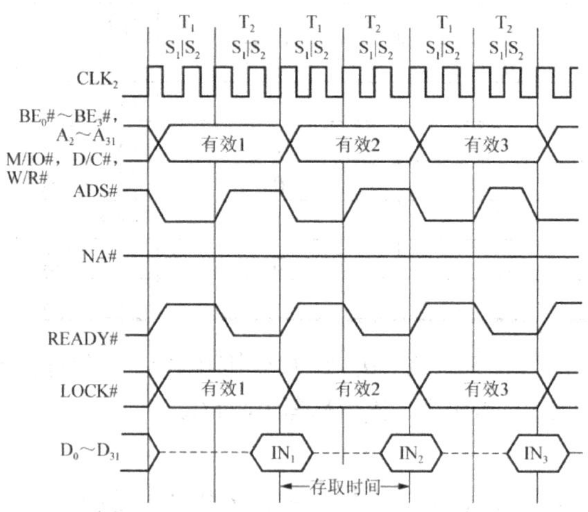

图 2.32　80386 的基本总线周期时序图

2)　80386 的流水线方式总线周期

这是一种对总线周期定时方式的选择。流水线方式或非流水线方式可以在逐个周期上使用 $\overline{NA}$ 信号进行选择。在非流水线方式时，当前周期的地址信号和总线周期定义信号 ($M/\overline{IO}$、$W/\overline{R}$、$D/\overline{C}$) 在整个周期保持不变。当采用地址流水线方式时，下一个周期的地址信号(A_2～A_{31}、$\overline{BE_0}$～$\overline{BE_3}$)和总线周期定义信号($M/\overline{IO}$、$W/\overline{R}$、$D/\overline{C}$)在当前周期结束之前就已改变，且可用，而 $\overline{ADS}$ 信号也应有效。采用流水线方式的总线周期如图 2.33 所示。

从图 2.32 可见，最快的读周期只需要两个总线状态，即 T_1P 和 T_2P，因此，与非流水线方式的总线周期有同样的数据宽度，但地址提前有效，地址有效到数据存取之间的时间增加可降低对外电路存取时间的要求。同时也可减少所需的等待状态。

2. Pentium 时序

1)　Pentium CPU 的基本总线操作

Pentium CPU 可以形成两种时序类型的总线周期：非流水线周期和流水线周期。

非流水线周期：假设每个总线周期包含两个时钟周期，即两个 T 状态，分别记做 T_1、T_2，在 T_1 期间，处理器在地址总线上输出被访问存储单元的地址、总线周期指示码和有关控制信号，在写周期的情况下被写数据在 T_1 期间输出在数据总线上；在 T_2 期间，外部设备从数据总线上接收数据，或在读周期的情况下把数据放置在数据总线上。

流水线周期：采用流水线技术后的总线周期。CPU 的流水线技术是一种将指令分解为多步，并让不同指令的各步操作重叠，从而实现几条指令并行处理，以加速程序运行过程的技术。指令的每步由各自独立的电路来处理，每完成一步，就进到下一步，而前一步则处理后续指令。采用流水线技术后，并没有加速单条指令的执行，每条指令的操作步骤一个也不能少，只是多条指令的不同操作步骤同时执行，因而从总体上看加快了指令流速度，缩短了程序执行时间。

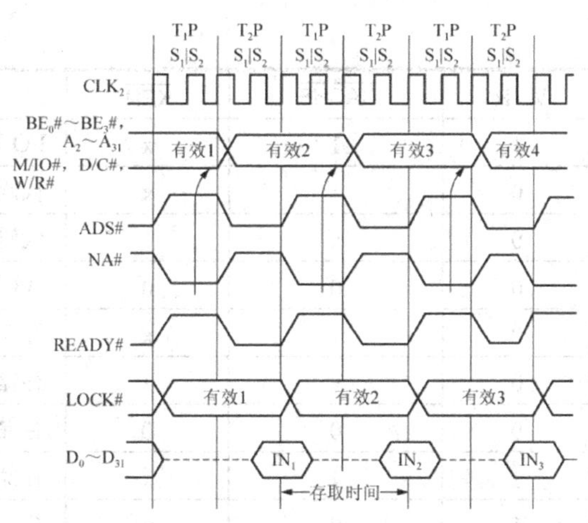

图 2.33 80386 的流水线方式总线周期时序

2) Pentium 总线状态定义

T_i：总线空闲状态。

T_1：总线周期的第一个时钟。

T_2：第一个待完成的总线周期的第二个及后续的时钟。

T_{12}：有两个待完成的总线周期，处理器在为第一个总线周期传送数据的同时启动第二个总线周期。

T_P：有两个待完成的总线周期，且都在第二个及后续的时钟里。

T_D：有一个待完成的总线周期，其地址、状态和 ADS#已被驱动，而数据和 BRDY#引脚未被采样。

3) Pentium CPU 的总线周期类型

除了非流水线周期和流水线周期这两种最基本的总线周期类型外，Pentium CPU 还有单次非突发式数据传送与突发式数据传送总线周期、非缓存式与缓存式总线周期。在非突发式总线周期中，每次只能传送一个数据单元，且至少需要两个时钟周期。突发式总线周期是一种特殊的总线周期，在突发式总线周期中，传送第一个数据单元需要两个时钟周期，以后每个数据单元只需一个时钟周期。突发式总线周期传送 256 位数据，即 4 个四字——Pentium 片内 Cache 的数据线恰为 256 位。当处理器访问某个内存地址时，如果被访问的信息已在 Cache 中，则从 Cache 中直接读取；否则，进行一次突发式读总线周期，从内存传送 256 位数据以填充 Cache。

Pentium CPU 的总线周期从处理器驱动 $\overline{ADS}$ 时开始，到返回最后一个 $\overline{BRDY}$ 时结束。一个总线周期可以有 1 次或 4 次数据传送，单次数据传送周期有 1 次数据传送，突发周期有 4 次数据传送。Pentium 的总线周期类型与引脚信号之间的关系见表 2.13。图 2.34 为具有等待状态的非流水线单次传送读写总线周期时序图，图 2.35 为流水线式读写周期时序图。

表 2.13 总线周期类型与引脚信号之间的关系

M/$\overline{IO}$	D/$\overline{C}$	W/$\overline{R}$	$\overline{CACHE}$	$\overline{KEN}$	总线周期类型
0	0	0	1	x	中断响应
0	1	0	1	x	I/O 读，非缓存式

续表

M/$\overline{IO}$	D/$\overline{C}$	W/$\overline{R}$	$\overline{CACHE}$	$\overline{KEN}$	总线周期类型
0	1	1	1	x	I/O 写，非缓存式
1	0	0	1	x	代码读，非缓存式
1	0	0	x	1	代码读，非缓存式
1	0	0	0	0	代码读，突发式
1	1	0	1	x	存储器读，非缓存式
1	1	0	x	1	存储器读，非缓存式
1	1	0	0	0	存储器读，突发式
1	1	1	1	x	存储器写，非缓存式
1	1	1	0	x	突发式回写

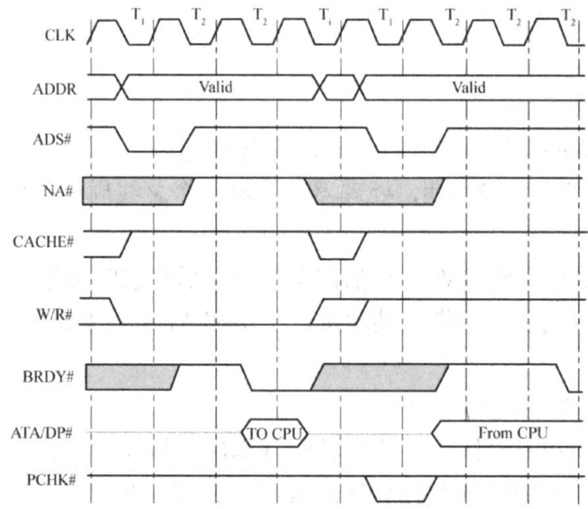

图 2.34　具有等待状态的非流水线单次传送读写总线周期

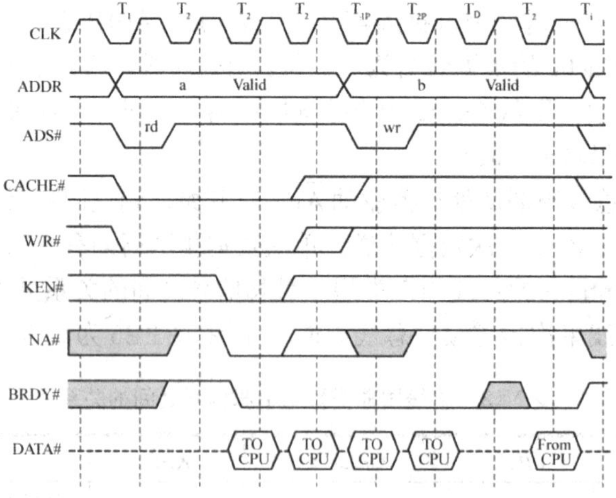

图 2.35　流水线式读写周期

2.3 小型案例实训

案例 1——求标志位值

已知 A=0101 0100 0011 1010，B=1111 1110 0000 0000，求 A–B 后标志寄存器各个标志位的值。

解：该题首先需要清楚各个标志位的含义，然后进行计算，最后依据计算结果确定各个标志位的值。

A–B=0101 0110 0011 1010，SF=0，CF=1，ZF=0，AF=0，PF=1(偶)，OF=0

案例 2——由逻辑地址求物理地址

(1) 已知某单元的逻辑地址为 327AH：0219H，求该存储单元对应的物理地址。

解：物理地址(PA)=段地址×10H+EA=327A H×10H+0219H=327A 0H+0219H=329B9H

(2) 已知某单元的逻辑地址为 8100H：2000H，求该存储单元对应的物理地址。

解：物理地址(PA)=段地址×10H+EA=8100 H×10H+2000H=81000H+2000H=83000H

案例 3——由物理地址求逻辑地址

已知某单元的物理地址为 32060H，求其对应的逻辑地址。

解：该单元的逻辑地址可以有：

(1) 3206H：0000H

32060H=3206H×10H+0000H

(2) 3200H：0060H

32060H =3200H×10H+0060H

(3) 3000H：2060H

32060H =3000H×10H+2060H

(4) 3100H：1060H

32060H =3100H×10H+1060H

……

同一个物理地址可以对应若干个逻辑地址。

2.4 小　　结

本章的主要内容是有关微处理器的知识。

首先介绍 8086 CPU：包括 8086 CPU 的内部结构中各个组成部件的主要功能、8086 CPU 的工作过程；8086 CPU 编程结构中寄存器的分类、各个寄存器的功能；8086 CPU 的引脚及功能；8086 CPU 的存储器组织；8086 CPU 的输入/输出组织；8086 CPU 的系统配置(包括最大模式和最小模式下的系统配置)；8086 CPU 的基本时序，包括时序的基本概念、总线周期的时序、读总线的时序、写总线的时序、中断响应时序、总线保持与响应时序、系统复位时序。

接着介绍 80X86 CPU：包括 80286、80386、80486、Pentium CPU 的基本结构；80X86 CPU 的编程结构；80386、80486、Pentium CPU 的引脚功能；80386、Pentium CPU 的时序，包括 80386 CPU 的基本总线周期、流水线方式总线周期，Pentium 的总线周期时序。

2.5 习　　题

一、简答题

1. 8086 微处理器由哪几部分组成？各部分的功能是什么？
2. 简述 8086 CPU 的寄存器组织。
3. 试述 8086 CPU 标志寄存器各位的含义与作用。
4. 什么是逻辑地址？什么是物理地址？如何由逻辑地址计算物理地址？
5. 8086 系统中，CPU 实际利用哪几条地址线来访问 I/O 端口？最多能访问多少个端口？
6. 什么是指令周期？什么是总线周期？什么是时钟周期？它们之间的关系如何？
7. 8086/8088 CPU 读/写总线周期各包含多少个时钟周期？什么情况下需要插入 T_w 周期？应插入多少个 T_w 取决于什么因素？
8. 试简述 8086/8088 系统最小模式时从储存器读数据时的时序过程。
9. 什么是最大模式?什么是最小模式?用什么方法将 8086 CPU 置为最大模式和最小模式?

二、计算题

1. 现有 6 个字节的数据分别为 11H，22H，33H，44H，55H，66H，已知它们在存储器中的物理地址为 400A5H～400AAH。若当前(DS)=4002H，请说明它们的偏移地址值。
2. 在 8086 CPU 中，逻辑地址 FFFF：0001，00A2：037F 和 B800：173F 的物理地址分别是多少？
3. 在 8086 CPU 中，从物理地址 388H 开始顺序存放下列三个双字节的数据，651AH、D761H 和 007BH，请问物理地址 388H、389H、38AH、38BH、38CH 和 38DH 6 个单元中分别是什么数据？
4. 段寄存器 CS=1200H，指令指针寄存器 IP=4000H，此时，指令的物理地址为多少？指向这一物理地址的 CS 值和 IP 值是唯一的吗？

第 3 章　80X86 的寻址方式及指令系统

本章要点

- 80X86 系统的各种寻址方式
- 80X86 的指令系统构成及各类指令的功能和用法

3.1 寻 址 方 式

指令是让计算机完成某种操作的命令，所有指令的集合称为指令系统。指令通常由操作码(Operation Code)和操作数(Operand)两部分组成。指令的一般格式如下所示。

```
操作码    操作数 1 [,操作数 2,……,操作数 n]
```

操作码是一种助记符，表示计算机所要执行的操作。操作数给出指令执行过程中所需要的数据，可以是操作数本身，也可以是操作数在存储器(mem)或寄存器(reg)中的存放地址(addr)或地址的一部分，还可以是指向操作数所在存储单元的地址指针，或者其他有关操作数的信息。

指令有单操作数、双操作数和无操作数之分。如果是双操作数指令，要用逗号将两个操作数分开，逗号右边的操作数称为源操作数(src)，左边的为目的操作数(dest)。

指令的寻址方式就是指令中用于说明操作数所在地址的方法，或者说是寻找操作数的有效地址的方法。一般来说，计算机的寻址方式越丰富，指令系统的功能就越强，编程的灵活性越大。8086/8088 的指令系统中访问操作数采用了多种灵活的寻址方式。

采用不同 CPU 的计算机，其指令系统也不同，指令的书写格式以及各个指令所允许使用的寻址方式都有严格的规定。因此，要使用某种微处理器，必须先掌握其指令系统以及指令中各个操作数所允许使用的寻址方式。

3.1.1 立即寻址

操作数直接包含在指令中，此时的操作数也叫立即数(imm)。它紧跟在操作码的后面，与操作码一起放在代码段区域中。例如：

```
MOV    AX,4000H              ;将立即数 4000H 送到 AX 寄存器
```

立即数可以是 8 位的，也可以是 16 位的。

注意：

- 在所有的指令中，立即数只能作源操作数，不能作目的操作数。
- 以字母开头的十六进制数前必须以数字 0 作前缀。

- 立即数可以是用+、-、×、/ 表示的算术表达式，也可以用圆括号改变运算顺序。
- 立即数只能是整数，不能是小数、变量或者其他类型的数据。

3.1.2 寄存器寻址

寄存器寻址，这种寻址方式的操作数放在寄存器中，用寄存器的符号来表示。对于16位操作数，寄存器可以是AX、BX、CX、DX、SI、DI、SP、BP等；对于8位操作数，则用寄存器AH、AL、BH、BL、CH、CL、DH、DL。

例如：

```
INC    BX                    ;将BX的内容加1
MOV    BX,CX                 ;执行该指令后BX=CX,CX的内容保持不变
```

采用寄存器寻址方式的指令，其机器码字节数较少。此外，由于操作就在CPU内部进行，不必执行访问存储器的总线周期，故执行速度快。

注意：

- 在一条指令中，可以对源操作数采用寄存器寻址方式，也可以对目的操作数采用寄存器寻址方式，还可以两者都采用寄存器寻址方式。
- 源操作数的长度必须与目的操作数一致，否则会出错。例如，不能将BH寄存器的内容传送到DX中，尽管DX寄存器放得下BH的内容，但汇编程序不知道将它放到DH还是DL中。

3.1.3 存储器寻址

存储器寻址，这种方式的操作数在存储器中，指令中给出其存放地址代码或地址代码的表达形式。存储器寻址是变化最多的寻址方式。根据操作数的有效地址EA(Effective Address)的形成方法不同，这种寻址方式又可分为直接寻址、寄存器间接寻址、基址寻址、变址寻址以及基址变址寻址。

1. 直接寻址

操作数总是在存储器中，其有效地址EA由指令以具体数值的形式直接给出。要注意的是，指令中的有效地址外必须加一对方括号，以便与立即数相区别。

【例3.1】 直接寻址。如图3.1所示，图中寄存器和存储器中的数据均为十六进制数(省去了“H”标记，下同)。

```
MOV    AX, [1070H]           ;将物理地址为21070H单元的16位数读取到AX
                             ;指令执行后AX=1356H
```

在采用直接寻址方式时，如果指令前面没有前缀指明操作数在哪一个段，则默认的段寄存器是数据段寄存器DS。但8086/8088系统中还允许段超越，即允许操作数存放在以代码段、堆栈段或附加段为基准的存储区域中。此时只要在指令中指明是段超越就可以，也就是说16位的偏移地址可以与CS、SS或ES中的段地址组合，形成操作数的物理地址。

例如：

```
MOV   BX,ES: [4000H]         ;操作数存放在由 ES 指示的附加段中
                             ;源操作数的物理地址=ES×10H+4000H
```

其中冒号“：”称为修改属性运算符，其左边的段寄存器符号就是段超越前缀。

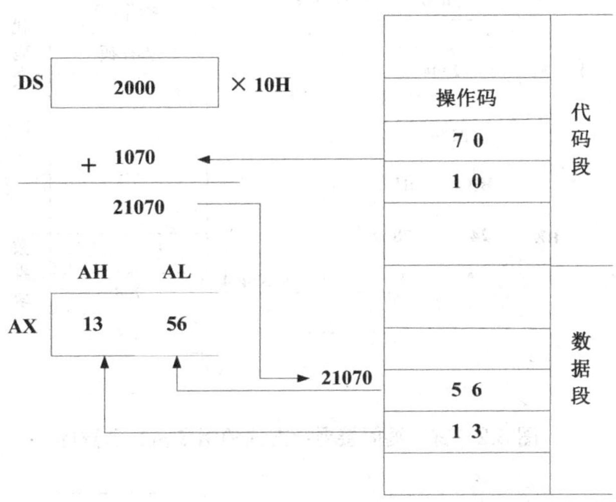

图 3.1　直接寻址方式的指令执行示意图

2. 寄存器间接寻址

操作数的有效地址 EA 直接取自某一个基址寄存器或变址寄存器。在这种方式中，对于约定的逻辑段，其段超越前缀可以省略。可使用 BX、SI 和 DI 这 3 个 16 位的寄存器作为间接寻址寄存器，并且规定约定访问的是由 DS 指示的数据段。若使用 BP 作为间接寻址寄存器，则约定访问的是由 SS 指示的堆栈段。(实际上，8086/8088 指令系统中并没有[BP]形式的操作数，但汇编时遇到[BP]形式也不算错，会按[BP+0]编译。)

【例 3.2】 寄存器间接寻址。

```
MOV   BX,[SI]                ;源操作数的物理地址=DS×10H+SI
```

设：DS=3000H，SI=2004H，[32004H]=2478H

则：源操作数的物理地址=DS×10H+SI=30000H+2004H=32004H。这条指令的执行过程如图 3.2 所示，指令执行后，BX=2478H。

3. 寄存器相对寻址

操作数的有效地址是一个基址或变址寄存器的内容与指令中指定的 8 位或 16 位位移量(简记为 disp)之和。同样，当指令中指定的寄存器是 BX、SI 或 DI 时，段寄存器使用 DS，当指定寄存器是 BP 时，段寄存器使用 SS。

【例 3.3】 寄存器相对寻址。

```
MOV   BX,disp [SI]               ;源操作数的物理地址=DS×10H+SI+disp
```

设：DS=1000H，SI=3000H，disp=4000H，[17000H]=1234H

则：源操作数的物理地址=DS×10H+SI+disp=10000H+3000H+4000H=17000H。指令执行过程如图3.3所示，指令执行后，BX=1234H。

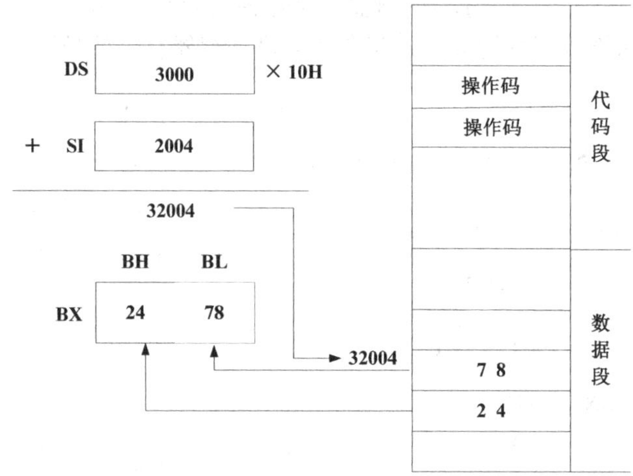

图 3.2　寄存器间接寻址方式的指令执行示意图

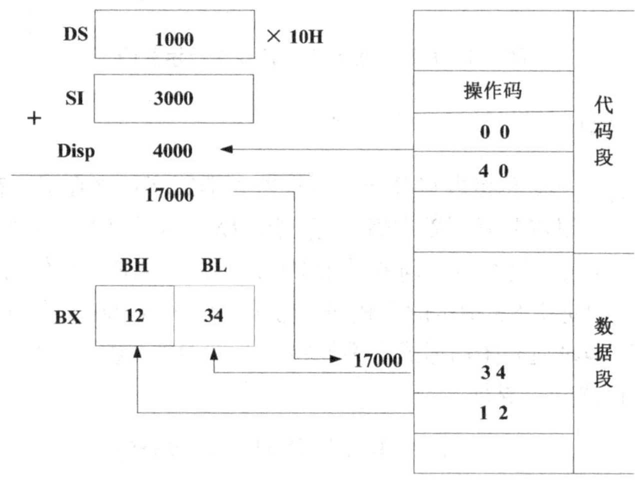

图 3.3　寄存器相对寻址方式的指令执行示意图

4. 基址变址寻址

操作数的有效地址是一个基址寄存器(BX 或 BP)与一个变址寄存器(SI 或 DI)的内容之和。在这种方式中，只要用到 BP 寄存器，那么默认的段寄存器就是 SS；在其他情况下，默认的段寄存器均为 DS。

【例 3.4】 基址变址寻址。

```
MOV   AX,[BP][SI]              ;源操作数的物理地址=SS×10H+BP+SI
```

设：SS=3000H，BP=1200H，SI=0500H，[31700H]=0EFCDH

则：源操作数的物理地址=SS×10H+BP+SI =30000H+1200H+0500H=31700H。指令执行过程如图 3.4所示，指令执行后，AX=0EFCDH。

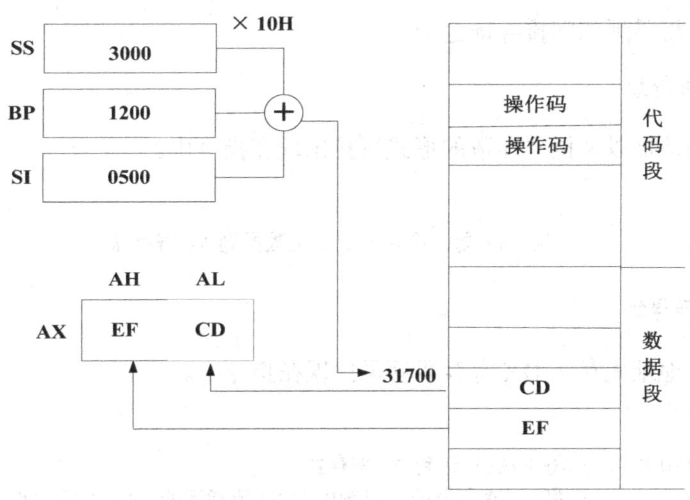

图 3.4　基址变址寻址方式的指令执行示意图

5. 基址变址相对寻址

若使用基址变址寻址方式时允许带一个 8 位或 16 位的位移量 disp，则称为基址变址相对寻址。

【例 3.5】 基址变址相对寻址。

```
MOV    AX,disp[BX][SI]          ;源操作数的物理地址=DS×10H+BX+SI+disp
```

设：DS=2000H，BX=1500H，SI=0300H，disp=0200H，[21A00H]=26BFH

则：源操作数的物理地址=10H×DS+BX+SI+disp =20000H+1500H+0300H+0200H=21A00H。指令执行过程如图 3.5 所示，指令执行后，AX=26BFH。

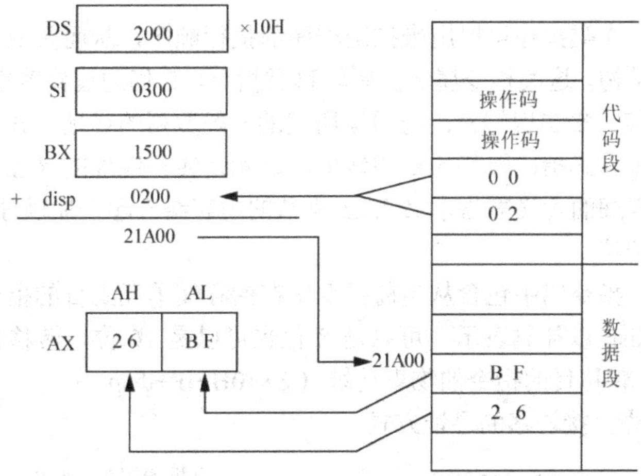

图 3.5　基址变址相对寻址方式的指令执行示意图

3.1.4　端口寻址

CPU 与外设端口交换数据时需要寻找外设端口的地址，这种寻址方式称为端口寻址。

端口寻址也有直接寻址和间接寻址之分。

1. 端口直接寻址

外设端口的地址以 8 位立即数的形式直接出现在指令中。

例如：

```
IN    AL,36H          ; 从 36H 端口输入一个 8 位数据到 AL 寄存器
```

2. 端口间接寻址

外设端口的地址先存入 DX 寄存器后再出现在指令中。

例如：

```
MOV    DX,2400H    ; 将 2400H 送到 DX 寄存器
OUT    DX,AL       ; 将 AL 寄存器的内容输出到 DX 所指示的 2400H 端口地址
```

注意，端口地址超过 8 位时，必须用间接寻址。

3.1.5 其他寻址方式

1. 隐含寻址

除了上述常见的寻址方式以外，还有一类特殊的寻址方式，称为隐含寻址，即指令中不出现操作数，但指令本身隐含指示了操作数的来源。例如：指令 DAA，其操作数为 AL；而串操作指令 MOVS，其源操作数隐含由 DS:SI 寄存器间接寻址，而目的操作数则隐含由 ES:DI 寄存器间接寻址。

2. 转移地址的寻址方式

指令系统中有一大类指令可以用来控制程序的执行顺序，从而实现分支、循环以及子程序等复杂的程序结构，这类指令属于控制转移类指令，它们通过修改指令指针 IP 以及代码段寄存器 CS 的值，来实现转移。与前面所述的一般数据的寻址方式不同，转移类指令中需要用一定的寻址方式指出转移的目的地址，这就是转移地址的寻址方式。下面简单介绍这类寻址方式，详细的含义需与本书 3.2.5 小节的内容结合起来加以理解。

1) 段内直接转移

又称相对寻址，指令码中包含从当前指令所在的存储单元到目的指令的存放单元的地址的位移量 disp。disp 以补码表示，可以是 8 位也可以是 16 位，转移目的指令的偏移地址=IP+disp，因此，转移目的指令的物理地址=CS×10H+IP+disp。

【例 3.6】 段内直接转移的寻址方式。

```
L1:  DEC  BX        ;BX-1→BX                  (机器码为：4B)
     JNZ  L1        ;若 BX≠0，转移到标号 L1 处   (机器码为：75FD)
```

在此，转移目的指令的物理地址=CS×10H+IP+disp，其中 IP 为取出指令 JNZ L1 后的当前值。由于指令 DEC BX 的机器码占一个字节，JNZ L1 的机器码占两个字节，所以 disp=−3=0FDH，如扩成 16 位，则 disp=0FFFDH。

2)　段内间接转移

转移目的指令的偏移地址存放在寄存器或存储器中，而此寄存器或存储器可以用一般数据的寻址方式给出。例如：

```
JMP   BX         ;转移目的指令的偏移地址在 BX 中
JMP   [DI]       ;转移目的指令的偏移地址在存储器中且由 DI 间接寻址
```

3)　段间直接转移

指令码中直接给出转移目的指令的 16 位段地址和 16 位偏移地址。

4)　段间间接转移

转移目的指令的偏移地址及段地址都存放在存储器中，可以用一般数据寻址方式所选中的存储器中连续的 4 个单元来存放，且偏移地址存放在小地址单元，段地址存放在大地址单元，低 8 位在前，高 8 位在后。

3.1.6　80386 微处理器的寻址方式简介

1. 80386 的工作方式

1)　实方式

80386 在实方式下的工作原理和 8086 相同，主要差别是 80386 可以处理 32 位的数据，如进行 32 位的寄存器运算，以及偏移地址在 64KB 以内的 32 位的数据传送。另外，在实方式下 80386 新增加的两个段寄存器 FS 和 GS 是可用的。

实方式是 80386 在复位后立即出现的工作方式，即使是想让系统运行在保护方式，系统初始化或引导程序也需要在实方式中运行，以便初始化保护方式。

2)　保护方式

80386 在保护方式下可以访问 4GB 的物理存储空间，段的长度在启动页功能时是 4GB，不启动页功能时是 1MB。页功能是可选的。在这种方式下，可以引入虚拟存储器的概念，以扩充软件占用的存储空间。

保护方式是支持多任务的方式，提供了一系列的保护机制：任务地址空间的分离、0～3 共 4 个特权级、有特权指令、段和页的访问权限和段限检查。

3)　虚拟 8086 方式(V86 方式)

虚拟 8086 方式是既有保护功能又能执行 8086 代码的工作方式，是一种动态方式。在这种方式中，80386 能够迅速、反复地进行 V86 方式和保护方式之间的切换，从保护方式进入 V86 方式执行 8086 程序，然后离开 V86 方式，进入保护方式继续执行固有的 80386 程序。

2. 保护方式下的存储管理

存储管理包含两大机制，一是地址转换机制；二是保护机制。地址转换机制使操作系统可以灵活地把存储区域分配给各个任务，而保护机制用来避免系统中的一个任务越权访问属于另一个任务的存储区域或属于操作系统的存储区域。

1)　地址转换机制

80386 以上的 32 位微处理器有三种存储器地址空间：虚拟地址(逻辑地址)、线性地址

和物理地址。工作在保护方式时，线性地址的地址空间可达 4GB(2^{32}B)，物理地址空间同线性地址，而虚拟地址空间可达 64TB(2^{46}B)。用户在程序中使用的地址都是由“段选择子”和“偏移量”两部分组成的虚拟地址，程序在系统中运行时，由存储管理机制把虚拟地址转换成物理地址。

在 80386 以上的 32 位微处理器中集成有 MMU(存储管理部件)，这一 MMU 采用了分段机制和分页机制以实现两级“虚拟-物理”地址的转换，如图 3.6 所示。

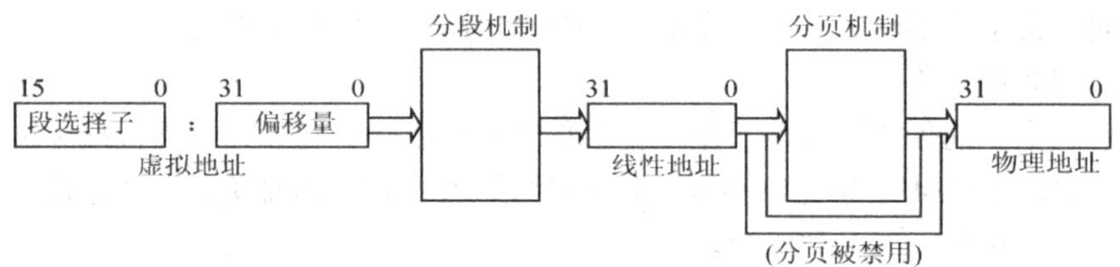

图 3.6　二级虚拟-物理地址转换

分段机制实现虚拟地址到线性地址的转换，它把用户程序中的 64TB 的虚拟地址空间分成 1～4GB 大小不等的存储分段，并且具有实施段间隔离和保护的硬件机构，分段存储管理直接支持高级语言的模块化程序设计技术。

分页机制实现了线性地址到物理地址的转换，它把用户的线性地址空间等分为固定大小的块，每一块称为 1 页，线性地址以“页号-页内地址对”表示。系统也把存储器物理空间等分成同样大小、位置固定的块，每一物理存储块称为“页帧”(80386MMU 的分页机制将 4KB 大小的页称为“页帧”)。存储空间的物理地址也以“页帧号-页内地址”对表示。为实现页内管理，系统为每个作业建立一张页面对照表——页表，页表内记录了每个线性地址块的页号和为其分配的物理存储块的页帧号，操作系统页表实施线性地址到物理地址的映射。32 位微处理器 MMU 的分页存储管理使用二级页表变换技术，并在芯片内集成有一个 TLB(转换后备缓冲器)，这是一个 4 路组相连的高速缓冲存储器，其间保存了 32 个最近使用的物理页的页表项。

2)　保护机制

80386 以上的 32 位微处理器支持两个主要的保护机制，一个是通过给每个任务分配不同的虚拟地址空间，使任务之间完全隔离，每个任务有不同的“虚拟地址-物理地址”的转换映射；另一个是任务内的保护机制操作，保护操作系统存储段及特别的处理器寄存器，使其不能被其他应用程序所破坏。

在存储器的虚拟地址空间中仅有一个任务占有的虚拟地址空间部分，即不被其他任务共享的虚拟地址部分，称为“局部地址空间”。局部地址空间包含的代码和数据，是任务私有的，需要与系统中的其他任务相隔离。而各个任务公用的一部分虚拟地址空间，称为“全局地址空间”，操作系统存储在全局地址空间中，使操作系统由所有任务共享，并且可以让每个任务对其进行访问，而且仍然保护了操作系统，使其不被应用程序破坏。

32 位微处理器支持 4 级保护的特权级，特权级标号为 0～3，其 0 级为最高特权级，处于最内层，3 级为最低特权级，处于最外层。每个存储段都用一个特权级相联系，只有足够级别的程序才可对相应的段进行访问。在运行程序时，微处理器是从 CS 寄存器寻址的段中取出指令并执行指令的，当前活跃代码段的特权级称为“当前特权级(CPL)”，CPL

确定哪些段可由程序访问。处理器的保护机制规定，对给定的 CPL 执行的程序，只允许访问同一级别或外层级别的数据段，若试图访问内层级别的数据段，则属于非法操作，将产生一个异常，向操作系统报告这一违反特权规则的操作。

3. 保护方式下的存储器寻址方式

1)　段描述子和段选择子

在保护方式下，80386 以上的 32 位微处理器的存储空间由可变长度的段组成，每个段由可以多达 4GB 的相邻字节序列组成。段与段之间相互独立，段的位置不受限制，段与段之间可以连续排列，也可以不连续排列，还可以重叠排列，每一个段的起始地址称为“段基地址”或“段地址”，段的长度称为“段限”。

80386 微处理器采用“段描述子”和“段选择子”的数据结构来实现保护方式下的存储器操作数的寻址。段描述子又称为描述符，用来描述对应存储段的一些基本特性，段描述子的格式如图 3.7 所示。

<table>
<tr><td>31</td><td colspan="5"></td><td>16 / 15</td><td colspan="4"></td><td>0</td></tr>
<tr><td colspan="6">BASE 15～0</td><td colspan="6">LIMIT 15～0</td></tr>
<tr><td>BASE 31-24</td><td>G</td><td>B/D</td><td>0</td><td>0</td><td>LIMIT 19-16</td><td>P</td><td>DPL</td><td>S</td><td>TYPE</td><td>A</td><td>BASE 23-16</td></tr>
</table>

图 3.7　段描述子

其中：

BASE——段基地址或者段地址，为段的起始地址；

LIMIT——段限，段的长度、范围或者边界；

P——存在位，为 1 表示存在(在实内存中)，为 0 表示不存在；

DPL——描述子特权级，0～3；

S——段描述子，为 1 表示代码或者数据描述子，为 0 表示系统描述子；

TYPE——段的类型；

A——已访问位，为 1 表示已经访问过；

G——粒度位，段限所用单位，为 1 表示页(4KB)，为 0 表示字节；

B/D——默认操作数大小，为 0 表示 16 位，为 1 表示 32 位(仅用于代码段描述子)。

在保护方式下，80386 微处理器常用三类描述子——全局描述子、局部描述子和中断描述子，用来描述程序中所用的各种存储段的特性，这些描述子分别放在三种段描述子表——全局描述子表、局部描述子表和中断描述子表之中，所有这些表都是变长的数组，其长度在 8B～64KB 之间，存放在内存中。每个表最多可以容纳 8192(2^{13})个 8B 的段描述子，用户程序使用的虚拟(逻辑)存储空间由全局描述子表和局部描述子表定义的存储分段组成。每个段的最大可寻址存储空间是 4GB(2^{32}B)，所以处理器为用户提供了 2×8K×4GB=64TB(2^{46}B)虚拟地址空间。

全局描述子表(GDT)定义了能被系统中所有任务公用的存储分段，可以避免对同一系统服务程序的不必要的重复定义与存储，GDT 中包含了除中断服务程序所在的段以外的所有类型存储分段的描述符。通常在 GDT 中包含了操作系统使用的代码段、数据段、任务状态段以及系统中各个 LDT 所在段的段描述子，一个系统只能有一个 GDT。

局部描述子表(LDT)包含了与某个任务相关联的段描述子，在设计操作系统时，通常每个任务有一个独立的 LDT。LDT 提供了将一任务的代码段、数据段与操作系统的其余部分相隔离的机制。

中断描述子表(IDT)最多包含 256 个中断服务程序的位置的描述子。为容纳 Intel 保留的 32 个中断描述子，IDT 的长度至少应有 256B，系统所使用的每种类型的中断在 IDT 中必须有一个描述子表项，IDT 的表项通过中断指令、外部中断和异常事件来访问。

GDT 在内存中的位置及其长度由全局描述子表寄存器 GDTR 给出，这是一个 48 位寄存器，其高 32 位存放了 GDT 的基地址，低 16 位存放了 GDT 的长度(段限)，GDTR 同 GDT 的关系如图 3.8 所示。

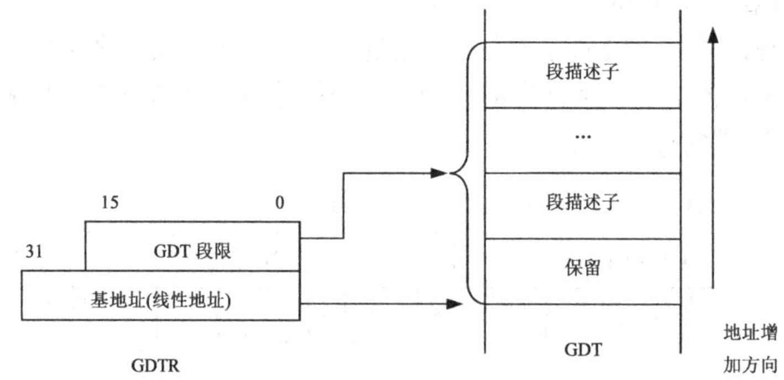

图 3.8　GDTR 与 GDT 的关系

同样 IDT 在内存中的位置及长度也由一个中断描述子表寄存器 IDTR 给出，IDTR 同 IDT 的关系如图 3.9 所示。

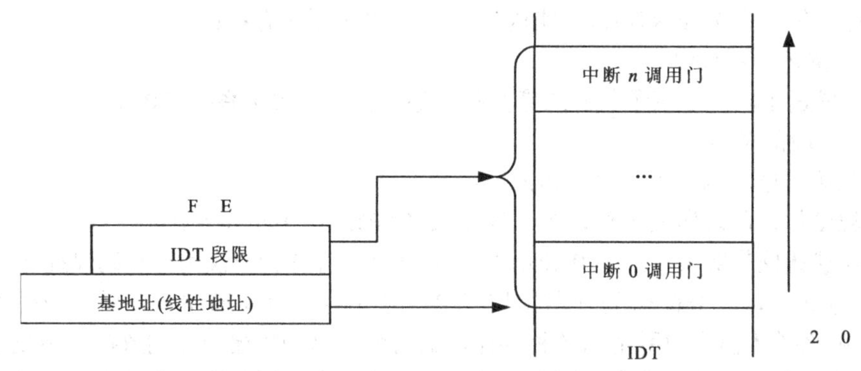

图 3.9　IDTR 与 IDT 的关系

LDT 的定位与 GDT 不同，LDT 的段基址与段限由 LDT 描述子表示，该描述子同一般的段描述子一样存放在全局描述子表中，因此首先要从 GDT 中找出 LDT 描述子，80386 微处理器中有一个局部描述子表寄存器 LDTR，这是一个 16 位寄存器，LDTR 中存放一个称为“段选择子”的 16 位数，段选择子用来在 GDT 中寻找 LDT 描述子。

在保护方式下，要访问某一存储段，首先必须知道该存储段所对应的段描述子，而段描述子是以 8B 长的数据结构存放在 GDT 或 LDT 中，要知道该描述子在 GDT 或 LDT 中的位置，在 32 位微处理器中采用一种称为“段选择子”的数据结构，这是一个 16 位数，存放在要访问的存储段所对应的段寄存器(CS/DS/SS/ES/FS/GS)中，当一个段选择子的值装入段寄存器时，处理器自动地从 LDT/GDT 中选择一个段描述子，经调整后对应的“段描述子寄存器”又称“段高速缓存器”。

段选择子的格式如图 3.10 所示，其中 INDEX 是 13 位长的段选择子变址(索引)值，据此值到 GDT/LDT 中查找对应的描述子。TI 是 2 位长的段选择子的请求特权级：TI=1 时，在 LDT 中；TI=0 时，在 GDT 中。RPL 是 2 位长的段选择子的请求特权级。

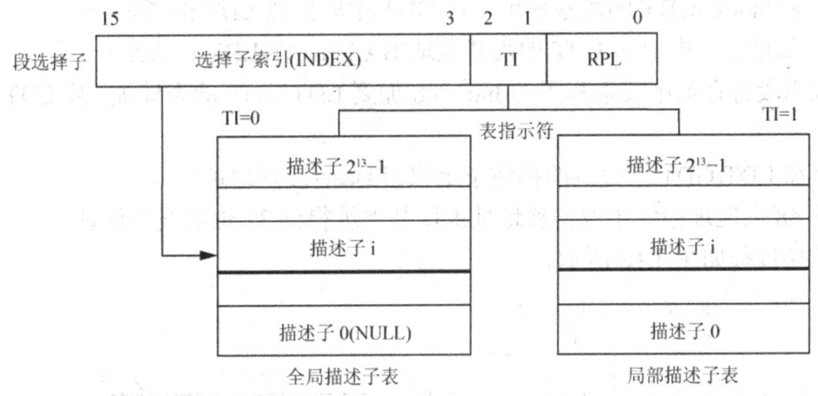

图 3.10 段选择子

2) 保护方式下的存储器寻址

首先是准备工作，即进行描述子表的定义。在进入保护方式前，用 LGDT 指令装入 GDTR 以定义 GDT，如图 3.11 所示。在保护方式下，用 LLDT 指令装入 LDTR，LDTR 中为 16 位的段选择子，再按此段选择子从 GDT 中选择 LDT 描述子，并由 LDT 描述子定义 LDT。

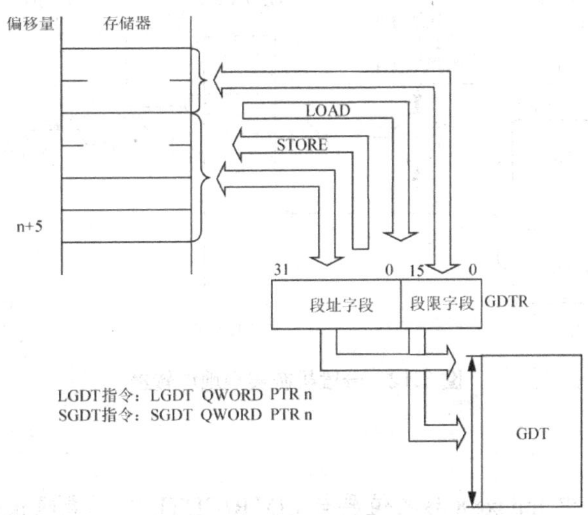

图 3.11 GDT 的定义

其次，给定一个 48 位虚拟地址指针(程序的逻辑地址)，通过段选择子、描述子数据结构以及全局描述子表 GDT 和局部描述子表 LDT 实现从虚拟地址到线性地址的转换。步骤如下：

(1) 48 位虚拟地址指针中 16 位为段选择子，可由 MOV 指令对有关段寄存器

DS/SS/ES/FS/GS 赋值来设置，32 位偏移量由指令的寻址方式指定。

(2) 从段寄存器中取出段选择子。

(3) 段选择子中 TI=0，则描述子在 GDT 中，进入(5)。

(4) 段选择子中 TI=1，则描述子在 LDT 中。

a. 从 LDTR 中取出用于 LDT 的段选择子；

b. 从段选择子中取出 Index，左移 3 位(×8)；

c. 8×Index+GDT 的段基地址，从 GDT 中取出该 LDT 的描述子；

d. 从描述子中取出 LDT 的段基地址(BASE)，即 LDT 的表地址。

(5) 取出段寄存器中段选择子的 Index×8 加到 LDT/GDT 的表地址，从 LDT/GDT 中取出描述子。

(6) 从在 LDT/GDT 中找到的描述子上取出 Base(段基地址)。

(7) 从 48 位地址指针中取偏移地址加段基地址得到 32 位的线性地址。

这一转换过程如图 3.12 所示。

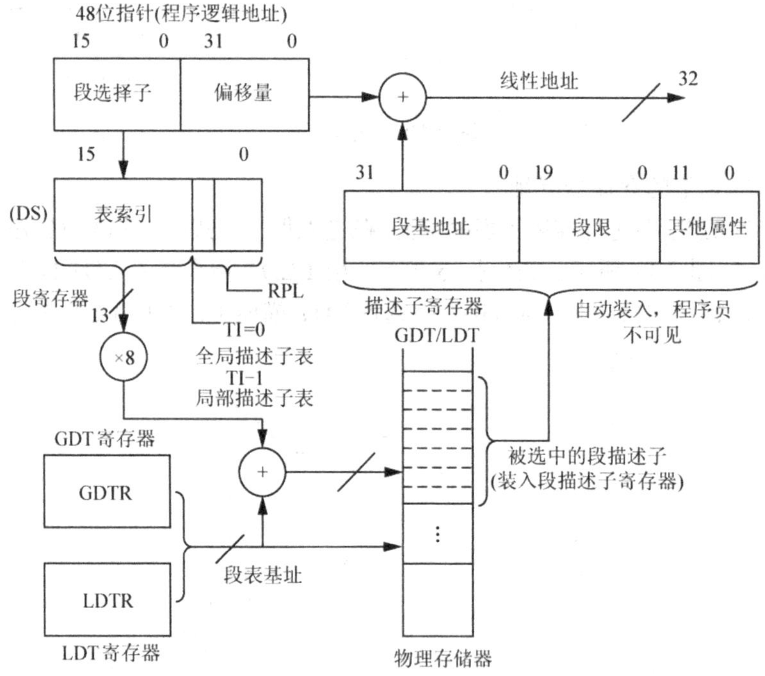

图 3.12 分段机制实现地址转换

注意：

- 步骤(5)中 Index×8 后之值要与 LDTR/GDTR 中的表限值比较，看是否超过。如未超过，处理器的保护机制还需对该描述子的访问权进行检查，若该描述子的访问是合法的，处理器就自动地把该描述子中所要访问存储段的基地址、段限和访问权字节装入相应段寄存器的 Cache 寄存器中(段描述子寄存器)。
- 步骤(5)后，用已经装入 Cache 寄存器的访问权字节中的类型字段所规定的内容，对有关的存储段引用请求进行检查，同时还要对地址指针中的偏移量进行检查，以便确定该偏移量是否超出为该存储段所规定的段限，若未超出，则进入步骤(7)。

3.2 指令系统

本节先介绍 8086/8088 的指令系统，这也是对 80286 以上微处理器都适用的指令集。8086/8088 指令集的 115 个指令助记符代表了 91 种操作，共分为六大类指令：数据传送指令、算术运算指令、逻辑运算和移位指令、串操作指令、控制转移指令和处理器控制指令。这些指令可通过附录 C 查找。最后介绍 80386 以上微处理器扩充或增加的指令。

3.2.1 数据传送指令

数据传送是计算机系统中最主要的操作，可以把数据从计算机系统的一个部位传送到另一个部位。这里，把发送数据的部位称为源，接收数据的部位称为目的。8086/8088 系统设置了基本数据传送、输入/输出、地址传送和标志传送等多种数据传送类指令，详见附录 C 中的表 1。

1. 通用数据传送指令

1) MOV 指令

MOV 指令是形式最简单、用得最多的指令。它允许在 CPU 的寄存器之间、存储器和寄存器之间传送字节或字数据，也可以将立即数传送到寄存器或存储器中。

格式：MOV OPRD1，OPRD2

功能：OPRD1←OPRD2

该指令将源操作数(字或字节)传送到目的操作数，源操作数保持不变。

说明：其中 MOV 是操作码，OPRD1 和 OPRD2 分别是目的操作数和源操作数。

【例 3.7】 传送指令及其操作举例。

```
MOV  AX,1020H     ;字传送, AX=1020H
MOV  DS,AX        ;DS=AX=1020H
MOV  BX,3040H     ;BX=3040H
MOV  DX,5060H     ;DX=5060H
MOV  [BX+08],DX   ;DS:[BX+08]=DX,
                  ;即 1020H: [3040H+08]=5060H,
                  ;或 [13248H]=5060H,[13249H]=50H,[13248H]=60H
```

注意：

- 立即数、代码段寄存器 CS 只能作源操作数。
- 立即数不能传送给段寄存器。
- IP 寄存器不能作源操作数或目的操作数。
- MOV 指令不能在两个存储单元之间直接传送数据，也不能在两个段寄存器之间直接传送数据。
- 两个操作数的类型属性要一致。

下列指令是非法的。

```
MOV   AX,BL            ;类型不一致
MOV   CS,AX            ;CS 不能作目的操作数
MOV [Bx],[2300H]       ;不能在两个存储单元之间直接传送数据
```

2) 堆栈操作指令

堆栈是以“后进先出”方式工作的一个存储区，堆栈区的段地址由 SS 寄存器的内容确定，而栈顶位置由堆栈指针 SP 寄存器的内容来确定。堆栈操作指令包括入栈(PUSH)和出栈(POP)指令两类。这两条指令必须以字为操作数，且不能采用立即寻址方式。

(1) 入栈操作。

格式： PUSH　OPRD　;OPRD 为源操作数

功能： SP←SP-2，[SP]←OPRD

即将源操作数压入堆栈。

说明： 源操作数可以是 16 位通用寄存器、段寄存器或存储器中的字数据。每次执行 PUSH 指令的步骤为：首先修改 SP 的值，SP=SP-2；然后，源操作数的低字节放在栈顶的低地址单元，即[SP]=OPRD 低 8 位；源操作数的高字节放在栈顶的高地址单元，即[SP+1]=OPRD 高 8 位。

由于入栈操作都是以字为单位进行的，所以 SP 总是减 2 调整的。

(2) 出栈操作。

格式： POP　OPRD;　OPRD 为目的操作数

功能： OPRD←[SP]，SP←SP+2

即将当前 SP 所指向的堆栈顶部的一个字送到指定的目的操作数中。

说明： 目的操作数可以是 16 位通用寄存器、段寄存器或存储单元，但 CS 不能作目的操作数。每执行一次 POP 指令后，SP=SP+2，即 SP 向高地址方向移动，指向新的栈顶。

【例 3.8】 设 SS=3000H，SP=0050H，BX=1320H，AX=25FEH，如果依次执行下列指令：

```
PUSH   BX    ;SP=SP-2=004EH, SS:[SP]=BX=1320H
PUSH   AX    ;SP=SP-2=004CH, SS:[SP]=AX=25FEH
POP    BX    ;BX=SS:[SP]=3000H:[004CH],SP=SP+2=004EH
```

则堆栈中的数据和 SP 的变化情况如图 3.13 所示。

3) 数据交换指令 XCHG

格式： XCHG　OPRD1, OPRD2

功能： OPRD1←→OPRD2

即完成数据交换。把一个字节或一个字的源操作数与目的操作数相互交换。交换能在通用寄存器与累加器之间、通用寄存器之间、通用寄存器与存储器之间进行。但段寄存器和立即数不能作为一个操作数。(另外，XCHG AX，AX 汇编时看作 NOP 指令。)

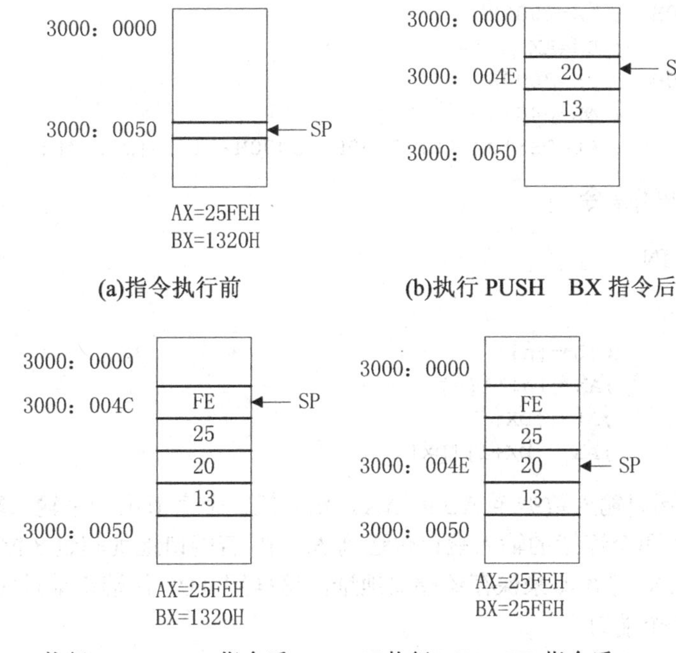

图 3.13　堆栈操作指令举例

例如：

```
XCHG   AL,CL               ;AL 和 CL 之间进行交换
XCHG   [2530H],CX          ;CX 内容和数据段内偏移地址为 2530H 的字数据交换
```

4)　字节转换指令 XLAT

格式： XLAT　[转换表]

功能： AL←[BX+AL]

即用查表方式将一种代码转换(翻译)成另一种代码。XLAT 指令有两种格式，第一种格式中的“转换表”为表格的首地址，一般用符号表示，以提高程序的可读性，但它也可以省略，即用第二种格式。

使用 XLAT 指令时，要求 BX 寄存器指向该表的首地址，AL 中为表中某一项与表格首地址之间的偏移量。指令执行时，会将 BX 和 AL 中的值相加，把得到的值作为地址，然后将数据段中此地址所对应的存储单元中的数值读取送到 AL 中。

XLAT 指令是通过查表方式来完成翻译功能的，因此，在执行该指令之前，必须在内存中建立好一张翻译(转换)表，该表的最大容量为 256 个字节。其操作步骤如下。

(1)　将翻译表定位到某个逻辑段的一片连续存储区域中，并将其表首地址的偏移地址置入 BX 寄存器中。

(2)　将待翻译的字节数据送入 AL 寄存器中。

(3)　执行 XLAT 指令。

【例 3.9】 假设某个表格存放在段地址为 2000H、偏移地址为 3000H 开始的数据段中，取出偏移量为“4”所对应的代码，用如下几条指令即可完成。

```
MOV   AX,2000H   ; AX=2000H
MOV   DS,AX      ; DS=AX
MOV   BX,3000H   ; BX=3000H
MOV   AL,4       ; AL=04H
XLAT             ; AL=DS:[BX+AL]=2000H:[3000H+04H]=[23004H]
```

2. 输入/输出(I/O)指令

1) 输入指令 IN

格式：

```
IN   AL,n       ;AL←[n]
IN   AX,n       ;AX←[n+1][n]
IN   AL,DX      ;AL←[DX]
IN   AX,DX      ;AX←[DX+1][DX]
```

功能：从 I/O 端口输入数据至 AL 或 AX。允许把一个字节由一个输入端口传送到 AL 中，或者把一个字由两个连续的输入端口传送到 AX 中。若端口地址超过 8 位二进制数(00～FFH)，则必须用 DX 寄存器来保存该端口地址，这样用 DX 作端口地址时，最多可寻找 64K(0000～FFFFH)个端口。

【例 3.10】 输入指令及操作举例。

```
IN  AL,36H       ;AL=[36H]
IN  AX,47H       ;AX=[47H],即:AH=[48H],AL=[47H]
MOV DX,0284H     ;DX=0284H
IN  AX,DX        ;AX=[DX],即:AH=[0285H],AL=[0284H]
```

2) 输出指令 OUT

格式：

```
OUT  n,AL       ;AL→[n]
OUT  n,AX       ;AX→[n+1][n]
OUT  DX,AL      ;AL→[DX]
OUT  DX,AX      ;AX→[DX+1][DX]
```

功能：将 AL 或 AX 的内容输出至 I/O 端口。可以将 AL 的内容传送到一个输出端口，或将 AX 中的内容传送到两个连续的输出端口。端口寻址方式与 IN 指令相同。

【例 3.11】 输出指令及操作举例。

```
OUT 20H, AL      ;AL→[20H]
MOV DX, 0148H    ;DX=0148H
OUT DX, AX       ;AX→[DX],即:AH→[0149H],AL→[0148H]
```

3. 地址目标传送指令

1) 取有效地址指令 LEA

格式：`LEA   OPRD1,OPRD2`

功能：把源操作数的偏移地址传送至目的操作数。这条指令通常用来建立串操作指令所需的寄存器指针。源操作数必须是一个内存单元地址，目的操作数必须是一个 16 位的通用寄存器。

例如：

```
LEA   BX,BUFR    ;把变量 BUFR 的偏移地址 EA 送到 BX
```

2) 双字指针送寄存器和 DS 指令 LDS

格式： LDS OPRD1,OPRD2

功能： 完成一个地址指针的传送。地址指针包括偏移地址和段地址，它们已分别存放在由源操作数给出最低地址的四个连续存储单元中(即存放了一个32位的双字数据)，指令可将该数据的高16位(作为段地址)送入DS，低16位(作为偏移地址)送入目的操作数所指出的一个16位通用寄存器或者变址寄存器中。

例如：

```
LDS   SI,[BX]         ;把 BX 所指 32 位地址指针的段地址送入 DS,偏移地址送入 SI
```

3) 双字指针送寄存器和 ES 指令 LES

格式： LES OPRD1,OPRD2

功能： 这条指令除将地址指针的段地址送入ES外，其余与LDS类似。

例如：

```
LES  DI,[BX+6]  ; ES=DS:[BX+8], DI=DS:[BX+6]
```

4. 标志传送指令

1) 标志送 AH 指令 LAHF

这条指令的功能是将标志寄存器的低8位数据传送至AH寄存器。

2) AH 送标志寄存器低字节指令 SAHF

这条指令与LAHF指令的操作相反，可以将寄存器AH的内容送至标志寄存器的低8位。根据AH的内容，将影响CPU的状态标志位，但是对OF、DF和IF无影响。

3) 标志入栈指令 PUSHF

将标志寄存器的内容压入堆栈顶部，同时修改堆栈指针，但不影响标志位。

4) 标志出栈指令 POPF

把当前堆栈顶部的一个字，传送到标志寄存器，同时修改堆栈指针，影响标志位。

3.2.2 算术运算指令

8086/8088系统提供加、减、乘、除四种基本算术操作。这些操作都可用于字节或字的运算，适用于带符号数或无符号数的运算，带符号数用补码表示。同时8086也提供了各种校正操作，故可以进行十进制算术运算，详见附录C。

1. 加法指令

1) 加法指令 ADD

格式： ADD OPRD1,OPRD2

功能： OPRD1←OPRD1+OPRD2

该指令完成两个操作数相加，结果送至目的操作数。目的操作数可以是通用寄存器以

及存储器，源操作数可以是通用寄存器、存储器或立即数。这条指令对标志位 CF、OF、PF、SF、ZF 和 AF 有影响。

注意： 源操作数和目的操作数不能同时为存储器，而且它们的类型必须一致，即同为字节或字。

例如：

```
ADD   AL,10H          ;AL←AL+10H
ADD   BX,[3000H]      ;通用寄存器与存储单元内容相加
```

2)　带进位的加法指令 ADC

格式： ADC　OPRD1,OPRD2

功能： OPRD1←OPRD1+OPRD2+CF

这条指令与 ADD 指令类似，只是在两个操作数相加时，要把进位标志 CF 的现行值加上去，结果送至目的操作数。ADC 指令主要用于多字节运算中。该指令对标志位的影响与 ADD 相同。

【例 3.12】 ADC 指令及其操作举例。

```
MOV AX, 2000H   ;   AX=2000H
MOV DS, AX      ;   DS=2000H
ADD AX, 40H     ;   AX=AX+40H=2000H+0040H=2040H, CF=0
MOV BX, 5000H   ;   BX=5000H
MOV [BX], AX    ;   DS:[BX]=AX, 即 2000H:[5000H]=2040H,
                ;  也即[25001H]=20H, [25000H]=40H
ADC AL,[BX+01]  ;   AL=AL+DS:[BX+01]+CF
                ;  即 AL=40H+2000H:[5000H+01]+0
                ;   =40H+[25001H]+0=40H+20H+0=60H, CF=0
```

3)　增量指令 INC

格式： INC　OPRD

功能： 完成对指定的操作数 OPRD 加 1，然后返回此操作数。此指令主要用于在循环程序中修改地址指针和循环次数等。这条指令执行的结果影响标志位 AF、OF、PF、SF 和 ZF，对进位标志 CF 没有影响。

例如：

```
INC   AL              ;AL 寄存器中的内容增加 1
INC   BX              ;BX=BX+1
```

2. 减法指令

1)　减法指令 SUB

格式： SUB　OPRD1,OPRD2

功能： OPRD1←OPRD1-OPRD2

即完成两个操作数相减，从 OPRD1 中减去 OPRD2，结果放在 OPRD1 中。

例如：

```
SUB   CX,BX           ;CX←CX-BX
```

```
SUB   [BP+2],CL        ;将 SS 段中 BP+2 所指单元中的内容减去 CL 中的值
```

2) 带借位的减法指令 SBB

格式： SBB OPRD1,OPRD2

功能： OPRD1←OPRD1-OPRD2-CF

这条指令与 SUB 类似，只是在两个操作数相减时，还要减去借位标志 CF 的当前值。本指令对标志位 AF、CF、OF、PF、SF 和 ZF 都有影响。同 ADC 指令一样，本指令主要用于多字节操作数相减。

【例 3.13】设当前值 DS=2000H，AX=2060H，BX=5000H，[25000H]=40H，CF=1，则执行如下指令后

```
SBB  AX, [BX]    ;AX=AX-DS:[BX]-CF=2060H-2000H:[5000H]-1
                 ;=2060H-[25000H]-1=2060H-40H-1=201FH
```

寄存器 AX 的内容为 201FH，而 CF=0。

3) 减量指令 DEC

格式： DEC OPRD

功能： OPRD←OPRD-1

即对指令的操作数减 1，然后送回此操作数。

说明： 在相减时，把操作数作为一个无符号二进制数来对待。指令执行的结果影响标志 AF、OF、PF、SF 和 ZF，但不影响 CF 标志。

4) 取补指令 NEG

格式： NEG OPRD

功能： OPRD←0-OPRD

对操作数取补(负)，即用零减去操作数，再把结果送回原操作数。

例如： NEG AL

若 AL=00111100B，则取补后为 11000100B，即 00000000B-00111100B=11000100B。

该指令影响标志 AF、CF、OF、PF、SF 和 ZF。其结果一般总是使标志 CF=1，除非在操作数为零时，才使 CF=0。在字节操作时对补码 80H 取补，或在字操作时对补码 8000H 取补，则操作数没有变化，但标志 OF 置位。NEG 指令实质为减法，对其他标志位的影响同减法指令 SUB。

5) 比较指令 CMP

格式： CMP OPRD1,OPRD2

功能： OPRD1-OPRD2

比较指令完成两个操作数的相减，使结果反映在标志位上，但并不送回目的操作数中。比较指令主要用于比较两个数的大小关系，在比较指令之后，可根据 CF、ZF 及 OF 等标志位来判断两者的大小关系，从而确定程序的走向。CMP 指令对标志位的影响同减法指令 SUB。

【例 3.14】设当前 DS=2000H，AL=20H，BX=3000H，[23000H]=50H，则执行如下指令后，寄存器 AL 的内容仍为 20H，但 ZF、CF、OF、SF、PF 和 AF 等标志值被更新。

```
CMP  AL,[BX]      ; AL-DS:[BX],
```

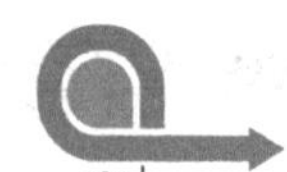


```
        ; 即20H-2000H:[3000H]=20H-50H=0D0H,
        ; ZF=0, CF=1, OF=0, SF=1, PF=0, AF=0
```

3. 乘法指令

1) 无符号数乘法指令 MUL

格式： MUL OPRD ;OPRD 为源操作数

功能： 字节数相乘：AX←AL×OPRD

字型数相乘：DXAX←AX×OPRD

该指令完成字节与字节相乘或字与字相乘。其中源操作数即乘数由指令给出，而被乘数和乘积是默认的，被乘数为 8 位数时放在 AL 中，为 16 位数时放在 AX 中。8 位数相乘，结果为 16 位数，放在 AX 中；16 位数相乘，结果为 32 位数，高 16 位放在 DX 中，低 16 位放在 AX 中。注意：源操作数可以是常用寄存器或存储器，但不能为立即数。当结果的高半部分=0 时，设置 CF=0，OF=0，表示高半部分无有效数字；否则，设置 CF=1，OF=1。其余状态标志位都不确定。

【例 3.15】 乘法指令举例。

```
MOV  AL,02            ; AL=02H
MOV  BL,03            ; BL=03H
MUL  BL               ; 结果为 AX=AL×BL=02H×03H=0006H
MOV  AX,0120H         ; AX=0120H
MUL  WORD PTR[BX]     ; 结果为 DXAX=AX×WORD PTR[BX]
MOV  AL,30H           ; AL=30H
CBW                   ; 字扩展 AX=0030H
MOV  BX,2000H         ; BX=3000H
MUL  BX               ; DXAX=0030H×2000H=00060000H
```

2) 符号数乘法指令 IMUL

格式： IMUL OPRD ;OPRD 为源操作数

功能： 字节数相乘：AX←AL×OPRD

字型数相乘：DXAX←AX×OPRD

这是一条带符号数(即补码数)的乘法指令，同 MUL 一样，可以进行字节与字节、字与字的乘法运算。结果放在 AX 或 DXAX 中。当结果的高半部分不是结果的低半部分的符号扩展时，标志位 CF 和 OF 都置 1；否则都置 0。

4. 除法指令

1) 无符号数除法指令 DIV

格式： DIV OPRD ;OPRD 为源操作数

功能： 字节数相除：AL←AX/OPRD 的商，AH←AX/OPRD 的余数

字型数相除：AX←DXAX/OPRD 的商，DX←DXAX/OPRD 的余数

该指令对两个无符号二进制数进行除法操作。源操作数可以是字或者字节。指令执行后，所有的状态标志位都是不确定的。当发生商溢出时，所得商和余数均为不确定，同时 CPU 会产生除法出错中断以进行相应处理。

【例 3.16】除法指令举例。

```
MOV  DX,01              ; DX=01H
MOV  AX,86A1H           ; AX=86A1H
MOVBX,100               ; BX=64H,对应十进制数 100
DIVBX                   ; AX=03E8H,DX=01H
```

这里除数为 BX，为字型数相除，除数用十进制标示为 100，被除数为 DX:AX，即 186A1H，用十进制标示为 100001，相除结果商为 1000，即 03E8H，余数为 1，所以程序执行后 AX=03E8H，DX=01H。

2)　整数除法指令 IDIV

格式：IDIV　OPRD

功能：该指令的执行过程同 DIV 指令。但 IDIV 指令认为操作数为有符号数即补码数，产生的商也为有符号数即补码数，余数的符号与被除数相同。

在除法指令中，字节运算时被除数在 AX 中，运算结果商在 AL 中，余数在 AH 中。字运算时被除数为 DX:AX 构成的 32 位数，运算结果商在 AX 中，余数在 DX 中。

例如：AX=2000H，DX=200H，BX=1000H，则 DIV BX 执行后，AX=2002H，DX=0000H。

除法运算中，源操作数可为常用寄存器或存储器，但不能是立即数。除法指令执行后对所有的标志位都无定义。

5. 符号扩展指令

由于除法指令中的字节运算要求被除数为 16 位数，而字运算要求被除数是 32 位数，在 8086 系统中往往需要用符号扩展的方法取得被除数所要的格式。另外，在两个用补码表示的符号数进行加减运算时为了保持属性(字节或双字)一致，也需要用符号扩展的方法。8086/8088 指令系统中包括两条符号扩展指令 CBW 和 CWD，它们都采用隐含寻址方式。

格式：CBW

功能：将 AL 中字节数的符号位扩展到 AH 的各个位，形成 AX 中的字数据。

格式：CWD

功能：将 AX 中字数据的符号位扩展到 DX 中的各个位，形成 DX 和 AX 中的双字数据。

6. BCD 调整指令

BCD 编码可以方便地用来表示十进制数和进行十进制数的运算，通过以下的 BCD 调整指令可以将运算结果调整为用 BCD 码表示的十进制数。

1)　组合 BCD 数

格式：DAA

功能：组合 BCD 数的加法调整指令，半字节 1 位 BCD 相加，超过 9 或有进位，要加 6 调整。若低半字节调整后有进位，则高半字节再做加 6 调整。

【例 3.17】DAA 指令举例。

```
MOV AL,37H       ;AL=37H
MOV BL,35H       ;BL=35H
ADD AL,BL        ;两个十六进制数相加，AL 此时为 37H+35H=6C
DAA              ;DAA 调整，这时 AL 为 72H
```

这里为两个两位组合 BCD 码的加法运算，AL 包含两位 BCD 码，分别为 3 和 7；BL 包含两位 BCD 码，分别为 3 和 5；当低半字节 7 和 5 相加时，超过 9，需要加 6 调整，调整后为 2，同时有进位，高半字节 3 和 3 相加为 6，加上进位为 7，所以调整后 AL=72H。

格式： DAS

功能： 组合 BCD 数的减法调整指令，半字节 1 位 BCD 相减，有借位，要减 6 调整。

2) 分离 BCD 数

格式： AAA

功能： 分离 BCD 数的加法调整指令，只取低半字节，其余同 DAA 指令。

格式： AAS

功能： 分离 BCD 数的减法调整指令，只取低半字节，其余同 DAS 指令。

格式： AAM

功能： 分离 BCD 数的乘法调整指令，两个 BCD 数相乘，结果在 AL 中，除以 10 后商在 AH 中，余数在 AL 中。

格式： AAD

功能： 分离 BCD 数的除法调整指令，该调整指令要放在除法指令之前。先将两个 BCD 数转换为一字节二进制数(高位×10+低位)得到被除数，放于 AL 中，AH 清零；运算后，商送 AL，余数送 AH。

【例 3.18】 设在存储器数据段内有以下数据变量的定义，编写指令序列将 BCD1 和 BCD2 表示的两个 4 位组合 BCD 数相加后，结果存放在 BCD3 中。

```
BCD1        DB       45H, 19H
BCD2        DB       71H, 12H
BCD3        DB       2DUP(?)
```

完成上述功能的指令序列如下：

```
MOV AL, BCD1      ; AL=BCD1=45H
ADD AL, BCD2      ; AL=AL+BCD2=45H+71H=0B6H, CF=0,AF=0
DAA               ; AL=AL+60H=0B6H+60H=16H, CF=1
MOV BCD3, AL      ; BCD3=AL=16H
MOV AL, BCD1+1    ; AL=(BCD1+1)=19H
ADC AL, BCD2+1    ; AL=AL+(BCD2+1)+CF=19H+12H+1=2CH, CF=0,AF=0
DAA               ; AL=2CH+06H=32H, CF=0
MOV BCD3+1, AL    ; (BCD3+1)=32H
```

3.2.3 位操作指令

这类指令包括逻辑运算指令和移位循环指令两种类型，它们均可直接对寄存器或存储器中的字节或字数据按位进行操作，详见附录 C 中的表 3。

1. 逻辑运算指令

1) 取反指令 NOT

格式： NOT OPRD

功能： 对 OPRD 给出的操作数按位求反。此指令对标志无影响。

2) 逻辑与指令 AND

格式： AND OPRD1,OPRD2

功能： OPRD1←OPRD1 AND OPRD2

即对两个操作数按位进行逻辑“与”运算，结果送回目的操作数。

例如：

```
AND   AL,0FH      ;将 AL 中的高 4 位清零,低 4 位保留
```

3) 逻辑或指令 OR

格式： OR OPRD1, OPRD2

功能： 对两个操作数按位进行逻辑“或”运算，结果送回目的操作数。

例如：

```
AND   AL,0FH
AND   AH,0F0H
OR    AL,AH       ;完成拼字的操作
OR    AX,0FFFH    ;将 AX 低 12 位置 1
OR    BX,BX       ;清相应标志
```

4) 异或操作指令 XOR

格式： XOR OPRD1,OPRD2

功能： 对两个操作数按位进行“异或”运算，结果送回目的操作数。

例如：

```
XOR   AL,AL       ;使 AL 清零
XOR   SI,SI       ;使 SI 清零
XOR   CL,0FH      ;使 CL 低 4 位取反,高 4 位不变
```

5) 测试指令 TEST

格式： TEST OPRD1,OPRD2

功能： 完成与 AND 指令相同的操作，结果只影响标志位，不改变目的操作数。通常使用它进行数据中某些位是 0 或 1 的测试。

例如：检测 AL 中的最低位是否为 1，为 1 则转移，可用以下指令。

```
TEST   AL,01H
JNZ    THERE
…
THERE:
```

逻辑运算类指令中，单操作数的 NOT 指令中操作数不能为立即数；其他四种双操作数逻辑运算指令中，源操作数可以是 8 位或者 16 位的立即数、寄存器或存储器，目的操作数只能是寄存器或存储器，但两个操作数不能同时为存储器。它们对标志位的影响情况如下：NOT 不影响标志位，其他四种指令将使 CF=OF=0，AF 无定义，而 SF、ZF 和 PF 则根据运算结果而定。

2. 移位循环指令

移位或循环指令的目的操作数可以是通用寄存器或存储器，可以是字节也可以是字；

源操作数给出移位的次数，只能是 1 或者是 CL 寄存器中的数值。也就是说，如果移位次数不是 1 次，就要先将移位次数送入 CL，然后再执行源操作数为 CL 的移位指令。CL 的值为 0，则不移位。以 CL 为源操作数的移位指令执行以后，CL 的值不变。

移位指令执行后，标志位 CF、SF、ZF 和 PF 随运算结果变化。而 OF 的变化如下：当移位次数为 1 时，若移位前后目的操作数 OPRD1 的最高位不同，则 CF←1，否则 CF←0；当移位次数>1 时，OF 是不确定的。

循环指令执行后，标志位 CF 随运算结果变化，SF、ZF、AF 和 PF 不受影响，OF 的变化同移位指令。

1) 逻辑右移指令 SHR

格式： `SHR OPRD1,移位次数`

功能： 将 OPRD1 中的 8 位或 16 位二进制数向右移动 1 位或者 CL 位，最右边位(即最低位 LSB)或者最后移出位移至 CF 标志位，最左边的 1 位(即最高位 MSB)或 CL 位依次补 0，如图 3.14(a)所示。

例如：

若 AL=abcdefgh(其中 abcdefgh 均为二进制数 1 或 0)，则逻辑右移指令

```
SHR   AL, 1      执行后，AL=0abcdefg,CF=h
```

又如：

若 AL=abcdefgh(其中 abcdefgh 均为二进制数 1 或 0)且 CL=3，则逻辑右移指令

```
SHR   AL, CL     执行后，AL=000abcde,CF=f
```

2) 算术右移指令 SAR

格式： `SAR OPRD1,移位次数`

功能： 将 OPRD1 中的 8 位或 16 位二进制数向右移动 1 位或者 CL 位，最右边位(即最低位 LSB)或者最后移出位修改 CF 标志，最左边位(即最高位 MSB)既向右移动又保持不变，如图 3.14(b)所示。

例如：

若 AL=abcdefgh(其中 abcdefgh 均为二进制数 1 或 0)，则算术右移指令

```
SAR   AL,  1     执行后，AL=aabcdefg,CF=h
```

又如：

若 AL=abcdefgh(其中 abcdefgh 均为二进制数 1 或 0)且 CL=3，则算术右移指令

```
SAR   AL,  CL    执行后，AL=aaaabcde,CF=f
```

另外，算术右移指令执行后，将保持目的操作数的符号位不变。例如：

```
MOV   CH, 80H
MOV   CL, 4
SAR   CH, CL
```

这 3 条指令执行后，CH=0F8H，CL=4，补码数 0F8H 的真值是-8。移位前 CH=80H，补码数 80H 的真值是-128，而-128÷16=-8。可见，算术右移 4 次的作用是将补码数除以 16。

3)　算术/逻辑左移指令 SAL/SHL

格式： `SAL/SHL　OPRD1,移位次数`

功能： 将 OPRD1 中的 8 位或 16 位二进制数向左移动 1 位或者 CL 位，最左边位(即最高位 MSB)或者最后移出位修改 CF 标志，最右边的 1 位(即最低位 LSB)或 CL 位移入 0，如图 3.14(c)所示。

例如：

若 AL=abcdefgh(其中 abcdefgh 均为二进制数 1 或 0)，则逻辑左移指令

```
SHL   AL, 1      执行后，AL=bcdefgh0,CF=a
```

又如：

若 AL=abcdefgh(abcdefgh 均为二进制数 1 或 0)且 CL=3，则逻辑左移指令

```
SHL   AL, CL     执行后，AL=defgh000,CF=c
```

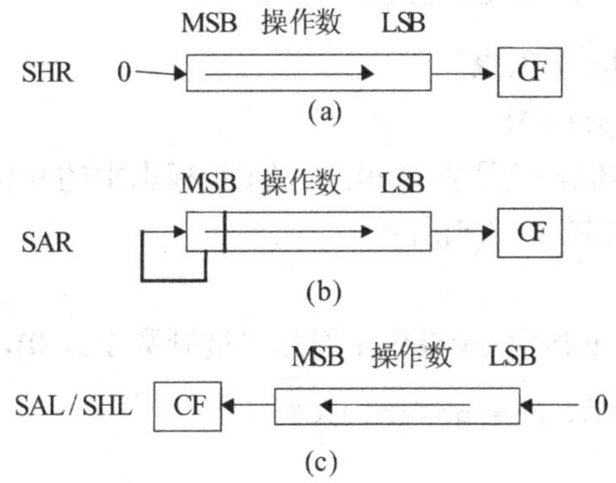

图 3.14　算术/逻辑移位指令

4)　循环左移指令 ROL

格式： `ROL　OPRD1,移位次数`

功能： 将 OPRD1 中的 8 位或 16 位二进制数向左移动 1 位或者 CL 位，左边移出位既修改 CF 标志又移入右边的空出位，最后移出位移至最右边位(即最低位)，同时保留在 CF 标志中，如图 3.15(a)所示。

例如：

若 AL=abcdefgh(其中 abcdefgh 均为二进制数 1 或 0)且 CL=5，则循环左移指令

```
ROL   AL,  CL     执行后，AL=fghabcde,CF=e
```

利用循环右移或循环左移指令也可以将数据段中两个相邻字节变量 B1 和 B2 中的两个字节数据相交换，其程序段如下(设 B1 的地址低)：

```
MOV   CL,8
ROR   WORD PTR B1,CL
```

5)　循环右移指令 ROR

格式： `ROR　OPRD1,移位次数`

功能： 将 OPRD1 中的 8 位或 16 位二进制数向右移动 1 位或者 CL 位，右边移出位既

修改 CF 标志又移入左边的空出位，最后移出位移至最左边位(即最高位)，同时保留在 CF 标志中，如图 3.15(b)所示。

例如：

若 AL=abcdefgh(其中 abcdefgh 均为二进制数 1 或 0)，则循环右移指令

```
ROR   AL, 1     执行后，AL=habcdefgh,CF=h
```

6) 带进位循环左移指令 RCL

格式： RCL OPRD1,移位次数

功能： 与 ROL 指令类似，但是将 OPRD1 及 CF 标志中的 9 位或 17 位二进制数一同向左移动 1 位或者 CL 位，如图 3.15(c)所示。

例如：

若 AL=abcdefgh、CF=i(其中 abcdefghi 均为二进制数 1 或 0)，则指令

```
RCL   AL, 1     执行后，AL=bcdefghi,CF=a
```

7) 带进位循环右移指令 RCR

格式： RCR OPRD1,移位次数

功能： 与 ROR 指令类似，但是将 OPRD1 及 CF 标志中的 9 位或 17 位二进制数一同向右移动 1 位或者 CL 位，如图 3.15(d)所示。

例如：

若 AL=abcdefgh，CF=i(其中 abcdefghi 均为二进制数 1 或 0)，CL=4，则指令

```
RCR   AL, CL    执行后，AL=fghiabcd,CF=e
```

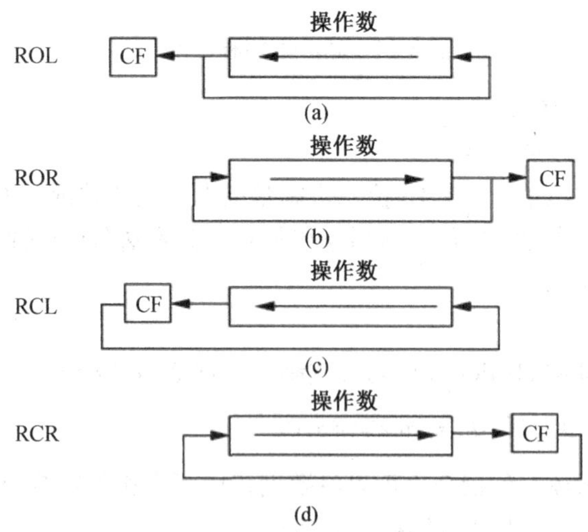

图 3.15 循环移位指令示意图

利用移位和循环指令可以很方便地实现多字节数的乘以或除以 2 等操作。

【例 3.19】 假设变量 X1 是内存中的 8 字节补码数，若要求将其当前数值除以 2 后放回原内存区。即可用如下程序片段实现。

```
SAR  WORD PTR X1+7,1     ;算术右移 1 次，以保证右移后符号位不变，移出位进 CF
```

```
RCR  WORD PTR X1+5,1    ;带进位循环右移 1 次，以实现跨字节移位，移出位进 CF
RCR  WORD PTR X1+3,1    ;同上
RCR  WORD PTR X1+1,1    ;同上
```

说明：补码数除以 2 即算术右移 1 位，但多字节数移位需要跨字节移，因此需要用到带进位循环移位指令，以便通过 CF 将上一字节的移出位带入下一字节。

3.2.4 串操作指令与重复前缀

1. 串操作

串操作类指令用来实现内存区域中数据串的操作，这些数据串可以是字节类型的字节串，也可以是字类型的字串。串操作指令共有五种，具体详见附录 C。

注意：

- 各指令所使用的默认寄存器是 SI(源串地址)、DI(目的串地址)、CX(串长度)和 AL(存取或搜索的默认值)。
- 源串在数据段，目的串在附加段。
- 方向标志与地址指针的修改规则为：若标志位 DF=1，修改地址指针时用减法；若 DF=0，修改地址指针时用加法。另外，MOVS、STOS、LODS 指令不影响标志位。
- 串操作指令针对字节串操作时，指令助记符后加字母 B；针对字串操作时，指令助记符后加字母 W。例如，MOVSB、MOVSW 等。

1)　串传送指令 MOVS

格式：MOVS

功能：DS:[SI]→ES:[DI],SI↓,DI↓　(其中“↓”表示修改指针，下同)

即把数据段中由SI间接寻址的一个字节(或字)数据传送到附加段中由DI间接寻址的一个字节(或字)单元中；然后根据方向标志 DF 及所传送数据的类型(字节或字)的不同，对 SI 及 DI 进行±1(字节型)或±2(字型)的修改，即修改地址指针。另外，该指令在重复前缀 REP 的控制下，可以将数据段中的整串数据传送到附加段中。

【例 3.20】 在数据段中有一字符串，其长度为 17 个字节，要求把它们传送到附加段中的一个缓冲区中，其中源串存放在数据段中从符号地址 MESS1 开始的存储区域内，每个字符占一个字节；MESS2 为附加段中用来存放字符串区域的首地址。实现上述功能的程序段如下。

```
LEA   SI,MESS1        ;置源串偏移地址
LEA   DI,MESS2        ;置目的串偏移地址
MOV   CX,17           ;置串长度
CLD                   ;方向标志复位(DF=0)
REP   MOVSB           ;字符串传送
```

2)　串比较指令 CMPS

格式：CMPS

功能： DS:[SI]－ES:[DI]，置 FR，SI↓，DI↓

即把数据段中由SI间接寻址的一个字节(或字)数据与附加段中由DI间接寻址的一个字节(或字)数据进行比较，使比较的结果影响标志位；然后根据方向标志 DF 及所进行比较的操作数的类型(字节或字)对 SI 及 DI 进行±1(字节型)或±2(字型)的修改，即修改地址指针。另外，该指令在重复前缀 REPE/REPZ 或者 REPNE/REPNZ 的控制下，可以在两个数据串中寻找第一个不相等的字节(或字)，或者第一个相等的字节(或字)。

3) 串扫描指令 SCAS

格式： SCAS

功能： AL 或 AX-ES:[DI]，置 FR，DI↓

即使用由指令指定的关键字节或关键字(存放在 AL 或 AX 中)，与附加段中由 DI 间接寻址的一个字节(或字)数据进行比较，使比较的结果影响标志位；然后根据方向标志 DF 及所进行操作的数据类型(字节或字)的不同，对 DI 进行±1(字节)或±2(字)的修改，即修改地址指针。另外，该指令在重复前缀 REPE/REPZ 或 REPNE/REPNZ 的控制下，可在指定的数据串中搜索第一个与关键字节(或字)匹配的字节(或字)，或者搜索第一个与关键字节(或字)不匹配的字节(或字)。

【例 3.21】 在附加段中有一个字符串，存放在以符号地址 MESS2 开始的区域中，长度为 17，要求在该字符串中搜索空格符(其 ASCII 码为 20H)。实现上述功能的程序段如下。

```
LEA     DI,MESS2        ;装入目的串偏移地址
MOV     AL, 20H         ;装入关键字节(空格的 ASCII 码)
MOV     CX,17           ;装入字符串长度
REPNE   SCASB           ;在字符串中重复搜索，直至找到或搜完
```

上述程序段执行后，DI 的内容即为相匹配字符的下一个字符的地址，CX 的内容是剩下还未比较的字符个数。若字符串中没有所要搜索的关键字节(或字)，则当查完之后(CX=0)，退出重复操作状态。

4) 串存储指令 STOS

格式： STOS

功能： AL 或 AX → ES:[DI]，DI↓

即把指令中指定的一个字节或一个字(分别存放在 AL 及 AX 寄存器中)，传送到附加段中由 DI 间接寻址的字节或字单元中，然后根据方向标志 DF 及所进行操作的数据类型(字节或字)对 DI 进行修改。在重复前缀的控制下，可连续将 AL 或 AX 的内容存入附加段中的一段内存区域中。该指令不影响标志位。

【例 3.22】 要对附加段中从 MESS2 开始的 5 个连续的内存字节单元进行清零操作，可用下列程序段实现。

```
LEA   DI,MESS2      ;装入目的区域偏移地址
MOV   AL,00H        ;为清零操作准备
MOV   CX,5          ;设置区域长度
REP   STOSB         ;重复置 0 共 5 次
```

5) 串装入指令 LODS

格式： LODS

功能： DS:[SI]→ AL或AX,SI↓

该指令与串存储指令的功能相反，实现从数据段中由SI间接寻址的字节串(或字串)中读出数据传送到AL(或AX)中的操作。

2. 重复前缀

串操作指令可以与重复前缀配合使用，从而使得串操作得以重复执行，并在条件不满足时停止执行。重复前缀的几种形式和功能如表3.1所示。

表3.1 串操作指令与重复前缀

串操作指令	可添加的重复前缀	重复条件
MOVS或STOS	REP	当CX≠0时，重复，然后CX=CX-1
CMPS或SCAS	REPE/REPZ	当CX≠0且ZF=1时，重复，然后CX=CX-1
	REPNE/REPNZ	当CX≠0且ZF=0时，重复，然后CX=CX-1
LODS	无	

3.2.5 控制转移指令

转移类指令可以改变代码段寄存器CS与指令指针IP的值或仅改变IP的值，从而可以改变指令执行的顺序，以满足程序跳转、调用或中断等需要。

1. 无条件转移、调用和返回指令

1) 无条件转移指令JMP

格式： JMP OPRD ;OPRD是转移的目的地址

功能： 转移到目的地址所指示的指令去执行。

该指令分段内转移和段间转移两类。段内转移和段间转移又各分直接转移和间接转移两种。其中，直接转移的目的地址以立即数或标号的形式给出，而间接转移的目的地址可由寄存器或存储器给出。

(1) 段内转移。

```
JMP  short label          ; 段内直接近转移。IP=IP+8位位移量，目的地址label与JMP
                          ; 指令所处地址的距离在-128～127范围之内

JMP  (near ptr) label     ; 段内直接近转移。IP=IP+16位位移量，near ptr可省略，目
                          ; 的地址label与JMP指令处于同一段内

JMP  reg16/mem16          ; 段内间接转移。IP=reg16/mem16 (由操作数的寻址方式确定)
```

(2) 段间转移。

```
JMP  far ptr  label       ; 段间直接远转移。IP=label偏移地址，CS=label段地址
JMP  mem32                ; 段间间接转移。
; IP←[EA]=mem32低字内容，CS←[EA+2]=mem32高字内容
```

段间转移是远转移，目的地址与JMP指令所在地址不在同一段内。执行该指令时要修改CS和IP的内容。式中，label为标号，reg16/mem16为16位寄存器或存储器。

【例 3.23】 无条件转移指令举例。

```
JMP  START              ;IP=IP+16 位位移量，目的地址 START
JMP  BX                 ;IP=BX
JMP  WORD  PTR[BX]      ;IP=DS:[BX]
JMP  DWORD PTR [BX+SI]  ;IP=DS:[BX+SI]，CS=DS:[BX+SI+2]
```

2) 过程(子程序)调用和返回指令

格式：CALL…　　　　　　;调用指令

　　RET…; 或者 RETF…　　;返回指令

功能：调用指令 CALL 用来调用一个过程或子程序。返回指令 RET 用于从过程或子程序中返回到原调用处。

由于过程或子程序有段内 (即近 NEAR) 和段间(即远 FAR)调用之分，所以 CALL 也有 NEAR 和 FAR 之分。相应的返回指令 RET 也分段内与段间返回两种。

调用指令先将断点地址压入堆栈，再转入调用地址。其具体格式及相应功能如下。

(1) 段内调用。

```
CALL  (near  ptr) label ; 段内直接调用,label 为近标号。Near ptr 可省略
; SP←SP-2,[SP]←IP(压断点地址)
; IP=IP+16 位位移量(取目的地址)
CALL  reg16/mem16        ; 段内间接调用,reg16/mem16 为 16 位寄存器或存储器
; SP←SP-2,[SP]←IP
; IP←reg16/mem16 (由操作数的寻址方式确定)
```

(2) 段间调用。

```
CALL  far ptr label      ; 段间直接调用,label 为远标号
                         ; SP←SP-2,[SP]←CS,SP←SP-2,[SP]←IP
                         ; IP←label 的偏移地址,CS←label 的段地址
CALL  mem32              ; 段间间接调用,mem32 为 4 字节存储器
                         ; SP←SP-2,[SP]←CS,SP←SP-2,[SP]←IP
                         ; IP←[EA]=mem32 低字内容,CS←[EA+2]=mem32 高字内容
```

【例 3.24】 调用指令举例。

```
CALL NEAR PTR SUB1  ;段内直接调用。SP←SP-2,[SP]←IP,IP=SUB1 的偏移地址
MOV  BX,3400H
CALL BX             ;段内间接调用。SP←SP-2,[SP]←IP,IP=BX=3400H
CALL FAR  PTR SUB2  ;段间直接调用。SP←SP-2,[SP]←CS,SP←SP-2,[SP]←IP
                    ;IP=SUB2 的偏移地址, CS=SUB2 的段地址
MOV  AX, 5000H
MOV  [SI],AX        ;DS:[SI]=5000H
MOV  BX,6000H
MOV  [SI+02], BX    ;DS:[SI+02]=6000H
CALL DWORD PTR [SI] ;段间间接调用。SP←SP-2,[SP]←CS,SP←SP-2,[SP]←IP
                    ;IP=DS:[SI]=5000H,CS=DS:[SI+02]=6000H
```

返回指令包括如下两种情况。

(1) 段内返回指令。

```
RET          ;IP←[SP],SP←SP+2
RET exp      ;IP←[SP],SP←SP+2,SP←SP+exp
```

其中 exp 是能计算出数值的表达式，当 RET 正常返回后，再做 SP=SP+exp 操作。

(2) 段间返回指令。

```
RETF         ;IP←[SP],SP←SP+2, CS←[SP],SP←SP+2
RETF exp     ;IP←[SP],SP←SP+2, CS←[SP],SP←SP+2, SP←SP+exp
```

例如：

```
RET 4        ;IP←[SP],SP←SP+2,SP←SP+4。即从子程序中返回原调用处，并将堆栈指针
             ;SP 作加 4 调整
```

需要说明的是，用户在书写源程序时，返回指令只需用 RET 即可，汇编程序会根据被调用子程序的类型属性，自动将返回指令汇编为 RET 或 RETF。

2. 条件转移指令

8086/8088 提供了多条不同的条件转移指令，它们根据标志寄存器中各标志位的状态，决定程序是否进行转移。条件转移指令的目的地址必须在现行的代码段(CS)内，并且以当前指令指针 IP 的内容为基准，其位移必须在-128～+127 的范围内。条件转移指令及其功能参见附录 C 中的表 5。

条件转移指令是根据两个数的比较结果或某些标志位的状态来决定转移的。在条件转移指令中，有的根据对符号数进行比较和测试的结果实现转移。这些指令通常对溢出标志位 OF 和符号标志位 SF 进行测试。对无符号数而言，这类指令通常测试标志位 CF。对于带符号数分大于、等于、小于三种情况；对于无符号数分高于、等于、低于三种情况。在使用这些条件转移指令时，一定要注意被比较数的具体情况及比较后所能出现的预期结果。

条件转移指令的格式及功能如下。

格式： JCC label

功能： 若条件 cc 为“真”，则转移到 label 执行；如条件 cc 为“假”，则顺序执行下条指令。条件转移指令不影响标志位。

式中 cc 是转移条件，通常由状态标志值或其组合构成，参见附录 C。label 是转移的目的地址，为短程标号，在机器码中为补码形式的 8 位位移量。

【例 3.25】 设 AX、BX 内容为无符号数，要求将其按降序重排(使 AX≥BX)，可用如下程序片段实现：

```
CMP     AX,BX    ; AX-BX,置标志
JNC     L1       ; 若 CF=0,转到 L1,否则下行
XCHG    AX,BX    ; AX 与 BX 交换内容
L1: …
```

3. 循环控制指令

对于需要重复进行的操作，微机系统可用循环程序结构来完成，8086/8088 系统为了简

化程序设计，设置了一组循环控制指令，这组指令主要对 CX 或标志位 ZF 进行测试，确定是否循环，指令均不影响任何标志位，详见附录 C。

循环控制指令的格式及功能如下。

1) JCXZ 指令

格式： `JCXZ  label`

功能： 若 CX=0，转到 label 处；否则下行(即顺序执行下一条指令)

2) LOOP 指令

格式： `LOOP  label`

功能： CX←CX-1，若 CX=0，转到 label 处；否则下行

3) LOOPZ 指令

格式： `LOOPZ label`

功能： CX←CX-1，若 CX=0 且 ZF=1，转到 label 处；否则下行

4) LOOPNZ 指令

格式： `LOOPNZ label`

功能： 若 CX=0 且 ZF=0，转到 label 处；否则下行

其中，操作数 label 是转移或循环的目的地址，为短程标号，在机器码中为 8 位补码位移量。

【例 3.26】 要求在数据段中 TAB 开始的 100 个字节数中查找数据“34H”(假定该数据存在)，并将其所在单元的偏移地址存入 BX 寄存器。可用如下程序片段实现。

```
MOV       AL,34H
MOV       CX,100
LEA       BX,TAB-1        ;BX=OFFSET TAB-1
L1: INC       BX          ;BX=BX+1，地址调整
CMP       AL,[BX]         ;AL-[BX]，比较置标志
LOOPNZ    L1              ;未找到则重复，循环控制
```

4. 中断调用与返回指令

8086 系列 CPU 还提供了功能强大的中断操作，可通过中断调用和返回指令来实现。详细内容可参见本书 7.2.5 小节。

中断调用指令用于使 CPU 中断当前程序，转去执行中断处理程序或调用中断服务子程序。中断返回指令使 CPU 从中断服务程序中返回到原中断处。

中断调用指令先将标志寄存器和断点地址压入堆栈后，再转入中断服务程序入口地址。中断返回指令由堆栈弹出断点地址和标志值，进而返回原中断地址处。

中断调用及返回指令的格式及功能说明如下。

1) 中断调用指令

```
INT  n       ;SP←SP-2,[SP]←FR,TF 清 0、IF 清 0        (存标志内容)
             ; SP←SP-2,[SP]←CS,SP←SP-2,[SP]←IP      (存断点地址)
             ; IP←[4×n],CS←[4×n+2]                   (取入口地址)
INTO         ;若溢出标志 OF=1，执行 INT 4 ；若 OF=0，顺序执行下条指令
```

其中，n 为 8 位立即数(取值 00H～FFH)，用于表示中断类型号(共 256 个)。FR 为标志

寄存器。[4×n]表示 4n 所指地址的存储单元。除 TF、IF 外，中断指令不影响其他标志位。

2)　中断返回指令

```
IRET          ;IP←[SP],SP←SP+2, CS←[SP],SP←SP+2, FR←[SP],SP←SP+2
```

【例 3.27】 设内存内容[00086H]=2000H，[00084H]=3000H，则执行如下指令后，CPU 将转到 23000H 地址处执行。

```
INT  21H      ;SP=SP-2,[SP]=FR,TF 清零, IF 清零
              ; SP=SP-2,[SP]=CS,SP=SP-2,[SP]=IP
              ; IP=[4×21H]=[00084H]=3000H, CS=[4×21H+2]=[00086H]=2000H
```

3.2.6　标志处理和 CPU 控制类指令

1. 标志处理指令

标志处理指令用于修改标志寄存器 FR 中标志位的状态，主要有 CF、DF 和 IF 三个，其常用指令及功能如表 3.2 所示。

表 3.2　常用标志处理指令

指令助记符	功　能	指令名称
STC	CF←1	进位标志置 1
CLC	CF←0	进位标志置 0
CMC	CF←$\overline{CF}$	进位标志取反
STD	DF←1	方向标志置 1 (地址减量)
CLD	DF←0	方向标志置 0 (地址增量)
STI	IF←1	中断允许标志置 1(开中断)
CLI	IF←0	中断允许标志置 0(关中断)

2. CPU 控制类指令

CPU(处理器)控制类指令用于控制微处理器的工作状态，均不影响标志位，下面仅列出一些常用的处理器控制指令。

1)　ESC 指令

格式： `ESC OPC,OPRD  ;OPC 为外操作码;OPRD 为操作数`

功能： 该指令为交权指令。主要用于在多处理器系统中使主 CPU 与外部处理器(如协处理器 8087)配合工作。ESC 指令使外部处理器能从 8086 CPU 指令流中取得它们的操作指令(6 位外部操作码)，并获得 8086 CPU 从内存中取出放在总线上的操作数进行操作处理。该指令不影响标志。式中，OPC 为 6 位立即数，用作外操作码(External Opcode)；OPRD 为操作数，可以是寄存器或存储器。若 OPRD 为寄存器，ESC 指令不进行操作。该指令不用修改处理器就可以扩充 86 系列 CPU 的指令集。

2)　等待指令 WAIT

格式： `WAIT`

功能：使 CPU 处于空操作状态。但每隔 5 个时钟周期 CPU 要检测一次 $\overline{\text{TEST}}$ 引脚信号。若其为高电平，则 CPU 仍处于等待状态；若为低电平，则 CPU 退出等待状态，顺序执行下一条指令。该指令不影响标志。该指令主要用于 CPU 与协处理器或外设之间的同步，也可用来等待外部中断发生，但中断结束后仍返回 WAIT 指令继续等待。

3) 总线封锁指令 LOCK

格式：`LOCK…`

功能：LOCK 指令是一种前缀，可加在任何一条指令的前面。该指令执行时，将封锁总线的控制权，禁止其他的处理器使用总线，直到该指令执行完毕为止。该指令不影响标志，常用于多机系统。当 CPU 与其他处理器协同工作时，该指令可避免破坏有用信息。

3. 其他

1) 暂停指令 HLT

格式：`HLT`

功能：该指令使 CPU 处于暂停状态。只有下面三种情况之一出现时，CPU 才退出暂停状态：①RESET 线上有复位信号；②NMI 线上有中断请求；③INTR 线上有中断请求，且中断标志 IF=1。该指令常用于等待外部中断的发生。中断结束后可继续执行下面的程序。

2) 空操作指令 NOP

格式：`NOP`

功能：该指令不执行任何操作，也不影响标志位，只占有 CPU 的 3 个时钟周期。其机器码占一个字节，在调试程序时往往用这条指令占据一定的存储单元，以便在正式运行时用其他指令取代。

3.2.7 80386 以上微处理器的指令系统

80386 以上的 32 位微处理器有三种基本工作方式，即实地址方式、保护方式和虚拟 8086 方式。这一系列的 32 位微处理器的指令系统包含了 8086 微处理器的全部指令系统，同时针对各 32 位微处理器的硬件结构，扩充和增加了许多指令。

1. 实地址方式下的 32 位微处理器指令系统

8086 的目标代码程序可以不加修改地在 8086 以上的 32 位微处理器的实地址方式下正常运行，但是 32 位微处理器的指令系统在实地址方式下有许多扩充。

(1) 32 位微处理器提供了 32 位寄存器，支持 32 位地址寻址。可以使用 32 位偏移量来进行存储器寻址，可使用 32 位通用寄存器 EAX、EBX、ECX、EDX、ESI、EDI、ESP 和 EBP 作为基地址寄存器和变址寄存器(除 ESP)。32 位微处理器在实地址方式下的物理地址最多有 21 位有效位，可以在 000000H～1FFFEFH 范围内寻址(因为 32 位微处理器实际上使用 32 位地址访问存储器)。例如，欲访问 FFFFH:FFFFH 内存单元，在 8086 系统中，CPU 计算物理地址得 10FFEFH，舍弃最高位“1”，访问 0FFEFH 单元，而在 32 位系统中，CPU 计算物理地址得 10FFEFH，即访问 10FFEFH 内存单元。

(2) 扩大了原有指令的工作范围。这些指令如下。

① `LFS reg,mem`

将指针 mem 装入寄存器 reg 和 FS，reg 可以是 16 位，也可以是 32 位。

② `LGS reg,mem`

将指针 mem 装入 reg 和 GS，reg 可以是 16 位，也可以是 32 位。

③ `LSS reg,mem`

将指针 mem 装入 reg 和 SS，reg 可以是 16 位，也可以是 32 位。

④ `JECXZ   dest`

ECX=0，转移到 dest 指出的目的地址。

⑤ `PUSH FS, PUSH GS, POP FS, POP GS`

FS、GS 寄存器内容进栈和出栈指令。

⑥ `PUSHA/PUSHAD`

将全部通用寄存器的内容进栈，进栈次序为 AX、CX、DX、BX、SP、BP、SI、DI/EAX、ECX、EDX、EBX、ESP、EBP、ESI、EDI。

⑦ `POPA/POPAD`

从堆栈弹出全部通用寄存器，弹出次序同 PUSHA/PUSHAD 相反。

⑧ `PUSHFD`

将标志寄存器 EFLAGS 的内容进栈。

⑨ `POPFD`

从堆栈弹出数据进入 EFLAGS。

⑩ `PUSH imm`

式中 imm 为立即数，该指令可将立即数进栈，imm 可以是 data8/data16/data32，若为 data8，则符号扩展。

2. 32 位微处理器的扩充指令

80386 以上的微处理器还扩充了某些指令的功能，这些指令如下。

(1) `IMUL dest,src1,src2`

功能：立即数乘法指令，dest←src1(被乘数)×src2(乘数)。其中，dest 为 reg16，src1 为 reg16/mem16，src2 为 data8/data16。结果只能是 16 位。

(2) `CDQ`

功能：将 EAX 中的双字符扩展为 EDX_EAX 中的四字符。

(3) `CWDE`

功能：将 AX 中的字符号扩展为 EAX 中的双字符。

(4) `SAL/SHL/SAR/SHR dest,count`

功能：移位指令，dest 是移位对象，可为 reg 或 mem；count 是移位次数，可为 data8 或 CL。

(5) `RCL/RCR/ROL/ROR dest,count`

功能：循环指令，dest 和 count 要求同 SAL。

(6) `SHLD dest,src,count`

功能：双精度左移指令，使双精度数左移，产生一个单精度数，dest 可以是 reg 或 mem，src 为 reg，count 为 data8 或 CL。dest 左移 count 次，移出位送 CF，右端空出位用 src 的高位部分填补，src 值不变。

(7) `SHRD dest,src,count`

功能：双精度右移指令，dest、src、count 要求同 SHLD 指令，类似 SHLD。

(8) `MOVSD/CMPSD/LODSD/STOSD/SCASD`

功能：这 5 条串操作指令可实现 32 位数据的串操作，源地址数为[DS:ESI]或 EAX，目的操作数为[ES:EDI]或 EAX，功能同 MOVSB/CMPSB/LODSB/STOB/SCASB，并按 DF 值自动修改 ESI/EDI 指针。

(9) `INS dest,DX`

功能：从 I/O 端口输入串到存储器。[ES:EDI/DI]←[DX]，按 DF 值修改 EDI/DI 指针。其中，dest 为 mem，规定为[ES:EDI/DI]，DX 存放输入端口地址。

(10) `INSB/INSW/INSD`

功能：同 INS，传送单位由助记符中 B/W/D 指定为字节/字/双字。其中，INS/INSB/INSW/INSD 指令可采用 REP 前缀。

(11) `OUTS DX,src`

功能：输出串到 I/O 端口。[DX]←[DS:ESI/SI]，按 DF 值修改 ESI/SI 指针。式中，src 为 mem，规定为[DS:ESI/SI]，DX 存放输出端口地址。

(12) `OUTSB/OUTSW/OUTSD`

功能：同 OUTS，传送单位由助记符中 B/W/D 指定为字节/字/双字。其中，OUTSB/OUTSW/OUTSD 指令可采用 REP 前缀。

(13) `LOOPW dest`

功能：$CX \leftarrow CX-1, CX \neq 0$，转移到 dest(以“标号”标识)的目的地址。

(14) `LOOPD dest`

功能：$ECX \leftarrow ECX-1, ECX \neq 0$，转移到 dest。

(15) `LOOPEW dest/LOOPED dest`

功能：$CX \leftarrow CX-1, CX \neq 0$ 且 ZF=1 或 $ECX \leftarrow ECX-1, ECX \neq 0$ 且 ZF=1，转移到 dest。

(16) `LOOPNEW dest/LOOPNED dest`

功能：$CX \leftarrow CX-1, CX \neq 0$ 且 ZF=0 或 $ECX \leftarrow ECX-1, ECX \neq 0$ 且 ZF=0，转移到 dest。

(17) `MOVSX dest,src`

功能：带符号位扩展的传送，dest 为 reg，src 为 reg/mem，src 为 8 位或 16 位，dest 为 16 位或 32 位。

(18) `MOVSZ dest,src`

功能：带零扩展的传送，dest 与 src 同 MOVSX 指令。零扩展，就是高位补 0 进行扩展。

3. 高级指令和保护控制指令

80286 微处理器是高档的 16 位微处理器，增加了 3 条高级指令——BOUND、ENTER 和 LEAVE，80386 以上的 32 位微处理器的指令系统兼容 80286 的指令系统，必然包括这三条高级指令。另外，80386 以上的 32 位微处理器的指令系统是 80286 指令系统的超集，支持实地址方式、保护方式和虚拟 8086 方式三种程序运行方式，具有模拟 8086、80286 任务的能力。32 位保护控制指令由非保护方式的指令系统和仅在保护方式下使用的一组指令组成。上述高级指令和保护控制指令如下。

1)　`BOUND reg,src`

功能：检查数组索引的边界，reg 是任一 16 位/32 位寄存器，src 为内存中的两个字/双字——被检查数组的上限和下限。

该指令比较 reg 中的值和 src 中的值，若 reg 在 src 的上下限之间，继续执行下一条指令，否则产生 5 号中断，注意，该中断的返回地址是 BOUND 指令的地址。

2)　`ENTER data16,data8`

功能：建立一个高级数据块结构所需的暂存区和堆栈结构。

ENTER 指令通常是进入过程时要执行的第一条指令。分配给堆栈的存储单元字节数由第一个操作数 data16 给定，这个存储区对本过程是局部的，过程的嵌套级(0～31)由第二个操作数 data8 给出，并决定了堆栈结构指针。该指针从当前堆栈复制到新堆栈，BP/EBP 寄存器用作堆栈结构指针。若使用 16 位堆栈，BP 用作堆栈结构指针，SP 用作堆栈指针；若使用 32 位堆栈，相应的 ESP 和 EBP 用作堆栈指针和堆栈结构指针。

3)　`LEAVE`

功能：LEAVE 指令用来退出过程，释放指令空间。

LEAVE 指令与 ENTER 指令相反，它破坏堆栈结构，采用局部存储的过程释放堆栈空间，LEAVE 指令重新存储 BP(EBP)的先前值和调用者的结构指针，所有存在堆栈中的暂存数据丢失。

4)　`LMSW src`

功能：装入机器状态字，MSW←src。

该指令用于从实地址方式切换到保护方式，src 可以是 reg16/mem16。

5)　`SMSW dest`

功能：存储机器状态字，dest←MSW。dest 可以是 reg16/mem1。

6)　`LGDT src`

功能：装入全局描述子表寄存器，GDTR←src。

该指令把存储器的第一个字装入 GDTR 的“段限”字段，下边的 4 个字节装入 GDTR 的“基地址”字段，src 为 6 字节的 mem。

7)　`SGDT dest`

功能：存储全局描述子表寄存器，dest←GDTR。dest 为 6 字节的 mem。

8)　`LIDT src`

功能：装入中断描述子表寄存器，IDTR←src。过程同 LGDT，src 为 6 字节的 mem。

9)　`SIDT dest`

功能：存储中断描述子表寄存器，dest←IDTR。过程同 SGDT。dest 为 6 字节的 mem。

10)　`LLDT src`

功能：装入局部描述子表寄存器，LDTR←src。src 为 reg16 或 mem16。

11)　`SLDT dest`

功能：存储局部描述子表寄存器，dest←LDTR。dest 为 reg16 或 mem16。

12)　`LTR src`

功能：装入任务寄存器，TR←src。src 为 reg16 或 mem16，并标记所装入的任务状态段 TSS 忙，不实行任务切换。

13) `STR dest`

功能：存储任务寄存器，dest←TR。dest 为 reg16 或 mem16。

14) `LAR dest,src`

功能：装入访问权字节，dest 为 reg16，src 为 reg 或 mem。

在当前特权级(CPL)和段选择子请求特权级(RPL)时，描述子是可访问的，则把由 src 段选择子所指定的描述子中的访问权字节装入 dest 的高字节(低字节置“0”)。该指令用来对程序所要使用的内存段的访问权进行检查。

15) `LSL dest,src`

功能：装入段限，dest 为 reg，src 为 reg 或 mem。

若 src 中的段选择子在 CPL 中时是可访问的，则将 src 给出的段选择子指定的段描述子的段限字段装入由 dest 指定的寄存器中，该指令用来检测一个段的段限值。

16) `ARPL dest,src`

功能：调整段选择子的 RPL(请求特权级)。

dest 为 reg16 或 mem16，其中含有段选择子的值，src 必须是 reg，且通常其内容为调用任务的 CS 段选择子值，若 dest 的低两位(即 RPL 字段)<更高特权级 src 的 RPL，则 ZF←1，且 dest 的 RPL 字段置成 src 的 RPL 值，即 RPL_{dest}←RPL_{src}。

17) `VERR dest`

功能：读段校验，dest 可为 reg16 或 mem16。

VERR 用来确认由 dest(段选择子)所指示的段是否能从当前的特权级(CPL)访问并且是可读的。可读则 ZF 置“1”，否则清零。被校验的为数据段，因为代码段可以读保护。

18) `VERW dest`

功能：写段校验，dest 可为 reg16 或 mem16。

VERW 用来确认由 dest(段选择子)所指示的段是否能从当前的特权级(CPL)访问并且是可写的。可写则 ZF 置“1”，否则清零。被校验的为数据段，因为数据段可以“写入保护”。

19) `CLTS`

功能：清除 CR0/MSW 中的任务切换标志。

任务切换标志(TS)每次发生任务切换时，由处理器设置，但必须由人工控制清除，CLTS 指令用于系统程序在允许一个新任务访问系统资源之前给操作系统一个保存所需信息的机会(例如协处理器的状态)。

4. 80386 新增加的指令

为了充分发挥硬件的性能，提高编程的灵活性和编程效率，80386 微处理器又增加了许多新指令，这些指令如下。

1) 位操作指令

(1) `BT dest,src`

功能：位测试指令。dest 为 reg/mem，src 为 data8。其功能是测试 dest 中由 src 指定的位，测试结果存入进位标志。

(2) `BTC dest,src`

功能：位测试并求反指令。dest 为 reg/mem，src 为 data8/reg。其功能是测试 dest 中由 src 指定的位，测试结果存入进位标志，dest 中该位取反。

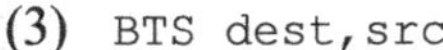

(3) `BTS dest,src`

功能：位测试并置位指令。dest 为 reg/mem，src 为 data8/reg。其功能是测试 dest 中由 src 指定的位，测试结果存入进位标志，然后将 dest 中的该位置“1”。

(4) `BTR dest,src`

功能：位测试并复位指令。dest 为 reg/mem，src 为 data8/reg。其功能是测试 dest 中由 src 指定的位，测试结果存入进位标志，然后将 dest 中的该位置复位。

(5) `BSF dest,src`

功能：向前位扫描指令。dest 为 reg，src 为 reg/mem。其功能是从最低位开始测试 src 中的各位，遇到“1”的位时，将 ZF 置“0”，并将该位序号送 dest，若 src 中全为“0”，则置 ZF 为“1”。

(6) `BSR dest,src`

功能：反向位扫描指令。dest 为 reg，src 为 reg/mem。其功能是从最高位开始测试 src 中的各位，遇到“1”的位，将 ZF 置“0”，并将该位序号送 dest，若 src 中全为“0”，则置 ZF 为“1”。

2)　条件设置指令

80386 以上的 32 位微处理器有一组按条件设置字节的指令。

这组指令的格式为：SETcc dest

式中：dest 可为 reg8 或 mem8，cc 为测试条件，每一条指令测试标志寄存器中一个或多个标志，并按测试结果将 dest 设置成 00H 或 01H，即满足 cc 条件，置 01H，否则置 00H。这一组指令的助记符及功能如表 3.3 所示。

表 3.3　条件设置指令

助 记 符	功　能	测试条件
SETC	有进位设置	CF=1
SETNC	无进位设置	CF=0
SETE/SETZ	等于/为零设置	ZF=1
SETNE/SETNZ	不等于/不为零设置	ZF=0
SETS	有符号设置	SF=1
SETNS	无符号设置	SF=0
SETO	有溢出设置	OF=0
SETNO	无溢出设置	OF=1
SETP/SETPE	偶校验设置	PF=1
SETNP/SETPO	奇校验设置	PF=0
SETA/SETNBE	高于/不低于等于(无符号数比较)设置	CF=0 和 ZF=0
SETNA/SETBE	不高于/低于等于(无符号数比较)设置	CF=1 和 ZF=1
SETB/SETNAE	低于/不高于等于(无符号数比较)设置	CF=1
SETAE/SETNB	高于等于/不低于(无符号数比较)设置	CF=0
SETGE/SETNL	大于等于/不小于(无符号数比较)设置	SF=OF
SETL/SETNGE	小于/不大于等于(无符号数比较)设置	SF ≠ OF

续表

助记符	功能	测试条件
SETG/SETNLE	大于/不小于等于(无符号数比较)设置	ZF=0 和 SF=OF
SETLE/SETNG	小于等于/不大于(无符号数比较)设置	ZF=1 和 SF≠OF

3) 传送指令

80386 微处理器新增加了 3 组寄存器，即控制寄存器 CRi、调试寄存器 DRi 和测试寄存器 TRi。因此，新增加了 6 个上述的寄存器同通用寄存器之间的传送指令。

(1) `MOV CRi,reg32;  CRi←reg32`

说明：式中的 CRi 可以是 CR_0、CR_3、CR_2。

(2) `MOV reg32,CRi;  reg32←CRi`

说明：CRi 的要求同 MOV CRi，reg32。

(3) `MOV DRi,reg32;  DRi←reg32`

说明：式中的 DRi 可以是 DR_0、DR_3、DR_6、DR_7。

(4) `MOV reg32,DRi;  reg32←DRi`

说明：DRi 的要求同 MOV DRi，reg32。

(5) `MOV TRi,reg32;  TRi←reg32`

说明：式中的 TRi 可以是 TR_6 和 TR_7。

(6) `MOV reg32,Tri;  reg32←TRi`

说明：TRi 的要求同 MOV TRi，reg32。

上述 6 类传送指令都是特权指令，如果不在特权级 0 下执行这些指令，会引起保护异常。

5. 80486 新增加的指令

80486 微处理器片内集成有 FPU(Floating Point Unit，浮点部件)和 Cache(超高速缓冲存储器)，这一浮点部件保持了同 80387 的二进制的兼容性，且浮点处理指令也完全一致，所以 80486 指令系统中又包含了 80387 的全部指令，除此之外，80486 还增加了 6 条新指令，如表 3.4 所示。

表 3.4　80486 新增加的指令

指令集	助记符	操作数	功能
字节交换	BSWAP	Reg32	交换 32 位寄存器顺序 $reg_{7\sim0}$←→$reg_{31\sim24}$ $reg_{15\sim8}$←→$reg_{23\sim16}$
比较交换	CMPXCHG	Dest,src	比较 AL/AX/EAX 与 dest 若相等则 ZF←1，dest←src 否则 ZF←0，AL/AX/EAX←dest
交换加法	XADD	Dest,src	dest←→src dest←dest + src
清除 Cache(使 Cache 无效)	INVD	无	用来指示处理器失效内部和外部超高速缓存器中的数据

续表

指 令 集	助 记 符	操作数	功 能
回写和使用 Cache 无效	WBINVD	无	高速缓冲存储器的内容写入内存，然后清除高速缓存
清除 TLB 入口	INVLPG	无	使 TLB 中的页无效

说明：

XADD 指令和 CMPXCHG 指令是 80486 为了在指令级支持多处理器结构而增加的两条专用指令。

(1) XADD dest, src 指令中，dest 为 reg 或 mem，src 为 reg，该指令是 XCHG 指令和 ADD 指令的结合。

(2) CMPXCHG dest, src 指令中，dest 为 reg 或 mem，src 为 reg，该指令是 CMP 指令和 XCHG 指令的结合。

这两条指令对多处理器系统特别适用，通过这两条指令可实现对多处理器系统的共享存储器访问和信号的有效管理。将这两条指令同 LOCK 前缀合并使用，可以禁止来自其他处理器的访问，从而实现当前 CPU 对存储器的读写和修改等操作。

6. Pentium 处理器新增加的指令

Pentium 处理器的指令系统兼容了 80486 的全部指令，并根据 Pentium 的硬件结构特点新增加和扩充了一些指令，如表 3.5 所示。

表 3.5 Pentium 中新扩充和增加的指令

指 令 名	格 式	指 令 名	格 式
比较和交换 8 字节	CMPXCHG8B mem64	从系统管理方式返回	RSM
CPU 标志码	CPUID	写 CR	MOV CR4,reg32
读时间戳计数器	RDTSC	读 CR	MOV reg32,CR4
读模型专用寄存器	RDMSR	写 DR	MOV DR4/DR5,reg32
写模型专用寄存器	WRMSR	读 DR	MOV reg32,DR4/DR5

(1) `CMPCHG8B mem64`

功能：EDX_EAX- mem64，若相等，mem64←EAX_EBX，若不等，EDX_EAX←mem64。

注意：影响 CF、PF、AF、SF 和 OF。

(2) `CPUID`

功能：从 Pentium 中读出 CPU 标识码和其他信息，在执行 CPUID 指令前，必须先对 EAX 装入输入值，执行后信息存储在 EAX 和 EDX 寄存器中。

(3) `RDTSC`

功能：EDX_EAX←时间计数器。该时间计数器是一个 64 位计数器，从微处理器重启时开始计数 CPU 时钟，而 RDTSC 指令即将计数器内容复制到 EDX_EAX。

(4) `RDMSR`

功能：EDX_EAX←MSR。MSR(模型专用寄存器)是 Pentium 处理器所特有的一组寄存器，用于跟踪、检查性能、测试和查错等。在执行 RDMSR 指令前必须使用 ECX 给处理器

传递寄存器号，ECX 所传递的寄存器地址为 00H～13H。

(5) WRMSR

功能：MSR←EDX_EAX。与 RDMSR 相同，必须使用 ECX 给处理器传递寄存器号。

(6) RSM

功能：从系统管理方式中断中返回。

系统管理方式(System Management Mode，SMM)是一种存储器管理方式，这种方式可以使系统设计人员实现十分高级的功能，包括电源管理以及对操作系统和正在运行的程序提供透明的安全性。SMM 由固化在系统中的固件(驻留在系统级程序代码的 ROM)来控制，在固件的正确控制下，Pentium 的其他三种工作方式——实地址方式、保护方式和虚拟 8086 方式之间的转换关系如图 3.16 所示。

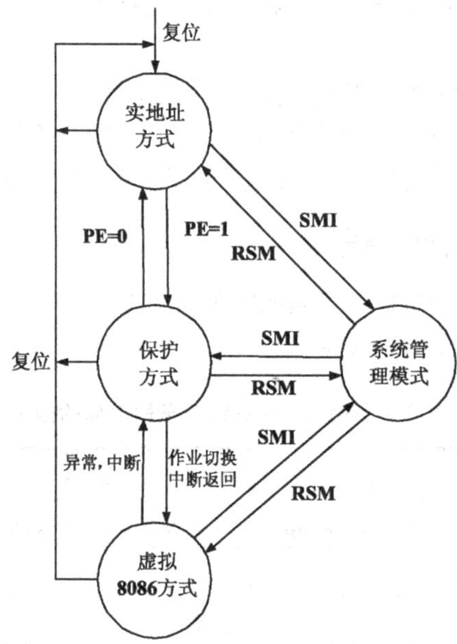

图 3.16　Pentium 的工作方式示意图

3.3　小型案例实训

案例 1——串操作指令

设在数据段中有一字符串，其长度为 17，存放在数据段中从符号地址 MESS1 开始的区域中；同样在附加段中有一长度相等的字符串，存放在附加段中从符号地址 MESS2 开始的区域中，现要求找出它们之间第一个不相匹配的字符的位置，试编写相应的程序。

解：实现上述功能的程序段如下。

```
LEA   SI,MESS1                    ;装入源串偏移地址
LEA   DI,MESS2                    ;装入目的串偏移地址
MOV   CX,17                       ;装入字符串长度
```

```
CLD                         ;方向标志复位
REPE   CMPSB                ;重复比较，直至遇到不匹配字符或比较完毕
```

上述程序段执行之后，SI 或 DI 的内容即为两字符串中第一个不匹配字符的下一个字符的位置。若两字符串中没有不匹配的字符，则当比较完毕后，CX=0，退出重复操作状态。

案例 2——指令综合应用

(1) 有一首地址为 ARRAY 的 M 个字数组，试编写一段程序，求出该数组的内容之和(不考虑溢出)，并把结果存入 TOTAL 中。

解：程序段如下。

```
        MOV   CX,M             ;设计数器初值
        XOR   AX,AX            ;累加器 AX 初值置为 0，且可将 CF 清零
        MOV   SI,AX            ;地址指针初值为 0
START:  ADD   AX,ARRAY[SI]     ;加法完成数组累加
        ADD   SI,2             ;修改地址指针值(字操作,因此加 2)
        LOOP  START            ;重复
        MOV   TOTAL,AX         ;存结果
```

(2) 有一字符串，存放在 ASCII STR 的内存区域中，字符串的长度为 L。要求在字符串中查找空格(ASCII 码为 20H)，若找到则将首个空格的偏移地址存入 SI 寄存器后转到标号 CONTINUE，否则转到 NOTFOUND 去执行，请编写相应的程序。

解：实现上述功能的程序段如下。

```
           MOV   CX,L             ;设计数器初值
           LEA   SI, ASCIISTR-1   ;设地址指针初值
           MOV   AL,20H           ;空格的 ASCII 码送 AL
NEXT:      INC   SI               ;修改地址指针
           CMP   AL,[SI]          ;比较是否空格
           LOOPNZ  NEXT           ;未找到转 NEXT，找到或找完则继续执行下行语句
           JZ    CONTINUE         ;ZF=1，说明找到了，转 CONTINUE
NOTFOUND:  …                      ;未找到
CONTINUE:  …
```

3.4 小　　结

本章首先介绍了 16 位微处理器 8086/8088 系统的寻址方式与指令系统的基本概念，然后详细说明了 8086/8088 系统中常用的操作数寻址方式，并给出了 32 位微处理器 80386 及以上系统的寻址方式。在此基础上，详细叙述了 8086/8088 系统中各类指令的格式、功能以及用法，并给出了 80386 及以上系统中扩展和新增的指令。本章需要掌握的知识点如下。

(1) 指令中所需的源操作数和目的操作数需采用一定的寻址方式给出。

(2) 常用的寻址方式：立即寻址、寄存器寻址、直接寻址、寄存器间接寻址、寄存器相对寻址、基址变址寻址、基址变址相对寻址、端口寻址或隐含寻址。

(3) 指令分 6 大类：数据传送指令、算术运算指令、逻辑运算和移位指令、串操作指令、控制转移指令和处理器控制指令。6 大类指令各自具有特定的功能和用法，由于各种

指令对源/目的操作数有各自特定的要求，其执行结果对标志寄存器 FR 中标志位的影响也各有不同，因此，使用指令时需要特别关注其用法。

3.5 习　　题

一、简答题

1. 假定 DS=2000H，SS=1500H，SI=00A0H，BX=0100H，BP=0010H，数据变量 VAL 的偏移地址为 0050H，请指出下列指令中源操作数采用什么寻址方式？若源操作数在存储器中(立即寻址除外)，其物理地址是多少？

(1) `MOV AX,0ABH`　　(2) `MOV AX,[100H]`

(3) `MOV AX,VAL`　　(4) `MOV BX,[SI]`

(5) `MOV AL,VAL[BX]`　　(6) `MOV CL,[BP][SI]`

2. 指出下列指令的错误。

(1) `MOV AH,BX`　　(2) `MOV [SI],[BX]`

(3) `MOV AX,[SI][DI]`　　(4) `MOV AX,[BX][BP]`

(5) `MOV [BX],ES:AX`　　(6) `MOV BYTE PTR[BX],1000`

(7) `MOV AX,OFFSET [SI]`　　(8) `MOV CS,AX`

(9) `MOV DS,2000H`　　(10) `MOV ES,DS`

3. 指出下列指令的正误。对于正确指令，说明其源操作数的寻址方式；对于错误指令，说明其错误所在。假定 VAR1、VAR2 均是字型变量，LAB1 是近程标号，LAB2 是远程标号。

(1) `MOV SI,20`　　(2) `MOV BX,VAR1[SI]`

(3) `MOV AL,[CX+DX]`　　(4) `MOV AX,VAR1+VAR2`

(5) `MOV AL,VAR1`　　(6) `LEA BX,VAR1`

(7) `MOV AL,LENTH VAR1`　　(8) `MOV CX,TYPE VAR1`

(9) `MOV [BP][DI],10`　　(10) `XOR DX,34H`

(11) `ADD AL,VAR1[BX]`　　(12) `SAR DX,3`

(13) `JMP LAB2`　　(14) `JZ LAB1`

(15) `JMP VAR1`　　(16) `JNC VAR2`

4. 给定 SP=0100H，SS=0300H，标志寄存器 FR=0240H，有关存储单元的内容为[00020H]=0040H，[00022H]=0100H，在段地址为 0900H 及偏移地址为 00A0H 的单元中有一条双字节的中断指令 INT 8。试问执行 INT 8 指令后，SP、SS、IP、FR 的内容各是什么？栈顶的三个字是什么？

二、分析题

1. 设有关寄存器及存储单元的内容如下：DS=091DH，SS=1E4AH，AX=1234H，BX=0024H，CX=5678H，BP=0024H，SI=0012H，DI=0032H，[09226H]=00F6H，[09228H]=

1E40H，[1E4F6H]=091DH。在以上给出的环境下，试问下列指令或指令段执行后的结果如何？

(1) MOV　CL,[BX+20H][SI]

(2) MOV　[BP][DI],CX

(3) LEA　BX,[BX+20H][SI]

　　MOV　AX,[BX+2]

(4) LDS　SI,[BX][DI]

　　MOV　[SI],BX

(5) XCHG　CX,[BX+32H]

　　XCHG　[BX+20H][SI],AX

2. 假设 CS=3000H，DS=4000H，ES=2000H，SS=5000H，AX=2060H，BX=3000H，CX=5，DX=0，SI=2060H，DI=3000H，[43000H]=0A006H，[23000H]=0B116H，[33000H]=0F802H，[25060H]=00B0H，SP=0FFFEH，CF=1，DF=0。请写出下列各条指令单独执行完后，有关寄存器及存储单元的内容，若影响标志位请给出标志位 SF、ZF、OF、CF 的状态。

(1) SBB　AX,BX　　(2) CMP　AX,WORD PTR[SI+0FA0H]

(3) MUL　BYTE PTR[BX]　　(4) AAM

(5) DIV　BH　　(6) SAR　AX,CL

(7) XOR　AX,0FFE7H　　(8) REP　STOSB

(9) JMP　WORD PTR[BX]　　(10) XCHG　AX,ES:[BX+SI]

3. 试分析下面的程序段完成什么操作。

```
MOV     CL, 04
SHL     DX, CL
MOV     BL, AH
SHL     AX, CL
SHR     BL, CL
OR      DL, BL
```

4. 设下列各转移指令的第一字节在内存中的地址为 CS=2000H 和 IP=016EH，且环境均为 DS=6000H，BX=16C0H，[616COH]=46H，[616C1H]=01H，[616C2H]=00H，[616C3H]=30H，[61732H]=70H，[61733H]=17H。写出下列各无条件转移指令执行后的 CS 和 IP 值。各指令左首的十六进制编码是该指令的机器码。指令中的目的地址用相应的标号表示。

(1) EBE7　　JMP SHORT AGAIN

(2) E90016　　JMP NEAR PTR OTHER

(3) E3　　JMP BX

(4) EA46010030　　JMP FAR PROB

(5) FF67　　JMP WORD PTR 0072H [BX]

(6) FFEB　　JMP DWORD PTR [BX]

5. 阅读下列各小题的指令序列，在后面空格中填入该指令序列的执行结果。

(1) MOV　BL,85H

　　MOV　AL,17H

```
ADD   AL,BL
DAA
AL=__________,BL=__________,CF=__________
```

(2)
```
MOV   AX,BX
NOT   AX
ADD   AX,BX
INC   AX
AX=__________,CF=__________
```

(3)
```
MOV  AX,0FF60H
STC
MOV   DX,96
XOR   DH,0FFH
SBB   AX,DX
AX=__________,CF=__________
```

(4)
```
MOV  BX,0FFFEH
MOV   CL,2
SAR   BX,CL
BX=__________,CF= __________
```

6. 下面两个程序段执行后，分别转移到哪里？

程序段1：

```
MOV   AX,147BH
MOV   BX,80DCH
ADD   AX,BX
JNO   L1
JNC   L2
```

程序段2：

```
MOV   AX,99D8H
MOV   BX,9847H
SUB   AX,BX
JNC   L3
JNO   L4
```

7. 分析以下程序段。

```
CMP   AX,BX
JGE   NEXT
XCHG  AX,BX
NEXT: CMP   AX,CX
JGE   DONE
      XCHG  AX,CX
DONE: ...
```

问：上述程序段执行后，原有 AX、BX、CX 中最大数存放在哪个寄存器中？这三个数是带符号数还是无符号数？

8. AX、BX、CX、DX 等为寄存器。编写程序片段，分别实现下述要求：

(1) 使 AX 的低 4 位清零、BX 的低 4 位置 1、CX 的高 4 位取反，其余位均不变，

(2) 测试 DX 的位 4 和位 0，当两位中只有一位为 1 时，AL 置 1，否则 AL 置 0。

(3) DX：AX 的内容构成 32 位补码数，要求将其算术右移 4 位(即除以 16)，并将移出位保存在 BL 中。

第 4 章　汇编语言程序设计

本章要点

- 汇编语言的基本语法规则
- 汇编语言中常用的伪指令和 DOS 功能调用
- 顺序、分支、循环和子程序设计基本方法

汇编语言(ASM)是用助记符代替操作码、用符号或标号代替地址码或操作数等的面向机器的程序设计语言。使用汇编语言编写的程序，机器不能直接识别，要由一种程序将其翻译成机器语言，这种起翻译作用的程序叫汇编程序。汇编程序是系统软件，用其把汇编语言翻译成机器语言的过程称为汇编。

汇编语言与高级语言相比有许多优越性：如操作灵活，可以直接作用到硬件的最下层，如寄存器、标志位、存储单元等，因而能充分发挥机器硬件性能，提高程序运行效率。此外，与高级语言相比，汇编语言程序经汇编后产生的目标代码较短，执行速度快，所占内存少。当然也存在一些问题，如程序设计者必须熟悉机器内部硬件结构等。汇编语言虽然较机器语言在阅读、记忆及编写方面都前进了一大步，但对描述任务、编程设计仍然不方便，于是产生了具有机器语言优点，而又能较好地面向问题的语言，即**宏汇编语言**(MASM)。**宏汇编语言**不仅包含一般汇编语言的功能，而且还使用了高级语言使用的数据结构，是一种接近高级语言的汇编语言。

4.1　汇编语言的基本语法

通常，一个源程序都有大体相同的结构或框架，下面给出一个源程序的框架结构。

```
DATA_SEG     SEGMENT PARA  PUBLIC  'DATA'     ;定义数据段
      D1     DB       'hello world !'         ;定义变量
DATA_SEG     ENDS
STACK_SEG    SEGMENT PARA  STACK  'STACK'     ;定义堆栈段
      ST     DB       0EH,0FH
STACK_SEG    ENDS
CODE_SEG     SEGMENT PARA  PUBLIC  'CODE'     ;定义代码段
MAIN         PROC     FAR
             ASSUME   CS: CODE_SEG;DS: DATA_SEG;SS: STACK_SEG
START:       PUSH     DS
             MOV      AX,0
             PUSH     AX
             MOV      AX,DATA_SEG
             MOV      DS,AX
             ...                              ;程序的主要内容
```

```
                RET
MAIN            ENDP
CODE_SEG        ENDS
                END      START
```

8086/8088 微处理器系统的存储结构是分段式结构，其汇编语言程序必须具备三个段：数据段、代码段和堆栈段。数据段用来在内存中建立一个适当的工作区，以存放常数、变量以及作为算术运算区和用来作为 I/O 接口传送数据的工作区。堆栈段用来在内存中建立一个堆栈区，以便在中断和过程调用时使用，堆栈还起承上启下的作用，用于模块间参数的传送。自然，某些十分简单的程序可能并不需要数据段或堆栈段，但是，对于一些复杂的程序，堆栈段、数据段和代码段都可以不止一个。

当由这几个段构成一个完整的源程序时，通常把数据段放在代码段的前面，这有两个好处：一是可以事先定义程序中所使用的变量；另一方面，汇编程序在汇编过程遇到变量时，必须知道变量的属性，才能产生正确的代码，将数据段放在代码段前面，就可以保证这一点。如上面的源程序框架所示，各段均由伪指令 SEGMENT 开始，以 ENDS 结束。整个源程序用 END 语句结尾，END 后面可跟该程序执行的起始地址 START。

4.1.1 语句格式

汇编语言的源程序是由若干条语句构成的，每条语句可以由四项构成，格式如下。

[标识符]　操作码　操作数　　[;注释]

其中，标示符用来对程序中的变量、常量、段、过程等进行命名，它是组成语句的一个常用成分，它的命名应符合下列规定。

(1) 标识符是一个字符串，第一个字符必须是字母、“？”、“@”或“_”这四种字符中的一个。

(2) 从第二个开始，可以是字母、数字、“?”、“@”、“_”。

(3) 一个标识符可以由 1～31 个字符组成，但不能用寄存器名和指令助记符作为标识符。

4.1.2 语句类型与结构

汇编语言的语句有指令性语句、指示性语句和宏指令语句三种类型。指令性语句是机器指令的符号表示，经汇编程序汇编后能产生对应的机器指令代码，在形成执行文件时执行。指示性语句(也称伪指令语句)用于给汇编程序提供一些控制信息，帮助汇编程序正确汇编指令性语句，在汇编时被执行，没有对应的机器码。宏指令语句是指令性语句和伪指令语句的复合体，是按照一定规则，根据用户需要定义的新指令，在汇编时被展开，在形成执行文件时执行其展开体。

1. 指令性语句的结构

[标号：][前缀] 指令助记符 [操作数][;注释]

说明：

(1) 方括号中的成分可以选用或默认。

(2) 标号是后面紧跟“:”的一个标识符，标号代表该行指令在存储器中的首地址，标号可作为转移指令和调用指令的一个操作数。

(3) 前缀包括重复前缀、总线封锁前缀等。

(4) 操作数可以是一个、两个或没有，由指令类型决定，若有两个操作数，前面为目的操作数，后面为源操作数，中间用逗号隔开。

(5) 注释是以“;”开始的字符串，不影响程序的汇编与执行，仅用于增加源程序的可读性。

2. 指示性语句的结构

```
[名字] 伪指令助记符 [操作数][;注释]
```

说明：

(1) 名字可以是符号常量名、变量名、过程名、段名等，名字后面不能有“:”。

(2) 伪指令助记符共有四十多个，按功能不同分成八类，本章介绍常用的五类共二十多个。

(3) 操作数可以少到一个也没有，多到两个以上，多个操作数之间须用逗号分隔。

3. 宏指令语句的结构

```
[宏名] 宏操作助记符 [操作数][;注释]
```

说明：

(1) 宏名即宏指令名，是一个标识符，宏名后面不能有“:”。

(2) 宏操作助记符共有8个，分别是MACRO、ENDM、EXITM、LOCAL、REPT、IRPC、IRP、PURGE。

(3) 其余同指示性语句。

4.1.3 汇编语言中的表达式

表达式由操作数和运算符组成，在汇编时一个表达式得到一个值。表达式分为数值表达式和地址表达式。数值表达式只产生一个数值结果；地址表达式产生一个存储单元地址，若该单元中存放的是数据，则这个地址为变量，若存放的是指令，则这个地址为标号。

1. 表达式中的常量

常量是在汇编时已经确定的常数值，常量可以是数据和字符。常量表示一个固定的数值，它又分成多种形式。

(1) 常数：指由十、十六、二和八进制形式表达的数值，各种进制的数据以后缀字母区分，默认不加后缀字母的是十进制数；由0和1两个数字组成，以字母B(b)结尾的是二进制数；由0～9、A～F数字组成，以字母H(h)结尾的是十六进制数，但以字母开头的常数需要加一个前导0；由0～7数字组成，以字母Q或O结尾的是八进制数。

(2) 字符串：字符串常量是用单引号或双引号括起来的单个字符或多个字符，其数值

是每个字符对应的ASCII码值。例如‘d’等于64H，‘AB’等于4142H。

2. 表达式中的变量

变量用来定义在存储器中存储的一个或多个数据，以变量名的形式出现在程序中，用以表示该存储区域中首个存储单元的偏移地址。变量具有以下三种属性。

(1) 段属性(SEG)：变量所在段的段地址。

(2) 偏移地址属性(OFFSET)：变量所表示存储区域中首个存储单元的偏移地址。

(3) 类型属性(TYPE)：变量定义的一个数据所占用存储单元的字节数，如下所示。

BYTE：字节型，一字节

WORD：字型，两字节

DWORD：双字型，四字节

QWORD：四字型，八字节

TBYTE：五字型，十字节

变量名可以使用伪指令DB、DW、DD、DQ、DT来定义。

例如：

```
Y  DW  4981H,1234H       ;变量Y是字类型,该变量存储区有两个字数据,4981H和1234H
TET  DD  10 DUP(0)       ;变量TET是双字类型,该变量存储区有10个值为0的双字数据
```

3. 表达式中的标号

标号是给指令性语句所在单元地址取的名字，用于表明该指令在存储器中的位置，可作为转移类指令的操作数。它有三种属性。

(1) 段属性：标号所在段的段地址。

(2) 偏移地址属性：标号的段内偏移地址。

(3) 类型(距离)属性：NEAR，近标号，表示该标号在段内使用，这是标号的默认类型；FAR，远标号，表示该标号在段间使用。

上述变量和标号的类型属性都有对应的类型值，如表4.1所示。

表4.1 变量和标号的类型值对应表

类型		类型值
变量	BYTE	1
	WORD	2
	DWORD	4
	QWORD	8
	TBYTE	10
标号	NEAR	−1
	FAR	−2

4.1.4 汇编语言中的运算符

汇编语言有6类运算符，包括算术运算符、逻辑运算符、关系运算符、分析运算符、

分离运算符和组合运算符，它们在汇编时完成相应运算。

1. 算术运算符

算术运算符包括+(加)、−(减)、*(乘)、/(除)、MOD(模除)、SHL(左移)、SHR(右移)。其中，除号只取商，模除只取余，SHL 一次相当于乘以 2，SHR 一次相当于除以 2。

【例 4.1】

```
MOV   AX,15*4/7                  ;AX=0008H
ADD   AX,60 MOD 7                ;AX=8+4=12
MOV   CX,-2*30-10                ;CX=-70
```

2. 逻辑运算符

逻辑运算符包括 AND(与)、OR(或)、XOR(异或)、NOT(非)四种。逻辑运算符只出现在语句的操作数部分，运算在汇编时完成；逻辑操作指令只出现在指令的操作码部分，运算在执行指令时完成。

【例 4.2】

```
MOV   AL,NOT10101010B              ;等效于 MOV AL,01010101B
OR    AL,10100000B OR 00000101B    ;等效于 OR AL,10100101B
XOR   AX,0FA0H XOR 0F00AH          ;等效于 XOR AX,0FFAAH
```

3. 关系运算符

关系运算符包括 EQ(等于)、NE(不等)、LT(小于)、GT(大于)、LE(小于等于)、GE(大于等于)共六种。它们对两个运算对象进行比较操作，若满足条件，表示运算结果为真“TRUE”，输出结果为全“1”；若比较后不满足条件，则运算结果为假“FALSE”，输出结果为全“0”。

【例 4.3】

```
MOV   AX,5 EQU 101B                ;等效于 MOV  AX,0FFFFH
MOV   AL,64H GE 100                ;等效于 MOV  AL,0FFH
MOV   BH,10H GT 16                 ;等效于 MOV  BH,00H
```

4. 分析运算符

分析运算符的操作对象必须是存储器操作数，即变量、标号或过程名。返回的结果是一个数值常量。

1) SEG 运算符

取段地址运算符，该运算返回变量或标号所在段的段地址(字常量)。例如：

```
MOV   BX,SEG BUF                 ;BX←变量 BUF 的段地址
```

2) OFFSET 运算符

取段内偏移地址符，该运算返回变量或标号所在段的段内偏移地址。例如：

```
MOV   AX,OFFSET START            ;AX←标号 START 的偏移地址
```

3) TYPE 运算符

取类型属性运算符，该运算返回变量或标号的类型值。若运算对象是标号，则返回标

号的距离属性值，若运算对象是变量，则返回变量的类型值。

【例 4.4】

```
N1   DB  30H,31H,32H
N2   DW  4142H,4344H
N3   DD  N2
ALD: MOV   AL,TYPE N1            ;AL←1
ADD  AH,TYPE N2                  ;AH←AH+2
     MOV   BL,TYPE N3            ;BL←4
     MOV   BH,TYPE ALD           ;BH←-1(0FFH)
```

4) LENGTH 运算符

取数组变量元素个数运算符，如果变量是用重复数据操作符 DUP 说明的，则返回 DUP 前面的数值(即重复次数)；如果没有 DUP 说明，则返回值总是“1”。

【例 4.5】

```
KA   DB  10H DUP(0)
KB   DB  10H,20H,30H
KC   DW  20H DUP(0,1,2DUP(2))
KD   DB  'ABCDEFGH'
      MOV   AL,LENGTH  KA     ;AL←10H
      MOV   BL,LENGTH  KB     ;BL←1
      MOV   CX,LENGTH  KC     ;CX←20H
      MOV   DX,LENGTH  KD     ;DX←1
```

5) SIZE 运算符

取数组变量总字节数运算符，该运算符返回数组变量所占的总字节数，相当于 LENGTH 和 TYPE 两个运算符返回值的乘积。

5. 分离运算符

1) LOW 运算符

取地址表达式或 16 位绝对值低 8 位。

例如：

MOV AL,LOW 0ABCDH 将汇编成：MOV AL,0CDH

2) HIGH 运算符

取地址表达式或 16 位绝对值高 8 位。

例如：

```
CONST   EQU 0ABCDH
```

则：

MOV AH,HIGH CONST 将汇编成：MOV AH,0ABH

3) SHORT 运算符

当转移指令的目标地址与该转移指令末尾之间的距离在-128～+127 字节范围内时，可用 SHORT 运算符进行说明，以便该指令能生成最短的机器码，从而提高运行效率。

【例 4.6】

```
JMP   SHORT  L2
L1: …
L2: MOV   AX,BX
```

标号 L1、L2 之间的字节距离小于 127 字节，称为短转移。

6. 组合运算符

1)　“:”运算符

用来临时给变量、标号或地址表达式指定一个段属性。例如：

```
MOV   AX,ES:[BX]      ;表示不用 DS,而用 ES 来形成段地址
```

2)　PTR 运算符

赋予表达式指定的类型，新的类型只在所处的指令内有效。格式为

```
类型   PTR  表达式
```

3)　THIS 运算符

该运算符和“=”(或 EQU)伪指令连用，把它后面指定的类型属性或距离属性赋给当前的变量或标号。常用的格式为

```
变量或标号=THIS 属性
```

【例 4.7】

```
GAMA=THIS  BYTE      ;变量 GAMA 的类型属性定义为字节
ST=THIS   FAR        ;标号 ST 赋予远标号属性
```

4)　圆括号“( )”运算符

用来改变被括运算符的优先级别。

5)　“$”运算符

取当前存储单元的偏移地址。

7. 运算符的优先级

运算符出现在表达式中时，除了“()”、“$”和“:”这几个特殊优先的运算符以外，其他运算符需按照表 4.2 所示的优先级别进行运算。

表 4.2　运算符的优先级

优先级别	类运算符
1(最高)	LENGTH, SIZE
2	PTR, OFFSET, SEG, TYPE, THIS
3	HIGH, LOW
4	+, −(单项运算符)正负数
5	*, /, MOD, SHR, SHL
6	+, − 加减

续表

优先级别	类运算符
7	EQ, NE, LT, LE, GT, GE
8	NOT
9	AND
10(最低)	OR, XOR

4.2 伪 指 令

伪指令语句主要用来指示汇编程序如何进行汇编工作，它不产生目标代码。伪指令没有对应的机器指令，它不是由 CPU 来执行的，而是由 MASM-86 识别，并完成相应功能。

4.2.1 符号定义伪指令

在汇编语言中，所有符号常量、变量名、标号、过程名、记录名、指令助记符、寄存器名等都称为符号，这些符号可以通过伪指令重新命名或定义新的类型属性。

1. EQU 伪指令

格式： 名字 EQU 表达式

功能： 将数值或字符序列与一个指定的名字等价。有以下 4 种用法。

(1) 为常量定义一个符号，以便在程序中使用符号来表示常量。

【例 4.8】

```
ONE  EQU  1
TWO  EQU  2
SUM  EQU  ONE+TWO       ;SUM=3
```

(2) 为变量或标号定义新的类型属性并起一个新的名字。

【例 4.9】

```
FIRSTW  EQU  WORD PTR BYTES ;将变量 BYTES 重新定义为字类型属性，并赋予新变量名 FIRSTW
```

(3) 为由地址表达式指出的任意存储单元定义一个名字。

【例 4.10】

```
XYZ  EQU  [BP+3]              ;基址引用赋予符号名 XYZ
A    EQU  ARRAY[BX][SI]       ;基址加变址引用赋予符号名 A
P    EQU  ES: ALPHA           ;加段前缀的直接寻址引用符号名 P
```

(4) 为汇编语言中的任何符号定义一个新的名字。

【例 4.11】

```
COUNT     EQU  CX             ;为寄存器 CX 定义新的符号名 COUNT
LD        EQU  MOV            ;为指令助记符 MOV 定义新的符号名 LD
```

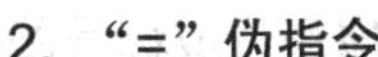

2. "=" 伪指令

与 EQU 具有相同的功能，区别仅在于"="定义的符号允许重新定义。

【例 4.12】

```
EMP=60                    ;定义 EMP 等于常数 60
EMP=EMP+1                 ;又定义 EMP 等于常数 61
```

3. LABEL 伪指令

格式： 变量或标号名 LABEL 类型

功能： 为当前存储单元定义一个指定类型的变量名或标号。

【例 4.13】

```
DAB   LABEL  BYTE        ;为当前存储单元定义字节变量名 DAB
DAW   DW  4142H,5152H    ;为当前存储单元定义字变量名 DAW
MOV   AX,DAW[0]          ;AX←4142H
MOV   BL,DAB[0]          ;BL←42H
```

【例 4.14】

```
LOPF  LABEL  FAR         ;为当前存储单元定义具有 FAR 属性的标号 LOPF
LOPN: MOV AX, [BX+DI]    ;为当前存储单元(存放该指令代码)定义具有 NEAR 属性(默认)
                         ;的标号 LOPN。段间转移时可用标号 LOPF 调用该指令,段内
                         ;转移时则需用 LOPN 调用该指令
```

4.2.2 变量定义伪指令

常用的变量定义伪指令有 DB、DW、DD、DQ、DT，分别用来定义字节、单字、双字、四字及十字节类型变量。基本应用格式如下。

```
[变量名] {DB | DW | DD | DQ | DT} 〈表达式〉
```

其中，变量名是可选的，{ }中的伪指令必须选用其中的一种，表达式则可以有以下几种形式。

1. 数值表达式

这种形式定义的变量具有表达式给定的数值初值。

【例 4.15】

```
BETA  DW  4*10H          ;BETA 为字类型,初值为 64
```

2. ASCII 字符串

字符串必须用单引号括起来。DB 伪指令为串中每一个字符分配一个字节单元，且自左到右按地址递增的顺序依次存放，字符个数不得超过 255 个。

【例 4.16】

```
MSG  DB  'STUDENT'
```

3. 地址表达式

地址表达式的运算结果是一个地址，因此只能用 DW 或 DD 定义。如果用 DW 定义，

则将原变量或标号的偏移地址定义为新变量；如果用 DD 定义，则将原变量或标号的偏移地址和段地址分别置入新变量的低位和高位字中。

【例 4.17】

```
BETA     DW  3254H,5678H
PBETAW  LABEL  WORD
PBETAD  DD  BETA                 ;变量的初值为 BETA 的段地址和偏移地址
        MOV    AX, SEG BETA
        MOV    BX,PBETAW         ;BX←BETA 的偏移地址
        MOV    DX,PBETAW[2]      ;DX=AX, 为 BETA 的段地址
        MOV    CX,PBETAW[0]      ;CX=BX, 为 BETA 的偏移地址
```

4. ? 表达式

表示所定义的变量未指定初值。例如：

```
BUF  DW  ?                       ;定义一个字变量 BUF,初值为一随机数
```

5. n DUP(表达式)

用于定义重复变量，DUP 是重复数据操作符，n 表示重复次数，括号内的表达式表示要重复的内容。DUP 可以嵌套使用，即圆括号中的表达式又是一个带 DUP 的表达式。

【例 4.18】

```
TAB  DB  100DUP(0)               ;变量 TAB 有 100 个初值为 0 的字节元素
TAB2  DW  2DUP(5DUP(4),7)        ;变量 TAB 是数据序列 4,4,4,4,4,7,4,4,4,
                                 ;4,4,7 共 12 个字,占 24 个字节存储器单元
```

4.2.3 段定义伪指令

8086/8088 系统利用存储器分段技术管理存储器信息，段定义伪指令可使我们按段来组织程序和使用存储器。

1. SEGMENT 和 ENDS

1) 语句格式

```
〈段名〉 SEGMENT   [定位方式] [组合方式] [分类名]
              ⋮                      ;段内语句
〈段名〉 ENDS
```

其中，段名是为该段起的名字；定位方式、组合方式和分类名是可选的，若选两个以上时，书写顺序必须与格式中的顺序一致。当某段作为堆栈段使用时，必须至少有组合方式 STACK。

2) 组合方式

指出如何链接不同模块中的同名段，把不同模块中的同名段按照指定的方式组合起来。既便于程序运行，又可以达到有效使用存储空间的目的。组合方式有六种。

- PUBLIC：表示该段与其他模块中说明为 PUBLIC 的同名同类别的段链接起来共用一个段地址，形成一个物理段。

- STACK：与 PUBLIC 类型同样处理，只是组合后的这个段专门用作堆栈段。
- COMMON：表示该段与其他模块中被说明成 COMMON 的同名同类别段共用一个段起始地址，且相互覆盖。组合后，段的长度是各模块同名段中最大的 COMMON 段长度。
- MEMORY：表示该段定位在其他段之上，即地址较大区域。如果各模块中不止一个段选用该方式，则把第一个遇到的段作 MEMORY 处理，而其他段均作 COMMON 方式处理。
- AT〈数值表达式〉：表示该段应按绝对地址定位，段地址为数值表达式的值，位移量为 0。例如：AT 1234H 表示该段段基址为 12340H。
- NONE：即不指定方式，链接时它将是一个独立的段。

3) 定位方式

定位方式通过汇编告知 LINK 程序如何将组合后的新段定位到存储器中。定位方式有四种，其段起始边界分别要求如下：

PAGE ×××× ×××× ×××× 0 0 0 0 0 0 0 0 B
PARA ×××× ×××× ×××× ×××× 0 0 0 0 B
WORD ×××× ×××× ×××× ×××× ××× 0 B
BYTE ×××× ×××× ×××× ×××× ×××× B

- PAGE 方式：规定段从 256 的整数倍地址开始，称为页边界，它使得段间可能留有 1～255 个字节的间隙。
- PARA 方式：规定段从 16 的整数倍地址(指物理地址)开始，称为段边界。它使得段间留有 1～15 个字节的间隙，这也是一种默认方式。
- WORD 方式：规定段只能从偶地址开始，称为字边界，它使得段间可能留有一个字节的间隙。
- BYTE 方式：规定段可以从任何地址开始，它使得段间不留有任何间隙。

4) 分类名

指令对分类名相同的各模块中的所有段进行处理，LINK 程序把各模块中分类名相同的所有段(段名未必相同)放在连续的存储区域内，但仍然是不同的段。分类名相同的各个段在链接时，先出现的在前，后出现的在后。分类名应用单引号括起来。

注意： 源程序模块中的某一段，可使用一对 SEGMENT 和 ENDS 编写，也可以分为多对 SEGMENT 和 ENDS 编写，只要使用相同的段名即可。但这些段的 SEGMENT 语句的组合方式、定位方式、分类名应相同，不得相互矛盾，或者以先出现的 SEGMENT 语句为准，其余均省略不写。LINK 程序链接时，先处理组合方式，后处理定位方式，再处理分类名。

2. ORG 伪指令

格式： ORG 〈表达式〉

功能： 该指令后生成的目标代码，从表达式提供的偏移地址开始存放。

3. GROUP 伪指令

格式： 〈组名〉 GROUP 〈段名 1,段名 2,…〉

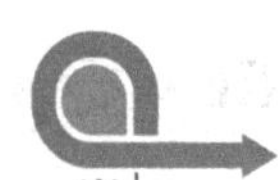

GROUP 是群或组的意思，用来把模块中若干不同名的段集合成一个组，并赋予一个组名，使它们都装在同一个逻辑段中(64KB)。组内各段名间的跳转都可以看作是段内跳转。组名和段名一样，它表示该组的段地址。

4. ASSUME 伪指令

格式： ASSUME〈段寄存器〉：段名 [,〈段寄存器〉：〈段名〉]

功能： 告诉汇编哪个段寄存器将为哪个段名寻址。

4.2.4 过程定义伪指令

子程序通常是具有某种特定功能的程序段，可供其他主程序多次调用。子程序通常以过程的形式编写。格式如下。

```
〈过程名〉 PROC  [类型]
             ⋮
           RET
〈过程名〉 ENDP
```

(1) 过程名是为该过程取的名字，具有与语句标号相同的属性，即具有段地址、偏移地址和类型三类属性。

(2) 地址属性是指过程中第一个语句的地址。

(3) 类型属性由格式中的类型指明，可以有NEAR和FAR两种。若类型默认或为NEAR时，表示该过程只能为所在段的程序调用；若为FAR时，则可被跨段调用。

(4) RET 为过程返回指令，不能省略，否则过程将无法返回。返回指令属于段内返回还是段间返回与过程类型有关。

(5) 过程既允许嵌套定义，也允许嵌套调用。

注意： 子程序也可以不以过程形式出现，此时 CALL 指令中的操作数应该是子程序中第一条可执行语句的语句标号。

4.2.5 模块定义与通信伪指令

1. NAME 和 END

格式：
```
[ NAME 〈模块名〉]
          ⋮
     END  [标号]
```

说明： 模块名是为该模块起的名字，NAME 语句可缺省，若缺省，该模块的源程序文件名就是模块名。若该模块是主模块，END 语句后跟一个标号，它表示该程序的启动地址，是该模块第一条指令性语句的标号；若不是主模块，END 语句后的标号应去除。被连接的各模块中，只能有一个模块是主模块。

2. PUBLIC

格式： PUBLIC 〈符号名 1[,符号名 2,……]〉

功能： 表示该模块中符号表中的符号常量、变量、标号、过程名等可以被其他模块引用。

说明： 符号表中的符号在该模块中必须有定义；符号之间用逗号分隔；寄存器名、非整数符号常量、值超过字范围的整数符号常量不得出现在符号表中；PUBLIC 语句可安排在模块中的任意位置；符号表中的符号若有过程名，大多是 FAR 类型；若是 NEAR 类型，仅供其他模块的同名段引用。

3. EXTRN

格式： EXTRN 〈符号名 1:类型[,符号名 2:类型,……]〉

功能： 表示在其他模块中定义过并说明为 PUBLIC 的那些符号，在本模块中需要引用。

说明： 符号表中的类型可以是 BYTE、WORD、DWORD、NEAR、FAR 和 ABS，ABS 表示该符号是符号常量。符号类型必须与它们在其他模块中定义时的符号类型保持一致。符号表中的符号不允许在本模块中再定义。符号表中的符号在本模块中只能单独被引用，不得出现在表达式中。本语句可安排在本模块的任何位置。

【例 4.19】 各模块中 PUBLIC 语句与 EXTRN 语句的相互照应。

模块 1：

```
EXTERN  VAR2:WORD
PUBLIC  VAR1, LAB1
DAT1    SEGMENT
VAR1    DB      100 DUP(?)
DAT1    ENDS
COD1    SEGMENT
……
LAB1    LABEL   FAR
……
```

模块 2：

```
EXTERN  VAR1:BYTE, LAB1:FAR
PUBLIC  VAR2
DAT2    SEGMENT
VAR2    DW      150 DUP(?)
DAT2    ENDS
……
```

4. INCLUDE

格式： INCLUDE 〈文件名〉

功能： 把另一个源文件插入到当前源文件中一起汇编，直到该文件中语句汇编完毕，汇编程序继续汇编 INCLUDE 语句之后的语句。

说明： 用作插入的源文件通常编辑成一个不含 END 伪指令的源程序文件。INCLUDE

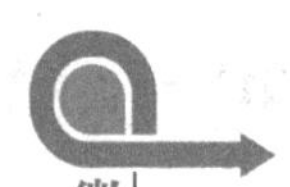

语句可以嵌套，即用 INCLUDE 伪指令插入的文件还可以包含 INCLUDE 语句。

4.3　宏指令和条件汇编

4.3.1　宏指令

宏指令是一组汇编语言语句序列的缩写，是程序员事先自定义的“指令”，在宏指令出现的地方，汇编程序自动把它们替换成相应的语句序列。

1. 宏指令的使用

宏指令的使用包括宏定义、宏调用和宏扩展。

1)　宏定义

格式：〈宏指令名〉 MACRO [形参][,形参]…

```
                    ⋮
                 ENDM
```

说明：宏指令名是为该宏定义起的名字，可以像指令助记符一样出现在源程序中；它允许和指令性语句助记符相同，以便重新定义该指令的功能；形参间用逗号或空格隔开，在宏指令调用时，形参被实参依次取代，形参为可选项；MACRO 表示宏定义开始，ENDM 表示宏定义结束，二者之间的程序段称为宏体。

2)　宏调用

格式：〈宏指令名〉 [实参][,实参]…

功能：宏指令名的调用就是宏调用，它要求汇编程序把定义的宏体目标代码复制到调用点；调用时实参依次替代形参，实参数目与形参数目可以不相同，当实参数多于形参数时，忽略多余实参，当实参数少于形参数时，剩余的形参处理为空白。

3)　宏扩展

当汇编程序扫描到源程序中的宏调用时，就把对应宏定义的宏体指令序列插入到宏调用所在处，用实参替代形参，并在插入的每条指令前面加上一个“+”号，这一过程就称为宏扩展。

【例 4.20】 若给定宏定义如下：

```
FOP     MACRO   P1,P2,P3
        MOV     AX,P1
        P2      P3
ENDM
```

且宏调用如下：

```
FOP     WORD_VAR,INC,AX
```

则宏展开后的结果如下：

```
MOV     AX,WORD_VAR
INC     AX
```

又如：字型查表宏指令的定义及调用如下。

```
FTab    MACRO   V, N        ;宏定义
LEA     SI,V                ;
MOV     AX,N                ;
ADD     SI,AX               ;
MOV     AX,[SI]             ;
ENDM                        ;结束
FTab    Y,6                 ;宏调用：[Y+6]→AX
```

2. 用于宏定义的其他伪指令

1) LOCAL

格式：LOCAL 〈符号表〉

功能：只要将宏体中的变量和标号列在 LOCAL 指令的符号表中，汇编程序在宏扩展时用从小到大的特殊序列符号替换它们。

说明：该指令只能在宏定义中使用并放在宏体起始行。

2) PURGE

格式：PURGE 〈宏指令名表〉

功能：宏指令名表所列的宏定义被废弃，不再有效。

3) 特殊的宏操作符

(1) % 取表达式操作符

功能：用在宏体中，则在宏扩展时用表达式的值取代表达式，若在宏体中表达式前没有加%，则在宏扩展时用表达式本身取代。

(2) & 标识字符串或符号中的形参操作符

功能：加在标识字符串或符号中的形参前，以在宏扩展时使用实参代替这个形参。

(3) ! 标识普通字符操作符

功能：出现在宏指令中时，不管其后是什么字符，都作为一般字符处理，而不再具有前述操作符功能。

【例 4.21】 带操作符“&”的宏指令的定义及调用。

```
ShfX    MACRO   OP,S,N      ;宏定义
MOV     CL,N                ;
S&OP    S,CL                ;
ENDM                        ;结束
ShfX    HL,AX,4             ;宏调用：AX 逻辑左移 4 次
ShfX    AR,BX,7             ;宏调用：BX 算术右移 7 次
```

3. 重复块宏指令

格式：
```
        REPT 〈整数表达式〉
           ⋮                ;重复体
        ENDM
```

功能：重复执行重复体，重复次数必须有确定值且由整数表达式给出。

【例 4.22】 在当前内存区定义 10 个字节数：3, 6, 9, …, 30。

```
X=0                  ;
REPT    10           ;宏定义
X=X+3                ;
DB      X            ;
ENDM                 ;结束
```

4.3.2 条件汇编

汇编程序能根据条件把一段源程序包括在汇编语言程序内或者把它排除在外，这里就用到条件汇编这样的伪指令。其格式如下：

```
IF  XX   argument
       …                ;自变量满足给定条件汇编此块
     [ELSE]
       …                ;自变量不满足给定条件汇编此块
   ENDIF
```

自变量必须在汇编程序第一遍扫视后就成为确定的数值。其中的 XX 条件如下。

```
IF  expression          ;汇编程序求出表达式的值,如此值不为 0 则满足条件
IFE  expression         ;如求出表达式的值为 0 则满足条件
IFDEF  symbol           ;如符号已在程序中定义，或者已用 EXTRN 伪指令说明该符号是在
                        ;外部定义的,则满足条件
IFNDEF symbol           ;如符号未定义或未通过 EXTRN 说明为外部符号则满足条件
IFB <argument>          ;如自变量为空则满足条件
IFNB<argument>          ;如自变量不为空则满足条件
IFIDN <argu-1>,<argu-2> ;如果字符串<arg-1>和字符串<arg-2>相同，则满足条件
IFDIF <argu-1>,<argu-2> ;如果字符串<arg-1>和字符串<arg-2>不相同，则满足条件
```

条件伪指令可以用在宏定义体内，也可以用在宏定义体外，也允许嵌套任意次。

【例 4.23】 可用 DOS 或 BIOS 功能调用输入字符的宏定义。

```
Input   MACRO        ;宏定义
IFDEF   DOS          ;若定义了 DOS，则使用 DOS 的功能调用
MOV     AH, 1        ;
INT     21H          ;
ELSE                 ;否则，将使用 BIOS 的功能调用
MOV     AH, 0
INT     16H
ENDIF
ENDM
```

在引用宏指令 Input 时，汇编程序会根据符号 DOS 是否已定义来生成调用不同输入功能的程序段。

4.4 DOS 功能调用和 BIOS 中断调用简介

4.4.1 DOS 功能调用

PC-DOS(也称 IBM-DOS 或 MS-DOS)是美国微软公司为 IBM-PC 微机研制的磁盘操作

系统。它不仅提供了许多命令，还给用户提供了 80 多个常用子程序。所谓 DOS 功能调用就是指对这些子程序的调用，也称系统功能调用。子程序的顺序编号称为功能调用号。

DOS 功能调用采用软中断指令“INT n”实现，调用范围：INT 20H～INT 3FH。其中，“INT 21H”是一个大型中断处理程序(也称 DOS 系统功能调用)，它又细分为很多子功能处理程序，可供分别调用。

DOS 系统功能调用的一般过程是：将调用号放入 AH 中，设置入口参数，然后执行软中断语句 INT 21H。本书(附录 B)给出了 8086/8088 的 DOS 系统功能调用表。

1. 基本的输入与输出

1) AH=01H，输入一个字符

程序：
```
MOV   AH,01H
INT   21H
```

上述指令执行后，系统等待从键盘输入一个字符，输入后将该字符显示在屏幕上，并且将该字符放入 AL 寄存器。按 Ctrl+Break 组合键，程序自动返回到 DOS 控制下。

2) AH=02H，输出一个字符

功能：将 DL 中的字符输出到屏幕。

程序：
```
MOV   DL,'A'
MOV   AH,02H
INT   21H
```

执行结果，在屏幕上显示字符 A。

3) AH=05H，输出一个字符到打印机

功能：将 DL 寄存器的字符输出到打印机。

4) AH=09H，输出字符串

功能：把 DS：DX 所指单元内容作为字符串首字符，将该字符串逐个显示在屏幕上，直到遇到串尾标志‘$’为止。

5) AH=0AH，输入字符串

功能：从键盘接收字符串到 DS：DX 所指内存缓冲区。要求内存缓冲区的格式为：首字节指出计划接收字符个数，第二个字节留作机器自动填写实际接收字符个数，从第三个字节开始存放接收的字符。若实际输入字符数少于指定数，剩余内存缓冲区填零；若实际输入字符数多于指定数，则多出的字符会自动丢失。若输入 RETURN，表示输入结束，DOS 系统自动在输入字符串的末尾加上的回车字符不被计入实际接收的字符数中。

2. 文件管理

文件：文件是具有名字的一维连续信息的集合。DOS 以文件的形式管理数字设备和磁盘数据。

文件名：在 DOS 文件系统中，文件名是一个以零结尾的字符串，该字符串可包含驱动器名、路径、文件名和扩展名，如：C：\SAMPLE\MY.ASM。

文件管理：将工作文件名和一个 16 位的数值相关联，对文件的操作不必使用文件名，而直接使用关联数值，这个数值称为文件称号。文件管理从 PC-DOS2.0 版本开始引入。

DOS 文件管理功能：包括建立、打开、读写、关闭、删除、查找文件以及有关的其他

文件操作。这些操作是相互联系的，如读写文件之前，必须先打开或建立文件，要设置好磁盘传输区或数据缓冲区，然后才能读写，读写之后还要关闭文件等。文件管理中的最基本的几个功能调用如下。

1) AH=3CH，创建一个文件

功能：建立并打开一个新文件，文件名是 DS∶DX 所指的以 00H 结尾的字符串，若系统中已有相同的文件名称，则此文件会变成空白。

入口参数：DS∶DX←文件名字符串的起始地址，CX←文件属性(0 读写，1 只读)。

出口参数：若建立文件成功，则 CF=0，AX=文件称号；否则 CF=1，AX=错误码(3、4 或 5)，其中 3 表示找不到路径名称，4 表示文件称号已用完，5 表示存取不允许。

2) AH=3DH，打开一个文件

功能：打开名为 DS∶DX 所指字符串的文件。

入口参数：DS∶DX←文件名字符串的始地址，AL=访问码(0 表示读，1 表示写，2 表示读写)。

出口参数：若文件打开成功，则 CF=0，AX=文件称号；若失败，则 CF=1，AX=错误码(3、4、5 或 12)，其中 12 表示无效访问码，其他同上。

3) AH=3EH，关闭一个文件

功能：关闭由 BX 寄存器所指文件称号的文件。

入口参数：BX←指定欲关闭文件的文件称号。

出口参数：若文件关闭成功，则 CF=0；若关闭失败，则 CF=1，AX=6 表示无效的文件称号。

4) AH=3FH，读取一个文件

功能：从 BX 寄存器所指文件称号文件内，读取 CX 个字节，且将所读取的字节存储在 DS∶DX 所指定的缓冲区内。

入口参数：BX←文件称号，CX←预计读取的字节数，DS∶DX←接收数据的缓冲区首地址。

出口参数：若文件读取成功，则 CF=0，AX=实际读取的字符数；若读取失败，则 CF=1，AX=出错码(5 或 6)。

5) AH=40H，写文件

功能：将 DS∶DX 所指缓冲区中的 CX 个字节数据写到 BX 指定文件称号的文件中。

入口参数：BX←文件称号，CX←预计写入的字节数，DS∶DX←源数据缓冲区地址。

出口参数：若文件写成功，则 CF=0，AX=实际写入的字节数；若写失败，则 CF=1，AX=出错码(5 或 6)。

3. 其他

1) AH=00H，程序终止

功能：退出用户程序并返回操作系统。其功能与 INT 20H 指令相同。

执行该中断调用时，CS 必须指向 PSP 的起始地址。PSP 是 DOS 装入可执行程序时，为该程序生成的段前缀数据块，当被装入程序取得控制权时，DS、ES 便指向 PSP 首地址。

通常，结束用户程序并返回操作系统需要如下指令完成。

```
PUSH  DS
MOV   AX,0
PUSH  AX       ;保存 PSP 入口地址 DS: 00 进栈
  ⋮
RET            ;弹出 PSP 入口地址 DS: 00 至 CS:IP
```

之所以能返回DOS，是因为RET指令使程序转移到PSP入口，执行该入口处的INT 20H指令所至。

2) AH=4CH，进程终止

功能：结束当前执行的程序，并返回父进程 DOS 或 DEBUG(加载并启动它运行的程序)。返回时，AL 中保留返回的退出码。

例如：

```
MOV   AX,4C00H  或者  MOV  AH,4CH
INT   21H
```

4. 应用举例

【例 4.24】利用 DOS 功能调用命令，从键盘输入字符串，并在显示器上显示出该字符串。程序如下。

```
STACK    SEGMENT  STACK
DW       256DUP(?)
TOP LABEL   WORD
STACK    ENDS
DATA     SEGMENT
STRING1      DB  'DO YOU WANT TO INPUT STRINGS? (Y/N)'
             DB  0DH,0AH,'$'
STRING2      DB  'PLEASE INPUT STRING.', 0DH, 0AH, '$'
BUFIN        DB  20H
             DB  ?
BUFIN1       DB  20H DUP(?)
DATA     ENDS
CODE     SEGMENT
         ASSUME  CS: CODE,DS:DATA,SS:STACK
START:   MOV     AX, DATA
         MOV     DS, AX
         LEA     DX, STRING1
         MOV     AH, 09H
         INT     21H               ;显示 STRING1
         MOV     AH, 01H
         INT     21H               ;等待键盘输入
         CMP     AL, 'Y'
         JNZ     DONE
         LEA     DX, STRING2
         MOV     AH, 09H
         INT     21H               ;显示 STRING2
         LEA     DX, BUFIN
         MOV     AH, 0AH
         INT     21H               ;把键盘输入的字符串送
```

```
                                 ;入由 DS: DX 指向的缓冲区
        MOV     AL, BUFIN+1      ;取输入字符串的实际长度
        CBW
        LEA     SI, BUFIN1
        ADD     SI, AX
        MOV     BYTE  PTR [SI],'$'  ;缓冲区以$结尾
        LEA     DX, BUFIN1
        MOV     AH, 09H
        INT     21H                 ;显示出刚才输入的字符串
DONE:   MOV     AH, 4CH
        INT     21H
CODE    ENDS
        END     START
```

4.4.2 ROM BIOS 中断调用简介

PC 微机系统的 BIOS(基本输入/输出系统)存放在内存较高地址区域的 ROM 中，它处理系统中的全部内部中断，还提供对主要 I/O 接口的控制功能，如键盘、显示器、磁盘、打印机、日期与时间等。这些中断调用为用户使用计算机的硬件和软件资源提供了极大方便。

与 DOS 功能调用相比，采用 BIOS 中断调用的优点在于：运行速度快，功能更强；不受任何操作系统的约束(而 DOS 功能调用只可在 DOS 环境下适用)；某些功能仅 BIOS 具有。其缺点是，可移植性较差，调用也复杂些。

BIOS 采用模块化结构形式，每个功能模块的入口地址都存在于中断向量表中。对这些中断的调用是通过软中断 INT n 指令来实现的，其操作数 n 就是 BIOS 提供的中断的类型码。BIOS 中断调用的范围：INT 05H～INT 1FH。本书(附录 D)给出了主要的 BIOS 中断调用的类型码和调用参数以及不同的功能，用户可以方便地使用。

BIOS 中断调用的方法是：首先按照要求将入口参数置入相应寄存器，然后写明软件中断指令 INT n。

【例 4.25】 键盘输入调用(类型码为 16H 的中断调用：INT 16H)

这种中断类型调用有三个功能，功能号为 0、1、2，功能号放在 AH 寄存器中。当 AH=02H 时，其功能是检查键盘上各特殊功能键的状态。执行后，各种特殊功能键的状态放入 AL 寄存器中，其对应关系如图 4.1 所示。

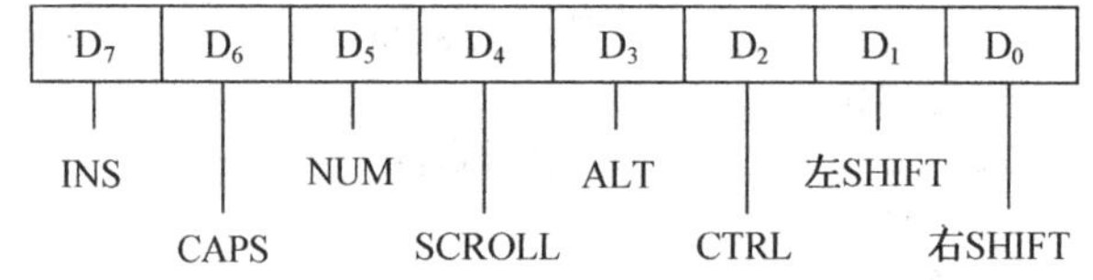

图 4.1 键盘特殊功能键状态字

这个状态字被记录在内存 0040H：0017H 单元中。若某键对应位为 1，表示该键状态为 ON，处于按下状态；若对应位为 0，表示该键状态为 OFF，处于断开状态。

比如，检查 Ctrl 键是否按下，若按下则转移到相应程序段执行，可用如下程序：

```
        MOV     AH, 02H         ;置功能号
        INT     16H             ;取键盘状态存到 AL 中
        AND     AL, 00000100B   ;检查 Ctrl 键是否按下
        JNZ     Ctrl-ON         ;若按下，转到相应处理程序
        …
Ctrl-ON:…
```

【例 4.26】 打印输出调用(类型码为 17H 的中断调用：INT 17H)

这种类型的中断调用有三种，功能号为 0、1、2，放在 AH 寄存器中。当 AH=00H 时，其功能是打印一个字符，并返回打印件的状态到 AH 中。入口参数为：AL 中放入待打印字符的 ASCII 数据，DX 中放打印机号(0～2)。

打印机的状态字含义如下。

D_7=1：打印机处于“忙”状态。正在打印或接收数据等。

D_6=1：打印机已接收数据。通知 CPU 可发送下一个数据。

D_5=1：打印纸空。

D_4=1：打印机已联机。

D_3=1：打印机出错。

D_2、D_1：未用，无意义。

D_0=1：打印机超时错。打印机发回“忙”信号过长，CPU 不能再给它发送字符。

比如，将字符‘P’打印到 1 号打印机并返回该打印机的状态，可编写程序如下：

```
MOV     AL,'P'          ;置待打印字符'P'
MOV     DX,01H          ;置打印机号
MOV     AH,00H          ;置功能号
INT     17H             ;打印并返回打印机状态到 AH 中
```

4.5　汇编语言程序设计方法

一个好的程序不仅要满足设计的要求，实现预定的功能，而且要求其占用内存少，执行速度快，易读，易修改和易维护等。8086/8088 汇编语言程序的特点之一就是采用了模块化结构。它通常由一个主程序模块和多个子程序模块构成，对于简单的程序，只有主程序模块而无子程序模块。一般的程序设计包含顺序、分支、循环和子程序设计四种基本方法。

4.5.1　设计步骤

1. 建立数学模型

数学模型建立的合理与否是能否编制出高质量程序的关键，因此首先应该对求解的问题进行仔细的分析，正确理解题意，给问题的处理过程以精确、清晰的描述。

2. 确定数据结构与算法

对问题有了充分理解和精确描述后，根据本题要求选择合理的数据结构及恰当的算法。

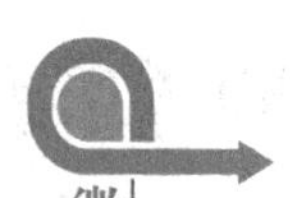

3. 绘制流程图及编制程序

在确定合理的算法及数据结构的基础上，把求解问题的先后次序用流程图直观地描述出来。这一点对初学者特别重要，这样做可以减少出错的概率。根据流程图中的步骤，合理选择适当的指令来实现其功能，从而编出相应的程序。

程序流程图又称作框图，它是一种由逻辑框、流程线及文字说明等组成的，用来描述计算过程的示意图，它可以简明扼要地表达计算机解决某个给定问题的确定算法的逻辑操作过程。流程图一般由起止框、处理框、判断框和流程线等构成。符号如图 4.2 所示。

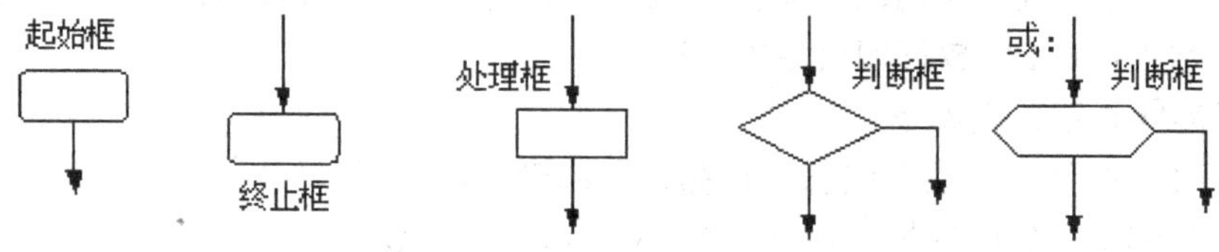

图 4.2　程序流程图符号

4. 调试

任何程序必须经调试才能检查出设计思想是否正确以及程序是否符合设计要求。调试分为静态调试和动态调试，前者是检查编制的程序是否与确定的算法相符合，能否完成预定的任务；后者即上机调试，主要对程序进行测试、跟踪调试，不断发现并纠正错误。在调试程序过程中应该善于利用机器提供的调试工具(如 DEBUG)来进行工作。

4.5.2　顺序程序设计

顺序执行的程序称为顺序程序。这种程序按顺序执行，无分支，无循环，无转移。特点是每一条指令在执行过程中只被执行一次。

【例 4.27】 以 BUF 为首地址的两个字节单元中的压缩 BCD 数相加，结果存入字单元 RES 中。

```
NAME    EXAM01
DATA    SEGMENT                              ;定义数据段
 BUF    DB  89H,34H
 RES    DW  ?
DATA    ENDS

STACK   SEGMENT PARA  STACK  'STACK'         ;定义堆栈段
        DW     100H DUP (?)
STACK   ENDS

CODE    SEGMENT                              ;定义代码段
ASSUME  CS: CODE,DS: DATA
START:  MOV     AX,DATA
        MOV     DS,AX                        ;置段地址
        LEA     BX,BUF                       ;置指针
        MOV     AL,BUF                       ;取加数
        ADD     AL,[BX+1]                    ;做二进制加法
```

```
        DAA                             ;调整为十进制结果
        LAHF                            ;取标志位
        AND     AH,01H;                 ;取 CF 位
        MOV     RES,AX                  ;存结果
        MOV     AH,4CH
        INT     21H                     ;返回 DOS
CODE    ENDS
        END     START                   ;置启动地址
```

【例 4.28】 以 BUF 为首地址开始的内存中存有 1～15 的平方表，查表求 X 单元中数(在 1～15 之间)的平方值，并送回 X 单元。

```
NAME    EXAM02
DATA    SEGMENT
 BUF    DB      1,4,9,16,25,36,49,64
        DB      81,100,121,144,169,196,225
   X    DB      12
DATA    ENDS

STACK   SEGMENT STACK 'STACK'
        DB      100 DUP(? )
STACK   ENDS

CODE    SEGMENT
ASSUME  CS: CODE, DS: DATA,SS: STACK
START:  MOV     AX,DATA
        MOV     DS,AX               ;数据段地址装填
        MOV     SI,OFFSET BUF       ;取 BUF 的偏移量
        XOR     AX,AX               ;AX 清零
        MOV     AL,X                ;取 X
        DEC     AL
        ADD     SI,AX               ;X 平方值的地址
        MOV     AL,[SI]             ;取 X 的平方值
        MOV     X,AL
        MOV     AH,4CH
        INT     21H                 ;返回 DOS
CODE    ENDS
        END     START
```

【例 4.29】 编程计算： y=a×b+c−35。其中，a、b、c 均为单字节补码数，y 用双字节补码数表示。

```
NAME    EXAM03
DATA    SEGMENT                             ;定义数据段
a       DB      01H
b       DB      02H
c       DB      03H
d       EQU     35
y       DW      ?
DATA    ENDS
```

```
STACK   SEGMENT                                      ;定义堆栈段
DW      100 DUP(?)                                   ;栈深
TOP     LABEL   WORD                                 ;栈顶
STACK   ENDS

CODE    SEGMENT                                      ;定义代码段
MAIN    PROC    FAR                                  ;
ASSUME  CS:CODE,SS:STACK,DS:DATA
Begin:  PUSH    DS
        MOV     AX,0
PUSH    AX
        MOV     AX,DATA
MOV     DS,AX                                        ;置数据段地址
MOV     AX,STACK
MOV     SS,AX                                        ;置堆栈段地址
MOV     SP,OFFSET TOP                                ;置堆栈指针
MOV     AL,a
IMUL    b
MOV     BX,AX
MOV     AL,c
CBW
ADD     AX,BX
SUB     AX,d
MOV     y, AX
RET                                                  ;返回 DOS
MAIN    ENDP
CODE    ENDS
END     Begin                                        ;置启动地址
```

4.5.3 分支程序设计

计算机的一个重要特点在于它能“判断”情况。计算机指令系统中的比较指令、测试指令和条件转移指令等就反映了这种能力。

例如程序设计中经常会遇到判断“相等”和“不相等”、“负”和“正”、“大于”和“小于”、“满足条件”和“不满足条件”等。这种判断使程序的流程不再是一条顺序执行的直线，而变为由两个或多个分支所组成的倒树形结构，其中每一个分支只有在满足条件时才被执行。

分支程序的基本结构如图 4.3 所示。

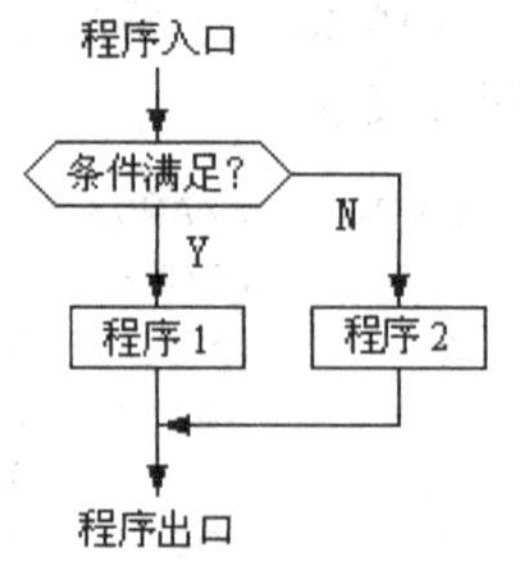

图 4.3　分支程序的基本结构

【例 4.30】 将内存中以 STR1 为首地址的 50 个字节单元中的数据传送到以 STR2 为首地址的 50 个字节单元中。

分析：根据源数据块与目的数据块位置的不同，可分为两种情况。第一种情况：源数据块的首址高于目的数据块的首址，考虑到有可能两块部分重叠，用增址方式串传送指令进行数据传送；第二种情况：源数据块的首址低于目的数据块的首址，考虑到有可能两块部分重叠，用减址方式串传送指令进行数据传送。其流程图如图 4.4 所示。

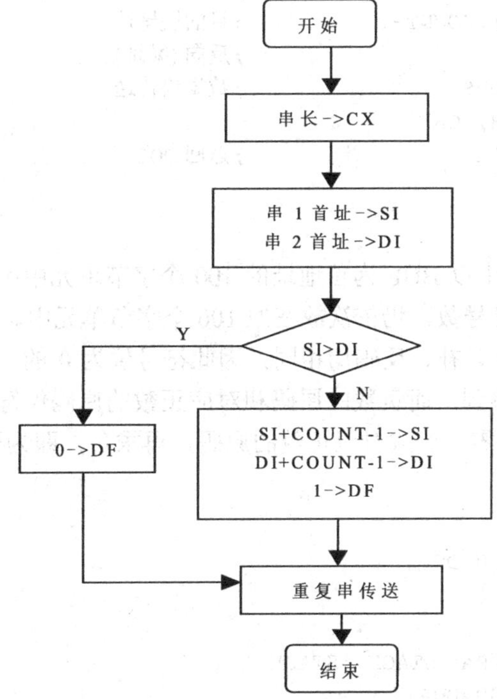

图 4.4　程序流程图

源程序如下。

```
NAME     EXAM04
DATA     SEGMENT
 STR     DB       200 DUP(? )
 STR1    EQU      STR+30
 STR2    EQU      STR+70
 COUNT   EQU      50
DATA     ENDS
STACK    SEGMENT PARA STACK 'STACK '
STAPN    DB       100 DUP(? )
TOP      EQU      LENGTH STAPN
STACK    ENDS
CODE     SEGMENT
         ASSUME   CS: CODE,DS: DATA,ES: DATA,SS: STACK
START:   MOV      AX,DATA
         MOV      DS,AX                  ;数据段地址装填
         MOV      ES,AX                  ;附加段地址装填
         MOV      SP,TOP                 ;送堆栈指针
         MOV      CX,COUNT               ;送串长
         MOV      SI,OFFSET STR1         ;送 STR1 地址指针
         MOV      DI,OFFSET STR2         ;送 STR2 地址指针
         CLD                             ;正向(增址)
         CMP      SI,DI                  ;两串首地址比较
```

```
         JA      RES                 ;STR1 首址大于 STR2 首地址转 RES
         ADD     SI,COUNT-1          ;源块尾址
         ADD     DI,COUNT-1          ;目的块尾址
         STD                         ;反向(减址)
   RES:  REP     MOVSB               ;数据块传送
         MOV     AH,4CH
         INT     21H                 ;返回 DOS
CODE     ENDS
END      START
```

【例 4.31】 将内存中以 BUF 为首地址的 100 个字节单元中用原码表示的有符号数依次变成用补码表示的有符号数，仍依次放在原 100 个字节单元中。

分析：一切正数的原、补、反码均相同，因此符号位为 0 的，不变。负数的补码可通过对应的正数补码求负得到，而负数的原码和对应正数的原码仅符号位不同，因此，若符号位为 1，可将符号位清零，变成对应正数的原码，再求负，即为要求的补码。

```
NAME     EXAM05
DATA     SEGMENT
BUF      DB      200 DUP(?)
COUNT    EQU     100
DATA     ENDS
STACK    SEGMENT PARA  STACK 'STACK '
STAPN    DB      100 DUP(? )
STACK    ENDS
CODE     SEGMENT
ASSUME   CS: CODE,DS: DATA,SS: STACK
BEGIN:   MOV     AX,DATA
         MOV     DS,AX
         MOV     CX,COUNT            ;串长送 CX
         LEA     BX,BUF              ;BUF 首址送 BX
   L1:   TEST    BYTE  PTR[BX],80H   ;[BX]最高位是否为 0
         JZ      L2                  ;为 0 转 L2
         AND     BYTE PTR[BX],7FH    ;[BX]最高位清零
         NEG     BYTE PTR[BX]        ;求负
   L2:   INC     BX                  ;指向下一单元
         LOOP    L1                  ;CX-1→CX,不为 0 转 L1
         MOV     AH,4CH
         INT     21H
CODE     ENDS
         END     BEGIN
```

【例 4.32】 查表转移：根据编号 N=0～7 转入相应的处理程序 S_0～S_7，各程序的入口地址为 SA_0～SA_7(为 16 位地址)。

分析：将“转移地址”建一表格，通过查表转入相应程序即可。

```
NAME     EXAM06
DATA1    SEGMENT                ;
N        DB      3              ;定义 N
Tab      DW      SA0, …, SA7    ;定义“转移地址”表 (SAi 为 16 位实际地址)
```

```
DATA1  ENDS                             ;
STACK1 SEGMENT STACK                    ;
       DW      100H  DUP (?)            ;
STACK1 ENDS                             ;
CODE1  SEGMENT                          ;
       ASSUME  CS: CODE1,SS: STACK1,DS: DATA1   ;
START: MOV     AX,DATA1                 ;
       MOV     DS,AX                    ;置段值
       MOV     AL,N                     ;取 N 值
       CMP     AL,7                     ;比较
       JA      Other                    ;N>7,转到 Other
       ADD     AL,AL                    ;求表内偏移: △=2N
       CBW                              ;
       LEA     BX,Tab                   ;取表头
       ADD     BX,AX                    ;求段内地址: EA=Tab+2N
       JMP     WORD PTR [BX]            ;转到相应的处理程序 (S0～S7 之一)
Other: MOV     AH,4CH   ;
       INT     21H                      ;返回 DOS
CODE1  ENDS               ;
       END     START                    ;
```

4.5.4　循环程序设计

在实际工作中，有时要求对某一问题进行多次重复处理，而仅仅只是初始条件不同，这种计算过程具有循环特征，循环程序设计是解决这类问题的一种行之有效的方法。循环程序设计是采用重复执行某一段程序来实现设计要求的编程方法。

1. 循环程序的基本结构

任何循环程序都可大致分为初始部分、循环部分、调整部分和结束部分，如图 4.5 所示。这四个部分的分界有时可能不是很明确，但从功能上说各部分都是必需的。中间两部分也合称循环体，是重复执行的部分。

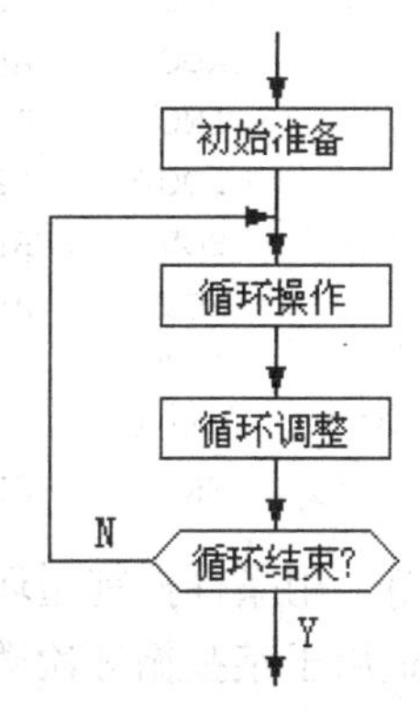

图 4.5　循环程序的基本结构

(1)　初始准备部分，为进入循环做准备，包括循环次数的设置、循环过程所需初始状态的设置等。

(2)　循环操作部分，执行所需的重复操作。这部分是整个循环程序的主体。根据问题要求的不同，该部分可较简单，也可能较复杂，甚至还包括循环结构。

(3)　循环调整部分，用于更新数据，为进入下一次循环做准备，包括修改地址指针、修正循环控制参数等。

(4)　循环结束部分，检测循环是否已完成规定的次数，从而确定继续循环还是结束循环。循环程序至少应有一个出口判断，以保证循环的正常结束。

2. 循环的类型

循环的实际结构依照问题的不同，一般可以分为两种类型。

(1) 先处理后判断：即循环体在前，判断框在后，如图 4.5 所示。

(2) 先判断后处理：即判断框在前，循环体在后。

3. 循环次数的控制方法

1) 用计数控制循环

对于循环次数已知的程序，或是在进入循环前可由某变量确定循环次数的程序，通常用计数器来控制循环。

【例 4.33】 把以 BUF 为首址的 10 个字节单元中的二进制数据累加，求得的和放到 RES 字单元中。

```
NAME    EXAM07
DATA    SEGMENT
 BUF    DB      1,4,9,5,21,64,12,6,10,23
 RES    DW      ?
DATA    ENDS
STACK   SEGMENT PARA STACK 'STACK'
        DB      100 DUP(? )
STACK   ENDS
CODE    SEGMENT
        ASSUME  CS: CODE,DS: DATA,SS: STACK
START:  MOV     AX,DATA
        MOV     DS,AX
        MOV     AX,0                ;AL 清零
        MOV     CX,0AH              ;置计数器初值
        MOV     BX,OFFSET BUF       ;置地址指针
 LP:    ADD     AL,[BX]             ;取一个数累加到 AL 上
        ADC     AH,0                ;加 CF
        INC     BX                  ;地址加 1
        LOOP    LP                  ;不为 0,循环
        MOV     RES,AX              ;传送结果
        MOV     AH,4CH
        INT     21H
CODE    ENDS
        END     START
```

2) 用条件控制循环

适用于某些循环次数未知的程序，或循环次数可变的程序，可以由问题给出的条件控制循环结束。

【例 4.34】 从 STRIN 单元开始有一字符串，以'*'作为结束标志。求字符串的长度。

```
NAME    EXAM08
DATA    SEGMENT
STRIN   DB      'ASDFGHJ123KJ*'
COUNT   DW      ?
DATA    ENDS
STACK   SEGMENT PARA STACK  'STACK'
        DB      100 DUP(? )
```

```
    STACK    ENDS
    CODE     SEGMENT
  ASSUME     CS: CODE,DS: DATA,SS: STACK
    START:   MOV      AX,DATA
             MOV      DS,AX
             MOV      BX,OFFSET STRIN       ;置地址指针
             MOV      CX,0                  ;置计数器初值为 0
       LP:   MOV      AL,[BX]               ;取一个字符到 AL 中
             CMP      AL,'*'                ;是'*'吗?
             JE       DONE                  ;是'*'则结束
             INC      CX                    ;不是'*'则计数加 1
             INC      BX                    ;地址加 1
             JMP      LP                    ;继续
     DONE:   MOV      COUNT,CX              ;计数送 COUNT 单元
             MOV      AH,4CH
             INT      21H
     CODE    ENDS
             END      START
```

3)　多重循环程序设计

在实际工作中，一个循环结构常常难以解决实际应用问题，于是人们引入了多重循环。这些循环是一层套一层的，因此又称为循环嵌套。循环嵌套的一般要求：内层循环必须完全包含于外层循环内，不允许循环结构交叉。转移指令只能从循环结构内转出或在同层循环内转移，而不能从一个循环结构外转入该循环结构内。

【例 4.35】 设在以 EXAMSTU 为首址的缓存区中依次存放着某班 20 个学生的 7 门课成绩，现要统计每个学生的总成绩，并将其存放在该学生单科成绩之后的两个单元。试编写完成这一任务的程序。

```
    NAME     EXAM09
    DATA     SEGMENT
          ;下面每行首单元为准考证号，然后是 7 门课成绩，最后 2 个单元用于存放统计结果。
    EXAMSTU DB       01,75,82,84,92,78,49,85,00,00
            DB       02,65,78,90,85,61,42,87,00,00
             ⋮
    DATA     ENDS
    CODE     SEGMENT
             ASSUME   CS: CODE,DS: DATA
             MOV      AX,DATA
             MOV      DS,AX
    BEGIN:   LEA      SI,EXAMSTU                 ;设置地址指针
             MOV      BL,14H                     ;设置外循环计数器
    LOP1:    MOV      CX,7                       ;设置内循环计数器
             XOR      AX,AX
             INC      SI                         ;跳过准考证号
    LOP2:    ADD      AL,[SI]                    ;累加
             ADC      AH,0
             INC      SI                         ;修改地址指针
             LOOP     LOP2                       ; CX-1→CX,CX-1≠0,则继续累加
```

```
        MOV     [SI],AX                     ;存总分
        INC     SI
        INC     SI
        DEC     BL
        JNZ     LOP1                        ;BL-1≠0 则求下一个考生总分
        MOV     AH,4CH                      ;利用 DOS 功能调用,正常终止程序
        INT     21H
CODE    ENDS
        END     BEGIN
```

4.5.5 子程序设计

在实际编程中，常常会遇到功能完全相同的程序段，或不在同一程序模块，或虽在同一模块而需重复执行，但又不是连续重复执行。为了避免重复编制同样的程序段，节省存储空间，可以把程序段独立开来，附加少量额外语句，将其编制成公用子程序，供程序其他地方需要时调用。这种程序设计方法称为子程序设计。

1. 子程序的组成

(1) 保护现场(一些将要在子程序运行时被破坏的寄存器的内容)。

(2) 依入口参数从指定位置取要加工处理的信息。

(3) 加工处理。

(4) 依出口参数向指定位置送经加工处理后的结果信息。

(5) 返回调用程序。

2. 子程序调用

子程序调用可分为段内调用和段间调用两种情况。段内调用是主程序和子程序处在同一代码段中，此时只需保存主程序中调用指令的下一条指令的偏移地址(称为返回地址或断点地址，即 IP 的内容)，并将子程序的入口地址送入 IP，从而转去执行子程序。子程序返回时再将保存的断点地址送入 IP，即可继续执行主程序。段间调用则必须保存好断点的段地址和偏移地址(即 CS 和 IP 的内容)，并将子程序入口的偏移地址和段地址分别送入 IP 和 CS。返回时需将保存的偏移地址和段地址重新送回 IP 和 CS。

3. 子程序的参数传递

主程序与子程序之间往往需要传递数据。通常，主程序提供给子程序的初始数据称为入口参数，而子程序返回给主程序的结果称为出口参数。主程序与子程序之间的参数传递方式主要有如下三种。

(1) 寄存器传递，适于参数较少的情况。

(2) 存储器传递，适于参数较多的情况。

(3) 堆栈传递，适于嵌套、递归等情况。该传参方式具有可再入性。

4. 子程序的嵌套和递归

子程序既允许嵌套定义(即子程序中再定义子程序)，也允许嵌套调用(即子程序中再调用子程序)。为此，应注意参数传递方式的选择，以及堆栈的设置及其指针的操作。递归是嵌套的特例，递归调用即子程序中再直接或间接调用子程序自身。

5. 子程序的说明文件

为便于理解和正确使用起见，子程序一般应有说明文件。其内容通常大致包括以下几个方面：

(1) 子程序的名称、功能。

(2) 入口参数、出口参数及其传递方式。

(3) 所用寄存器、存储器。

(4) 用到的其他子程序等。

【例 4.36】 设计一多字节加法子程序，并用其实现两个 8 字节数的相加。采用寄存器及存储器传参方式，加数 1、加数 2 及和存放在内存中，约定

入口参数：SI=加数 1 首地址，DI=加数 2 首地址，CX=字节数。

出口参数：BX=和的首地址。

可用如下程序：

```
NAME    EXAM10
STK1    SEGMENT PARA  STACK ;定义堆栈段
DW      100H DUP(?)
STK1    ENDS

DAT1    SEGMENT                         ;定义数据段
X1      DB      8  DUP(?)               ;定义加数 X1
X2      DB      8  DUP(?)               ;定义加数 X2
Y       DB      8  DUP(?)               ;定义和 Y
N       EQU     8                       ;定义字节数
DAT1    ENDS

MAIN    SEGMENT                         ;定义主程序段
        ASSUME  CS: MAIN,SS:STK1,DS:DAT1
START:  MOV     AX,DAT1
        MOV     DS,AX                   ;置段值
        LEA     SI,X1                   ;置参数 1(加数 1 首址)
        LEA     DI,X2                   ;置参数 2(加数 2 首址)
        MOV     CX,N                    ;置参数 3(字节数)
        LEA     BX,Y                    ;置参数 4(和数首址)
        CALL    FAR PTR MADD            ;调用(求和子程序)
        HLT                             ;暂停
MAIN    ENDS

PROCS   SEGMENT                         ;定义子程序段
        ASSUME  CS:PROCS,SS:STK1,DS:DAT1    ;
MADD    PROC    FAR                     ;定义多字节加法子程序 MADD
        PUSH    BX                      ;保护现场
        CLC                             ;CF 清零
L1:     MOV     AL,[SI]                 ;取加数 1
        ADC     AL,[DI]                 ;加加数 2
```

```
        MOV     [BX],AL                 ;存和
        INC     SI                      ;调整指针
        INC     DI
        INC     BX
        LOOP    L1                      ;循环次数控制
        POP     BX                      ;恢复现场(BX 回到首地址)
        RET                             ;子程序返回
MADD    ENDP
PROCS   ENDS
END     START                           ;程序结尾
```

【例 4.37】 采用“堆栈传参”方式，设计一个数组求和子程序，并用其求数组 X1 各元素之和存入 sum1 中。假定数组元素为字节型无符号数，和为字型数。

可用如下程序(其中，调用前后 SP 的变化情况如图 4.6 所示):

```
NAME    EXAM11
STK     SEGMENT PARA  STACK             ;定义堆栈段
DW      200H  DUP  (?)                  ;
STK     ENDS                            ;
DAT     SEGMENT                         ;定义数据段
X1      DB      100 DUP(?)              ;定义数组 X1
Sum1    DW      ?                       ;定义和 sum1
DAT     ENDS
MAIN    SEGMENT                         ;定义主程序段
        ASSUME  CS:MAIN,SS:STK,DS:DAT   ;
START:  MOV     AX, DAT                 ;
        MOV     DS,AX                   ;置数据段值
 ①      LEA     BX, X1                  ;
        PUSH    BX                      ;参数 1(首址)进栈,堆栈传参
        MOV     CX,size X1              ;
PUSH    CX                              ;参数 2(个数)进栈,堆栈传参
 ②      CALL    FAR PTR SUM             ;调用(求和子程序)
 ⑥      HLT                             ;暂停
MAIN    ENDS                            ;
PROCS   SEGMENT                         ;定义子程序段
        ASSUME  CS:PROCS,SS:STK,DS:DAT  ;
        SUM     PROC    FAR             ;
 ③      PUSH    BP                      ;保护现场(并启用 BP 取参)
        MOV     BP,SP                   ;
        PUSH    AX                      ;
        PUSH    BX                      ;
        PUSH    CX                      ;
        PUSHF                           ;
 ④      MOV     BX, [BP+08]             ;取参数 1(首址), 堆栈取参(用 BP 取)
        MOV     CX,[BP+06]              ;取参数 2(个数), 堆栈取参
        MOV     AX,0                    ;累加器 AX 清 0
L1:     ADD     AL, [BX]                ;累加
```

```
            ADC     AH,0                ;加 CF
            INC     BX                  ;调整指针 BX
            LOOP    L1                  ;循环次数控制
            MOV     [BX], AX            ;存和
            POPF                        ;恢复现场
            POP     CX                  ;
            POP     BX                  ;
            POP     AX                  ;
            POP     BP                  ;
    ⑤      RET     4                   ;返回,并调整 SP(+4,恢复到存参前的位置)
    SUM     ENDP                        ;
    PROCS   ENDS                        ;
            END     START               ;程序结尾
```

(注意：在调用返回后，SP 必须恢复原位!(即：存参前与返回后，SP 必须一致)

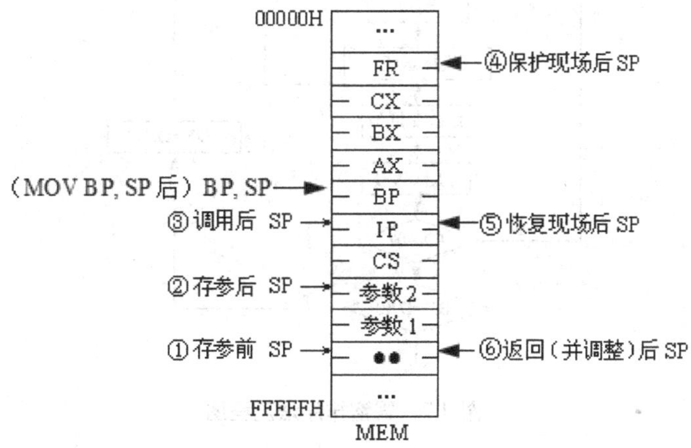

图 4.6　子程序调用前后 SP 的变化情况

①、②、⑥—调用前后的 SP ；　③、④、⑤—子程序中的 SP

【例 4.38】 将 ARRA 缓冲区中的 n 个符号数(字)，按照从小到大的顺序排序后显示在屏幕上。

分析：排序算法采用冒泡法。假定待排序数组中有 X_1，X_2，…，X_{n-1}，X_n 共 n 个数据，冒泡排序法的具体做法是：最多有 $n-1$ 次外循环(大循环)。每次外循环均从底部开始进行数的两两比较，若后者大于前者，两者位置不变；若后者小于前者，则两者位置交换。然后两两比较向前推移，直到本次外循环应完成的两两比较的次数(称为内循环变量)达到为止。此时，本次外循环结束，最小的数冒到本次外循环的顶部。第一次外循环，两两比较的次数为 $n-1$ 次，最小数据项冒到 X_1 的位置；第二次外循环，两两比较的次数为 $n-2$ 次，剩余最小数据项冒到 X_2 的位置；以此类推，第 $n-1$ 次外循环，两两比较的次数为 1 次，剩余最小数据项冒到 X_{n-1} 的位置。若在一次外循环结束后，经判断本次外循环一次位置交换也未发生过或仅在底部发生过一次交换，则本次外循环结束后，数的顺序已排妥，余下的外循环(若外循环次数未达到 $n-1$ 次)不必进行了。

程序应具有如下功能：①对符号数的排序功能；②求符号数的绝对值；③将带符号二进制数转换成ASCII码字符串；④显示字符串。一种解决方法是：排序功能由主程序直接完成，其他功能设计成子程序，供主程序需要时调用。其中冒泡排序法的流程如图4.7所示。

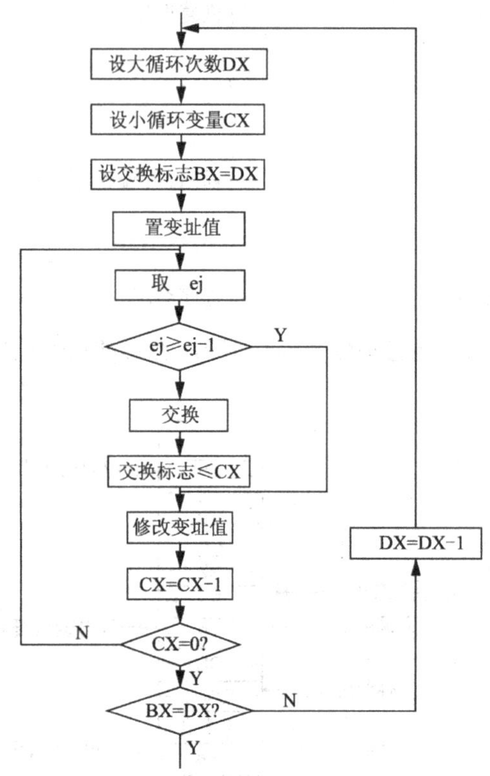

图4.7 冒泡排序法流程图

程序代码如下。

```
NAME    EXAM12
SSEG    SEGMENT STACK
        DB      1024 DUP(0)
SSEG    ENDS

DATA    SEGMENT
BUFO    DB      6 DUP(? ), '$'
ARRA    DW      -1,75,9,-289,300,-27,32,77,1000,45
COUNT   EQU     $-ARRA
DATA    ENDS

CODE    SEGMENT
        ASSUME  CS: CODE,DS: DATA,SS: SSEG
DABC    PROC                    ;求绝对值的子程序
        CMP     AX,0            ;入口参数 AX,出口参数 AX
        JGE     ET
        NEG     AX
ET:     RET
```

```
DABC    ENDP

DISPS   PROC                        ;显示 DI 所指 ASCII 字符串的子程序
        PUSH    DX
        PUSH    AX
        MOV     DX,DI
        MOV     AH,09H
        INT     21H
        MOV     DL ,','
        MOV     AH,02H
        INT     21H
        POP     AX
        POP     DX
        RET
DISPS   ENDP

DATCH   PROC    FAR                 ;转换数值成为 ASCII 串的子程序
        PUSH    DX                  ;入口参数在 AX 中,要转换的数在 DI 中
                                    ;是源缓冲区指针
        PUSH    CX                  ;出口参数在 DI 中,是结果缓冲区指针
        PUSH    BX
        MOV     CX,10
        MOV     BX,AX
        CALL    DABC
DLOP1:  DEC     DI
        XOR     DX,DX
        DIV     CX
        OR      DL,30H
        MOV     [DI],DL
        CMP     AX,0
        JNZ     DLOP1
        CMP     BX,0
        JGE     DEXIT
        DEC     DI
        MOV     BYTE PTR[DI], '-'
DEXIT:  POP     BX
        POP     CX
        POP     DX
        RET
DATCH   ENDP

BEGIN:  MOV     AX,DATA             ;主程序
        MOV     DS,AX
        MOV     DX,COUNT/2          ;DX←被排序数据个数
LOP1:   DEC     DX                  ;DX←大循环变量(大循环次数)
        MOV     CX,DX               ;CX←小循环变量(两两比较次数)
        MOV     BX,DX               ;设置交换标志
        MOV     SI,COUNT-2
LOP2:   MOV     AX,ARRA[SI]
```

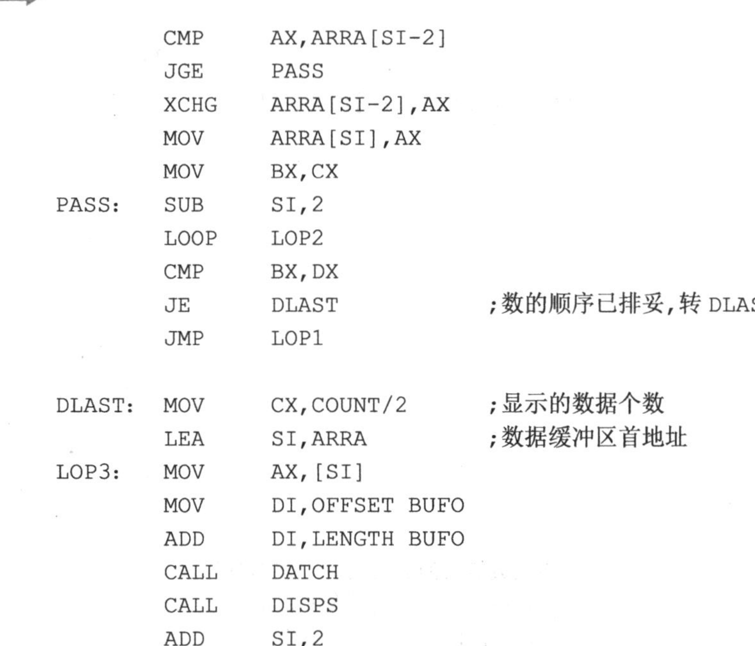

```
        CMP     AX,ARRA[SI-2]
        JGE     PASS
        XCHG    ARRA[SI-2],AX
        MOV     ARRA[SI],AX
        MOV     BX,CX
PASS:   SUB     SI,2
        LOOP    LOP2
        CMP     BX,DX
        JE      DLAST               ;数的顺序已排妥,转 DLAST
        JMP     LOP1

DLAST:  MOV     CX,COUNT/2          ;显示的数据个数
        LEA     SI,ARRA             ;数据缓冲区首地址
LOP3:   MOV     AX,[SI]
        MOV     DI,OFFSET BUFO
        ADD     DI,LENGTH BUFO
        CALL    DATCH
        CALL    DISPS
        ADD     SI,2
        LOOP    LOP3
        MOV     AH,4CH
        INT     21H
CODE    ENDS
        END     BEGIN
```

4.6 汇编语言与C语言的混合编程

C 语言具有功能丰富、表达力强、使用灵活方便、目标程序效率高以及可移植性好等许多优点，因此被广泛接受。尽管C语言既具有高级语言的优点又具有低级语言的许多特点，却没有一种编译程序所产生的代码能与优秀的编程者用汇编语言所写的程序代码相比。为充分发挥两种编程语言的优点，在许多场合就需要同时采用C语言和汇编语言混合编写程序。

4.6.1 相关约定

在此，主要讨论汇编语言与C语言混合编程时应考虑的问题。

1. C 语言程序的相关约定

1) 外部变量与外部函数的说明

一般格式:

```
extern  类型 变量名;
extern  返回值类型 函数名(形式参数表);
```

例如:

```
extern  int A, long Y;                     /*声明外部变量*/
extern  int F(int x1,int x2,char x3);      /*声明外部函数*/
```

在C语言中，外部变量名与外部函数名等外部标识符最好用大写，以便识别或减少差错。

2) 远调用和远指针的说明

一般格式：

```
extern  返回值类型 far 函数名(形式参数表);
extern  返回指针类型 far * 函数名(形式参数表);
extern  类型 far * 变量名
```

例如：

```
extern  void far Y(int x);             /*声明外部远函数*/
extern  char * far p;                  /*声明外部远指针*/
extern  int far * far H(int x1, char far* x2); /*远函数及远指针*/
```

远调用和远指针是指不在同一段内，因此，C 语言在调用及返回时要一并提供或保存段地址和偏移地址，同时汇编语言子程序也应是FAR类型。

2. 汇编语言程序的相关约定

1) 汇编程序的一般形式

汇编语言程序必须采用与C语言程序一致的存储模式。C语言程序有6种存储模式，分别为微模式(tiny)、小模式(small)、紧模式(compact)、中模式(medium)、大模式(large)和巨模式(huge)。其中，前3种采用NEAR调用，后3种采用FAR调用。

为了实现汇编语言程序与C语言程序之间的函数调用和变量访问，两者的段结构也必须兼容。

为此，要求汇编语言程序的一般形式如下：

```
<dseg>      GROUP   _DATA, _BSS             ;定义数据组
<data>      SEGMENT WORD  PUBLIC 'DATA'     ;定义初始化数据段
            …
<data>      ENDS                            ;
_BSS        SEGMENT WORD  PUBLIC 'BSS'      ;定义非初始化数据段
            …
_BSS        ENDS                            ;
<text>      SEGMENT BYTE  PUBLIC 'CODE'     ;定义代码段
    ASSUME  CS: <text>, DS: <dseg>
            …
<text>      ENDS
            END                   ;
```

其中，<dseg>、<data>和<text>根据存储模式的不同换成相应的标识符。对于tiny、small、compact存储模式，可采用的标识符为<dseg>=DGROUP、<data>=_DATA和<text>=_TEXT。不同存储模式下的标识符及指针格式等可参看相关资料。

2) 外部变量、外部函数与公用变量、公用函数的说明

程序中的外部变量、外部函数与公用变量、公用函数都必须加以说明。格式如下：

```
EXTERN  名称1:类型[,名称2:类型,……]
PUBLIC  名称1[,名称2,……]
```

例如：

```
EXTERN  _A:WORD,_DIS:FAR        ; 声明外部变量和外部函数
PUBLIC  _RES:DWORD,_Y:FAR       ; 声明公用变量和公用函数
```

注意，汇编语言的外部变量、外部函数与公用变量、公用函数名称前应加下划线“_”。因为，Turbo C 中当外部标识符被说明时，编译程序会自动在其前面加下划线。

3) 参数传递与结果返回

C 语言调用汇编子程序时，实参是通过堆栈传递的。若有多个参数，压入堆栈的顺序是从右到左，即右边的参数先入栈。另外，也可通过外部变量传递参数。

调用结果的返回方式如下：16 位数据存放在 AX 寄存器，32 位数据存放在 DXAX 寄存器对。此外也可通过外部变量传递，即相当于采用指定内存单元传递。

4) 寄存器使用约定

汇编语言程序中用到 BP、SI、DI 寄存器时，使用前必须入栈保护，返回前恢复其值。其他寄存器如 AX、BX、CX、DX、ES 及 FR 的值可以改变。

段寄存器 CS 和 SS 的内容在程序中一般不应修改(调用时自动修改除外)。段寄存器 DS 对于 tiny～medium 存储模式，通常只用近指针，因而不必修改。对其他模式，当用到远指针时，在改变 DS 内容之前必须保存其值，并在返回之前恢复。

4.6.2 C 语言调用汇编程序

在 C 语言程序设计中，在某些情况下，比如要求提高程序的执行速率、直接操作寄存器或存储器以及实时操作 I/O 端口等，仍难免要用汇编语言编写部分程序。通常是将其编成子程序，供 C 语言调用。

C 语言调用汇编程序，可以是近调用，也可以是远调用，视需要而定。主程序与子程序之间，可通过寄存器、存储器或堆栈等传递参数。

【例 4.39】 由 C 语言程序输入 3 个整形变量 a、b、c 的值，利用汇编语言子程序完成 y=a+b-c 的运算，最后由 C 语言打印输出运算结果。假定结果不超出 16 位补码范围。可编程如下。

C 语言程序：

```
#include <stdio.h>
extern  int F(int x1, int x2, int x3); /*声明外部函数*/
main( )
{
int a,b,c,y;
printf("Please input(a,b,c=):");
scanf("%d,%d,%d",&a,&b,&c);                 /*输入参数*/
y=F(a,b,c);                                 /*调用汇编程序*/
printf("y=%d)",y);                          /*打印结果*/
}
```

汇编语言程序:

```
 NAME       EXAM13
_TEXT       segment public 'CODE'         ;定义代码段
            assume  cs:_TEXT
            public  _F                    ;声明公用函数(子程序)
_F          proc    near
            push    bp
            mov     bp,sp
            mov     ax,[bp+4]             ;堆栈取参
            add     ax,[bp+6]
            sub     ax,[bp+8]             ;返回结果
            pop     bp
            ret
_F          endp
_TEXT       ends
            end                           ;
```

【例 4.40】 由 C 语言程序输入 3 个整形变量 a、x、b 的值，利用汇编语言程序完成 y=ax+b 的运算，最后由 C 语言打印输出运算结果。程序如下。

C 语言程序:

```
#include <stdio.h>
#include <stdlib.h>
extern  int b, long R;                    /*声明外部变量*/
extern  void far Y(int v);                /*声明外部函数*/
int a;                                    /*声明全局变量*/
main( )
{
int x;                                    /*声明局部变量*/
printf("Please input a,x,b:");
scanf("%d%d%d",&a,&x,&b);                 /*输入参数*/
Y(x);                                     /*调用汇编程序*/
printf("y=%ld\n",R);                      /*打印结果*/
}
```

汇编语言程序:

```
 NAME   EXAM14
DGROUP  GROUP    _DATA, _BSS              ;定义数据组
_DATA   SEGMENT WORD  PUBLIC 'DATA'       ;定义初始化数据段
        EXTERN   _a:WORD                  ;外部变量
        PUBLIC   _b                       ;公用变量
_b      DW       0
_DATA   ENDS                              ;
_BSS    SEGMENT WORD  PUBLIC 'BSS'        ;定义非初始化数据段
        PUBLIC   _R                       ;公用变量
_R      DD       ?
_BSS    ENDS                              ;
_TEXT   SEGMENT BYTE  PUBLIC 'CODE'       ;定义代码段
```

```
        ASSUME  CS:_TEXT,DS:DGROUP,SS:DGROUP
        PUBLIC  _Y                  ;公用函数(子程序)
_Y      PROC    FAR
        PUSH    BP                  ;保护现场
        MOV     BP,SP
        MOV     AX,[_a]                 ;外部变量
        IMUL    WORD PTR [BP+6]         ;堆栈取参
        SUB     AX,_b                   ;公用变量
        SBB     DX,0
        TEST    WORD PTR _b,8000H
        JZ      L1
        SUB     DX,0FFFFH
L1:     MOV     WORD PTR _R,AX          ;保存结果
        MOV     WORD PTR _R+2,DX
        POP     BP                      ;恢复现场
        RET
_Y      ENDP
_TEXT   ENDS
        END
```

4.6.3 汇编语言调用 C 函数

在汇编语言与 C 语言的混合编程中，大多是 C 语言调用汇编程序。但在某些场合下，汇编语言程序中调用 C 语言函数，可节省编程工作量，且程序结构也更清晰。

【例 4.41】 C 语言程序调用汇编程序，在汇编程序中再调用 C 语言的显示函数，显示字符串“You’re welcome !”。

程序如下。

C 语言程序：

```
#include <stdio.h>
extern  void display( );                /*声明外部函数*/
main( )
{
display( );                             /*调用汇编程序*/
}
disp( )                                 /*定义显示函数*/
{
printf("You're welcome!\n");
}
```

汇编语言程序：

```
 NAME       EXAM15
            EXTERN  _disp:NEAR          ;声明外部函数
_TEXT       SEGMENT PUBLIC 'CODE'       ;定义代码段
            ASSUME  CS:_TEXT
            PUBLIC  _DISPLAY            ;声明公用函数(子程序)
_DISPLAY    PROC    FAR
            CALL    _disp               ;调用 C 函数
```

```
            RET
_DISPLAY    ENDP
_TEXT       ENDS
            END
```

编译连接后，运行结果显示：

You're welcome !

4.6.4 编译连接

汇编语言程序与 Turbo C 语言程序的连接方式有多种。在此简要介绍两种。

1. 直接对源程序模块进行编译和连接

命令格式：

```
TCC     filename1 filename2 filename3.asm …
```

其中，filename*是各模块的文件名，缺省后缀的默认是 C 语言源文件，加 asm 后缀的是汇编语言源文件。文件名之间用空格隔开。该命令执行后，形成的可执行文件为 filename1.exe，文件名与第一个源文件名相同。

例如：

```
TCC     M1 M2.asm
```

形成的可执行文件为 M1.exe。

2. 对目标文件进行连接

命令格式：

```
TCC     -mx mainfile.obj sub1.obj sub2.obj …
```

其中，x 是 6 个字母(t、s、c、m、l、h)中的一个，它们分别代表 Turbo C 中 6 种不同的存储模式。命令中还可连上用户自己的库文件(.OBJ 文件)。

这种方式应先建立 OBJ 文件，即先对源文件进行编译(利用 Turbo C 编译器编译 C 语言程序，利用宏汇编软件编译汇编语言程序)，然后才能用该命令连接。

例如：

```
TCC     -ms F1.obj F2.obj F3.obj
```

该指令在 small 模式下，将 3 个目标文件连接成可执行文件 F1.exe。

4.7 汇编语言上机及调试过程

4.7.1 汇编过程简介

汇编语言源程序编写完后，需要经过几个步骤生成可执行文件，才可以在机器上运行。

(1) 建立汇编源程序，打开文本编辑器(如 EDIT.COM、TURBO.EXE、TC.EXE、C.EXE 等)，输入源程序，保存为 ASM 文件。

(2) 用汇编程序(如 MASM.EXE、ASM.EXE 等)产生二进制目标文件(OBJ 文件)及列表文件(LST 文件)。

(3) 用链接程序(如 LINK.EXE 等)将 OBJ 文件链接成可执行文件(EXE 文件或 COM 文件)。

(4) 在当前盘下输入可执行文件名即可运行程序。

(5) 如果在汇编、链接和运行中出现问题，可以用调试程序(如 DEBUG.EXE 等)跟踪检查，发现问题进行修改后再运行。

1. 建立或编辑源文件

这个过程也称为源代码录入。可通过 MD-DOS 自带的 EDIT.EXE 文本编辑器进行输入，在 DOS 提示符下输入 EDIT 并按 Enter 键，这时如果系统内可调用，EDIT 的操作画面便会出现在屏幕上，就可在提示下进行录入了，当录入完毕后，选择存盘并给输入的文件起一个文件名，形式：filename.asm；(其中 filename 为文件名，由 1～8 个字符组成)，asm 是为汇编程序识别而必须加上去的，不可更改。也可通过“记事本”等软件建立或编辑源文件。

2. 汇编过程

汇编过程就是把编写的正确的源代码编译为机器语言、程序清单及交叉引用表的目标文件。如果此时程序有语句错误，系统将报错，并指出在第几行，什么类型的错误，可根据提示逐一修改。

在 DOS 提示符下输入 MASM filename 并按 Enter 键(注：假定系统内的汇编程序为 MASM.EXE，如果系统的汇编程序为 ASM.EXE 时，则输入 ASM filename。其中 filename 为刚才建立的文件名)，这时汇编程序的输出文件可以有三个(扩展名分别为.obj、.lst、.crf)，会出现三次提问，在此直接按 Enter 键即可。下面显示的信息是源程序中的错误个数，如果为 0 则表示顺利通过。如果不为 0 就说明有错误，并指出错误出现的行，可依据这个提示进行修改。但如果错误太多还未等看清就显示过去了，可用 MASMfilename>file_name(file name 为一个没用过的文件名，用以存放出错信息)命令将错误信息存于一个指定的文件，再使用文本编辑器查看。

编译不通过，就需要重新修改。首先要清楚，在编译中检测出的错误均为每一条语句的语法或用法错误，它并不能检测出程序的逻辑设计(如语句位置安排等)错误，所以要记好出错的行号，以便修改。在记录行号后，应再次执行 EDIT filename.asm 命令，依据行号进行修改并存盘，再次进行汇编，直至编译通过为止。

3. 链接为可执行文件

即链接为 EXE 或 COM 文件。在 DOS 提示符下输入 LINK filename 并按 Enter 键，链接后会产生一个可执行文件，运行编译好的可执行文件就可以得到结果了。

4.7.2 DEBUG 调试

汇编语言源程序在汇编及链接中能够检查出语法错误，这些错误可回到编辑状态下进行修改，而有些逻辑错误、结构错误等，往往只有在调试运行中才能发现。DEBUG是DOS下常用的语言调试工具，用来对程序进行追踪和查错。

1. DEBUG的调用

用于调试程序的命令格式：

```
DEBUG  FILENAME.???
```

其中，FILENAME是文件名，???是扩展名。例如已编译好了一个文件，它的名称为djx.exe，要对它进行调试时就在DOS提示符下输入DEBUG djx.exe并按Enter键执行，便可见到‘-’提示符，如无任何其他提示则说明正确，可进行调试。

2. DEBUG常用命令

1) R命令

功能： 显示并修改寄存器的内容。

格式：

```
-r                    ;显示所有寄存器的内容
-r 寄存器名            ;显示或修改指定寄存器的内容,包括:
                      ;AX,BX,CX,DX,SP,BP,SI,DI,CS,DS,ES,SS,PC,IP
```

例如：

```
-r ax          ;显示或修改 ax 寄存器的内容(显示如下)
ax 1234        ;ax 的当前内容
:5678          ;在显示的“:”后输入新值则 ax 内容被更新,直接按 Enter 键则 ax 内容不变
```

2) D命令

功能： 显示指定内存单元的内容，一般用来查看DS数据段的内容。

格式：

```
-d  [地址]            ;表示从[地址]指定的内存单元显示 128 个字节的内容,[地址]默
                      ;认时,显示上一个 D 命令后面的内容(以十六进制数的形式来显示)
-d  [地址范围]        ;显示指定范围内的内存内容
```

例如：

```
-d 168e:0                     ;从 168e:0 地址开始,显示 128 个单元的内容(显示如下)
168e:0000    35 4C 76 B9  …  (共 128 个数据)
```

3) E命令

功能： 修改存储单元的内容(一般在DS段)。

格式：

```
-e 地址 [数据]        ;用给定的[数据]代替指定范围的存储单元内容
-e 地址               ;修改一个指定内存单元的内容
```

例如：

```
-e ds: 200  'djx'FF00AA ;将 DS 段从 200H 开始至 205H 单元的内容替换为 64  6A  78
                        ;FF  00  AA
-e 168e:0  01.12 02.34 03.56     ;从 168e:0 地址开始逐个修改单元内容。在显示值后
                                 ;输入新值并按空格键,则逐个修改。直接按 Enter 键,
                                 ;则修改结束
```

4) G 命令

功能：从指定地址运行程序。

格式：-g [=地址][断点地址 1 [断点地址 2 … [断点地址 10]]] ;从指定[地址]开始执行程
;序(如地址缺省,从当前 CS：IP 开始),运行至[断点地址 1]停止,显示所有寄存器内容和标志位
;的内容及下一条指令。如后面还有断点,可输入 g，继续执行

例如：

```
-g 001a                    ;执行从当前 CS：IP 至 001AH 的指令
```

注意：地址设置必须从指令的第一字节起。

5) T 命令

功能：用来执行一条语句。

格式：-t [=地址] ;从指定[地址]起执行一条语句后停下来,显示所有寄存器内容及
;标志位的内容与下一条指令。如地址默认,则从当前 CS：IP 开始执行
-t [=地址][value] ;从指定地址起执行 value 条指令后停止

6) P 命令

功能：执行一个循环、一个软中断或 call 子过程。

格式：-p [=地址][n]

例如：

```
mov  ah,02h
MOV  DL,41H
INT   21H
```

此时使用 -p (回车符)，系统将显示一个字符 A，如果在这里不用 P，而改用 T，那么系统将进入 INT 21H 的中断调用中而无法返回。

7) U 命令

功能：执行反汇编过程。

格式：-u [地址] ;从指定[地址]反汇编 32 个字节,若地址默认,则从当前地址汇编 32 个字节
-u 地址范围 ;对指定范围内的存储单元进行反汇编

例如：

```
-u
0B7A:0000    B8790B  MOV  AX,0B79    ; 即：地址 机器码 指令
0B7A:0003    8ED8    MOV  DS,AX
0B7A:0005    A00200  MOV  AL,[0002]
…
```

U 命令常用于查看该程序的有关段地址、变量地址或标号地址等。

8) A 命令

功能：执行汇编过程。

格式：-A [address] ;进入 address 所指出的地址,直接进行汇编语言指令操作。若缺省
;[address],则进入上次 A 操作后所指的地址

9) L 命令

功能：把磁盘上指定扇区范围的内容装入存储器中指定地址开始的区域中。

格式：-L [address] [drive sector nubmer] ;address 为指定地址，driver 为驱动
;器号，sector 为扇区号，number 为范围

10) W 命令

功能：把指定的存储区中的数据写入指定的文件中。

格式：-W [address][drive sector nubmer] ;要写入的文件大小应先放入 BX 和 CX 中，
;address 为指定地址，driver 为驱动
;器号，sector 为扇区号，number 为范围

11) Q 命令

功能：退出命令。

格式：-Q ;退出 DEBUG，返回 DOS

4.8 小型案例实训

案例 1——字符串比较

比较两个字符串 STRING1 和 STRING2 所含字符是否完全相同，若相同则显示 MATCH，若不同则显示 NO MATCH。

解：程序如下。

```
DATA    SEGMENT
  STRING1   DB  'ASFIOA'
  STRING2   DB  'XCVIYOAF'
  MESS1     DB  'MATCH', '$'
  MESS2     DB  'NO MATCH', '$'
DATA    ENDS
CODE    SEGMENT
MAIN    PROC  FAR
        ASSUME CS: CODE,DS: DATA
START:  PUSH  DS
        SUB   AX,AX
        PUSH  AX
        MOV   AX,DATA
        MOV   DS,AX
        MOV   ES,AX
BEGIN:  MOV   CX, STRING2-STRING1
        MOV   BX, MESS1-STRING2
        CMP   BX,CX
        JNZ   DISPNO
        LEA   SI,STRING1
        LEA   DI,STRING2
        REPE  CMPSB
        JNE   DISPNO
        MOV   AH,9
        LEA    DX,MESS1
        INT   21H
```

```
        RET
DISPNO: MOV   AH, 9
        LEA   DX, MESS2
        INT   21H
        RET
MAIN    ENDP
CODE    ENDS
        END   START
```

案例 2——读键盘信息进行判断

试编写程序，要求从键盘输入 3 个四位十进制数，并根据对这 3 个数的比较结果显示如下信息：①如果 3 个数都不相等则显示 0；②如果 3 个数中有 2 个数相等则显示 2；③如果 3 个数都相等则显示 3。

解：程序如下。

```
DATA    SEGMENT
ARRAY   DW    3 DUP(?)
DATA    ENDS
CODE    SEGMENT
MAIN    PROC  FAR
        ASSUME CS: CODE,DS: DATA
START:  PUSH  DS
        SUB   AX,AX
        PUSH  AX
        MOV   AX,DATA
        MOV   DS,AX
        MOV   CX,3
        LEA   SI,ARRAY
BEGIN:  PUSH  CX
        MOV   CL,4
        MOV   DI,4
        MOV   DL, ' '
        MOV   AH,02
        INT   21H
        MOV   DX,0
INPUT:  MOV   AH,01
        INT   21H
        AND   AL,0FH
        SHL   DX,CL
        OR    DL,AL
        DEC   DI
        JNE   INPUT
        MOV   [SI],DX
        ADD   SI,2
        POP   CX
        LOOP  BEGIN
COMP:   LEA   SI,ARRAY
        MOV   DL,0
```

```
        MOV   AX,[SI]
        MOV   BX,[SI+2]
        CMP   AX,BX
        JNE   NEXT1
        ADD   DL,2
NEXT1:  CMP   [SI+4],AX
        JNE   NEXT2
        ADD   DL,2
NEXT2:  CMP   [SI+4],BX
        JNE   NUM
        ADD   DL,2
NUM:    CMP   DL,3
        JL    DISP
        MOV   DL,3
DISP:   MOV   AH,2
        ADD   DL,30H
        INT   21H
        RET
MAIN    ENDP
CODE    ENDS
        END   START
```

案例 3——比较两个变量

已知整数变量 A 和 B，试编写完成下述操作的程序：①若两个数中有一个是奇数，则将该奇数存入 A 中，偶数存入 B 中；②若两个数均为奇数，则两数分别加 1，并存回原变量；③若两个数均为偶数，则两变量不变。

解：程序如下。

```
DSEG    SEGMENT
  A     DW      ?
  B     DW      ?
DSEG    ENDS
CSEG    SEGMENT
MAIN    PROC    FAR
        ASSUME  CS: CSEG,DS: DSEG
START:  PUSH    DS
        SUB     AX,AX
        PUSH    AX
        MOV     AX,DSEG
        MOV     DS,AX
BEGIN:  MOV     AX,A
        MOV     BX,B
        XOR     AX,BX
        TEST    AX,0001
        JZ      CLASS
        TEST    BX,0001
        JZ      EXIT
        XCHG    BX,A
        MOV     B,BX
        JMP     EXIT
CLASS:  TEST    BX,0001
```

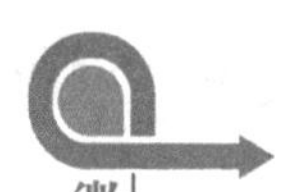


```
        JZ      EXIT
        INC     B
        INC     A
EXIT:   RET
MAIN    ENDP
CSEG    ENDS
        END     START
```

4.9 小 结

本章介绍了16位微处理器8086/8088系统汇编语言的基本语法规则、常用的伪指令、宏指令和条件汇编、DOS功能调用和BIOS中断调用，并结合实例较详细地介绍了汇编语言程序设计的基本方法，汇编语言与C语言的混合编程，以及汇编语言上机操作的有关内容。

本章需要重点掌握的知识点如下。

(1) 汇编语言程序的分段结构、语句格式、表达式和运算符的用法。

(2) 变量定义伪指令、段定义伪指令以及其他常用伪指令的功能和用法。

(3) 顺序、分支、循环、子程序等4类结构程序的特点和编程方法。

4.10 习 题

一、分析题

1. 画出下列语句中的数据在存储器中的存储情况。

```
ARRAYB  DB  63,63H,'ABCD',3DUP(?),2 DUP(1,3)
ARRAYW  DW  1234H,5,'AB', 'CD',?,2DUP(1,3)
```

2. 有符号定义语句如下，问L的值是多少？

```
BUFF   DB    1, 2, 3, '123'
EBUFF  DW    0
L      EQU  EBUFF-BUFF
```

3. 程序中数据定义如下：

```
ARRAY   DB 'ABCDEF'
RESULT  DB ?
TABLE   DW 20 DUP(?)
```

则执行如下指令后有关寄存器的内容分别是多少？

```
MOV  AX,TYPE RESULT
MOV  BX,TYPE TABLE
MOV  CX,LENGTH TABLE
MOV  DX,LENGTH ARRAY
MOV  SI,SIZE TABLE
MOV  DI,SIZE ARRAY
```

4. 指令 AND AX, 7315H AND 0FFH 中，两个 AND 有什么区别？这两个 AND 操作分别在什么时候执行？

5. 设 BX=1034H，则执行下列指令后，AX 和 CX 各为多少？若 BX=1234H，则结果如何？

```
MOV  AX, BX  AND  0FFH
MOV  CX, BX  EQ  1234H
```

6.设已知语句为

```
ORG      0024H
DATA1    DW    4, 12H, $+4
```

则执行指令 MOV AX, DATA1+4 后，AX 的值是多少？

7. 要在以 DA1 为首址的数据区中依次存放下列数据：'A'，'B'，0，0，'C'，'D'。请分别用 DB、DW 和 DD 语句实现。

8. 试按下列要求在数据段中依次书写各数据定义语句：①以 DA1 为首字节的连续存储单元中存放 20H 个重复的数据序列：2，3， 10 个 4，1 个 7。②DA2 为字符串变量，用字变量(DW)设置一字符串；‘STUDENTS’(按此顺序存放在各单元中)；③用等值语句给符号 COUNT 赋值以 DA1 为首址的数据区共占有的字节数，此等值语句必须放在最后。

9. 现有一子程序：

```
SUB1        PROC
            TEST    AL,80H
            JE      PLUS
            TEST    BL,80H
            JNE     EXITO
            JMP     XCHANGE
PLUS:       TEST    BL,80H
            JE      EXITO
XCHANGE:    XCHG    AL,BL
EXITO:      RET
SUB1        ENDP
```

试回答：子程序的功能是什么？如调用子程序前 AL=9AH, BL=77H，那么返回主程序时，AL=？BL=？

二、填空题

1. 下面程序段实现从键盘输入十个 1 位十进数后累加。最后累加和以压缩 BCD 码形式存放在 AL 中。试把程序段中所空缺的指令填上。

```
    XOR   BX,BX
    ______________________________
LOP: MOV   AH,01H
    INT   21H
    SUB   AL,30H
    MOV   AH,BH
```

```
    ADD   AL,BL
    ____________________
    MOV   BX,AX
    LOOP  LOP
```

2. 下面程序段的功能是把 DA1 数据区的数 0～9 转换为对应的 ASCII 码。试完善本程序段。

```
DA1     DB    OOH,O1H,02H,03H,04H,05H,06H,07H,08H,09H
ASCI    DB    10 DUP(?)
        CUNT=ASCI-DA1
        LEA   SI,DA1
        LEA   DI,ASCI
        ____________________
LOP1:   MOY   AL,[SI]
        ____________________
        MOV   [DI],AL
        INC   SI
        INC   DI
        LOOP  LOP1
```

3. 设 A、B 均是长度为 10 个元素的字节型数组，用串操作指令编写程序实现 A、B 两数组内容的相互交换，试完善本程序。

```
DATA    SEGMENT
A       DB   1,2,3,4,5,6,7,8,9,0AH
        DRG  0010H
B       DB   0AH,9,8,7,6,5,4,3,2,1
DATA    ENDS
        MOV   AX,DATA
        MOV   DS,AX
        MOV   ES,AX
        ______________
        LEA   SI,A
        LEA   DI,B
        MOV   CX,10
LOP:    LODSB
        XCHG  AL,[DI]
        ____________
        DEC   DI
        STOSB
        ____________
        INC   DI
        LOOP  LOP
```

三、编程题

1. 设在数据段中有 X、Y 两个字节型变量，试编写程序段计算：当 X≥0 时，Y=X；当 X<0 时，Y=|X|。(只需要写出有关程序功能的指令)

2. 某个 16 位二进制无符号整数，放在变量名为 NUM 开始的连续两个单元中，试编程

求其平方根和余数，将其分别存放在 ANS 和 REMAIN 单元中。

3. 编写一个程序，接收从键盘输入的 10 个十进制数字，输入回车符则停止输入，然后将这些数字加密后(用 XLAT 指令变换)存入内存缓冲区 BUFFER。加密表如下。

输入数字：　0，1，2，3，4，5，6，7，8，9

密码数字：　7，5，9，1，3，6，8，0，2，4

4. 设某个外设的 8 位状态端口地址为 03FBH，其 8 位数据端口地址为 03F8H。其中，03FBH 的 BIT5(第 5 位)是该外设的一个状态位：BIT5=1 时，表示外设忙，不能接收数据；BIT5=0 时，表示外设闲，可以接收数据。当 CPU 向 03F8H 端口写入一个字节数据时，同时会使得 03FBH 端口的 BIT5 置 1，只有当该状态位再次变为 0 时，才可以写入下一个数据。按此要求，编写将起始地址为 SEDAT 的 50 个字节数据输出到 03F8H 端口的程序。

5. 编写一个完整的源程序，将 BUF 字节单元存放的两位 BCD 码，转换成 2 个字节的 ASCII 码，并分别存放在 ASC 和 ASC+1 字节单元中。例如：(BUF 字节单元)=58H，那么(ASC 字节单元)=35H，(ASC+1 字节单元)=38H。

6. 从 A1 单元开始定义了一长度为 N 的字符串，找出其中所有的小写字母并存放到以 A2 开始的存储区中。统计出小写字母的个数，存放到 SL 单元中。请编一段完整的源程序。其数据段如下：

```
DATA     SEGMENT
 A1      DB  '…'
N        EQU  $-A1
 A2      DB  N DUP(?)
 SL      DB  ?
DATA     ENDS
```

7. 把 0～100 之间的 30 个十进制数，存入首地址为 GRAD 的数组中，GRAD+i 表示学号为 i+1 的学生成绩。另一个数组 RANK 是 30 个学生的名次表，其中 RANK+i 的内容是学号为i+1的学生的名次。试编写程序，根据GRAD中的学生成绩，将排列的名次填入RANK数组中(提示：一个学生的名次等于成绩高于这个学生的人数加 1)。

8. 编写对 AL 中的数据进行“偶校验”的一个过程，并将校验结果放入 AL 寄存器。

第5章 存 储 器

本章要点

- 存储器的基本知识(内存基本结构、数据组织、技术指标；存储器的层次结构与分类)
- RAM(基本结构、典型芯片 2116、2164)
- 现代 RAM(EDO DRAM、SDRAM、DDR SDRAM、RDRAM)
- ROM(掩膜式 ROM、PROM、EPROM、E^2PROM、Flash ROM，典型芯片 2764)
- 内存接口技术(连接方法、译码方法、8 位和 16 位内存空间的形成)
- 外存(软盘、硬盘、光盘)

5.1 概 述

存储器是构成计算机的基本部件之一，用来存放计算机工作时所用的信息——程序和数据。依据存储器的放置位置和在计算机系统中的地位，可以将它分为两大类：一类是内部存储器，就是通常说的内存或主存；一类是外部存储器，也称为外存或辅存。

和 CPU 直接进行信息交换的是内存。在计算机运行过程中，内存中的程序和数据要不断地传送到运算器与控制器，处理结果又要不断地存回到内存中，因而内存本身的性能对计算机整机的性能影响极大。随着计算机性能的不断提高，对内存的工作速度与容量提出了越来越高的要求，内存技术已经成为计算机发展的关键技术之一。

外存包括软盘、硬盘、光盘、光磁盘等。外存存储的程序或数据等信息要通过专门设备才能传送到内存中。人们把暂时不用的信息存放在外存中，以便保存信息。当需要时，外存的信息通过内存和 CPU 进行信息交换。

5.1.1 内存基本结构与数据组织

1. 基本结构

内存直接和 CPU 进行信息交换，通常由半导体存储器组成，一般结构如图 5.1 所示。由图 5.1 可知，存储器主要由以下几部分组成。

(1) 存储体：是存储器芯片的基础和核心，它由多个基本存储单元组成，每个基本存储单元可存储一位二进制信息，具有 0 和 1 两种状态。从逻辑结构上看，存储体是由存储单元构成的存储矩阵，是存储单元的集合体。每个存储单元包含一位或多位基本存储单元，一般一个存储单元存放一个字节，即存放 8 位二进制信息。每个存储单元有一个唯一的地址供 CPU 访问。

(2) 地址总线：用来指出所需访问的存储单元的地址。

(3) 地址寄存器：存放 CPU 访问的来自地址总线的地址信息。

(4) 地址译码器：每个存储单元有唯一的地址编号，译码器接受 CPU 送来的地址信号

并对它进行译码，选择与此地址码对应的存储单元。

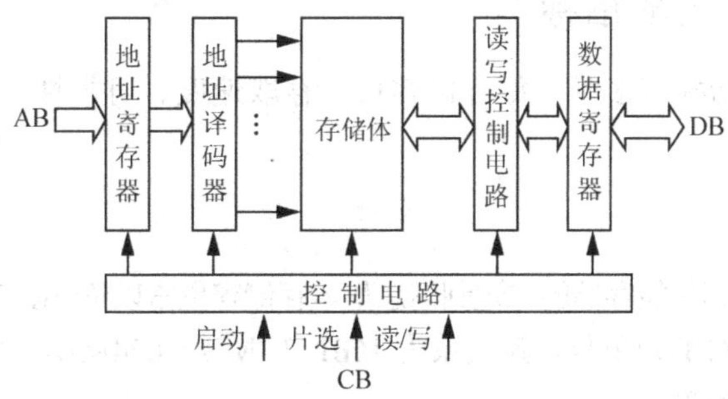

图 5.1　半导体存储器的一般结构

(5)　读写控制电路：用来提供片选和读/写控制等信号，用来完成对被选中单元中各位的读/写操作。

(6)　数据寄存器：用来暂存 CPU 与内存之间进行交换的数据信息，目的是为了协调 CPU 与存储器之间速度上的差异。

(7)　数据总线：数据总线用来在 CPU 与内存之间传送数据信息。

注意： 当 CPU 启动一次内存读写操作时，先将地址码由 CPU 通过地址总线送入地址寄存器，然后在读写控制信号的作用下，将选中单元的数据送入数据寄存器或将数据寄存器中的数据读入 CPU。

2. 数据组织

在计算机系统中，作为一个整体一次存放或取出的数据称为“存储字”，例如 8 位机的存储字是 8 位字长；16 位机的存储字是 16 位字长；32 位机的存储字是 32 位字长……在现代计算机系统中，内存一般是以字节编址，即一个存储地址对应一个 8 位存储单元，这样一个 16 位存储字就占了两个连续的 8 位存储单元，一个 32 位存储字就占了四个连续的 8 位存储单元……

在 Intel 80X86 系统中，存储字的地址是该存储字对应的存储单元中最低端(地址号最小)存储单元的地址，而此最低端存储单元中存放的是存储字的最低 8 位，例如，32 位存储字 7834A019H 在内存中的存放情况如图 5.2(a)所示，占用了 10800H～10803H 4 个地址的存储单元，最低端存储单元即 10800H 单元，存放的是该存储字的最低字节 19H。在 Motorola 的 680X0 系统中，32 位存储字的存放情况如图 5.2(b)所示，最高字节 78H 放在最低端存储单元 10800H 中。

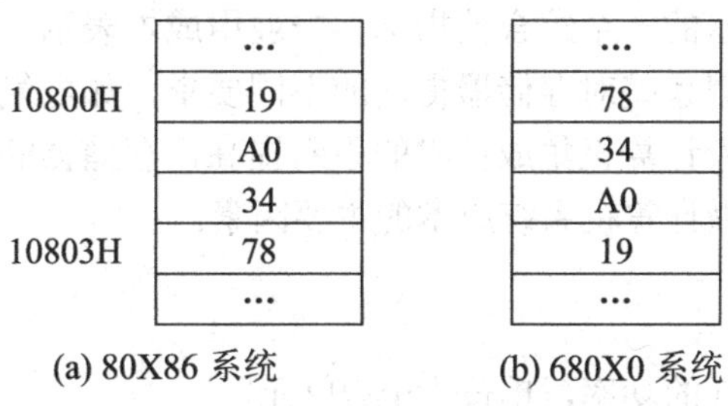

图 5.2　32 位存储字的存放情况

5.1.2 内存主要技术指标

衡量内存技术的指标有多种，如存储容量、存取速度、可靠性、性价比、功耗等，各指标的含义如下。

1. 存储容量

存储容量是指存储芯片能存储的二进制信息量。存储容量常以位(b)、字节(B)、千字节(KB)、兆字节(MB)、吉字节(GB)为单位，其关系为 1GB=2^{10}MB=1024MB，1MB=2^{10}KB= 1024KB，1KB=2^{10}B=1024B，1B=8b。

若一个芯片容量为 1024×1，则表示该芯片上有 1024 个存储单元，每个单元存放 1 位二进制信息。若芯片的存储容量用 $K \times L$ 表示，则意味着该芯片有 K 个存储单元，每个单元存放 L 位二进制信息，共可存放 $K \times L$ 个二进制位。目前，很多存储器容量常表示为 64KB，256MB，1GB…。存储器容量的大小在一定程度上影响了计算机对信息的处理能力。

芯片的存储容量与芯片的地址线、数据线位数有关，假设芯片有 M 根地址总线、N 根数据总线，则芯片的存储容量=$2^M \times N$。

2. 存储速度

存储速度是表明存储器工作速度的指标。为了和 CPU 的工作速度相匹配，总是希望存取时间越短越好。一般用存取时间、存储周期和存取速率等参量来说明。

存取时间 TA：定义为启动一次存储器操作到完成该操作所经历的时间。这个时间的大小取决于存储器中存储介质的物理特性和寻址部件的结构，目前大多数存储器的 TA 为纳秒级。

存取周期 TM：CPU 两次访问存储器的最小间隔时间。通常 TM 稍大于 TA，原因是存储器进行读写之后需要短暂的稳定时间，有些存储器电路刷新需要时间。

存取速率 BM：指单位时间内从存储器读写信息的数量。BM 的大小与存储器传送的数据宽度 W(位或字节)有关，与 TA 有关。

3. 可靠性

用平均无故障时间(Mean Time Between Failures，MTBF)来衡量，MTBF 越长，可靠性越高，目前约为 5×10^6～1×10^8h 左右。

4. 性价比

性价比是衡量存储器的一个综合性指标，一般用成本表示，即每一个二进制存储位所需要的价格。通常要根据系统对存储器提出的不同要求，如电气要求、环境要求、可靠性要求进行对比选择。随着计算机集成技术的不断提高，存储器的价格在不断下降，目前存储器的价格已不是影响微计算机系统成本的主要因素。

5. 功耗

每个存储单元所消耗的功率，单位为μW/单元。

5.1.3 存储器的层次结构及分类

1. 层次结构

如图5.3所示，目前的存储器系统具有典型的“CPU内部寄存器—Cache—内存—外存”层次结构，自顶至底存储速度越来越慢，存储容量越来越大。各个层次的存储器具有其特定的功能，具体如下。

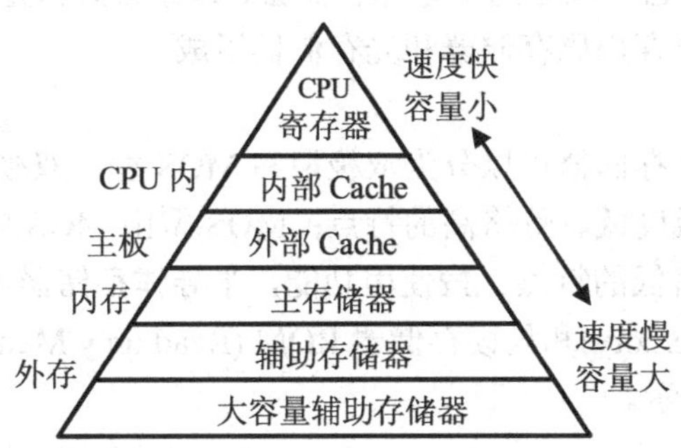

图5.3 存储器的层次结构

1) CPU内部寄存器

包括通用寄存器和专用寄存器，通用寄存器用来临时存放参与运算的数据，专用寄存器通常有指令指针IP和堆栈指针SP。

2) Cache

为了提高CPU读写程序和数据的速度，在内存和CPU之间增加了两级高速缓存(Cache)。由于微机使用的内存主要是动态RAM，它采用电容存储信息，价格低、容量大，但提高存取速度比较困难，而CPU主频已经到几个GHz，一般比动态RAM快数倍乃至一个数量级以上。计算机的主要工作就是CPU从内存中读写程序和数据，慢速的存储器限制了高速CPU的性能。在内存和CPU之间增加Cache后，提高了CPU的数据输入/输出速度。

Cache的基本工作原理是：CPU把正在执行的指令地址附近的一部分指令或数据从内存装入Cache中，当CPU需要读取数据时就首先在Cache中查找是否有需要的内容，如果有则直接从Cache中读取，如果没有，则称为Cache未命中，这时就需要从内存中读取该数据，然后同时送往CPU和Cache。

3) 内存(主存)

内存和CPU直接进行信息交换，存放当前正在运行的程序及数据，其本身的性能对计算机整机的性能影响极大，通常由半导体存储器组成。

4) 外存(辅存)

外存用于存放当前未运行的程序及数据，其存取速度比内存要慢得多，但存取容量要大得多，主要包括软盘、硬盘、光盘等。

5) 虚拟内存

它是指在内存不足的情况下，用硬盘的一部分空间模拟内存的一种虚设内存，并不是真正的内存。但软件可以将其当成一般内存使用，从使用角度看，除了速度比内存慢外，

其他与内存没有什么区别。

利用硬盘上的自由空间来模拟内存 RAM，把硬盘的一部分空间当作普通内存使用，应用程序将暂时不用的数据写到磁盘上，当再次读这些数据时，再重新将这部分硬盘上的数据读入内存中，把 RAM 中其他暂时不用的数据移到硬盘上。

2. 分类

依据存储器的放置位置和在计算机系统中的地位，它可以分为两大类：内存和外存。依据制作存储器的材料，它可以分为半导体存储器、磁存储器和光存储器。内存以及 Cache 由半导体存储器构成，外存由磁存储器和光存储器组成。

1) 半导体存储器

按制造工艺，半导体存储器可以分为双极型和 MOS 型。双极型由 TTL 电路组成，具有速度快、功耗大、集成度低、价格高的特点；MOS 型由 MOS 电路组成，具有速度慢、功耗低、集成度高、价格低的特点。按使用功能，半导体存储器可以分为随机读写存储器 RAM (Random Access Memory)和只读存储器 ROM (Read only Memory)。半导体存储器详细的分类及特点如图 5.4 所示。

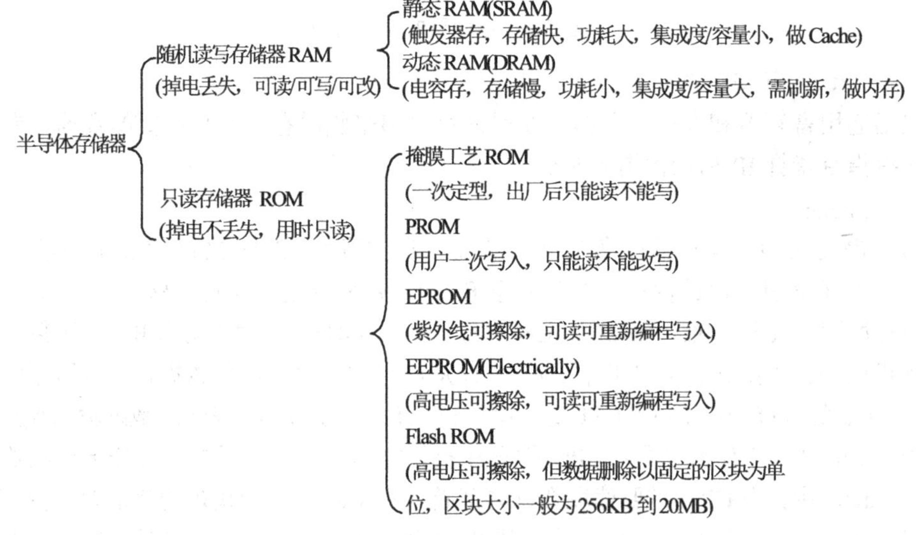

图 5.4　半导体存储器的分类

RAM 是随时可以存入、随时可以取出的临时存储空间。RAM 中的信息不能长久保存，一旦断电信息全部丢失。平时人们所说的内存大小，主要是指 RAM 的容量。RAM 越大，计算机的功能就越强，所以 RAM 的容量是标志计算机性能的一个重要指标。RAM 又可以分为静态 RAM 的动态 RAM。

ROM 在工作时不能随机改写其所存的信息。现在所用的内存 ROM 有掩膜 ROM、可编程 ROM 即 PROM (Programmable ROM)、可擦除 ROM 即 EPROM (Erasable PROM)、电可擦除 ROM(Electrically EPROM，EEPROM)和 Flash ROM (Electrically)。掩膜 ROM 是在生产半导体芯片时将信息存入，芯片封装后不能改变；PROM 中的信息是在芯片制成后用户根据需要编程写入的；EPROM 中的信息可紫外线多次擦除，多次改写，但写入的次数

是有限的；EEPROM是可以用电信号进行清除和改写的存储器；Flash ROM是一种长寿命的非易失性的存储器，是EEPROM的变种，但数据删除不是以单个的字节为单位，而是以固定的区块为单位，区块大小一般为256KB～20MB。

2) 磁存储器

磁存储器主要包括软盘和硬盘。软盘是个人计算机中最早使用的可移动介质，软盘片是覆盖磁性涂料的塑料片，用来储存数据文件，磁盘片的容量有1.2MB和1.44MB两种，目前已经较少使用。硬盘是一种主要的电脑存储媒介，由一个或者多个铝制或者玻璃制的碟片组成。这些碟片外覆盖有铁磁性材料。绝大多数硬盘都是固定硬盘，被永久性地密封固定在硬盘驱动器中。

3) 光存储器

光盘是用极薄的铝质或金质音膜加上聚氯乙烯塑料保护层制作而成的。与软盘和硬盘一样，光盘也能以二进制数据的形式存储文件。它是用光学方式读出或写入信息的盘片。写数据时，激光将数据模式灼刻在扁平的、具有反射能力的盘片上。激光在盘片上刻出的小坑代表“1”，空白处代表“0”。 在从光盘上读取数据时，激光在光盘的表面迅速移动，通过观察激光经过的每一个点，以确定它是否反射激光。如果它不反射激光(那里有一个小坑)，那么它代表一个“1”。如果激光被反射回来，就知道这个点是一个“0”。然后，这些成千上万或者数以百万计的“1”和“0”又被恢复成文件。

5.2 随机读写存储器(RAM)

5.2.1 静态RAM(SRAM)

1. 基本存储电路

基本存储电路是构成存储器的最基本单位，用以存储一位二进制信息，大量的有规律的基本存储单元的集合就是一个“存储体”。典型的基本存储电路如图5.5所示。该电路是一个六管静态存储单元。

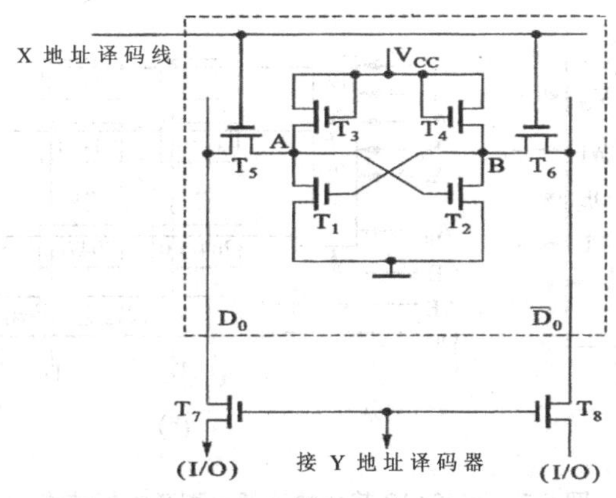

图5.5 基本存储电路

图中点划线框内 T_1～T_6 构成一个存储单元。T_1、T_2 为放大管，T_3、T_4 为负载管，这 4 个 MOS 管组成一个 RS 触发器；T_5、T_6 是行选门控管，行选信号为高电平时，T_5、T_6 才导通；T_7、T_8 是列选门控管，列选信号为高电平时，T_7、T_8 才导通。当行、列信号同时为高电平时，触发器才与数据线接通，进行读写操作。

2. 芯片内部结构

典型芯片的内部结构如图 5.6 所示。图中存储体包含 1024 个存储单元，每个存储单元存放一位二进制信息，存储单元常排成矩阵形式，即 32×32 矩阵，10 条地址线(A_0～A_9)分为行线(A_0～A_4)和列线(A_5～A_9)，由行线和列线来选择所需要的存储单元，这样可以简化译码电路和驱动电路。若存储字的字长为 *N* 位，则 *N* 个这样的 RAM 芯片可组成 1024 个 *N* 位存储字。

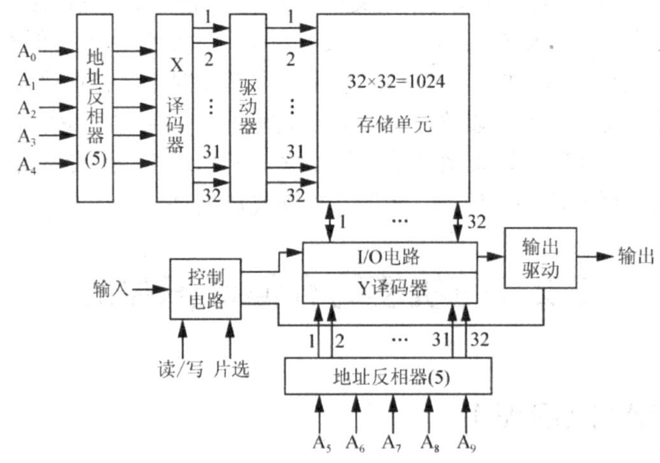

图 5.6　典型芯片的内部结构

3. 典型芯片 HM6116

常用的典型 SRAM 芯片有 6116, 6264, 62256, 62128 等。6116 芯片外部引脚简图及内部结构简图分别如图 5.7(a)和(b)所示。

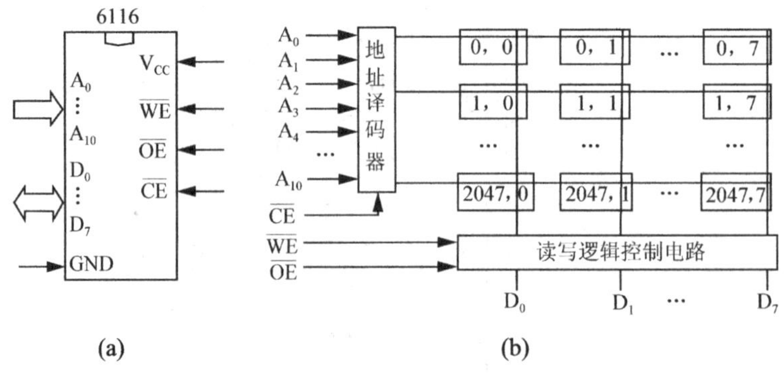

图 5.7　HM6116 芯片的外部引脚及内部结构

由图 5.7 可知，芯片为 24 引脚，其中 A_0～A_{10} 为 11 根地址线，D_0～D_7 为 8 根数据线，

所以芯片存储容量为 2^{11}×8b，即 2K×8b，2K 个单元，每单元 8 位。$\overline{CE}$ 为片选信号，低电平有效。$\overline{WE}$ 为写允许，低电平有效。$\overline{OE}$ 为输出允许，低电平有效。3 个控制信号组合控制 6116 的工作方式，功能如表 5.1 所示。

表 5.1 6116 工作方式

$\overline{CE}$	$\overline{OE}$	$\overline{WE}$	方 式
1	×	×	未选中
0	0	1	读出
0	×	0	写入

实际上，6116 的内部结构比较复杂，地址译码又分两部分：A_4～A_{10} 用作行译码，选择 128 根行线，A_0～A_3 用作列译码，选择 16 根列线，组成存储单元矩阵；各单元 8 位数据线连 D_0～D_7，如图 5.8 所示。

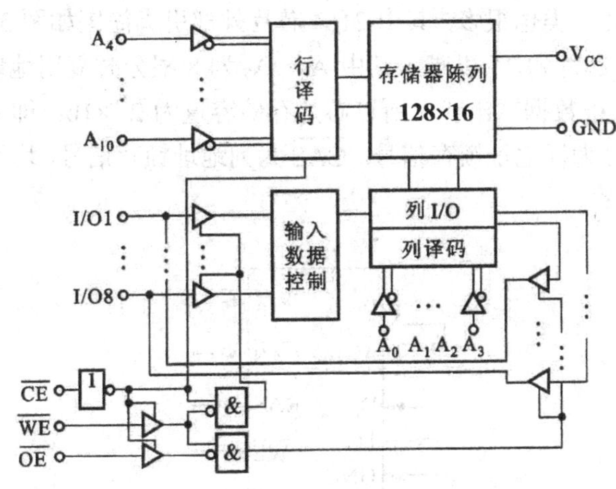

图 5.8 HM6116 的内部结构

SRAM 的读操作过程：将需要读取的数据的地址送到存取器芯片；将读写控制引脚 $\overline{WE}$ 置高，片选信号 $\overline{CE}$ 和输出 $\overline{OE}$ 置低；存储器芯片驱动数据输出线，将存取的数据输出。

SRAM 的写操作过程：将要写入的数据地址送到存取芯片；将要写入的数据送入存取器芯片；将读写控制引脚 $\overline{WE}$ 和片选信号 $\overline{CE}$ 置低，输出信号 $\overline{OE}$ 置高。

5.2.2 动态 RAM(DRAM)

1. 基本存储电路

DRAM 的基本存储电路如图 5.9 所示，它由一只晶体管和一个电容组成。因此，它的功耗更小，集成度更高。电路的基本工作原理：信息以电荷形式存储在电容 C_S 上，若有电荷则表示“1”信息，若无则表示“0”信息。

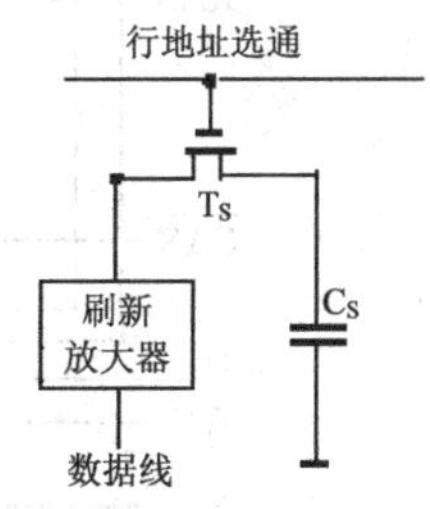

图 5.9 DRAM 基本存储电路

在读状态，地址选择线由低电位到高电位变化，使 T_S

管导通，电容 C_S 上的电压值通过 T 管送到数据线上。若 C_S 存有电荷，则数据线电位升高，表示读出了“1”；反之，则表示读出“0”信息。

在写状态，数据线上加写入的信息，写“1”时数据线加高电位，写“0”时则相反；然后将地址选择线由低变高，T_S 管导通，数据线上的电位直接影响电容 C_S。若数据线为高电位，则通过 T_S 向 C_S 充电；当数据线为低时，迫使 C_S 通过 T_S 管和数据线放电。这样，数据线上的电位信息转移为 C_S 上的电荷信息，表明信息已存入存储器中。

需要说明的是，不论是哪一种动态 RAM，都是利用电容存储电荷的原理来记忆信息的。由于场效应管的栅极电阻并非无穷大，电容器会漏电，存储的电荷逐渐减少，当减少到一定程度，RAM 中存入的信息就会消失。因此，需要在信息没有消失之前，给电容器充电，以补充已经消失的电荷，这个过程就称为刷新。关于刷新的周期，要根据栅极电容的大小及泄漏电流的大小，允许栅极电压变化多少而定，一般刷新周期为 2ms。

2. 典型芯片 2164

常用的动态 RAM 种类也很多，其中 2164 芯片外部引脚简图如图 5.10 所示，内部结构简图如图 5.11 所示。芯片为 16 引脚，其中 A_0～A_7 为 8 根分时复用地址线，D_{IN} 为 1 根数据输入线，D_{OUT} 为 1 根数据输出线，所以芯片存储容量为 2^{16}×1b，即 64K×1b，64K 个单元，每单元 1 位。$\overline{RAS}$ 为行地址锁存信号，$\overline{CAS}$ 为列地址锁存信号，均为低电平有效。$\overline{WE}$ 为写允许，低电平有效。

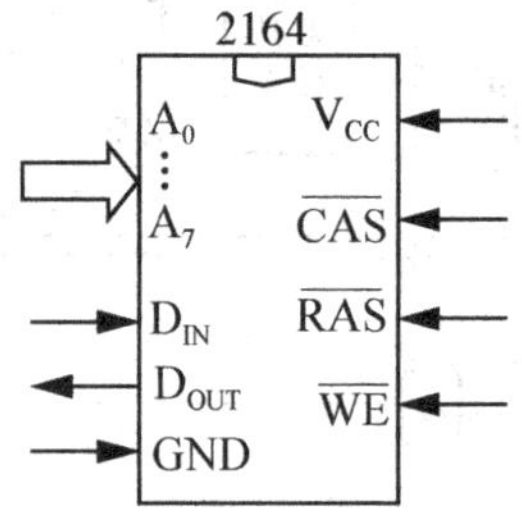

图 5.10　2164 芯片的外部引脚

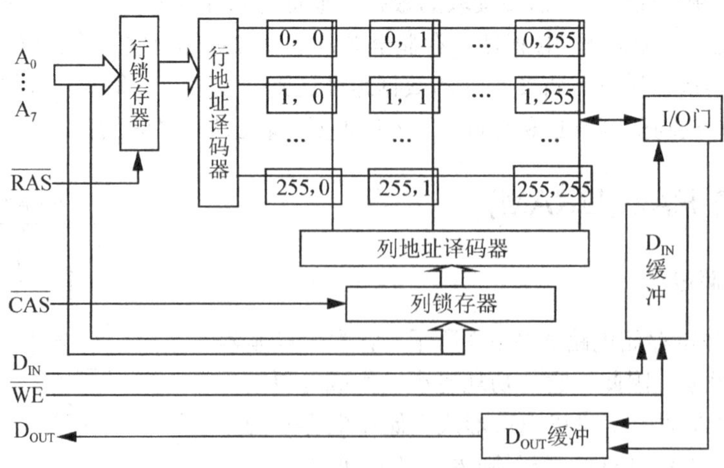

图 5.11　2164 芯片的内部结构

由于2164芯片的容量为64K×1，每个单元只有1位数据，而通常8位二进制数表示一个字节，因此需要8片2164芯片才能构成64KB的存储器。若想在2164芯片内寻址64K单元，必须用16条地址线，但为了减少地址线引脚数目，地址线又分为行地址线和列地址线，且分时工作，这样外部只需引出8条地址线(A_0～A_7)，利用芯片内部的地址寄存器和多路转换开关，由行地址选通信号$\overline{RAS}$，把选送来的8位地址送到行地址寄存器，由随后出现的列地址选通信号$\overline{CAS}$，把后送来的8位地址送到列地址寄存器。真实的2164芯片内部结构图比较复杂，如图5.12所示。

如图5.12所示，64K由4个128×128存储矩阵组成，每个128×128存储矩阵由A_0～A_6作为行地址和列地址寻址，4个矩阵选择由A_7作为行地址和列地址寻址。刷新操作时，$\overline{RAS}$有效，A_0～A_6作为行地址，对128×4=512个存储单元进行刷新。按行刷新，512个位同时刷新。

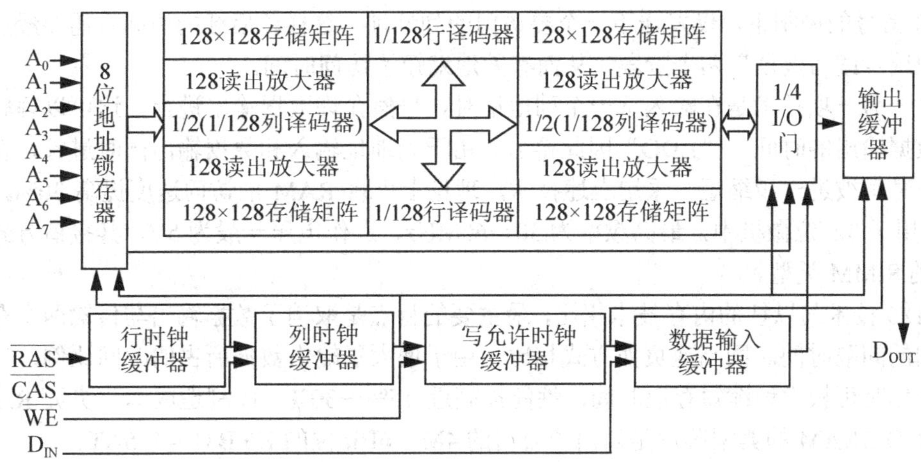

图5.12 2164的内部结构

另外，2164A芯片数据的读出和写入是分开的，由$\overline{WE}$信号控制读写。当$\overline{WE}$为高电平时，所选中单元的内容经过三态输出缓冲器在引脚D_{OUT}读出，即进行读操作。而当$\overline{WE}$为低电平时，完成写操作。引脚上的信号没有片选信号，实际上用行选$\overline{RAS}$和列选$\overline{CAS}$信号作为片选信号。

注意：

- DRAM利用MOS管的栅极对其衬底间的分布电容储存的电荷来保存信息，以储存电荷的多少即电容端电压的高低来表示“1”和“0”。可以由单个MOS管存放一位二进制信息。
- DRAM具有集成度高、功耗低、价格便宜的优点；同时具有一些缺点，如信息会因电容器的漏电而消失，一般信息只能保存2ms左右，为了保存DRAM中的信息，每隔1～2ms要对其进行刷新，系统中必须配有刷新电路。
- 目前微机系统中的内存条都采用DRAM芯片。

5.3 现代 RAM

5.3.1 扩展数据输出动态随机访问存储器

EDO DRAM 是 Extended Data Out DRAM(扩展数据输出动态随机访问存储器)的缩写，它是对传统 DRAM 存取技术的改进，主要表现在两个方面。

(1) 对传统 DRAM 的访问，需要经过“发送行地址—发送列地址—读写数据”三个阶段，一次访问时间是每个阶段所需时间之和。EDO DRAM 普遍使用一种“快速页面模式(FPM)”，对地址连续的多个单元进行读写访问。在这种模式里，由于连续存储单元的行地址是相同的，从第二个单元起，不再重复发送相同的行地址(使用芯片内已存储的行地址)，在信号的控制下，仅发送下一个要访问的列地址。这样，后续的访问只需要经历“发送列地址—读写数据”两个阶段，从而有效地缩短了访问时间。

(2) 另一项技术是在输入下一个列地址时，仍然允许数据输出进行，这可以理解为扩展了数据输出的时间，“EDO”因此得名。由于列地址输入和数据输出同时进行，存储器读操作时间被进一步缩短。采用上述技术，理论上可将 RAM 的访问速度提高 30%。EDO RAM 用于 32 位微机中，最高频率为 30～60MHz，工作电压一般为 5V，其接口方式多为 72 线的 SIMM 类型。

EDO 技术与以往的内存技术相比，最主要的特点是取消了数据输出与传输两个存储周期之间的间隔时间。同高速页面方式相比，由于增大了输出数据所占的时间比例，在大量存取操作时可极大地缩短存取时间，性能提高近 15%～30%，而制造成本与快页 RAM 相近。EDO DRAM 的典型芯片是西门子公司的 4M×16Bit 位的 HYB3164165AT。

5.3.2 同步动态随机访问存储器

SDRAM 是 Synchronous DRAM(同步动态随机访问存储器)的缩写，传统 DRAM 采用“异步”的方式进行存取。处理器在给出存储器地址和读写命令之后，要等待存储器内部进行地址译码、读写等操作，这一段时间的长短取决于芯片的性能，随使用芯片的不同而不同。在这段时间内，处理器相关部件和总线除了等待之外不能做其他事情，从而降低了系统的性能。

SDRAM 采用同步的方式进行存取。送往 SDRAM 的地址信号、数据信号、控制信号都是在一个时钟信号的上升沿被采样和锁存的，SDRAM 输出的数据也在时钟的上升沿锁存到芯片内部的输出寄存器。而且，输入地址、控制信号到数据输出所需的时钟个数可以通过对芯片内“方式寄存器”的编程来确定。这样，在 SDRAM 输入了地址、控制信号，并进行内部操作期间，处理器和总线主控器可以安全地处理其他任务(例如，启动其他存储体的读操作)，而无须等待，从而提高了系统的性能。

SDRAM 芯片基于双存储体结构，内含两个交错的存储阵列，CPU 从一个存储体或阵列访问数据的同时，另一个已准备好读写数据，通过两个存储阵列的紧密切换，读数据的效率得到成倍提高。由于 SDRAM 的优异性能，它已经成为微机的主流内存储器器件之一，

在目前的 Pentium 4 微机中仍在使用。它的工作电压一般为 3.5V，其接口多为 168 线的 DIMM 类型。SDRAM 的时钟频率早期为 66MHz，目前常见的有 133MHz、150MHz。由于它以 64 位的宽度(8B)进行读写，因而单位时间内理论上的数据流量峰值(带宽)已经达到 1.2GB/s(8B×150MHz)。

5.3.3 双倍数据速率同步内存

DDR SDRAM 是 Double Data Rate Synchronous DRAM(双倍数据速率同步内存)的缩写，它是由 SDRAM 发展而来的新技术。原来的 SDRAM 被称为 SDR SDRAM(单倍数据速率同步内存)。DDR 与 SDR 相比有两个不同点，首先，它使用了更多、更先进的同步电路；其次，DDR 使用了 DLL 延时锁定回路来提供一个数据滤波信号。SDR 只在时钟脉冲的上沿进行一次数据写/读操作，而 DDR 不仅在时钟脉冲上沿进行操作，在时钟脉冲的下沿还可以进行一次对等的操作(写/读)。这样，理论上 DDR 的数据传输能力就比同频率的 SDRAM 提高一倍。假设系统 FSB(Front Side Bus)的频率是 100MHz，DDR 的工作频率可以倍增为 200MHz，带宽也倍增为 1.6GB/s(8B×100MHz×2)。

5.3.4 突发存取的高速动态随机存储器

RDRAM 是 Rambus DRAM(突发存取的高速动态随机存储器)的缩写，它是由总部位于美国加利福尼亚州的 Rambus 公司开发的具有系统带宽、芯片到芯片接口设计的新型高性能 DRAM。RDRAM 从芯片到接口在技术上都有了很大的突破，能在很高的频率下通过一个简单的总线传输数据。由于利用行缓冲器作为高速暂存，故能够以高速方式工作。普通的 DRAM 行缓冲器的信息在写回存储器后便不再保留，而 RDRAM 则具有继续保持这一信息的特性，于是在进行存储器访问时，如行缓冲器中已经有目标数据，则可利用，因而实现了高速访问。另外可把数据集中起来以分组的形式传送，所以只要最初用 24 个时钟，以后便可每 1 时钟读出 1 个字节。一次访问所能读出的数据长度可以达到 256B。目前，RDRAM 的容量一般为 64MB/72MB 或 128MB/144MB，它与 CPU 之间的数据传送通过专用的 RDRAM 总线进行，具有极高的传输速度，主要用于计算机存储系统等需要高带宽低延时的场合。

5.4 只读存储器(ROM)

计算机系统中，一般既有 RAM 模块，也有 ROM 模块。ROM 模块主要用来存放系统启动时常驻内存的监控程序或操作系统的常驻内存部分。如前所述，现在所用的内存 ROM 有掩膜 ROM、可编程 ROM(即 PROM)、可擦写 PROM(即 EPROM)、电可擦写 PROM(即 EEPROM)、Flash ROM 等。ROM 具有结构简单，位密度比 RAM 器件高、非易失性、可靠性高的优点。

5.4.1 掩膜式 ROM

掩膜 ROM 芯片所存储的信息是由芯片制造厂家根据用户给定的程序或数据对芯片图

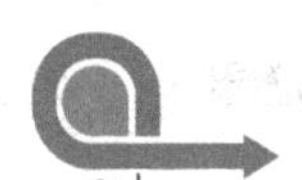

形(掩膜)进行二次光刻所决定的，所以称为掩膜 ROM。掩膜 ROM 又可分为 MOS 型和双极型两种。MOS 型功耗小，但速度比较慢，微机系统中用的 ROM 主要是这种类型。双极型速度比 MOS 快，但功耗大，只用在速度要求比较高的系统中。

图 5.13 为一个简单的 4×4 位 MOS ROM，采用单译码结构，A_1、A_0 为地址线，译码后译出四种状态，通过 4 条选择线，分别选中 4 个单元。图中的 4×4 矩阵中，在行列交点处，有的连有管子，有的没有，这是根据用户程序设定的。如 A_1A_0=00 时，0 单元被选中，0 单元字线为高电平，位线 D_0 和 D_3 上管子相连，该 MOS 管导通，位线输出为 0，而位线 D_1 和 D_2 没有管子与字线相连，则输出为 1，即在 0 单元被选中时，其输出为 $D_3D_2D_1D_0$=0110。图示的存储矩阵的内容如表 5.2 所示。

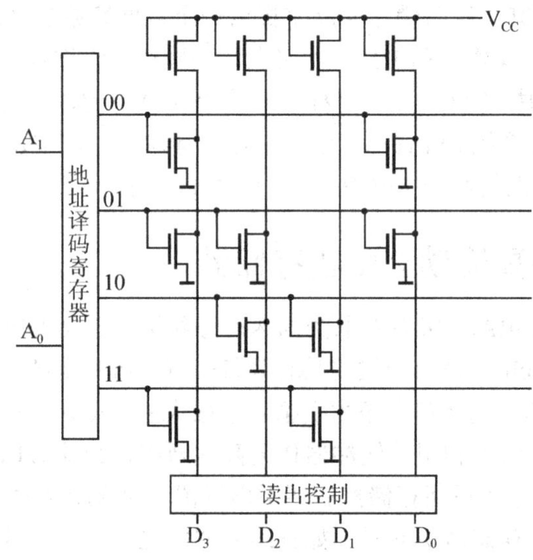

图 5.13　掩膜式 ROM 结构简图

表 5.2　存储矩阵的内容

单元地址	D_3	D_2	D_1	D_0
00	0	1	1	0
01	0	0	1	0
10	1	0	0	1
11	0	1	0	0

5.4.2　可编程 ROM(PROM)

PROM 中的信息是在芯片制成后用户根据需要编程写入的。这种 ROM 一般由三极管矩阵组成，芯片出厂时，开关管与位线之间以熔丝相连。用户可根据需要，自行写入信息(熔断或保留熔丝以区分 1 或 0)，但只能写入一次(熔断后不能再连通)。PROM 的写入要由专用的电路(大电流，高电压)和程序完成。为了与 RAM 的随机写入过程区别，称 PROM 的写入过程为编程。

5.4.3 可擦写 PROM(EPROM)

掩膜 ROM 和 PROM 中的信息一旦写入，就无法改变，但在实际操作过程中往往一个新设计的计算机程序在经过一段时间的试用后，都需要做些适当的修改，如果把这些程序放在 PROM 或 ROM 中，就无法修改了。而 EPROM 利用编程器写入信息后，就可以长久保存，当其内容要修改时，可以利用擦抹器(由紫外线灯照射)将其内容擦除，各位存储内容恢复为高电平(FFH)，再根据需要，利用编程器重新烧录写入。EPROM 可紫外线多次擦除，多次改写，但写入的次数是有限的。图 5.14 为一典型的 EPROM 外观及擦除设备，图 5.15 为一典型的 EPROM 外观及烧录板。

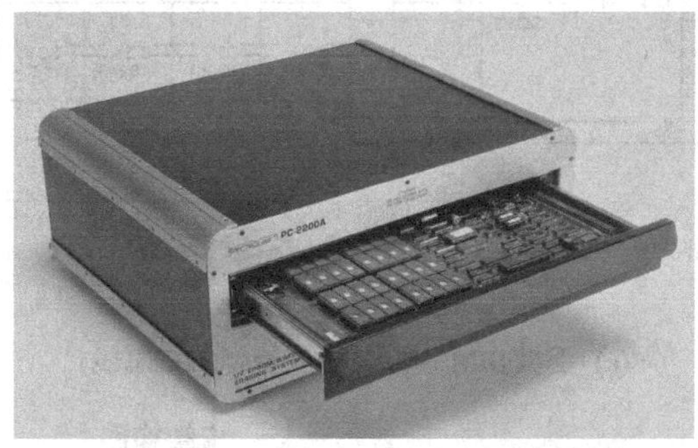

图 5.14　EPROM 外观及擦除设备

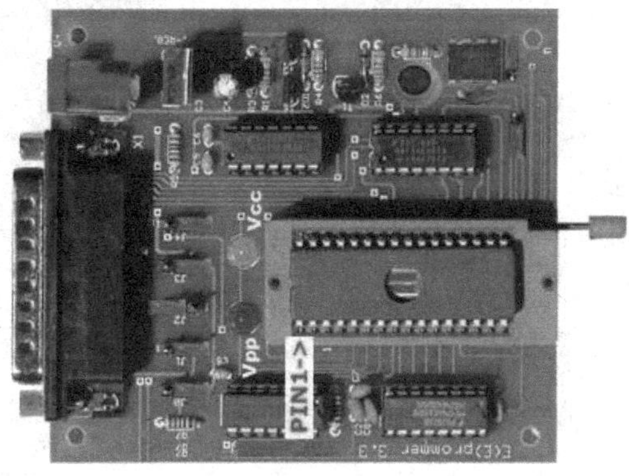

图 5.15　EPROM 外观及烧录板

5.4.4 电擦写 PROM(E^2PROM)

EPROM 的缺点是它的擦除过程一般需要专用的擦除设备和编程器，且擦除时必须全部擦除，重新写入。而 E^2PROM 是一种近年来开始被重视的只读存储器，其主要特点是可以在应用系统中电擦除和电写入，又能在电源断电情况下保存数据。同时，还有以下特点。

(1) 对硬件电路没有特殊要求，编程简单，早期的 E^2PROM 芯片是靠外加电压电源进行擦写(20V 左右)，而后来又把升压电路集成在片内，使得擦写在+5V 电源下即可完成。

(2) 采用+5V 电擦除的 EEPROM 通常不需要设置单独的擦除操作，在写入的过程中就

可以自动擦除。

在我们日常生活中，很多卡都是基于 E^2PROM 的，图 5.16(a)、(b)、(c)是一些常见的例子。

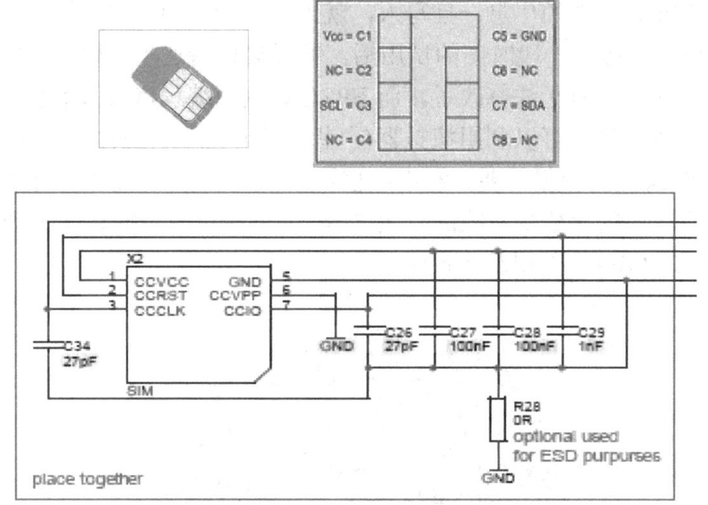

(a) 手机 SIM 卡及其相应管脚(I2C 总线)

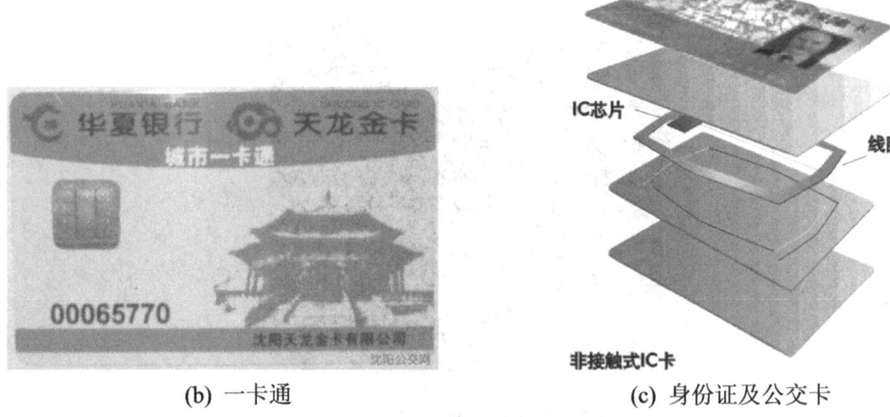

(b) 一卡通　　　　(c) 身份证及公交卡

图 5.16　基于 E^2PROM 的示例

5.4.5　闪存(Flash ROM)

Flash ROM 是 1988 年 Intel 公司采用 ETOX (EPROM Tunnel Oxide，EPROM 沟道氧化)技术研制成功的新型存储器。它是从 EPROM 演化而来的，制作 Flash ROM 的处理过程与 EPROM 的处理过程有 95%的兼容性。因而，Flash ROM 与 EPROM 一样属于可更新的非易失性存储器，且它是在主机系统内电可重写的非易失性存储器。Flash ROM 采用单管存储单元结构，比高密度的 DRAM 存储单元小 30%，更比电可改写的 EPROM 结构简化。它

与 E^2PROM 的主要功能区别是 E^2PROM 可按字节擦除及更新，而 Flash ROM 却只能分块进行电擦除和重写。总体来说 Flash ROM 具有集成度及可靠性高，功耗及成本低，工作速度较高(读取周期约为 70ns)等特点。可以说，Flash ROM 存储器集成了各种存储技术的优点，具有广泛的应用前景。Intel 28F001BX(1Mb)、28F200BX(2Mb)、28F400BX(4Mb) 等 Flash ROM 器件产品已在嵌入式微机的代码存储器中得到广泛应用。基于 Flash 的一些常见的例子如图 5.17(a)、(b)、(c)所示，由图 5.17(c)可见，基于不同 Flash 芯片的优盘速度存在很大差别。

(a) 基于 Flash 的 CF 卡

(b) 基于 Flash 的各类优盘

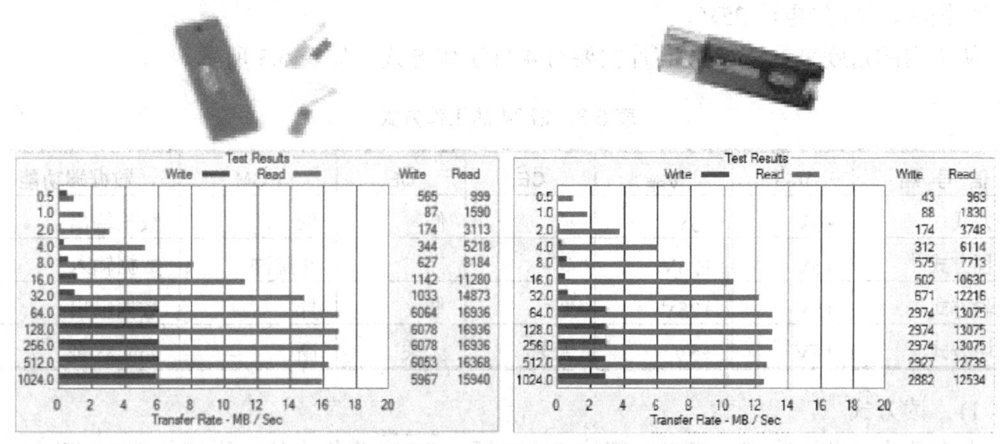

(c) 基于不同 Flash 芯片的优盘速度比较

图 5.17 基于 Flash 的示例

在一些单片机及嵌入式系统开发板中，常常包含上述不同的 RAM 及 ROM 芯片，如图 5.18 所示。

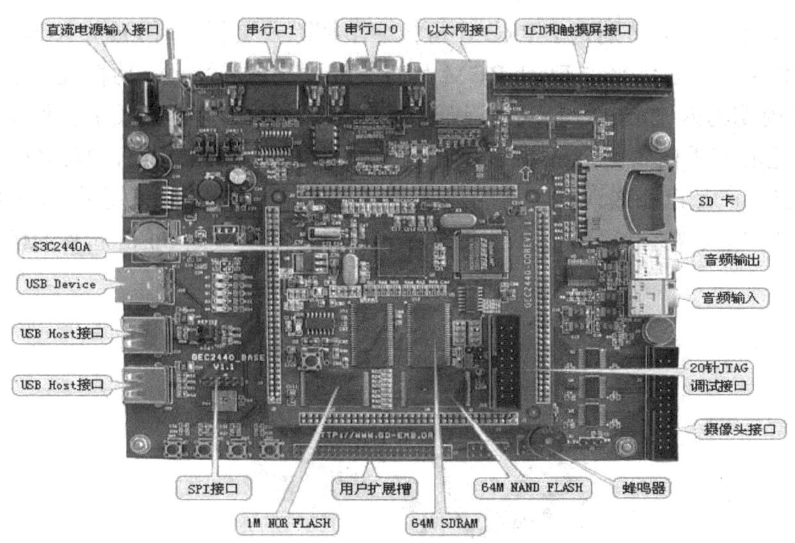

图 5.18 典型的微机系统开发板

5.4.6 典型 ROM 芯片(2764)

Intel 2764 是 EPROM 芯片，芯片外部引脚的简图如图 5.19 所示，具有 28 个引脚，13 根地址线 A_0～A_{12}，8 根数据线 O_0～O_7，所以容量为 $2^{13}\times8$b，即 8K×8b(8KB)，8K 个单元，每单元 8 位。$\overline{CE}$ 为片选信号，$\overline{OE}$ 为输出允许，二者均为低有效。$\overline{PGM}$ 为编程脉冲控制，正脉冲写入，编程时，V_{pp} 加电压 25V。

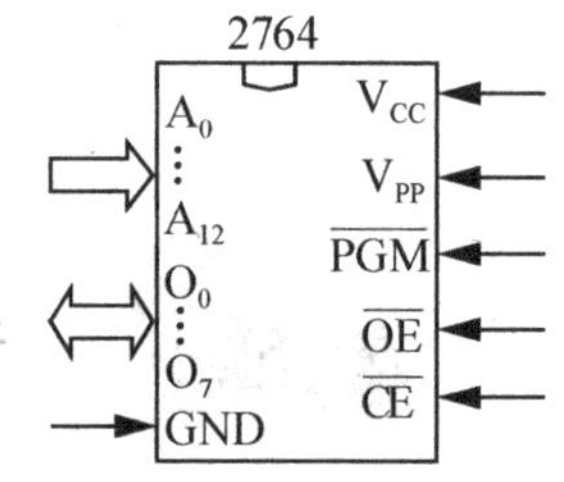

图 5.19 2764 外部引脚简图

从使用的角度来看，2764 芯片主要有 4 种工作方式，如表 5.3 所示。

表 5.3 2764 的工作方式

信 号 端	V_{CC}	V_{PP}	$\overline{CE}$	$\overline{OE}$	$\overline{PGM}$	数据端功能
读方式	+5V	+5V	低	低	低	数据输出
编程方式	+5V	+25V	高	高	正脉冲	数据输入
检验方式	+5V	+25V	低	低	低	数据输出
备用方式	+5V	+5V	无关	无关	高	高阻状态

1) 读方式

此时两个电源引脚 V_{PP} 和 V_{CC} 都接 5V 电源，$\overline{PGM}$ 为低电位。系统从 2764 芯片中读取数据时，CPU 先给出地址信号，然后控制信号 $\overline{CE}$ 和 $\overline{OE}$ 有效，经过一段时间，总线上就可以读到指定单元的内容。

2) 备用方式

只要信号 $\overline{PGM}$ 为高电平，2764 芯片就以备用方式工作。此时输出为高阻，芯片功耗下降，从电源取用的电流由 $\overline{CE}$ 有效时的近 100mA 下降到约 40mA。

3) 编程方式

在编程方式下，V_{CC} 接 5V，V_{PP} 接 25V，$\overline{PGM}$ 加正脉冲，从数据线输入所要存储的数据。

4) 校验方式

在编程过程中，为了时刻检查写入的数据是否正确，一般都包含校验操作。一个字节编程完成后，电源不变，$\overline{CE}$ 不变，将 $\overline{PGM}$ 变为高电平，$\overline{OE}$ 变为低电平，EPROM 工作于输出校验方式。将刚才写入单元的数据放到输出线上，这样就可以和写入前的编程数据比较，检查写入的结果是否正确。

注意：

- 除了 2764 外，Intel 27 系列常用的 EPROM 芯片还有 2716、2732、27128、27256 等，这四种芯片的容量分别为 2K×8b、4K×8b、16K×8b、32K×8b。
- 2716、2732 的引脚是兼容的，均为 24 条引脚，2764、27128、27256 的引脚也是兼容的，都是 28 条引脚。

5.5 内存接口技术

内存接口也和其他接口一样，主要完成三大总线的连接任务，即实现 CPU 与地址总线、控制总线和数据总线的连接。本节将围绕内存芯片与 CPU 的连接问题进行讨论。

5.5.1 内存芯片与 CPU 连接的基本方法

图 5.20 表示内存芯片与 CPU 连接的基本方法。

1. 数据线的连接

在微机系统中，数据是以字节为单位进行存取的，因此与之对应的内存也必须以 8 位为一个存储单元，对应一个存储地址。当用字长不足 8 位的芯片构成内存储器时，必须用多片合在一起，并行构成具有 8 位字长的存储单元。如 6116、2764 的字长为 8 位，则将芯片的 D_0～D_7 与 CPU 的 D_0～D_7 直接相连，而 2164 字长 1 位，此时需要 8 片 2164 合在一起，构成 8 位字长的存储单元，CPU 的 D_0～D_7 分别连接 8 片 2164 的 D_{in} 和 D_{out}。

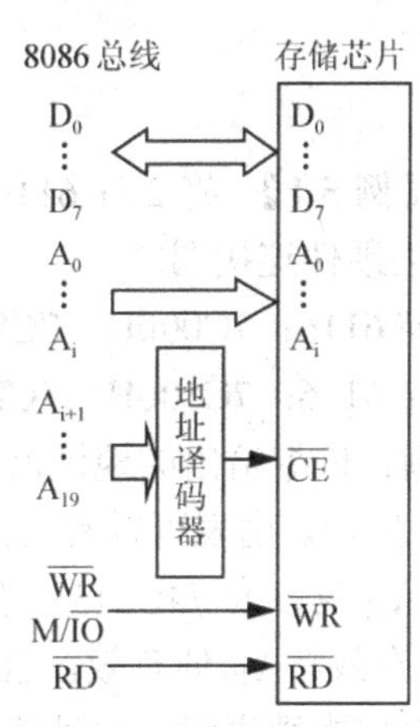

图 5.20 内存芯片与 CPU 的连接

2. 地址线的连接

将 CPU 的地址线分成两部分：片内地址线 A_0～A_i 和片外地址线 A_{i+1}～A_{19}。将片内地址线 A_0～A_i 直接与芯片的 A_0～A_i 连接，片外地址线 A_{i+1}～A_{19} 经译码器形成片选线，与芯片的 $\overline{CE}$ 连接。

3. 控制线的连接

将 CPU 的 $\overline{WR}$、M/$\overline{IO}$、$\overline{RD}$ 经简单逻辑操作后连芯片的控制线 $\overline{WR}$、$\overline{RD}$。

5.5.2 片选的地址译码电路

本节以最常用的 74LS138 译码器为例来介绍地址译码，74LS138 是 3～8 线译码/分配器，其引脚简图如图 5.21 所示。引脚功能如下。

3 个输入端——C、B、A，输入 3 位代码(C 为高位，A 为低位)，用以选择 8 个输出端 $\overline{Y_0}$ ～ $\overline{Y_7}$ 中哪一个有效。

3 个使能端——G_1、$\overline{G_2A}$、$\overline{G_2B}$，只有在 G_1="H"，$\overline{G_2A}=\overline{G_2B}$="L"时，译码器才能工作，又称允许端、控制端。

8 个输出端——$\overline{Y_0}$ ～ $\overline{Y_7}$，低电平有效，当 CBA=i(i=0～7)时，$\overline{Y_i}$ 有效，例如，CBA= 010，则 $\overline{Y_2}$ 有效，用于选择某一芯片。

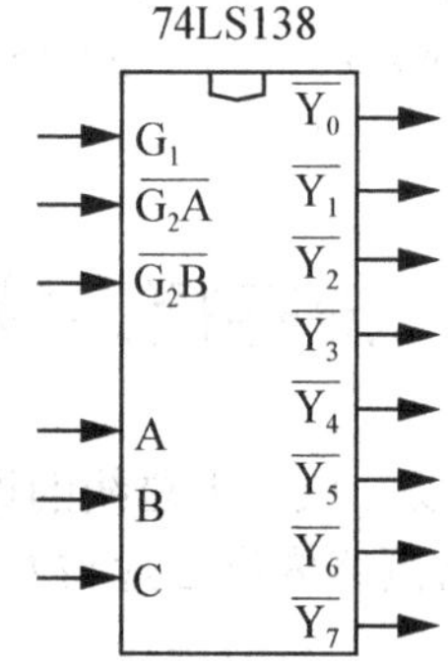

图 5.21 74LS138 译码器引脚简图

【例 5.1】 将 2 片 6116 通过 74LS138 连到 8086 上，地址范围如下，试画出该芯片与 CPU 的硬件连接图。

0# 6116：7C000H～7C7FFH (2K)

1# 6116：7C800H～7CFFFH (2K)

解： 依据给出的地址范围，将 0# 6116 与 1# 6116 地址对应的 A_{19}～A_0 值列在表中，如表 5.4 所示。由表可以看出，A_{10}～A_0 为片内地址，由于是通过 74LS138 译码器连接，所以 A_{13}～A_{11} 应该为 74LS138 译码器输入端 CBA，最多可选择 8 片，本例中选择两片。A_{18}～A_{14} 高有效，A_{19} 低有效，且 0# 6116 与 1# 6116 共用，所以应接 74LS138 的片选线。按照内存接口中数据线、地址线和控制线的连接原则，最终得到连接图 5.22。

表 5.4 0# 6116 与 1# 6116 对应的地址

地　址	A_{19}	A_{18}	A_{17}	A_{16}	A_{15}	A_{14}	A_{13}	A_{12}	A_{11}	A_{10}	A_9	A_8	A_7	A_6	A_5	A_4	A_3	A_2	A_1	A_0
0# 6116 首址	0	1	1	1	1	1	0	0	0	0	0	0	0	0	0	0	0	0	0	0
0# 6116 终址	0	1	1	1	1	1	0	0	0	1	1	1	1	1	1	1	1	1	1	1
1# 6116 首址	0	1	1	1	1	1	0	0	1	0	0	0	0	0	0	0	0	0	0	0
1# 6116 终址	0	1	1	1	1	1	0	0	1	1	1	1	1	1	1	1	1	1	1	1

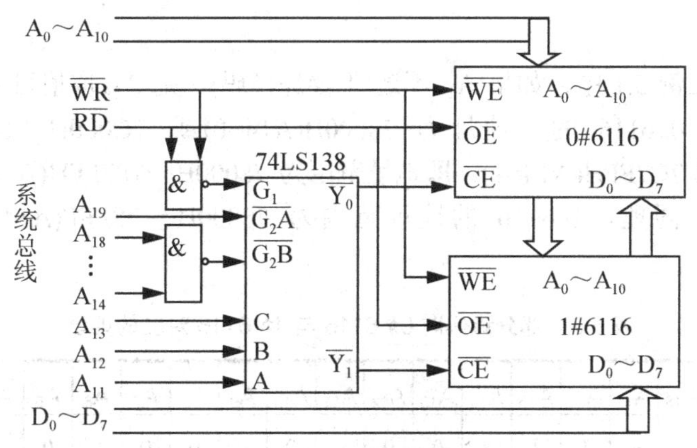

图 5.22　6116 与 CPU 通过 74LS138 连接的连接图

【例 5.2】 与例 5.1 类似，将 2 片 6116 通过门电路连到 8086 上，地址范围仍然同例 5.1。

0# 6116：7C000H～7C7FFH (2K)

1# 6116：7C800H～7CFFFH (2K)

试画出该芯片与 CPU 的硬件连接图。

解：用简单门电路组合代替 74LS138 译码器，本方法适用于 CPU 连接很少芯片的情况。连接如图 5.23 所示。

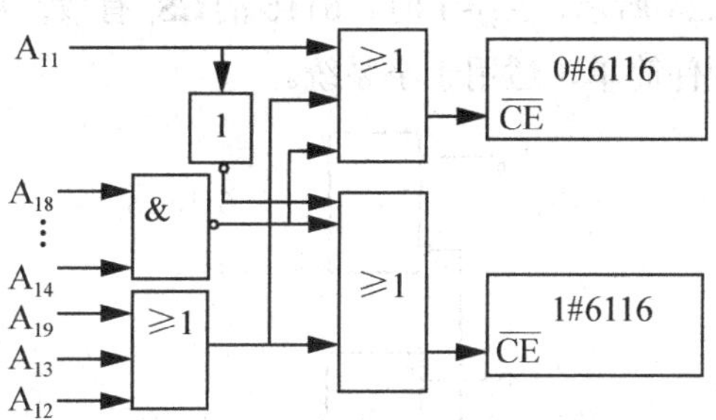

图 5.23　6116 与 CPU 通过门电路连接的简图

5.5.3　片选控制译码方法

常用的片选控制译码方法有全译码法、部分译码法、线选法和混合译码法等。

1. 全译码法

全译码法指 CPU 的所有地址线都参与地址译码，存储器芯片每个单元有唯一地址，即无地址间断和地址重叠现象。如在例 5.1 中，CPU 所有的地址线 A_{19}～A_0 都参与了地址译码(片内译码和片选译码)，这样，任意内存单元均有唯一确定的地址，属于全译码法。

2. 部分译码法

部分译码法指 CPU 有的地址线不参与地址译码，这些未参加译码的地址线与存储器地址无关，取值可 0 可 1，芯片每个单元对应多个地址，存在地址重叠，译码简单，但会造

成内存空间浪费。

【例 5.3】 在例 5.1 中，如果 A_{14} 不连(不参加译码)，则 A_{14} 取值可 0 可 1，此时地址如表 5.5 所示。0#6116 的首地址为 78000H(A14=0)或 7C000H(A14=1)；终地址为 787FFH(A14=0)或 7C7FFH(A14=1)，即地址范围为 78000H～787FFH(A14=0)或 7C000H～7C7FFH(A14=1)。同理，1#6116 的地址范围为 78800H～78FFF(A14=0)或 7C800H～7CFFF(A14=1)。

表 5.5 部分译码时 0# 6116 与 1# 6116 对应的地址

地 址	A_{19}	A_{18}	A_{17}	A_{16}	A_{15}	A_{14}	A_{13}	A_{12}	A_{11}	A_{10}	A_9	A_8	A_7	A_6	A_5	A_4	A_3	A_2	A_1	A_0
0# 6116 首址	0	1	1	1	1	×	0	0	0	0	0	0	0	0	0	0	0	0	0	0
0# 6116 终址	0	1	1	1	1	×	0	0	0	1	1	1	1	1	1	1	1	1	1	1
1# 6116 首址	0	1	1	1	1	×	0	0	1	0	0	0	0	0	0	0	0	0	0	0
1# 6116 终址	0	1	1	1	1	×	0	0	1	1	1	1	1	1	1	1	1	1	1	1

3. 线选法

当存储器容量不大，所使用的存储芯片数量不多，而 CPU 寻址空间远远大于存储器容量时，可用高位地址线直接作为存储芯片的片选信号，每一根地址线选通一块芯片，这种方法称为线选法。如图 5.24 所示，A_{19}=1 时，6116 的 $\overline{CS_1}$ 有效；A_{18}=1 时，6116 的 $\overline{CS_2}$ 有效。地址重叠更多，但硬件简单，适用于小系统。

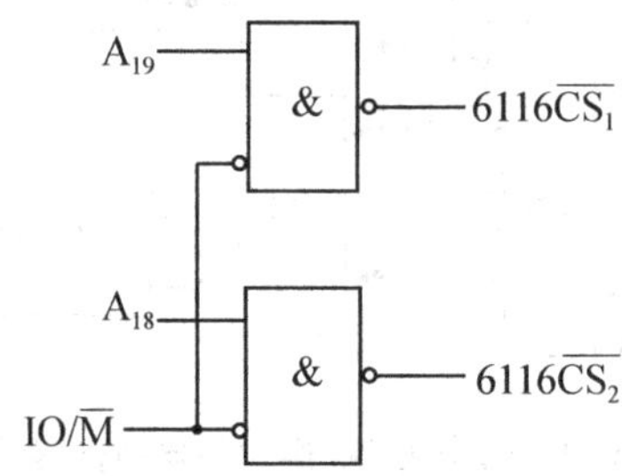

图 5.24 线选法连接图

4. 混合译码法

混合译码法是将线选法与部分译码法相结合的一种方法。该方法将用于片选控制的高位地址分为两组，其中一组的地址(通常为较低位)采用部分译码法，经译码后的每一个输出作为一块芯片的片选信号；另一组地址为较高位，采用线选法，每一位地址线作为一块芯片的片选信号。

5.6 微机内存空间的形成

一般内存空间范围远远大于单片芯片的容量，CPU 要连多片存储芯片形成内存空间。实际使用时，根据所需要的实际存储器容量，对内存芯片进行位扩展、字扩展以及字位的

同时扩展。

5.6.1 8 位微机内存空间的形成

【例 5.4】 要求用 2732 和 6116 形成 16KB 的 ROM 和 8KB 的 RAM，共 24KB 内存空间，试画出采用全译码法的硬件连接图并计算每个芯片的地址范围。

解：

1) 总体分析

EPROM 2732 有 12 根地址线 A_0～A_{11}，8 根数据线，为 4K×8b 的容量(4KB)；SRAM 6116 有 11 根地址线 A_0～A_{10}，8 根数据线，为 2K×8b 的容量(2KB)。需要芯片数计算如下。

2732 片数 ＝16KB / 4KB＝4 片

6116 片数 ＝8KB / 2KB＝4 片

CPU 的 A_0～A_{11} 片内寻址 2732；A_0～A_{10} 片内寻址 6116；A_{12}～A_{19} 接 74LS138 译码器，片选 8 片不同芯片。CPU 与芯片的连接主要是数据线、地址线、控制线的连接。

2) 数据线的连接

2732 为 4K×8b 的芯片，6116 为 2K×8b 芯片，两者都有 8 条数据线，可直接同 CPU 的 8 位数据线 D_0～D_7 连接。

3) 地址线的连接

将 A_{19} 连接 74LS138 译码器的 G_1，A_{18}～A_{15} 经过与非门接译码器的 $\overline{G_2A}$，A_{14}～A_{12} 接译码器的 C、B、A。对于 2732，将译码器的输出 $\overline{Y_0}$ ～ $\overline{Y_3}$ 分别连接四个 2732 的片选端，A_0～A_{11} 片内寻址 2732。对于 6116，A_0～A_{10} 为片内寻址，A_{11} 与译码器的输出 $\overline{Y_4}$ 、$\overline{Y_5}$ 配合作为 4 个 6116 芯片的片选信号。

4) 控制线的连接

$\overline{RD}$ 接 8 个芯片的 $\overline{OE}$ ，$\overline{WR}$ 连接 4 个 6116 的 $\overline{WE}$ 。IO/$\overline{M}$ 连接译码器的 $\overline{G_2B}$。

整个硬件连接如图 5.25 所示，各个芯片地址范围的计算如表 5.6 所示。

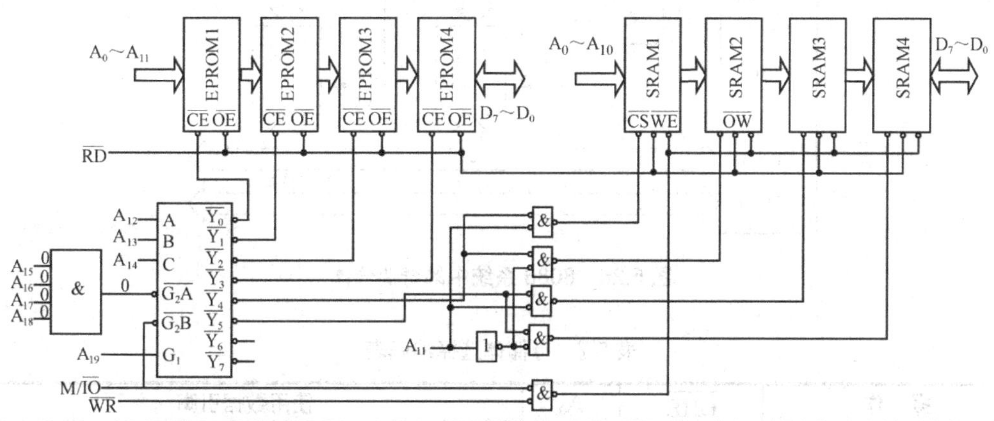

图 5.25 6116、2732 与 CPU 的连接图

注意： 由于两种芯片 6116 和 2732 片内寻址线数量不同，故 A_{11} 作为 2732 的片内寻址线，而作为 6116 的片外寻址线。

表 5.6　6116、2732 地址范围计算表

芯　片	A_{19}	A_{18}	A_{17}	A_{16}	A_{15}	A_{14}	A_{13}	A_{12}	A_{11}	A_{10}～A_0	地址范围
	G1					C	B	A			
EPROM1	1	1	1	1	1	0	0	0	×	×…×	0F8000～0F8FFF
EPROM2	1	1	1	1	1	0	0	1	×	×…×	0F9000～0F9FFF
EPROM3	1	1	1	1	1	0	1	0	×	×…×	0FA000～0FAFFF
EPROM4	1	1	1	1	1	0	1	1	×	×…×	0FB000～0FBFFF
SRAM1	1	1	1	1	1	1	0	0	0	×…×	0FC000～0FC7FF
SRAM2	1	1	1	1	1	1	0	0	1	×…×	0FC800～0FCFFF
SRAM3	1	1	1	1	1	1	0	1	0	×…×	0FD000～0FD7FF
SRAM4	1	1	1	1	1	1	0	1	1	×…×	0FD800～0FDFFF

5.6.2　16 位微机内存空间的形成

1. 16 位微机系统中奇偶分体

对 16 位微机系统，CPU 可以按字节访问，即要求一次访问 1 个字节，也可以按字访问，要求一次访问 1 个字(16 位，两个字节)。以 8086 为例，若一次访问(一个总线周期 T)一个字节，则先送 A_0～A_{19}，选中一个单元(8 位)，再对该单元读写数据。那么，如何在一个 T 内同时选中 2 个单元(16 位)?

8086 CPU 有 20 条地址总线，具有 1MB 的存储空间，为了满足既能访问字节又能访问字的要求，8086 将 1MB 存储器空间分成两部分：512KB 偶存储体+512KB 奇存储体，偶存储体连数据线的 D_0～D_7，奇存储体连数据线的 D_8～D_{15}，分别由 A_0 与 $\overline{BHE}$ 控制，系统中的奇偶分体图如图 5.26 所示。A_0 与 $\overline{BHE}$ 对内存的选择编码如表 5.7 所示。

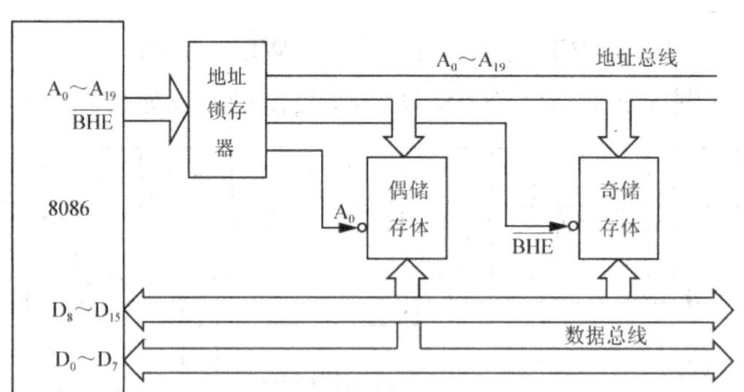

图 5.26　8086 系统中的奇偶分体

表 5.7　存储体选择编码表

操　作	$\overline{BHE}$	A_0	使用数据引脚
读写偶地址字	0	0	AD_{15}～AD_0
读写偶地址字节	1	0	AD_7～AD_0
读写奇地址字节	0	1	AD_{15}～AD_8
读写奇地址字	0	1	AD_{15}～AD_8　第一总线周期读写低字节
	1	0	AD_{15}～AD_8　第二总线周期读写高字节

2. 8088/8086 的存储器访问操作

8088 是准 16 位微处理器，其外部数据线为 8 位，内部寄存器和运算器为 16 位，一个总线周期只能访问一个字节，要进行字操作，必须用两个总线周期，第一个总线周期访问低字节，第二个总线周期访问高字节。

8086 是标准的 16 位微处理器，外部和内部数据总线都是 16 位，访问一个字节使用一个总线周期，当访问一个字时，若字地址为偶地址(低字节在偶地址单元，高字节在奇地址单元)，则使用一个总线周期，若字地址为奇地址(高字节在偶地址单元，低字节在奇地址单元)，则使用两个总线周期，每个周期访问一个字节。

3. “对准”字与“未对准”字及存放

“对准”字是指数据从偶地址开始存放，字地址为偶地址，8086 用一个总线周期可完成读写；“未对准”字是指数据从奇地址开始存放，字地址为奇地址，8086 用两个总线周期才完成读写。字节与字访问的详细过程如图 5.27 所示。

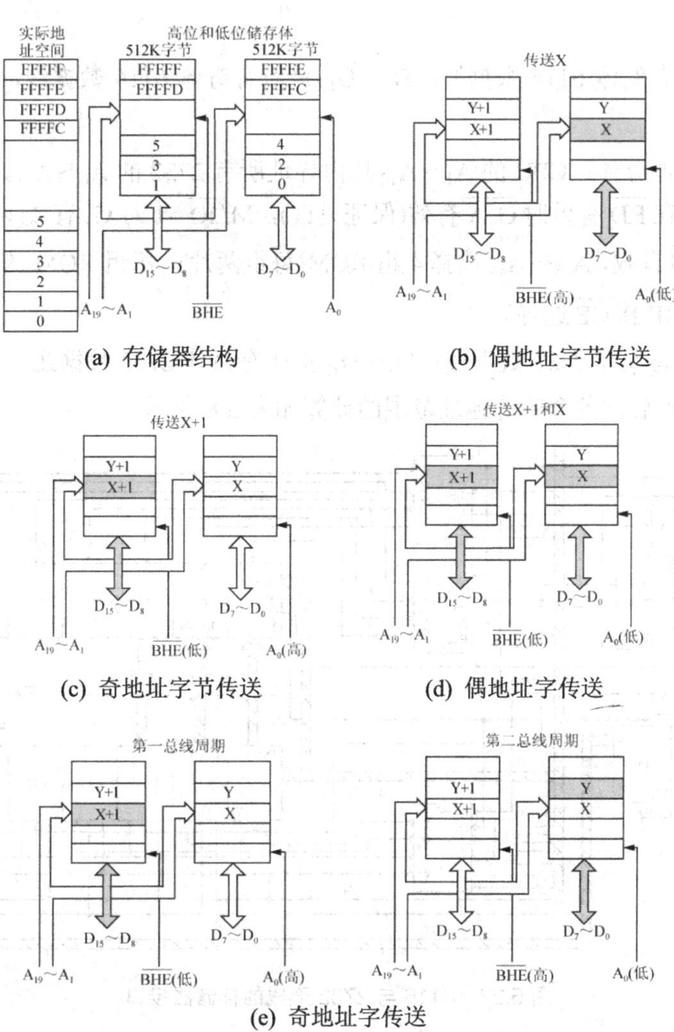

图 5.27　8086 的字节访问和字访问过程

4. 16 位系统中的内存空间

【例 5.5】 如图 5.28 所示，接口 1#～8#共 8 片 6116 形成 RAM 区，9#～16#共 8 片 2732 形成 ROM 区，计算 RAM 区和 ROM 区的地址范围。

解： 分析过程如下。

(1) 总线形成：2 片 245 数据总线，3 片 373 地址总线。

(2) 图中共有 8 片 SRAM 与 8 片 ROM，SRAM (片内 A_0～A_{10})的容量为 8×2KB，ROM (A_0～A_{11})的容量 8×4KB，共计 48KB。

(3) 6116 奇偶分体：CPU 的 A_1～A_{11} 片内寻址所有 6116 的 A_0～A_{10}；138(上)、138(中)芯片在 $\overline{WR}$ 与 $\overline{RD}$ 有效时 $\overline{G_2A}$ 有效(保证读写)，$\overline{M}/\overline{IO}$=1 同时 A_{15}=0 时 G_1 有效 (内存操作)，A_0=0 时 138(上)的 $\overline{G_2B}$ 有效(选择偶体 138)，$\overline{BHE}$=0 时 138(中)的 $\overline{G_2B}$ 有效(选择奇体 138)，A_{12}～A_{14} 分别对偶体 RAM 区的 1#、3#、5#、7#，对奇体 RAM 区的 2#、4#、6#、8#进行片选。

D_0～D_7 接所有偶体 6116 数据线；D_8～D_{15} 接所有奇体 6116 数据线，A_{16}～A_{19} 不参与译码。

(4) 2732 奇偶分体：CPU 的 A_1～A_{12} 片内寻址所有 2732 的 A_0～A_{11}。

138(下)芯片在 $\overline{RD}$ 有效时 $\overline{G_2A}$ 有效(保证只读)，M/$\overline{IO}$=1 时 G_1 有效(内存操作)，A_{16}～A_{19} 都为 1 时 $\overline{G_2B}$ 有效，A_{13}～A_{15} 选择 4 组 ROM(每组两片)，每组 ROM 的偶片由 A_0 接 $\overline{CE}$ 选择，奇片由/BHE 接 $\overline{CE}$ 选择。

D_0～D_7 接所有偶体 2732 数据线；D_8～D_{15} 接所有奇体 2732 数据线。

经过上述分析后，各个芯片地址范围的计算如表 5.8 所示。

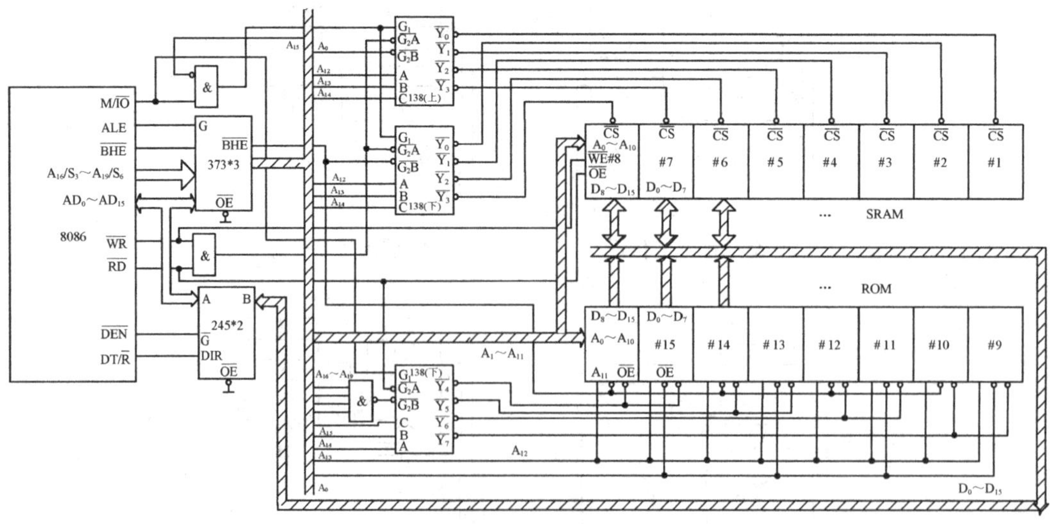

图 5.28 6116 与 2732 形成的存储器接口

表 5.8　各个芯片地址范围表

存储器	A_{19}	A_{18}	A_{17}	A_{16}	A_{15}	A_{14}	A_{13}	A_{12}	A_{11}～A_1	A_0	$\overline{BHE}$	地址范围
#1	×	×	×	×	0	0	0	0	×…×	0	×	×0000H～×0FFFH 的偶存储体
#2	×	×	×	×	0	0	0	0	×…×	1	0	×0000H～×0FFFH 的奇存储体
#3	×	×	×	×	0	0	0	1	×…×	0	×	×1000H～×1FFFH 的偶存储体
#4	×	×	×	×	0	0	0	1	×…×	1	0	×1000H～×1FFFH 的奇存储体
#5	×	×	×	×	0	0	1	0	×…×	0	×	×2000H～×2FFFH 的偶存储体
#6	×	×	×	×	0	0	1	0	×…×	1	0	×2000H～×2FFFH 的奇存储体
#7	×	×	×	×	0	0	1	1	×…×	0	×	×3000H～×3FFFH 的偶存储体
#8	×	×	×	×	0	0	1	1	×…×	1	0	×3000H～×3FFFH 的奇存储体
#9	1	1	1	1	1	1	1	×	×…×	0	×	0FE000H～0FFFFFH 的偶存储体
#10	1	1	1	1	1	1	1	×	×…×	1	0	0FE000H～0FFFFFH 的奇存储体
#11	1	1	1	1	1	1	0	×	×…×	0	×	0FC000H～0FDFFFH 的偶存储体
#12	1	1	1	1	1	1	0	×	×…×	1	0	0FC000H～0FDFFFH 的奇存储体
#13	1	1	1	1	1	0	1	×	×…×	0	×	0FA000H～0FBFFFH 的偶存储体
#14	1	1	1	1	1	0	1	×	×…×	1	0	0FA000H～0FBFFFH 的奇存储体
#15	1	1	1	1	1	0	0	×	×…×	0	×	0F8000H～0F9FFFH 的偶存储体
#16	1	1	1	1	1	0	0	×	×…×	1	0	0F8000H～0F9FFFH 的奇存储体

5.7　外存储器简介

外存储器通过接口电路与主机相连，存储容量大，常用来存放暂时不用的程序及信息，其存取的速度慢，外部存储器的程序只有调入内存后，才能执行。外部存储器的种类很多，如前所述，常用的外存包括磁盘(软磁盘、硬磁盘)、光盘，本节予以简单介绍。

5.7.1　软磁盘

软盘片通常由聚酯薄膜作基膜，表面涂上一层磁性介质而成。按其直径分为：3.5 英寸软盘，简称 3 寸盘，容量为 1.44MB；5.25 英寸软盘，简称 5 寸盘，容量为 1.2MB。软盘片是圆形的，它分为一个一个磁道，最外面一圈是 0 磁道，向里是一圈一圈的同心圆，也就是一个一个的磁道，每个磁道分为一段一段的扇区，扇区中有固定的字节数，用以记录数据。软盘中的数据需要通过软盘驱动器来读写。由于软磁盘目前使用很少，这里不再多做介绍。

5.7.2　硬磁盘

硬盘在微机系统中的作用仅次于 CPU 和内存。一个完整的硬盘由驱动器、控制器、盘

片三大部分组成。现代微机的硬盘是将上述部件密封组合在一起。磁盘盘片的基底由铝合金制成，表面涂上一层可磁化的磁性介质(例如 Fe_2O_3)。硬盘驱动器的磁头与盘片是非接触性的，主轴驱动系统使硬盘片高速运转，可达到 3600～7200r/min，从而在盘片表面上产生一层气垫，磁头便浮在这层气垫上。磁头与盘片间的间隙只有几微米。硬盘存储容量大，存取速度高，它是微机系统配置中必不可少的部件。硬盘驱动器通过硬盘适配器与系统接口。硬盘适配器提供两种常用的接口总线标准：一种是 IDE 集成电子驱动接口；另一种是 SCSI 小型计算机系统接口标准。IDE 采用 40 芯扁平电缆连接到主系统中。SCSI 小型计算机系统接口，定义了一种输入输出总线和逻辑接口，用来支持计算机与外部设备互联的总线。SCSI 的主要目标是提供一种设备独立的机理，用来连接主机和外部设备。

硬盘驱动器上配有上述 IDE 和 SCSI 接口，利用电缆线可直接相连。硬盘驱动器是 PC 中发展最迅猛的部件之一，目前硬盘容量可达到数百 GB。硬盘读/写数据是通过磁头来完成的。硬盘的主轴电动机带动盘片高速旋转，产生浮力使磁头飘浮在盘片上方。只有存取资料的扇区到了磁头下方，才能读取所需的内容。所以，转速越快，等待时间也就越短。容量、速度和安全性是硬盘的三项主要指标，而容量则是用户最优先考虑的指标。

5.7.3 光盘

光盘大致分为如下三种：只读型光盘、一次性写入光盘和可擦写型光盘。

只读型光盘一般用于软件厂商发布软件，在软件制造工厂就将软件或其他信息写入光盘中，用户买到光盘只能读出其中的信息，而不能对光盘上的信息进行更改，一般容量为 650MB。

一次性写入光盘在市场上可以买到，一般是用户自己购买后，配以可读写光驱，向光盘中写入信息，用于备份数据，也可以写入自己开发的商品化应用软件用于出售。一次性写入光盘一定要配备光盘刻录机才能进行写操作，普通的 CD-ROM 是不能向光盘上写入数据的。

可擦写型光盘可以对光盘反复进行读写操作，这种光盘现在已经越来越多地应用在各个领域，市场上销售的可擦写型光盘存储容量现在可以达到 10GB 以上，是一种很好的、方便的移动存储介质，当然它也必须配备专用的可擦写光驱。

5.8 小型案例实训

案例 1——地址译码

设 6116 的片选连接如图 5.29 所示，求其地址范围。

解：由于 6116 的片选地址线没有 A_{14} 和 A_{17}，即 A_{14} 和 A_{17} 可 0 可 1，必然存在四组地址重叠。对应的地址范围为 0DB800H～0DBFFFH(A_{17}=0，A_{14}=0)、0DF800H～0DFFFFH (A_{17}=0，A_{14}=1)、0FB800H～0FBFFFH(A_{17}=1，A_{14}=0)、0FF800H～0FFFFFH(A_{17}=1，A_{14}=1)。具体如表 5.9 所示。

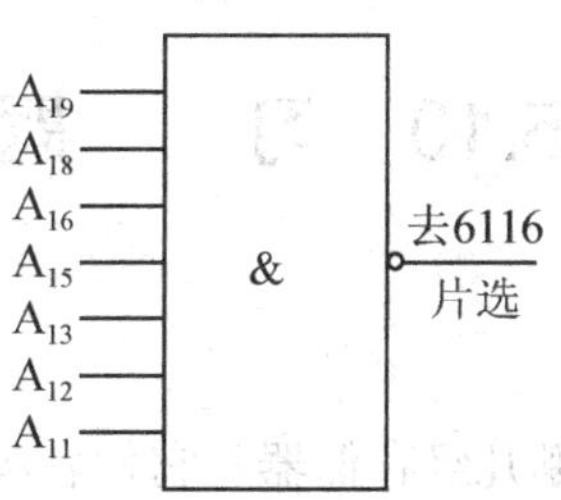

图 5.29 6116 片选连接图

表 5.9 各个地址线的值及地址范围表

芯 片	A_{19}	A_{18}	A_{17}	A_{16}	A_{15}	A_{14}	A_{13}	A_{12}	A_{11}	A_{10}～A_0	地址范围
6116	1	1	0	1	1	0	0	0	×	×…×	0DB800H～0DBFFFH
	1	1	0	1	1	1	0	1	×	×…×	0DF800H～0DFFFFH
	1	1	1	1	1	0	1	0	×	×…×	0FB800H～0FBFFFH
	1	1	1	1	1	1	1	1	×	×…×	0FF800H～0FFFFFH

案例 2——8086 对字及字节的访问

设 8086 中(00000H)=01H，(00001H)=02H，(00002H)=03H，(00003H)=04H，DS=0000H，则下列指令的含义分别是什么？需要几个总线周期？访问后 AL 或 AX 的内容是什么？

(1) `MOV AL，[0000H]`

(2) `MOV AX，[0000H]`

(3) `MOV AX，[0001H]`

解：

(1) 字节访问，1 个总线周期访问，(AL) =01H。

(2) 对准字访问，1 个总线周期访问， (AX) =0201H。

(3) 不对准字访问，2 个总线周期访问，(AX) =0302H。

5.9 小 结

本章首先介绍了内存的结构、数据组织、技术指标，存储器的层次结构与分类。然后介绍了随机存储器(RAM)，包括静态随机存储器(SRAM)和动态随机存储器(DRAM)的基本存储单元及典型芯片 2116、2164。并针对目前计算机系统常用的 RAM，介绍了现代 RAM，包括 EDO DRAM、SDRAM、DDR SDRAM、RDRAM；介绍了只读存储器(ROM)，包括掩膜式 ROM、PROM、EPROM、E^2PROM、Flash ROM，典型芯片 2764。在介绍内存之后，讲述了 CPU 与内存之间的接口技术，包括连接方法、译码方法、8 位和 16 位内存空间的形成。要求读者在给出硬件连接时能够求出对应的内存地址范围，或给出地址范围时能够画出对应的硬件连接。最后，简单介绍了常用的外存。

5.10 习　题

一、简答题

1. 一个微机系统中通常有哪几级存储器？它们各起什么作用？性能上有什么特点？
2. 什么是SRAM、DRAM、ROM、PROM、EPROM和E^2PROM？
3. 常用的存储器片选控制方法有哪几种？它们各有什么优缺点？
4. 动态RAM为什么要进行定时刷新？

二、计算题

1. 用下列芯片构成存储器系统，需要多少个RAM芯片？需要多少位地址用于片外地址译码？设系统有20位地址线，采用全译码方式。

(1) 512×4位RAM构成16KB的存储器系统。

(2) 64K×1位RAM构成256KB的存储器系统。

(3) 1024×1位RAM构成128KB的存储系统。

(4) 2K×4位RAM构成64KB的存储系统。

2. 某64位计算机系统的主存采用32根地址线的字节地址空间和64位数据线访问存储器，若使用64M位的DRAM芯片组成该机所允许的最大主存空间，并采用内存条形式，问：

(1) 若每个内存条为64M×32位，共需多少内存条？

(2) 每个内存条内共有多少片DRAM芯片？

(3) 主存共需多少DRAM芯片？

3. 现有一种存储芯片容量为512×4位，若要用它组成4KB的存储容量，需多少这样的存储芯片？每块芯片需多少寻址线？而4KB存储系统最少需多少寻址线？

4. 用1024×1位的RAM芯片组成16K×8位的存储器，需要多少芯片？在地址线中有多少位参与片内寻址？多少位组合成片选信号(设地址总线为16位)？

5. 有一2732 EPROM芯片的译码电路如习图5.1所示，请计算该芯片的地址范围及存储容量。

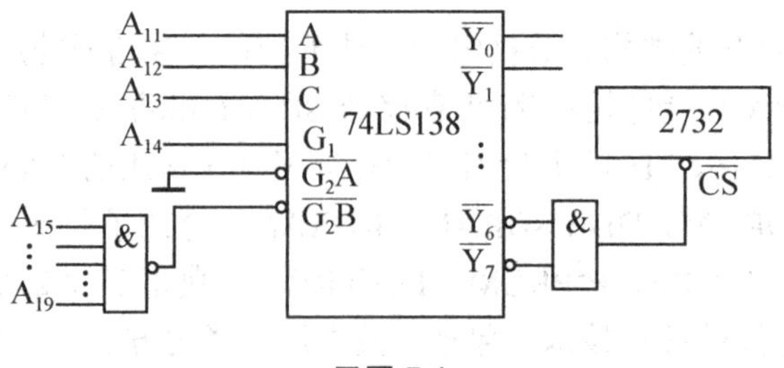

习图5.1

6. 微机系统的存储器由5片RAM芯片组成，如习图5.2所示，其中U_1有12条地址线，8条数据线，U_2～U_5各有10条地址线，4条数据线，试计算芯片U_1和U_2，U_3的地址范围，以及该存储器的总容量。

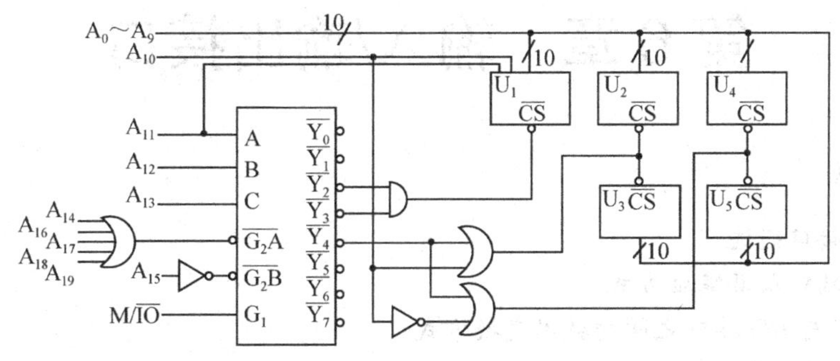

习图 5.2

7. 已知某微机控制系统中的 RAM 容量为 4K×8 位，首地址为 4800H，求其最后一个单元的地址。

8. 某微机系统中内存的首地址为 3000H，末地址为 63FFH，求其内存容量。

三、分析题

1. 使用 2732、6116 和 74LS138 构成一个存储容量为 12KB 的 ROM(00000H～02FFFH)、8KB RAM(03000H～04FFFH)的存储系统。系统地址总线 20 位，数据总线 16 位。要求画出逻辑图。

2. 某一存储器系统如习图 5.3 所示，请求出它们的存储容量各是多少。分析 RAM 和 EPROM 存储器地址分配范围各是多少。

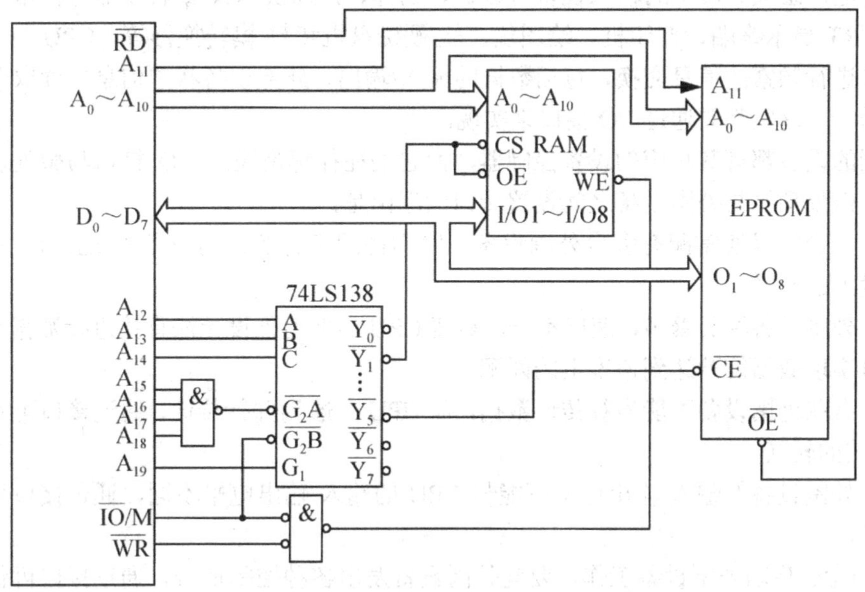

习图 5.3

第 6 章　输入/输出接口

本章要点

- I/O 接口概述
- I/O 端口及其编址方式
- CPU 与 I/O 接口之间的数据交换方式
- 输入/输出接口芯片

6.1　I/O 接口概述

所谓接口(interface)就是计算机与外设的连接部件，是计算机与外界进行信息交换的中转站。接口可以看成是两个系统或者两个部件之间的交接部分，它既可以是两种硬设备之间的连接电路，也可以是两种软件之间的共同逻辑边界。I/O 接口通常是指微处理机与外围设备之间设置的一个硬件电路及其相应的软件控制。

目前微型计算机广泛应用于过程控制、信息处理和数据通信等领域，计算机与各种外部设备之间能否高效可靠地进行信息交换，关键取决于输入/输出接口(I/O 接口)。通用微型计算机的硬件系统由中央处理器(CPU)、内存储器(RAM 和 ROM)、输入/输出设备(I/O 设备)及其接口电路组成。常用的输入设备有键盘、鼠标、扫描仪和模/数转换器等；常用的输出设备有 CRT 显示终端、打印机、绘图仪、软/硬磁盘机和数/模转换器等。CPU 与 I/O 设备之间需要进行频繁的信息交换，包括数据的输入/输出、外部设备状态信息的读取及控制命令的传送等，这些都要通过 I/O 接口来实现。

不同的设备都有其相应的设备控制器，而它们往往都是通过 I/O 接口与微处理机取得联系的。微处理机与外围设备之间设置接口的理由是：

(1) 一台机器通常配有多台外围设备，它们都配备有各自的设备号(地址)，通过接口可实现设备的选择。

(2) 外围设备种类繁多，速度不一，高速 CPU 与低速外设无法直接进行数据交换，通过接口可实现数据缓冲达到速度上的匹配。

(3) 有些外围设备可能串行传送数据，而 CPU 一般为并行传送，通过接口可实现数据串-并格式的转换。

(4) 外围设备的输入/输出电平可能与 CPU 的输入/输出电平不同，通过接口可实现电平的转换。

(5) CPU 启动外围设备工作，要向外围设备发出各种控制信号，通过接口可传送控制命令。

(6) 外围设备需要将其工作状态(比如，“准备就绪”、“繁忙”、“出错”、“中断请求”等)及时向 CPU 报告，通过接口可监视各设备的工作状态，并可保存状态信息，供 CPU 查询。

I/O接口在整个计算机系统中所处的位置如图6.1所示，位于系统总线和外部设备之间。

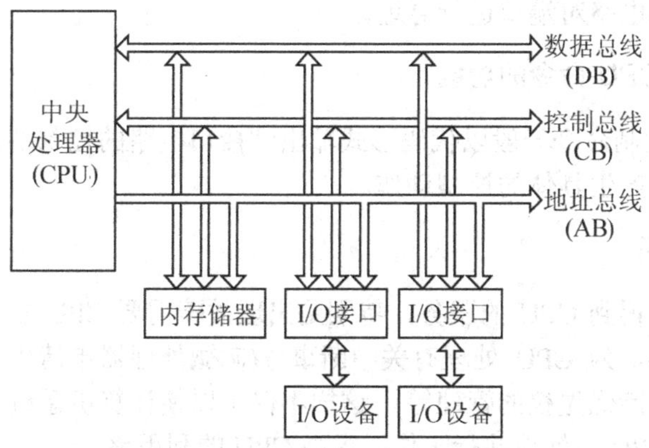

图6.1 计算机接口的位置和概念

注意： 接口(interface)和端口(port)是两个不同的概念。端口是指接口电路中的一些寄存器，这些寄存器分别用来存放数据信息、控制信息和状态信息，与其相对应的就是数据端口、控制端口和状态端口。若干个端口加上相应的控制逻辑才能组成接口。CPU通过输入指令，从端口读入信息，通过输出指令，可将信息写入端口中。

6.1.1 I/O接口的基本功能

I/O设备是用来实现人机交互的一些机电设备，按工作方式不同可分为机械式、电子式和光学式等；按工作速度不同可分为高速的和低速的；外设所涉及的信号类型可以是数字量、模拟量(电压信号或电流信号)或开关量等；计算机与不同外设之间所传送信息的格式有串行和并行之分；传送信息的高低电平也是多种多样的。

为了协调CPU与外设之间的数据读写矛盾，实现CPU和外设之间高效可靠的信息交换，I/O接口应具备以下功能。

1. 数据缓冲功能

接口电路中一般都设置有数据输入/输出寄存器(或称为数据锁存器)，以解决高速主机与低速外设之间的速度匹配问题，避免因主机与外设的速度不匹配而丢失数据。

2. 信号转换功能

外设所提供的数据、状态和控制信号可能与计算机的总线信号不兼容，接口电路应进行相应的信号转换。包括数字信号和模拟信号的转换，电压信号和电流信号的转换，信号高、低电平(信号的电压幅值)的匹配转换。

3. 端口选择功能

计算机系统中往往挂接有多个外设，每个外设与CPU传递多种信息(如数据信息、状态信息和控制信息)，这些信息分别存放在外设接口的不同类型的寄存器中。CPU同外设之间的信息传送实质上是对这些寄存器进行读或写操作，接口中这些可以由CPU进行读或写

的寄存器被称为端口。在同一时刻，总线只允许一个端口与CPU进行数据交换，因此需要通过接口的地址译码电路对端口进行寻址。

4. 接收和执行CPU命令的功能

CPU对外设的控制命令一般以代码形式输出到接口电路的控制端口，接口电路分析、识别命令代码，最终产生具体的控制动作。

5. 中断管理功能

当外设需要及时得到CPU的服务，特别是出现故障需要CPU立即处理时，就要求接口中设置中断控制器，为CPU处理有关中断事务(向微处理器申请中断，向微处理器发出中断类型号和进行中断优先权的管理等)，这样不仅可以使计算机系统具有处理突发事件的能力，而且可以使CPU与外设并行工作，提高CPU的利用率。

6. 可编程功能

有些接口具有可编程特性，可以在不改变硬件电路的情况下，用指令来设定接口的工作方式、工作参数和信号的极性，可编程功能提高了接口的灵活性和可扩充性。

6.1.2 I/O接口的基本组成

I/O接口的总体结构如图6.2所示，把数据缓冲/锁存器、读/写/中断控制逻辑、端口地址译码、数据端口、控制端口和状态端口等电路组合起来，就构成了一个简单的I/O接口电路。它一方面与地址总线、数据总线和控制总线相连接；另一方面又与外部设备相连。

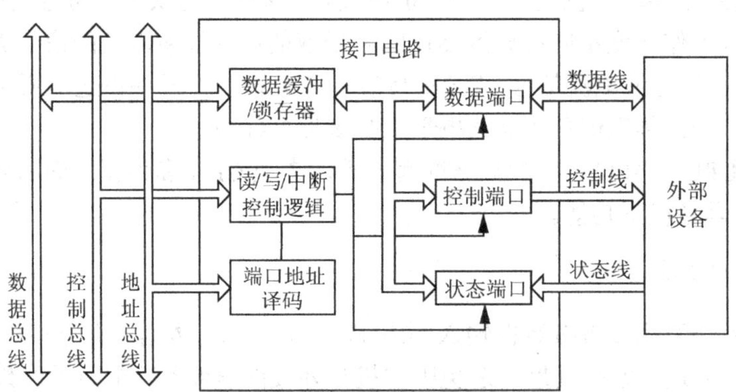

图6.2 I/O接口的基本结构

1. CPU和I/O设备之间交换的信息

CPU和I/O设备之间交换的信息有数据信息、状态信息和控制信息。

1) 数据信息

CPU与外设交换的基本信息是数据信息(data)，大致可以分为下面三种类型。

- 数字量：以连续几位二进制形式表示，例如由键盘、光电读入机读入的信息以及由计算机送到打印机、显示器和绘图仪等的信息都是数字量信息，可以直接向微处理器传输。

- 模拟量：模拟量是时间上连续变化的量，当计算机用于控制系统时，从现场通过各种传感器采集到的都是连续变化的模拟量，如温度、压力、流量、位移、电流、电压、高度等，计算机只能直接处理数字量信息，因此这些模拟量信息必须通过A/D转换器送入计算机处理；处理之后又必须通过D/A转换器输出经功率放大去驱动被控对象。
- 开关量：开关量是只有两个状态的量，如电路的通与断、电机的启与停等，一个开关量只需要用一位二进制数来表示其两个不同的状态。

2) 状态信息

状态信息(status)反映的是当前外设所处的工作状态，外设通过I/O接口将状态信息送往CPU，CPU接收到这些信息就可以了解到外设的工作情况，从而准确适时地进行数据的传送。例如，在输入时，有输入设备是否准备好(ready)的状态信息；在输出时，有输出设备是否忙碌(busy)的状态信息。

3) 控制信息

控制信息(control)是CPU通过接口传送给外设的，CPU通过发送控制信息来控制外设的暂停、启动等。

注意：相应地，按存放的信息不同，I/O端口也可以分为三种类型。

- 数据端口：用来存放CPU与外设间传送的数据信息。
- 状态端口：用来存放外设的状态信息，外设的状态一般采用编码表示，编码值称为外设的状态字。
- 控制端口：用来存放CPU对外设或接口的控制信息，控制外设或接口的工作方式，控制信息采用编码表示，编码值称为外设的控制字或命令字。

2. 端口地址译码

地址译码是I/O接口的基本功能之一，微处理器在执行输入/输出指令时需要向地址总线发送外部设备的端口地址，译码电路收到与本接口有关的地址后产生相应的选通信号，对相关端口进行数据、命令或状态的传输，完成一次I/O操作。

3. 数据缓冲/锁存器

在CPU与I/O设备之间进行输入/输出操作时，输入需要缓冲，输出需要锁存。

1) 输入缓冲

在系统的数据总线上，连接着许多能够向微处理器发送数据的设备，为了使系统的数据总线能够正常地进行数据传送，要求所有连接到系统数据总线的设备具备三态输出功能。在系统总线和外设之间接上三态缓冲器，当处理器选中该设备时，才将缓冲器的三态门打开，使外设的数据进入系统数据总线，在其他时间，缓冲器的输出端呈高阻状态。

2) 输出锁存

微处理器向外设输出数据或命令时，需要在系统的数据总线和外设间接上锁存器，以便对数据进行锁存使外设有充分的时间接收和处理。在锁存允许端为无效电平时，数据总线上的新数据不能进入锁存器；当确定外设已经取走上次输出的数据时，锁存允许端为有效电平，将新数据送入锁存器保留。

6.1.3 I/O 接口的基本类型

I/O 接口按不同的操作方式，可分为以下几类。

1. 按数据传送方式分类

按数据传送方式分类，有并行接口和串行接口两类。

- 并行接口：主机与接口、接口与 I/O 设备之间都是以并行的方式来传送信息，即每一次都是将一个字节(或一个字)的所有位同时进行传送(如 Intel 82C55A)。因此，并行接口的数据通道宽度是按字或者字节设置的。当 I/O 设备的工作方式是并行操作方式，并且与主机系统的距离较近时，常选用并行接口。
- 串行接口：接口与 I/O 设备之间是以串行方式传送数据的，即每一个字是在设备与接口之间一位一位进行传送的(如 Intel 8251A)。而接口与主机之间则是按字节或者字并行传送，因此，要求串行接口中必须设置具有移位功能的数据缓冲寄存器，以实现数据格式的串-并转换。此外，还必须有同步定时脉冲信号来控制信息传送的速率。

2. 按功能选择的灵活性分类

按功能选择的灵活性来分，有可编程接口和不可编程接口两类。

- 可编程接口：其功能及操作方式，可用程序来改变或选择(如 Intel 82C55A/8251A USART)。
- 不可编程接口：其功能及操作不能用程序来改变其功能，但可通过硬连线逻辑来实现不同的功能(如 Intel 8212)。

3. 按通用性分类

按通用性分类，有通用接口和专用接口两类。

- 通用接口：可供多种外设使用，如 Intel 82C55A 8212。
- 专用接口：专用接口是为某类外设或某种用途专门设计的，如 Intel 8279 可编程键盘/显示器接口；Intel 8275 可编程 CRT 控制接口等。

4. 按数据传送的控制方式分类

- 程序形式接口：用于连接速度较慢的 I/O 设备，如显示器、键盘、打印机等。
- DMA 式接口：用于连接高速 I/O 设备，如磁盘、磁带等，比如 Intel 8257。

5. 同步接口和异步接口

按数据传送操作同步与否，又可分为同步接口和异步接口两类。

- 同步接口：同步接口操作是按 CPU 控制节拍进行的，不论是 CPU 与 I/O 设备，还是存储器与 I/O 设备，在交换信息时都与 CPU 的节拍同步。这种接口控制简单，但是它的操作完成时间只能取 CPU 时钟的整数倍。
- 异步接口：异步接口操作不由 CPU 节拍控制，CPU 与 I/O 设备之间交换信息采用的不是应答方式。通常把交换信息的两个设备分成为主控设备和从属设备，如果

将CPU叫作主控设备，而某一个I/O设备叫作从属设备。主控设备提出交换信息的“请求”信号，经接口传递到从属设备，从属设备完成主控设备指定的操作后又会通过接口向主控设备发出“回答”信号。整个信息交换过程就是这样一问一答地进行的。

6.2　I/O端口及其编址方式

计算机系统通过一组总线来连接系统的各个功能部件，包括CPU、内存和I/O端口，各功能部件之间的信息交换通过总线来进行，如何区分不同内存单元和I/O端口，是输入/输出编址方式所要讨论和解决的问题。

CPU与I/O接口进行通信实际上是通过I/O接口内部的一组寄存器实现的，这些寄存器称为I/O端口(I/O port)。I/O端口有数据端口、状态端口和控制端口三类。一个I/O接口可能包含其中一类或两类端口，也可能包含全部三类端口。CPU通过数据端口从外设读入数据或向外设输出数据，通过状态端口读入设备当前的状态，通过控制端口向外设发出控制命令。

根据计算机系统的不同，输入/输出端口的编址方式通常有两种形式：一种是I/O端口与内存统一编址；另一种是I/O端口与内存独立编址。

6.2.1　I/O端口与内存统一编址

这种编址方式又称为存储器映射编址方式，是从存储器空间划出一部分地址给I/O端口，即把每个I/O端口当作一个存储单元，I/O端口与内存单元被安排在同一个地址空间中，CPU与外设的数据交换，相当于对存储器的读/写操作，不设置专门的I/O指令。通常的解决方案是在整个地址空间中划分出一小块连续的地址分配给I/O端口，被端口占用的地址，存储器不能再使用。图6.3给出了I/O端口与内存单元统一编址的示意图。图中分配给I/O端口的地址范围为F0000H～FFFFFH，共65536个地址。

使用这种编址方式的优点如下。

(1)　可以用访问内存的方式来访问I/O端口。由于访问内存的指令和寻址方式很多，因此这种编址方式为访问外设带来了很大的灵活性。所有用于内存的指令都可用于外设，不再需要专门的I/O指令。同时，I/O控制信号也可以与存储器的控制信号共用，给应用带来了很大的方便。

(2)　外设数目或I/O寄存器数目几乎不受限制。

(3)　微机系统读写控制逻辑较简单。

使用这种编址方式的缺点如下。

(1)　I/O端口占用部分内存空间，减少了内存可用的地址范围，因此对内存容量有影响。

(2)　访问I/O端口和访问内存一样，由于访问内存时地址长，指令的机器码也长，执行时间显然增加。

(3)　从指令上不易区分当前是对内存进行操作还是对外设进行操作。

6.2.2 I/O 端口与内存独立编址

这种编址方式称为I/O映射编址方式，如图6.4所示，内存和I/O端口有各自独立的地址空间。以 8086/8088 为例，访问内存储器使用 20 根地址线 A_0～A_{19}，内存地址范围为00000H～FFFFFH，总共可寻址 2^{20}=1M，而访问 I/O 端口时使用低 16 根地址线 A_0～A_{15}，I/O 端口的地址范围为 0000H～FFFFH 个 8 位端口，总共可寻址 2^{16}=64K 个 8 位端口，这两个地址空间相互独立，互不影响。

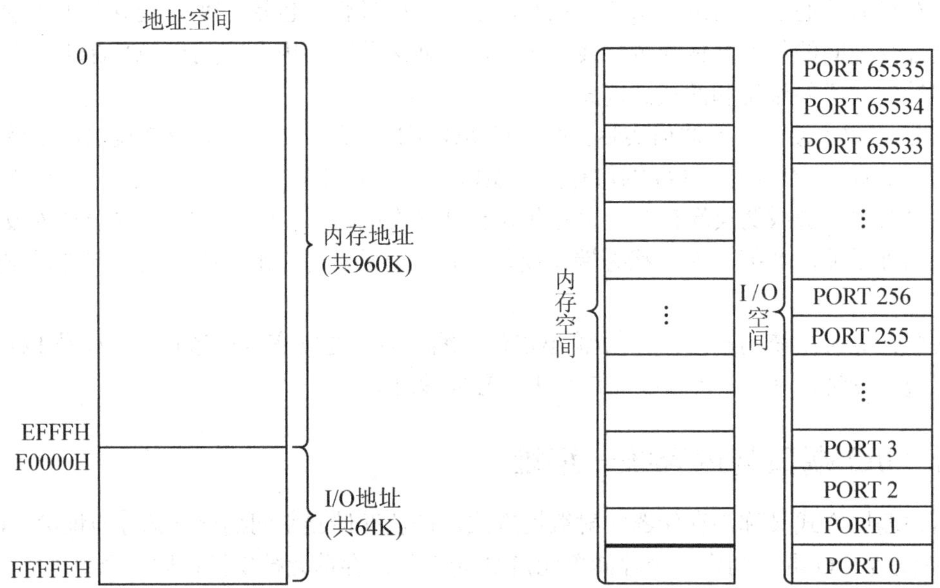

图 6.3　I/O 端口与内存单元统一编址示意图　　图 6.4　I/O 端口与内存单元独立编址示意图

CPU 在寻址内存和外设时，使用不同的控制信号来区分当前是对内存操作还是对 I/O 端口操作。从 8086 引脚功能部分可知，当 8086 的 M/$\overline{IO}$ 信号为 1 时，表示当前 CPU 执行的是存储器操作，这时地址总线上给出的是某个存储单元的地址；当 M/$\overline{IO}$ 信号为 0 时，表示当前 CPU 执行的是 I/O 读写操作，这时地址总线给出的是某个 I/O 端口的地址。采用 I/O 端口独立编址的 CPU，其指令系统中单独设置有专用的 I/O 指令，用于对 I/O 端口进行读写操作。

使用这种编址方式的优点如下。

(1) 内存地址空间不受 I/O 端口地址空间影响。

(2) 地址译码简单，速度较快。

(3) I/O 指令简短，执行速度快。

(4) 使用专用 I/O 命令(IN/OUT)，与内存访问命令(LOAD/STORE、MOV)有明显区别，便于理解和检查。

使用这种编址方式的缺点如下。

(1) 专用 I/O 指令增加了指令系统的复杂性，且 I/O 指令类型少，程序设计灵活性较差。

(2) 要求系统提供 MEMR/MEMW 和 IOR/IOW 两组控制信号，增加了控制逻辑的复杂性。

6.3 CPU 与 I/O 接口之间的数据交换方式

在计算机系统中，数据主要在 CPU、内存和 I/O 接口之间传送。CPU 在一个总线周期内就可以完成与内存间的一次数据传输；CPU 与外设之间的数据交换相对比较复杂，CPU 从输入设备读入一个数据后，要等到该设备完成了第二次数据的输入后才能继续读入，因此相对于 CPU 与内存的数据交换而言，与外设的数据交换有着不同的特点，因此也有着不同的处理方式。CPU 与各种不同的外设进行数据传送，采用不同的控制方式，概括起来有以下几种：程序控制方式、中断方式和 DMA 方式。

6.3.1 程序控制方式

程序控制方式是指在程序控制下进行数据传送，又分为无条件传送和条件传送。

1. 无条件传送

在该方式中，外设总被认为已处于准备就绪或准备接收状态，程序不必查询外设的状态，当需要与之交换数据时，直接执行输入、输出指令，就开始发送或接收数据。无条件传送是一种最简单的输入/输出传送，一般只用于简单、低速的外设操作，如开关、继电器、LED 显示器等。图 6.5 所示为无条件传送方式的工作原理图。

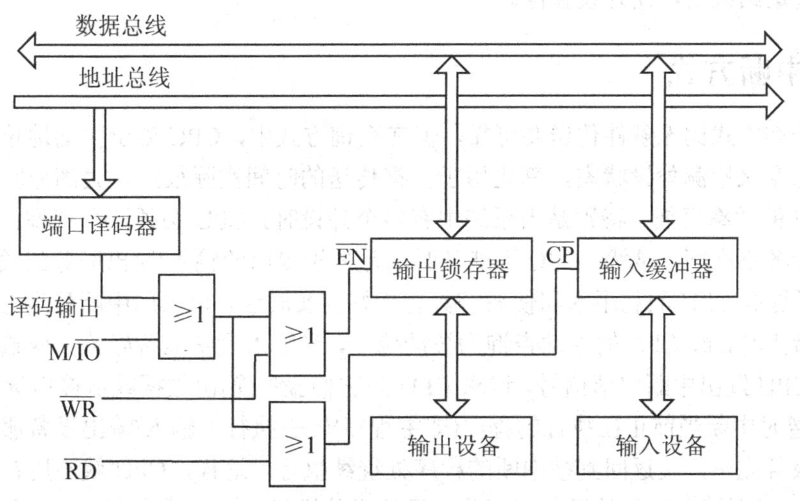

图 6.5 无条件传送输入/输出接口框图

当 CPU 执行输入指令时，M/$\overline{IO}$ 为低电平，读信号 $\overline{RD}$ 有效，同时地址译码也有效，输入缓冲器被选中，使外设数据进入数据总线，供 CPU 读取，如果数据没有准备好，会出错；当 CPU 执行输出指令时，M/$\overline{IO}$ 为低电平，写信号 $\overline{WR}$ 有效，同时地址译码也有效，输出锁存器被选中，CPU 送出的数据经数据总线打入锁存器，供外设读取。

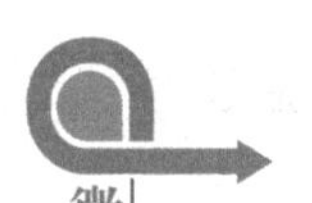

2. 条件传送

条件传送方式也称为程序查询方式，在传送数据之前，CPU 要执行查询程序去查询外设的当前状态，只有当外设处于准备就绪(输入设备)或空闲状态(输出设备)时，才执行输入或输出指令进行数据传送；否则，CPU 循环等待，直到外设准备就绪为止。因此，接口电路除了有数据端口外，还要有传送外设状态信息的状态端口，如图 6.6 所示。

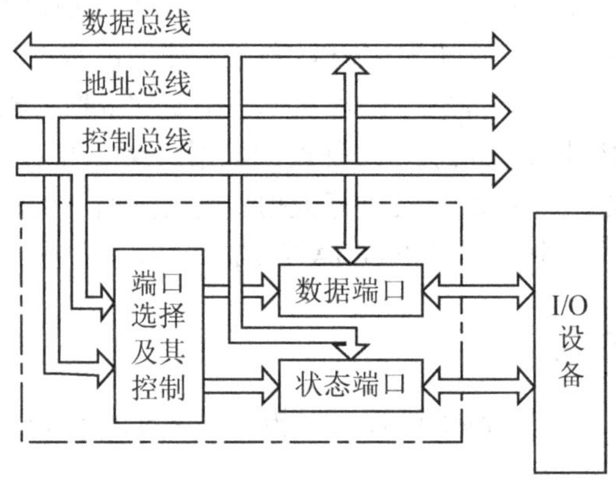

图 6.6　条件传送方式接口电路框图

查询方式完成一次数据传送的步骤如下。

(1)　CPU 测试外设当前状态。BUSY=1，则等待，重复步骤(1)，否则执行步骤(2)。

(2)　CPU 执行 IN 或 OUT 指令进行数据传送。

(3)　传送结束后，使外设暂停。

6.3.2　中断方式

虽然查询方式比无条件传送要可靠，但在查询方式中，CPU 处于主动地位，它要不断地读取状态字来检测外设状态，真正用于数据传送的时间实际很短，大部分时间是在查询等待，CPU 的效率很低，特别是当系统中有多个外设时，CPU 必须逐个查询，而由于外设的工作速度各不相同，显然，CPU 不能及时满足外设提出的输入/输出服务的要求，实时性较差。为了提高 CPU 的利用率和使系统具有较好的实时性，可采用中断传送方式。中断传送方式的特点是，改 CPU 的主动查询为被动响应，当输入设备准备好数据或输出设备处于空闲时向 CPU 发出中断申请信号，请求 CPU 为它们服务(输出数据或从接口读取数据)。这时，CPU 暂时中断当前正在执行的程序(即主程序)转去执行为输入/输出设备服务的中断处理程序，服务完毕，又返回到被中断的程序处继续执行。这样，CPU 就不用花大量时间查询外设状态，而使 CPU 和外设并行工作，只是当外设状态就绪或准备好时，用很短时间去处理一下，处理完毕又继续回到主程序执行，大大提高了 CPU 的工作效率。

图 6.7 是用中断方式进行数据输入的接口电路，其工作过程是：当外设(输入设备)准备好一个数据时，发出选通信号 $\overline{\text{STB}}$ 将数据打入锁存器，同时置位中断请求触发器，如果这时中断允许触发器为 1，即允许接口发出中断请求，则产生一个中断请求信号送至 CPU 的 INTR 引脚，CPU 收到中断请求信号后，如果 CPU 内部的中断允许触发器为 1(IF=1)，则在当前指令执行完后，响应中断，通过 INTA 引脚向接口发出一个中断响应信号，接口电路

收到 INTA 信号后，将中断类型码送入数据总线，CPU 根据中断类型码从中断向量表中找到相应的中断服务程序的入口地址，进入中断服务程序。中断服务程序的主要功能是读取接口电路输入锁存器中的数据，并通过数据总线送入 CPU，同时将中断请求触发器复位。中断服务程序执行完毕后，CPU 返回断点处继续执行刚才被中断的程序。

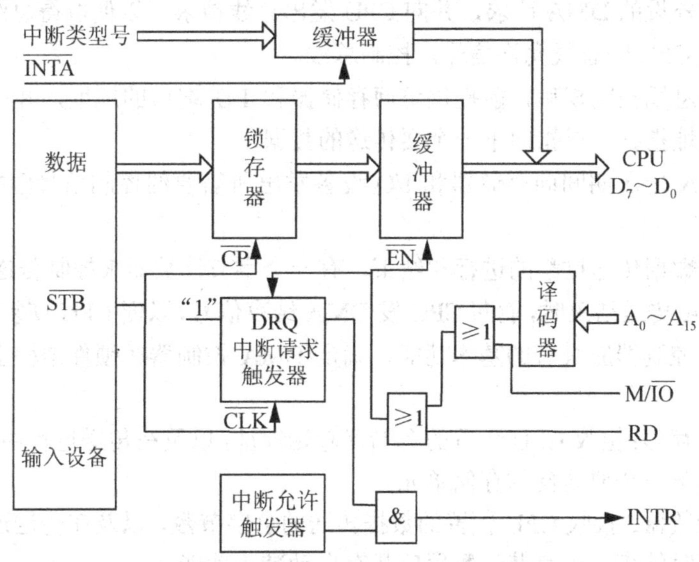

图 6.7 中断方式输入接口电路框图

注意： 利用中断方式，在一定程度上提高了 CPU 的效率。在那些传送速率要求不高、数据量不大而又有一定实时性要求的场合使用中断方式是行之有效的。

6.3.3 DMA 方式

采用中断控制方式，CPU 与外设间的数据传送是依靠 CPU 执行中断服务程序来完成的。所以每传送一个数据，CPU 就要执行一次中断操作，CPU 要暂停当前程序的执行，转去执行相应的中断服务程序，而执行中断服务程序的前后以及执行过程中，要做很多辅助操作，如保护现场(即保存 CPU 内的相关寄存器的值，将其压入堆栈、保护断点，返回前要恢复现场和恢复断点，这些操作会花费 CPU 的大量时间，此外，对于输出操作，CPU 要通过程序将数据从内存读出，送入 CPU 内的累加器，再从累加器经数据总线输出到 I/O 端口，对于输入，过程正好相反，这样每个过程都要花费几十甚至几百微秒的 CPU 时间。当系统中有多台外设时，CPU 为每台设备服务，必须轮流查询每台外设，而外设的要求是随机的，这样就可能使那些任务紧迫而优先级又低的外设不能及时得到服务，而丢失数据，使系统的实时性差。所以中断方式对于高速外设，如磁盘、磁带、数据采集系统等就不能满足传送速率上的要求。于是，就提出了一种新的传送控制方法，该方法的基本思路是：外设与内存间的数据传送不经过 CPU，传送过程也不需要 CPU 干预，在外设和内存间开设直接通道，由一个专门的硬件控制电路来直接控制外设与内存间的数据交换，从而提高传送速度和 CPU 的效率。CPU 仅在传送前后及传送结束后花很少的时间做一些善后处理。这种方法就是直接存储器存取方式，简称 DMA 方式，用来控制 DMA 传送的硬件控制电路

就是 DMA 控制器。

1. DMA 控制器的基本功能及组成

DMA 控制器应具有以下基本功能。

(1) 能接收外设的 DMA 请求，并向 CPU 发出总线请求，以便取得总线使用权。

(2) 能接收 CPU 的总线允许信号，控制总线。

(3) 在获得总线控制权后，能提供访问存储器和 I/O 端口的地址，并在数据传送过程中能自动修改地址指针，以指向下一个要传送的数据。

(4) 在 DMA 传送期间向存储器和 I/O 设备发出所需要的控制信号(主要是读/写控制信号)。

(5) 能控制数据传送过程的进行和结束，有一个字节计数器来控制传送何时结束。

(6) 当 DMA 传送结束时，能向 CPU 发 DMA 结束信号，以便 CPU 恢复对总线的控制。

根据 DMA 控制器应具有的基本功能，确定 DMA 控制器在硬件结构上应该具有以下基本部件。

- 地址寄存器：接收 CPU 预置的存储器起始地址，以及在传送过程中自动修改地址，以指出下一个要访问的存储单元。
- 字节计数器：接收 CPU 预置的数据传送的总字节数，以及在传送过程中控制传送过程何时结束，该字节计数器应具有自动减 1 功能。
- 控制寄存器：接收 CPU 的命令，决定 DMA 的传送方向及传送方式，是输出(从内存到外设)还是输入(从外设到内存)，是传送一个数据还是一批数据。
- 状态寄存器：用来反映 DMA 控制器及外设当前的工作状态。
- 内部定时与控制逻辑：用来产生一些接口电路内部的控制信号。

2. DMA 控制器的工作模式

DMA 传送通常用于高速外设与存储器间的大批量数据传送，DMA 控制器可以有以下几种工作模式。

1) 单字节传送模式

每进行一次 DMA 传送(只传送一个字节的数据)，DMA 控制器就释放总线，交出总线控制权。这种模式下，CPU 至少可以得到一个总线周期做其他的处理。DMA 控制器若仍要获得总线控制权以便继续数据传送，还可再提出总线请求。

2) 成批传送模式

成批传送模式也叫块传送模式，就是一次 DMA 连续传送一批数据，然后才释放总线，交出总线控制权。

3) 请求传送模式

该模式与成批传送模式类似，只不过每传送一个数据后都要测试外设的 DMA 请求信号(如 DREQ)，当该信号仍有效时，则连续传送，若该信号已无效，则暂停 DMA 传送，待该信号再次有效后，继续传送。

4) 级联传送模式

级联传送模式，就是用多个 DMA 控制器级联起来，同时处理多台外设的数据传送。

当系统中接有多台高速外设时采用该模式。

注意： 对一个实际的 DMA 系统，具体采用哪种模式要视具体要求而定。

3. DMA 的操作过程

一个完整的 DMA 操作过程大致可分三个阶段：准备阶段(初始化)、数据传送阶段和传送结束阶段。准备阶段是 DMA 控制器接受 CPU 对其进行初始化，初始化的内容包括设置存储器的地址、传送的数据字节数，决定 DMA 控制器工作模式和传送方向等的控制字，以及对相关接口电路的初始化设置。传送结束阶段是 DMA 控制器在传送完成后向 CPU 发出结束信号，以便 CPU 撤销总线允许信号，收回总线控制权。

DMA 控制器(DMAC)的工作过程如图 6.8 所示。当输入设备准备好一个字节数据时，发出选通脉冲信号 STB，该信号选通数据缓冲寄存器，把输入数据送入数据端口(锁存器)，同时将 DMA 请求触发器置 1，作为数据端口(锁存器)的准备就绪信号 READY，打开锁存器，把输入数据送到数据总线上，DMA 请求触发器向 DMAC 发出 DMA 请求信号。然后 DMAC 向 CPU 发出 HOLD(总线请求)信号，CPU 在现行总线周期结束后给予响应，发出 HLDA 信号，DMAC 接到该信号后接管总线的控制权，发出 DMA 响应和地址信息，并发出存储器写命令，把外设输入数据(经缓冲寄存器、数据端口锁存器暂存在系统数据总线上)写到内存，然后修改地址指针和计数器，并检查传送是否结束，若未结束，则循环传送直到整个数据块传送完毕，在整个数据块传送完后，DMAC 撤销总线请求信号 HOLD，并使 HLDA 变为无效。

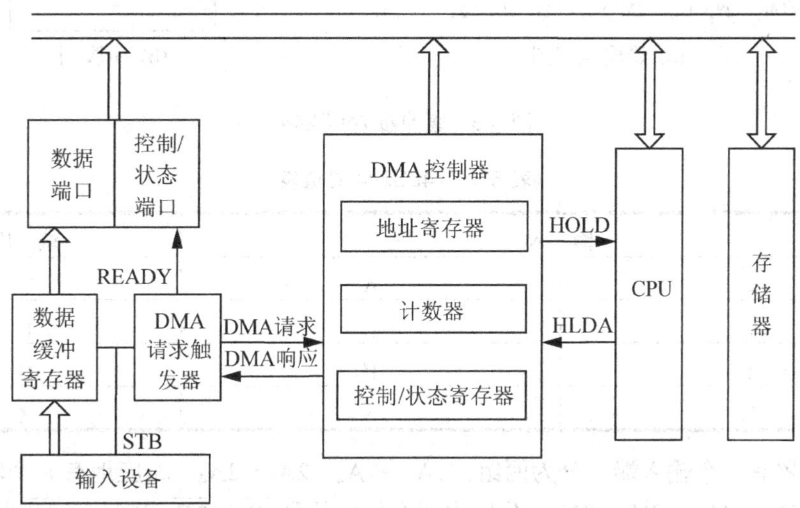

图 6.8　DMAC 工作示意图

6.4　输入/输出接口芯片

本节将简要介绍几种常用的输入/输出接口芯片。

在外设接口电路中，经常需要对传输过程中的信息进行缓冲、隔离以及锁存，能实现上述功能的接口芯片有缓冲器、数据收发器和锁存器。

74 系列器件是中小规模 TTL 集成电路芯片，是低成本、工业民用产品，工作温度为 0～70℃，从功能分类有：74XXX——标准 TTL；74LXXX——低功耗 TTL；74SXXX——肖特基型 TTL；74LSXXX——低功耗肖特基型 TTL；74ALSXXX——高性能型 TTL；74FXXX——高速型 TTL。对于相同编号(XXX)，不同类型的芯片，其逻辑功能完全一样。

6.4.1 缓冲器 74LS244

74LS244 是三态输出的八缓冲器和线驱动器，该芯片的逻辑电路图和引脚图如图 6.9 所示。该芯片的真值表如表 6.1 所示。

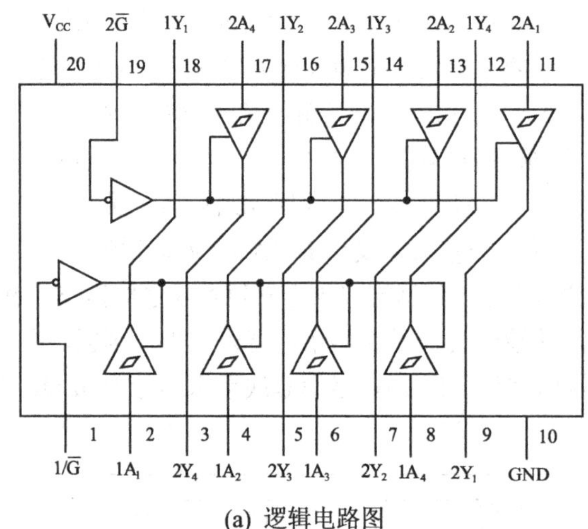

(a) 逻辑电路图

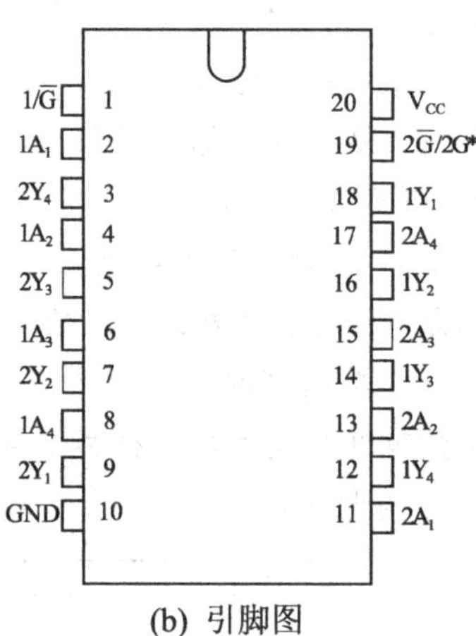

(b) 引脚图

图 6.9 缓冲器 74LS244

表 6.1 74LS244 真值表

输 入		输 出
$\overline{G}$	A	Y
L	L	L
L	H	H
H	×	Z

该缓冲器有 8 个输入端，分为两组：$1A_1$～$1A_4$，$2A_1$～$2A_4$，相应地有 8 个输出端，也分为两组：$1Y_1$～$1Y_4$，$2Y_1$～$2Y_4$，分别由两个门控信号$\overline{1G}$和$\overline{2G}$控制。当$\overline{1G}$为低电平时，$1Y_1$～$1Y_4$与 $1A_1$～$1A_4$的电平相同，即输出电平反映输入电平的高低，同样，当$\overline{2G}$为低电平时，$2Y_1$～$2Y_4$与 $2A_1$～$2A_4$的电平相同；而当$\overline{1G}$($\overline{2G}$)为高电平时，输出 $1Y_1$～$1Y_4$($2Y_1$～$2Y_4$)为高阻状态。经 74LS244 缓冲后，输出信号的驱动能力增强了。

6.4.2 总线收发器 74LS245

74LS245 是三态输出的八总线收发器，该芯片的逻辑电路图和引脚图如图 6.10 所示。

该芯片的真值表如表 6.2 所示。

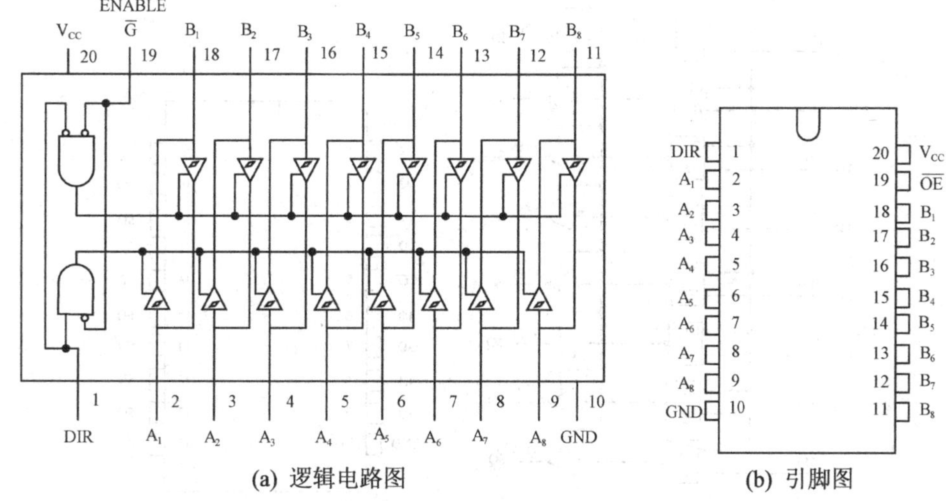

(a) 逻辑电路图　　(b) 引脚图

图 6.10　总线收发器 74LS245

表 6.2　74LS245 真值表

$\overline{G}$	DIR	操　作
L	L	B to A
L	H	A to B
H	×	隔离

$\overline{G}$ 为使能端，DIR 为控制端，控制数据的传送方向，当 $\overline{G}$ 为高电平时，无论 DIR 为高电平还是低电平，A、B 数据端是隔离的。当 $\overline{G}$ 为低电平时，若 DIR 为低电平，数据从 B 端传向 A 端；若 DIR 为高电平，数据从 A 端传向 B 端。

注意： 74LS245 通常用于数据的双向传送、缓冲和驱动。

6.4.3　锁存器 74LS373

74LS373 是三态输出带输出允许的电平触发 8D 锁存器，该芯片的逻辑电路图和引脚图如图 6.11 所示。74LS373 的真值表如表 6.3 所示。

表 6.3　74LS373 真值表

输　入			输　出
$\overline{OC}$	C	D	Q
L	H	H	H
L	H	L	L
L	L	×	Q_0
H	×	×	Z

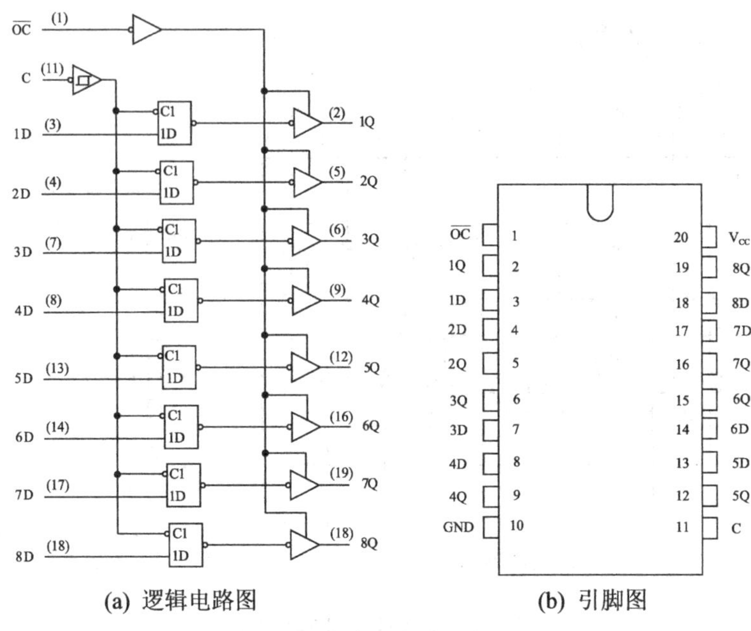

(a) 逻辑电路图　　　　(b) 引脚图

图 6.11　锁存器 74LS373

$\overline{OC}$为输出允许端，当$\overline{OC}$为高电平时，无论其他输入端是高电平还是低电平，输出均为高阻状态；当$\overline{OC}$为低电平时，74LS373 的 C 端为高电平时，Q 端数据跟随 D 端数据变化，C 端为低电平时，Q 端数据保持不变。

6.4.4　锁存器 74LS374

74LS374 为三态输出带输出允许的边沿触发 8D 锁存器，该芯片的逻辑电路图和引脚图如图 6.12 所示。74LS374 的真值表如表 6.4 所示。

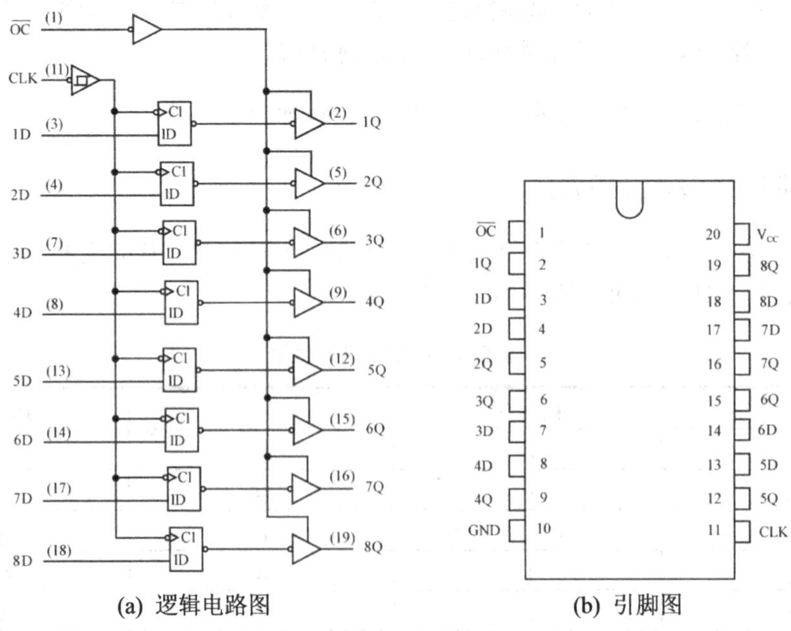

(a) 逻辑电路图　　　　(b) 引脚图

图 6.12　锁存器 74LS374

表 6.4　74LS374 真值表

输　入			输　出
$\overline{OC}$	CLK	D	Q
L	↑	H	H
L	↑	L	L
L	L	×	Q_0
H	×	×	Z

$\overline{OC}$ 为输出允许端，当 $\overline{OC}$ 为高电平时，无论其他输入端是高电平还是低电平，输出均为高阻状态；当 $\overline{OC}$ 为低电平时，74LS374 的 CLK 为上升沿时，Q 端数据跟随 D 端数据变化，CLK 为低电平时，Q 端数据保持不变。

6.4.5　带总清的锁存器 74LS273

74LS273 是带总清的 8D 锁存器，该芯片的逻辑电路图和引脚图如图 6.13 所示。74LS273 的真值表如表 6.5 所示。

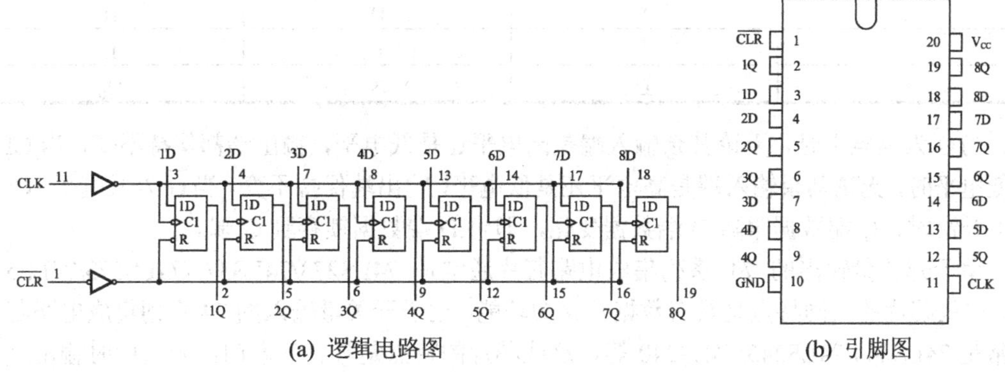

(a) 逻辑电路图　　(b) 引脚图

图 6.13　带总清的锁存器 74LS273

表 6.5　74LS273 真值表

输　入			输　出
CLR	CLK	D	Q
L	×	×	L
H	↑	H	H
H	↑	L	L
H	L	×	Q_0

$\overline{CLR}$ 端为总清端，当 $\overline{CLR}$ 端为低电平时，输出全部为低电平；当 $\overline{CLR}$ 为高电平，CLK 为上升沿时，Q 端数据跟随 D 端数据变化，CLK 为低电平时，Q 端数据保持不变。

6.4.6　带允许输出的锁存器 74LS377

74LS377 是带有输出允许的 8D 锁存器，该芯片的逻辑电路图和引脚图如图 6.14 所示。

74LS377 的真值表如表 6.6 所示。

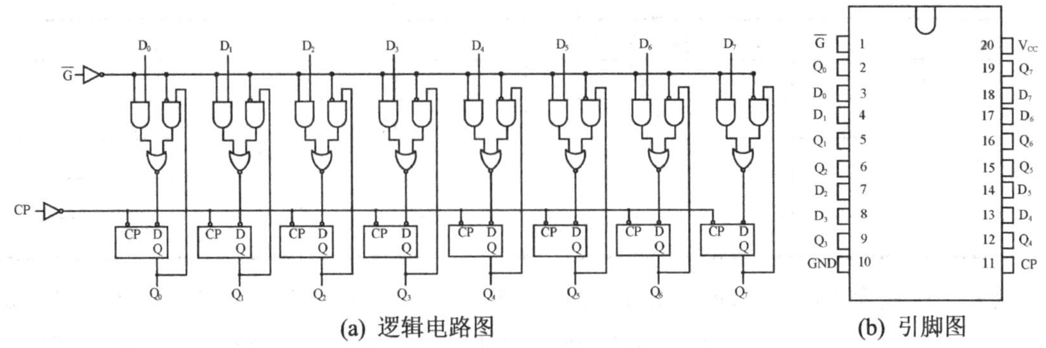

(a) 逻辑电路图　　(b) 引脚图

图 6.14　带允许输出的锁存器 74LS377

表 6.6　74LS377 真值表

输　入			输　出
$\overline{G}$	CLK	D	Q
H	×	×	Q_0
L	↑	H	H
L	↑	L	L
×	L	×	Q_0

当$\overline{G}$为高电平时，无论其余输入端是高电平还是低电平，输出端都保持不变，当 CLK 为低电平时，无论其余输入端是高电平还是低电平，输出端保持不变。当$\overline{G}$为低电平，CLK 为上升沿时，Q 端数据跟随 D 端数据变化，即将 D 端数据锁存到 Q 端。

用于开关量输出的 74 系列集成电路芯片通常是 74LS273/74LS373/74LS573/74LS574 等，这些芯片的共同特点是具有数据锁存的功能；用于开关量输入的 74 系列集成电路芯片通常是 74LS244/74LS245/74LS240 等，这些芯片的特点是具有三态门，未选中时输出呈高阻态，不会影响 CPU 数据总线。

6.5　小型案例实训

案例 1——芯片 74LS244、74LS245、74LS373 在微型计算机系统中的应用

在 8086 系统中，用芯片 74LS244、74LS245、74LS373 构成 CPU 处于最小模式下的总线驱动电路，画出电路图。

解：在 8086 系统中，由于其 CPU 的地址/数据/状态总线是分时复用，因此必须在 CPU 总线和系统总线之间加入相应的电路，实现地址和数据总线的分离及驱动；同时要求在加入相应的电路后 CPU 仍能进行常规的存储器读写、I/O 读写、中断响应、总线请求响应(HLDA 有效)以及 RESET 有效时的相应操作，要求被分离及驱动的总线信号包括：20 位地址总线、16 位数据总线，以及控制总线中的$\overline{RD}$、$\overline{WR}$、$M/\overline{IO}$、ALE、$\overline{INTA}$和$\overline{BHE}$。

根据 8086 总线信号的特点，CPU 总线中的双重总线信号 A_{19}/S_6～A_{16}/S_3、AD_0～AD_{15}

以及$\overline{BHE}/S_7$必须使用锁存器来锁存和驱动，可以用 3 片 74LS373 来实现；AD_0～AD_{15}通过 2 片数据收发器 74LS245 来驱动双向数据信号；单向控制信号$\overline{RD}$、$\overline{WR}$、$M/\overline{IO}$、ALE 和$\overline{INTA}$等只需采用缓冲器 74LS244 即可。CPU 处于最小模式下时总线驱动电路如图 6.15 所示。

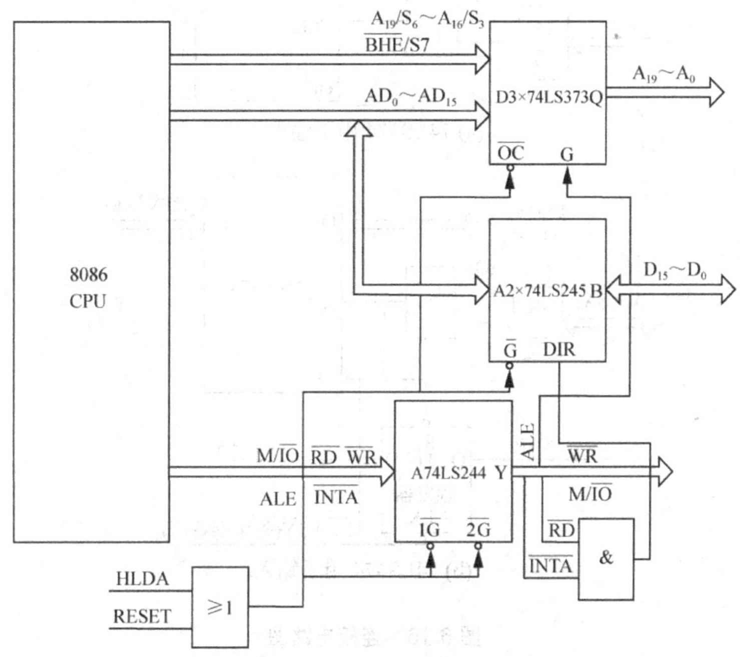

图 6.15 总线驱动电路

当总线请求响应 HLDA 有效(高电平)或复位信号 RESET 有效(高电平)时，通过或门输出高电平，连接到 74LS373 的$\overline{OC}$端、74LS245 的$\overline{G}$端和 74LS244 的$\overline{1G}$、$\overline{2G}$端，这时 74LS373、74LS245 和 74LS244 输出均为高阻状态。当 HLDA 和 RESET 均无效(低电平)时，74LS373、74LS245 和 74LS244 输出有效。

地址锁存器 74LS373 的 G 端连接到经驱动后的地址锁存允许信号 ALE，在指令周期的 T_1 状态，ALE 为高电平，A_{19}/S_6～A_{16}/S_3、AD_0～AD_{15}以及$\overline{BHE}/S_7$输出地址和$\overline{BHE}$信号，T_1 状态结束后，ALE 变为低电平，74LS373 将地址和$\overline{BHE}$信号锁存，实现了双重总线信号 A_{19}/S_6～A_{16}/S_3、AD_0～AD_{15}以及$\overline{BHE}/S_7$的地址分离和锁存。

数据收发器 74LS245 的数据传送方向由控制端 DIR 控制，当 DIR 为低电平时，传输方向为从 B 到 A；当 DIR 为高电平时，传输方向为从 A 到 B。CPU 在进行读操作或中断响应时，经驱动后的控制信号$\overline{RD}$(为低电平)或$\overline{INTA}$(为低电平)经与门输出为低电平，控制数据从 B 传输到 A，即从系统总线传输到 CPU；其余时候，DIR 为高电平，数据从 A 传输到 B。

案例 2——74LS374 在微型计算机系统中的应用

画出 74LS374 用于输出和输入时与 8086 CPU 的连接电路。

解：74LS374 是三态输出带输出允许的边沿触发 8D 锁存器。图 6.16(a)和(b)分别表示

74LS374 用于输出和输入与 8086 CPU 的连接方法。

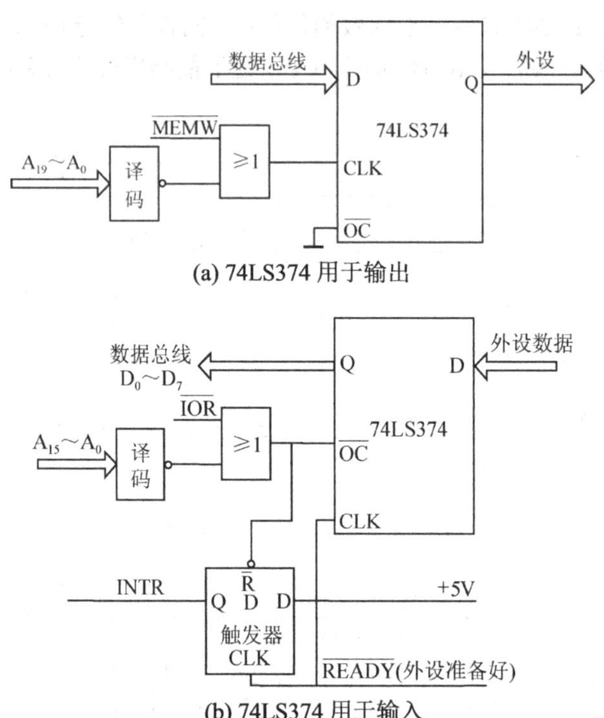

(a) 74LS374 用于输出

(b) 74LS374 用于输入

图 6.16　连接电路图

图 6.16(a)中 74LS374 的 $\overline{OC}$ 端常接地，当 CLK 端为上升沿时，数据被打入 74LS374，低电平时，数据被锁存。当 74LS374 被选中执行写操作时，$\overline{MEMW}$ 信号的后沿(上升沿)经或门将数据从数据总线打入 74LS374，其他时候数据被锁存不变。由于使用了 $\overline{MEMW}$ 信号，并采用 20 根地址线(A_0～A_{19})进行全译码，因此是 I/O 端口与内存统一编址；数据交换采用程序控制方式，无条件传送数据。

图 6.16(b)中译码电路的输出与 CPU 系统总线的 $\overline{IOR}$ 信号经或门接到 74LS374 的 $\overline{OC}$ 端，外设 $\overline{READY}$ 信号接到 74LS374 的 CLK 端。当外设准备好时发出 $\overline{READY}$ 信号，其后沿(上升沿)将外设数据打入到 74LS374 并锁存，同时向 CPU 申请中断。CPU 在中断服务程序中控制 74LS374 的 $\overline{OC}$ 为低(使用 IN AL, addr 指令，其中 addr 为译码电路输出的选通 74LS374 的地址)，将外设数据从 74LS374 读走，并清除外设的中断申请。由于使用了 $\overline{IOR}$ 信号，对 A_0～A_{15} 地址进行全译码，因此是 I/O 端口与内存独立编址，数据交换采用中断传送方式。

案例 3——74LS377 在微型计算机系统中的应用

画出 74LS377 作为数据锁存器与 8086 CPU 的连接电路。

解： 74LS377 是带有输出允许的 8D 锁存器。图 6.17 表示 CPU 数据经 74LS377 锁存后传送给外设。

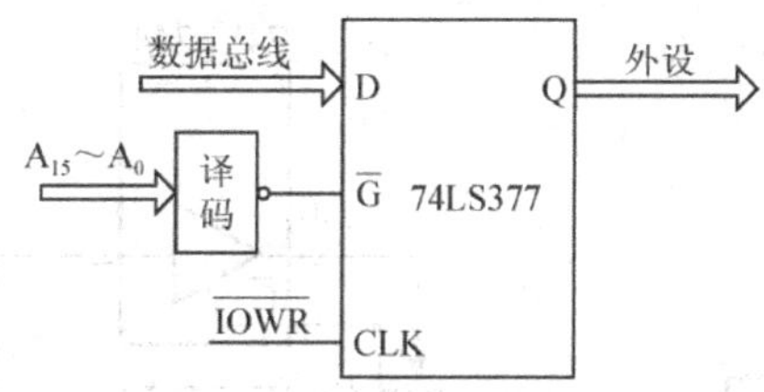

图 6.17 74LS377 的应用

地址信号通过译码连接到 74LS377 的 $\overline{G}$ 端，$\overline{IOWR}$ 连接到 74LS377 的 CLK 端。当 74LS377 未被选中时，地址译码输出为高电平，输出保持不变；当对 74LS377 执行写操作时，74LS377 被选中，$\overline{G}$ 端为低电平，并在 $\overline{IOWR}$ 信号的上升沿将数据打入 74LS377，数据被锁存。

案例 4——读开关状态

读图 6.18 所示的开关 K 的状态，请写出程序。

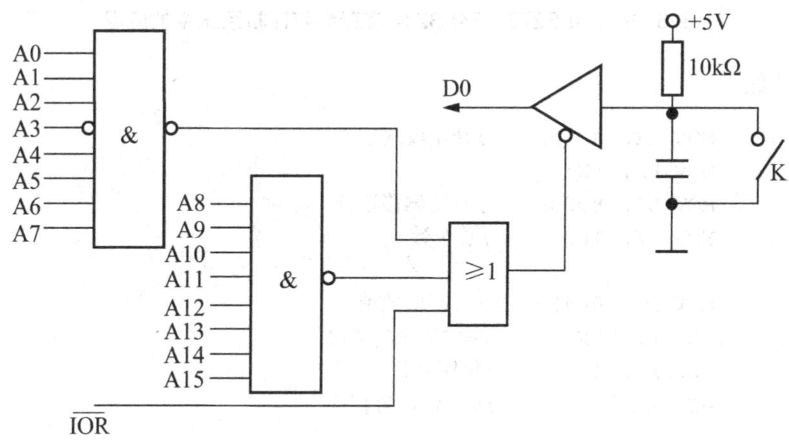

图 6.18 读开关状态连接图

解：读开关 K 的状态，首先需计算读取地址：0FFF7H。指令语句如下：

```
MOV    DX, 0FFF7H
IN     AL, DX
AND    AL, 1
JZ    CLOSE
OPEN:    ···
CLOSE:   ···
```

案例 5——74LS273、74LS244 在微型计算机系统中的应用

如图 6.19 所示，外设(打印机)通过 74LS273 接收数据，通过 74LS244 给出工作状态，打印机口地址 74LS273、74LS244 共用 0FFH。现将以 4000H：8000H 为首地址的内存中顺序存放 100 个字节数送外设打印，请写出相应的程序。

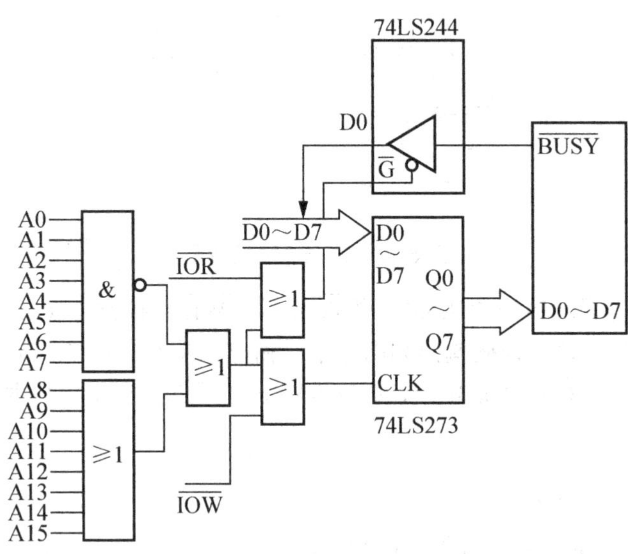

图 6.19　74LS273、74LS244 在微型打印机系统中的应用

解：程序如下：

```
START:      MOV AX, 4000H     ;开始段地址
            MOV DS, AX;
            MOV SI, 8000H     ;开始偏移地址
            MOV CX, 100       ;总个数

GOON:       MOV DX, 00FFH     ;打印机地址
WAIT1:      IN  AL, DX        ;读 D7-D0,244
            AND AL, 1         ;保留 D0
            JZ  WAIT1         ;0: 忙，再扫描

            MOV AL, [SI]      ;第一个数据->AL
            OUT DX, AL        ;送到 DX
            INC SI
            LOOP    GOON        ;--CX == 0?
            RET
```

6.6　小　　结

本章首先概要说明了 I/O 接口的基本功能和组成，并详细讨论了 I/O 端口的编址方式和 CPU 与 I/O 接口之间的数据交换方式。本章需要掌握的知识点如下。

(1) I/O 端口的定义、功能和组成。

(2) I/O 端口的两种编址方式及特点。包括 I/O 端口与内存统一编址方式：I/O 端口与内存单元被安排在同一个地址空间中，所有用于内存的指令都可以用于外设，不再需要专门的 I/O 指令；I/O 端口与内存独立编址方式：I/O 端口地址与内存地址空间相互独立，范围为 0000H～FFFFH，使用专用 I/O 命令(IN/OUT)。

(3) CPU与I/O接口之间的三种数据交换方式及特点。程序控制方式：包括无条件传送方式和条件传送方式；中断传送方式；DMA方式。

(4) 简单输入/输出接口芯片及其应用。

6.7 习 题

一、简答题

1. I/O接口的作用是什么？I/O接口应具备哪些功能？
2. 计算机和输入/输出设备交换信息有几种方式？这些方式各有什么特点？
3. 常用的I/O端口寻址方式有哪几种？各自的特点如何？

二、编程题

1. 某外设的I/O端口地址为370H(数据)和371H(状态)，其中状态信息D_0=1表示忙，D_2=0表示未联机，试编写一个查询数据输出的子程序。

2. CPU通过接口电路与打印机连接，如习图6.1所示。接口电路采用I/O端口与内存统一编址方式，数据交换采用查询传送方式，CPU与打印机之间查询的时序图如习图6.2所示。试编写一个查询打印机状态并输出数据到打印机的子程序。

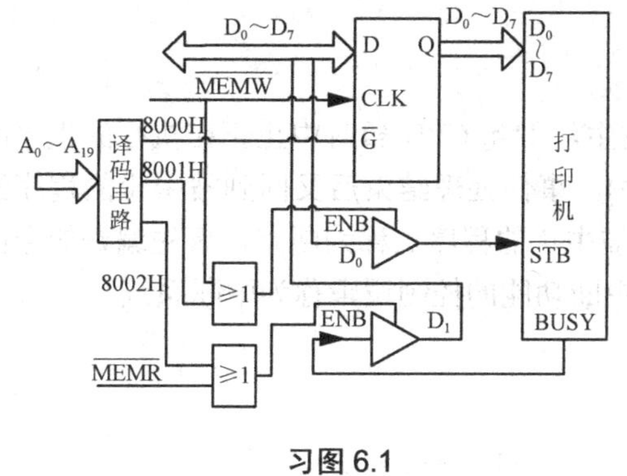

习图6.1

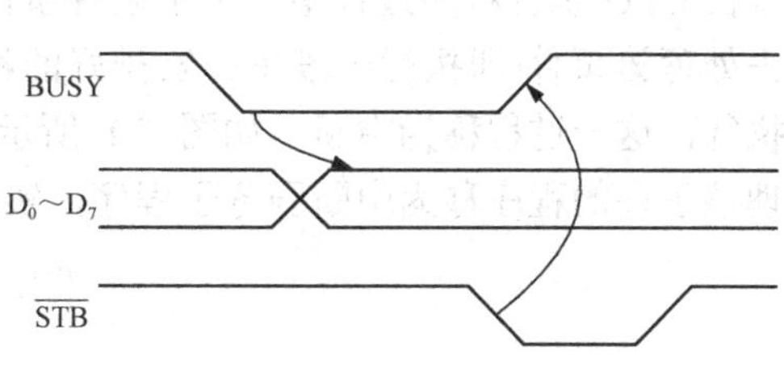

习图6.2

第 7 章　中 断 系 统

本章要点

- 中断的概念与 8086/8088 中断系统
- 中断控制器 8259A 及其相关应用

7.1　中断的基本概念

在 CPU 与外设传送数据时，无条件传送方式只适用于诸如灯、开关等简单外设，使用场合有局限性。查询方式的使用场合较为广泛，但 CPU 在与外设正式传送数据之前，必须查询外设状态字，如外设未准备好，则 CPU 需等待，降低了 CPU 的效率；此外，当计算机系统连接多个外设时，CPU 只能轮流依次查询每个外设，导致 CPU 对外设的实时响应性差。为了避免以上缺点，可以采用中断方式。

7.1.1　中断和中断源

1. 中断

在 CPU 执行程序过程中，由于某种事件发生，引起 CPU 暂时中止正在执行的程序而转去处理该事件(即执行一段事先安排好的程序)，事件处理结束后又回到被中止的程序继续执行，这一过程称为中断，如图 7.1 所示。被中止的程序点称为断点，事先编好的专门处理该事件的程序称为中断服务子程序，实现中断功能的控制逻辑称为中断系统。

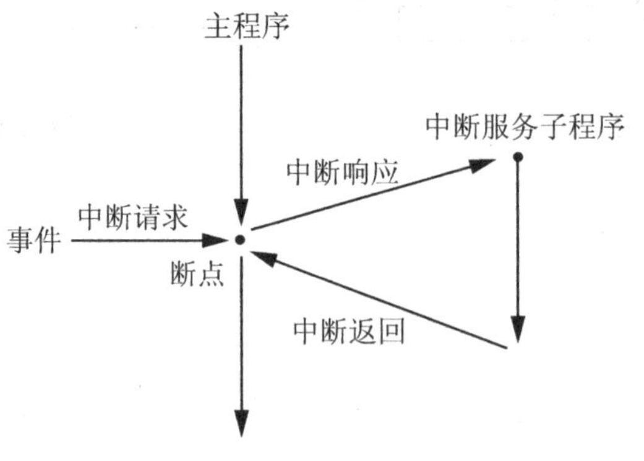

图 7.1　中断示意图

从上面的中断概念可以看到，中断技术具有以下突出优点。

1)　并行工作

引入中断，CPU 与外设可以两条线并行工作，CPU 执行自己的程序，外设处理自己的工作，互不干涉；一旦外设准备好与 CPU 传送数据，则触发中断机制，CPU 暂停当前工作，

与外设进行数据输入/输出。由于 CPU 的运算速度远高于外围设备的数据处理能力，因此大大提高了 CPU 的利用率。

2) 实时响应

查询方式是 CPU 主动去查询外设的状态，而中断方式是外设一旦准备好就主动向 CPU 汇报并请求处理，这样现场中的各种外设在任意时刻都可以向 CPU 发出中断请求，CPU 就可以处理瞬息变化的信息，大大提高了 CPU 对外设的实时处理能力。

3) 故障处理

计算机运行过程中，可能出现突发事件需要紧急处理，如电源掉电、运算溢出等，这时计算机可以通过中断机制自动处理该故障事件，避免停机或人工处理，加强了系统的故障自动处理能力，大大提高了系统的可靠性。

4) 人机交互

微型计算机主要通过一些常规输入/输出设备如标准键盘、显示器等与人进行信息交互，为了方便用户，DOS 操作系统及 ROM BIOS 提供了针对这些常用设备的通用操作程序，这些程序可以通过中断方式直接调用，如软中断指令 INT 21H；在用 DEBUG 进行程序调试时，往往要采用设置断点、单步方式运行等措施，这些也是通过中断实现的。可见，中断方式大大加强了计算机的人机交互能力。

2. 中断源

能够引起中断的事件称为中断源，也即能够向 CPU 发出中断请求的中断来源。常见的中断源如下。

- I/O 设备，例如键盘、打印机等。
- 故障信号，例如硬件损坏、电源掉电等。
- 实时时钟，例如外部硬件时钟电路定时等。
- 软件中断，如软中断指令、调试指令等。

在微型计算机系统中，中断源有两类，即内部中断和外部中断。

1) 内部中断

由处理器内部产生的中断事件。例如，当 CPU 进行运算时，除数太小导致商超出了可以表示的范围，或者符号数运算发生溢出，或者执行软中断指令等情况发生，均为内部中断。

2) 外部中断

由处理器以外的设备产生的中断事件。例如外设请求输入/输出数据，硬件时钟定时，设备故障等。

外部中断事件发生时，如何及时通知 CPU 以便得到处理呢？一般作为中断源的外设会通过硬件接口电路向 CPU 发送中断请求信号，这个信号通过 CPU 的引脚接入 CPU 内部。Intel 系列 CPU 接入中断请求信号的引脚有两个，一个为 NMI 引脚，一个为 INTR 引脚。因此，按照中断请求信号接入引脚的不同，外部中断又可分为可屏蔽中断和非屏蔽中断。

(1) 可屏蔽中断：从 INTR 引脚接入的外部中断称为可屏蔽中断，CPU 收到可屏蔽中断请求信号后，是否去处理该外部事件，还受 CPU 内部标志寄存器中的 IF 标志控制。如果 IF 标志事先设置为 0，则 CPU 不能响应该中断请求；只有当 IF 标志为 1 时，CPU 才能

响应该中断请求、处理该外部事件。可见，从 INTR 引脚接入的中断请求信号是可以被 IF 标志屏蔽的，所以该类外部中断称为可屏蔽中断。可屏蔽中断一般用于常规事件的处理。

(2) 非屏蔽中断：从 NMI 引脚接入的外部中断称为非屏蔽中断，CPU 收到非屏蔽中断请求信号后，一定会立即响应中断去处理该外部事件，不受 IF 标志屏蔽。非屏蔽中断一般用于紧急突发事件的处理。

7.1.2 中断的处理过程

一个完整的中断处理过程主要包括三个方面：中断请求、中断承认和中断响应。中断和中断过程如图 7.2 所示。

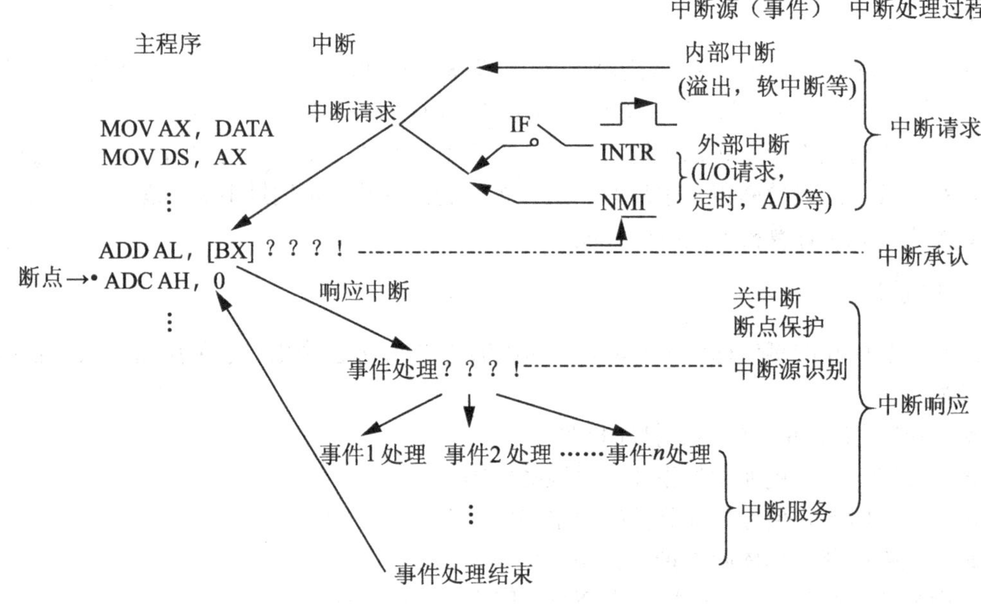

图 7.2 中断和中断过程简图

对于不同的微机系统和不同的中断类型，CPU 进行中断处理的过程不完全一样，下面以外部可屏蔽中断(INTR)为例来说明中断处理的基本过程，如图 7.3 所示。

1. 中断请求

外部设备通过中断控制电路向 CPU 的引脚 INTR 送出中断请求信号，有效信号为高电平，并需满足下列条件。

(1) 这个高电平应保持一段时间直到被 CPU 响应。

(2) CPU 响应后，该信号应及时撤销(变低)，以避免同一个中断请求引发 CPU 多次响应，并为下一次中断请求做好准备。

2. 中断承认

CPU 在每条指令执行的最后一个时钟周期检测中断请求输入端 INTR 引脚，如此时有有效的中断请求信号，则 CPU 判断满足下列条件后开始响应外部中断请求。

(1) CPU 要把现行指令执行完成。如指令有前缀 LOCK 或 REP，则需前缀加指令作为

一个整体执行完毕。

(2) CPU 处于开中断状态，即 CPU 的 IF=1。

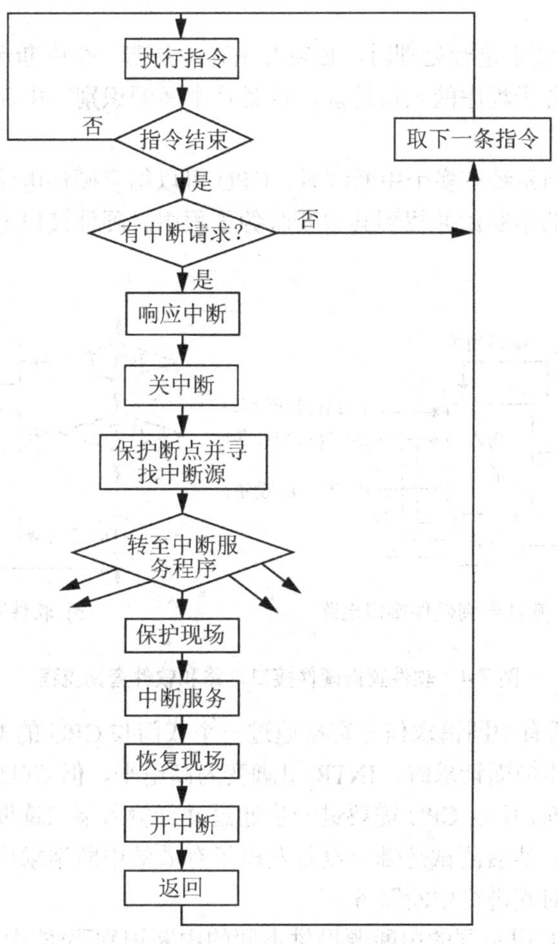

图 7.3　中断处理过程基本流程

(3) 无 RESET、HOLD 请求或者更高级的中断请求。对于 8086/8088 CPU，复位信号 RESET 级别最高，其次是总线请求 HOLD，比 INTR 更高级别的中断请求包括一些内部中断和外部非屏蔽中断 NMI。

(4) 如遇到开中断指令 STI、中断返回指令 IRET，则执行完该指令后必须再执行完下一条其他指令，然后才能响应中断。

3. 中断响应

CPU 中断承认(即满足中断响应条件)后，就发出中断响应信号/INTA，通知外部中断源已响应其中断请求，然后 CPU 进入以下中断响应过程。

1) 关中断

CPU 在响应中断后，硬件自动将 IF 清零，以禁止响应其他中断。

2) 断点保护

CPU 硬件自动将标志寄存器 FR、断点地址 CS、IP 的内容依次压入堆栈保护起来，以

便 CPU 在中断处理结束后能返回原来程序断点处。可见，断点实质上是中断请求发生时当前指令的下一条指令所在的地址(其中段地址在 CS 寄存器，偏移地址在 IP 寄存器)。

3) 中断源识别

当 CPU 要对中断请求进行处理时，必须首先确定是哪一个中断源提出请求，然后找到相应中断源的中断服务子程序的入口地址，这就是中断源识别。中断源识别有软件查询和中断向量两种方法。

- 软件查询。当系统有多个中断源时，CPU 可以结合硬件电路通过软件查询方法确认申请中断的中断源并找到其中断服务子程序。硬件接口电路和软件查询流程如图 7.4 所示。

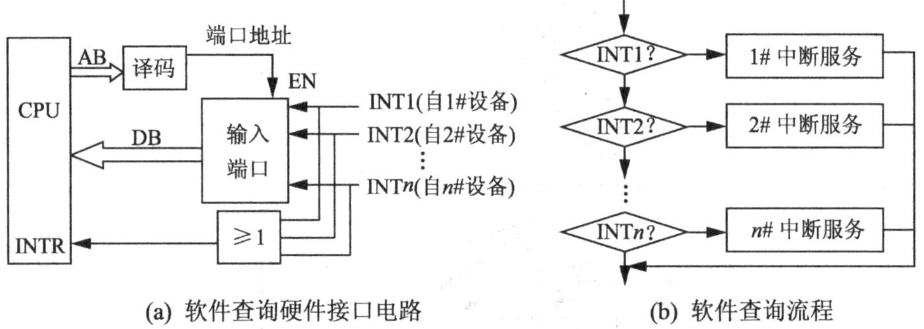

(a) 软件查询硬件接口电路　　(b) 软件查询流程

图 7.4　软件查询硬件接口电路和软件查询流程

图 7.4 中，所有中断请求信号直接通过一个或门与 CPU 的 INTR 引脚相连，当某个中断源提出中断请求时，INTR 引脚变为高电平，但 CPU 无法知道是哪个中断源在请求中断，所以 CPU 需要进一步通过并行输入端口读取所有中断源的中断请求状态数据，然后测试是哪个设备发出了有效的中断请求信号，这样就可确定中断源，之后对其进行中断服务。

- 中断向量。利用不同的中断源提供不同的中断识别码(即中断类型码)的方法来确定中断源，整个中断源识别过程由硬件自动完成，在 7.1.3 小节将详细加以说明。

4) 中断服务(中断服务子程序)

用户为处理中断源事件编写的程序即为中断服务子程序，主要包括以下环节。

(1) 保护现场。现场是指中断前 CPU 的工作环境，主要是各寄存器的内容。凡不希望被冲掉的寄存器数据，如在断点保护时未被保护而主程序和中断服务子程序都要用的寄存器，都可通过本程序段将它们依次压入堆栈保护。

(2) 开中断。由于 CPU 进入中断响应过程后自动硬件关中断，这样在整个中断过程中 CPU 都不能再响应其他可屏蔽中断请求;如果用户希望中断过程中 CPU 可响应其他中断请求，就必须用指令 STI 打开中断，即令 IF=1。

(3) 中断源识别。采用图 7.4 所示的软件查询流程，确定中断源并转到其中断服务的过程。

(4) 中断服务。对请求中断的中断事件进行处理，是整个中断处理过程中唯一的实质性环节，是中断的目的。

(5) 关中断。用指令 CTI 关中断，即令 IF=0。

(6) 现场恢复。是保护现场的逆过程，在返回被中断的源程序之前，将现场保护的寄存器内容从堆栈中依次弹出，以恢复中断前的CPU工作环境，保证继续执行源程序时不发生错误。

(7) 开中断。用指令STI打开中断，允许CPU中断返回后可响应新的中断。

(8) 中断返回。是断点保护的逆过程，通过用中断返回指令IRET，从堆栈中依次弹出IP、CS、标志寄存器FR的内容，由于断点保护压入堆栈的是源程序断点的地址，所以IRET会把IP、CS的内容恢复为断点地址，从而返回断点处。

注意： 如果在中断服务子程序中允许响应其他中断(中断嵌套)，则需要加开中断和关中断语句，否则不需加。中断服务子程序的最后一条指令必须是IRET。

上述中断处理过程中，前面步骤通常由中断系统硬件自动完成，后面的中断服务一般是由用户编写的中断服务子程序负责完成，可见中断处理过程是由中断处理硬件和中断服务程序共同配合完成。所以用户遇到不同的系统或者不同机型，不仅要了解中断处理硬件实现了哪些功能，而且要知道中断服务子程序需要完成哪些操作。

7.1.3 中断优先级及中断嵌套

1. 中断优先级

在实际系统中，可能有多个中断源同时发出中断请求，CPU应该先响应哪一个中断请求呢？CPU不可能同时响应多个中断请求，只能按照一定的顺序来响应，那么CPU按照什么标准来确定中断响应的次序呢？在实际情况中，我们按照中断源的重要性和实时性要求来安排中断响应的次序，这个中断响应次序就称为中断优先级。

中断优先级的控制原则如下。

(1) 同时有多个中断请求时，先响应高优先级中断，再响应低优先级中断。

(2) 当CPU执行某个中断服务子程序时，若出现新的高优先级中断源请求中断，则暂停正在执行的低优先级中断服务子程序，先去执行高优先级中断服务子程序，高优先级中断服务结束后，再返回到低优先级中断服务程序继续执行。

一般情况下，我们采用软件查询或者专用芯片管理两种方式实现中断优先级控制。

1) 软件查询方式

在采用软件查询方式进行中断源识别时，可以同时实现多个外部中断源的优先级控制。当响应中断请求进入中断服务子程序后，在中断源识别程序段依次查询有效的中断请求信号时，可以按照事先安排好的优先级次序，对高优先级的中断源先查询，对低优先级的中断源后查询，只要改变查询次序，就可以改变中断优先级。这样在中断源识别过程中同时实现了优先级控制，不需要有专门的判断与确定优先级的硬件排队电路。其缺点是在中断源较多的情况下，从查询到转至相应的中断服务子程序入口的时间较长。

2) 专用芯片管理方式

专用的中断控制器是集成中断请求、中断屏蔽、中断优先级、中断源类型码等综合管理功能的芯片，其优先级排列方式可以通过指令设置修改，使用起来十分灵活方便，在微型计算机系统中，大多数场合都是利用专用中断控制器来实现中断优先级管理的。Intel公

司的 8259A 是典型的中断管理器，我们将在下面几节中详细讲解它的用法。

2. 中断嵌套

在中断优先级确定的条件下，CPU 总是先响应优先级最高的中断请求。当 CPU 正在执行优先级相对较低的中断服务子程序时，又有优先级更高的中断请求，CPU 会将正在处理的低优先级中断暂停，转去处理优先级更高的中断，即去执行高级中断的服务子程序，这就是中断嵌套。CPU 服务完高级的中断之后，又返回低级的中断，继续执行低级的中断服务子程序。简言之，就是中断又被中断。中断嵌套示意图如图 7.5 所示，图中标号越小的中断源优先级越高，即 INT2 > INT3 >INT4。

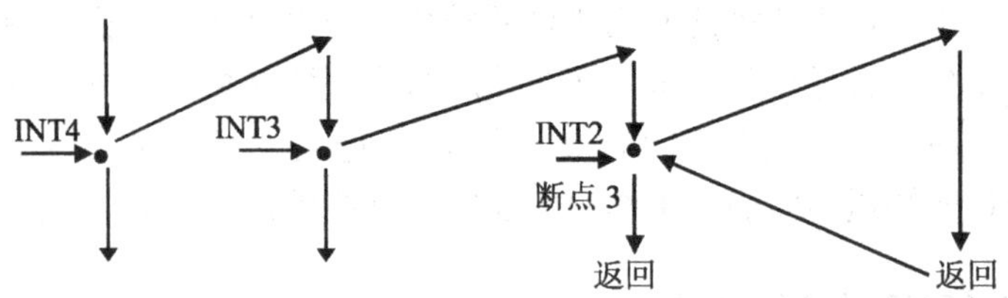

图 7.5　中断嵌套示意图

注意： 多级中断嵌套时因为要逐级将断点自动压栈进行断点保护，使压入堆栈的内容不断增加，所以可能使堆栈溢出。因此在涉及中断编程时，要留出足够多的堆栈单元来保存断点和寄存器的内容。

7.2　8086/8088 的中断系统

7.2.1　中断源

8086/8088 系统具有一个简单而灵活的中断系统，它最多可以容纳 256 个不同方式的中断源。为了方便地对这些中断源进行识别，给每个中断源都赋予一个识别码 00～FFH(或 0～255)，这个识别码就称为该中断源的中断类型码(或中断类型号)。这些中断源可分为两大类，即内部中断(软件中断)和外部中断(硬件中断)，如图 7.6 所示。

1. 内部中断

内部中断是 CPU 在执行指令过程中产生的中断，如执行软中断指令 INT，调试程序时设置的中断，以及 CPU 在执行常规指令时产生的异常状态。主要包括除法错中断、单步中断、断点中断、溢出中断以及软中断，这些中断源都来自 CPU 内部。

1)　除法错中断

8086/8088 CPU 执行除法指令时，如果商大于 CPU 可表示的最大值，则 CPU 立即产生除法错中断，中断类型码为 0。通常发生在除数特别小的情况。

产生中断请求后 CPU 获取中断类型码的方法：从内部自动获取。

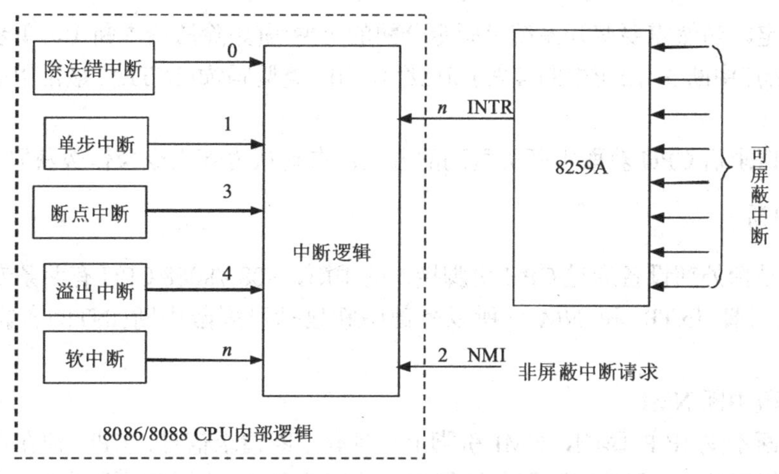

图 7.6　8086/8088 系统的中断源

2)　单步中断

8086/8088 CPU 每执行完一条指令都自动检测标志寄存器 FR 中 TF 标志位的状态，如果发现 TF=1，则 CPU 产生单步中断，中断类型码为 1。该中断通常用于程序调试时查找错误，每条指令执行完都进入单步中断服务子程序，显示出该条指令执行后各寄存器和相关存储单元的内容，这样逐条运行指令来跟踪程序的流程，以检查出程序中的错误。在 DEBUG 调试程序时，采用的“T”命令实际上就是在执行一条正常指令前设置标志位 TF=1，从而引发单步中断。

产生中断请求后 CPU 获取中断类型码的方法：从内部自动获取。

3)　断点中断

执行专门的断点设置指令 INT3，CPU 立即产生断点中断，中断类型码为 3。断点中断也主要用于程序调试，有时每条指令单步执行太烦琐，可以在一小段程序后加一个断点，这样连续执行完该段程序后自动产生中断，进入断点中断服务子程序，显示出此时各寄存器和相关存储单元的内容，以检查这段程序是否有错误。在 DEBUG 调试程序时，设置断点的操作实际上就是把一条断点设置指令 INT3 插入某一段程序之后，CPU 执行完该段程序后产生中断。

产生中断请求后 CPU 获取中断类型码的方法：从内部自动获取。

4)　溢出中断

8086/8088 CPU 在进行算术运算时，如果发生溢出，会自动使标志寄存器的 OF 标志位置 1。如果算术运算指令下面紧跟溢出中断指令 INTO，则 CPU 会立即测试 OF 位，若发现 OF=1，就产生溢出中断，中断类型码为 4；若 OF=0，INTO 指令不起作用。因此为避免溢出引起后续运算错误，可以在算术运算指令后安排一条 INTO 指令，否则运算产生溢出后无法向 CPU 发出溢出中断请求。

产生中断请求后 CPU 获取中断类型码的方法：从内部自动获取。

5)　软中断

8086/8088 CPU 有一条软中断指令 INT*n*，CPU 每执行完一条 INT*n* 指令，会立即产生软中断，中断类型码为 *n*。其中 *n* 为单字节，专门指明中断类型码，可以取值 00～FFH，

由用户自己指定，当然需要避开系统已固定分配的类型码(如除法错中断 0，单步中断 1，NMI 中断 2，断点中断 3，溢出中断 4 等)和已经使用的类型码(如 INTR)。最常用的 INT 21H 就属此类。

产生中断请求后 CPU 获取中断类型码的方法：自动从内部指令操作数获取。

2. 外部中断

外部中断是指外部设备通过 CPU 引脚接入的中断，8086/8088 CPU 有两条专门的中断请求信号接入引脚 INTR 和 NMI，所以外部中断包括可屏蔽中断(INTR)和非屏蔽中断(NMI)。

1) 非屏蔽中断 NMI

非屏蔽中断不受 IF 的影响，NMI 引脚上一旦有中断请求信号，CPU 便在执行完当前指令后立即予以响应，转到其中断服务子程序去处理该事件，中断类型码为 2。通常从 NMI 接入的为灾难性事件，如电源掉电、内存读写错误等。CPU 发现 NMI 有请求时，会在内部将该信号锁存，所以 NMI 有效的中断请求信号为上升沿触发，不需要电平触发。

产生中断请求后 CPU 获取中断类型码的方法：自动从内部获取。

2) 可屏蔽中断 INTR

可屏蔽中断受 IF 的影响，当 INTR 引脚上有中断请求信号时，CPU 是否响应首先取决于 IF 位的状态：如 IF=0，则禁止 CPU 响应该可屏蔽中断；只有 IF=1，CPU 才有可能响应该中断请求。当然，最终 CPU 是否响应，还取决于是否满足上一节所述的其他中断承认的条件。由于 CPU 并不锁存 INTR 信号，因此 INTR 有效的中断请求信号为高电平触发，而且该有效信号必须保持到外部收到 CPU 的中断响应信号才能撤销。中断类型码为 n，可以取值 00～FFH，由用户根据实际情况确定，也需要避开系统已固定分配的类型码和已经使用的类型码。

产生中断请求后 CPU 获取中断类型码的方法：由于软件查询的中断源识别方法需要编写专门的查询程序，响应慢，所以当有多个外部中断源时，往往通过专门的中断接口器件(如 8259A 芯片)管理这些中断源并采用中断向量方法进行中断源识别。这种情况下，当 CPU 从 INTR 引脚收到可屏蔽中断请求信号后，会执行两个中断响应总线周期。在第一个中断响应总线周期，CPU 将从 INTA 引脚送出中断响应信号(低电平)，通知外部中断接口器件其中断请求已被接收；在第二个中断响应总线周期，外部中断接口器件自动将该外部中断源的中断类型码 n 送到数据总线上，CPU 从数据总线自动读取该中断类型码。

注意：

- 针对上述不同的中断源类型，CPU 通过不同方法获取中断类型码：对于内部中断和 NMI，从内部自动获取；对于 INTR，从外部中断接口器件自动获取。
- CPU 自动获取中断类型码后，就完成了中断源识别的第一步——确定产生有效中断请求的中断源。

7.2.2 中断优先级

在 8086/8088 系统中，内部中断的优先级最高(除单步中断外)，接下来就是 NMI，其次是 INTR，优先级最低的是单步中断。表 7.1 是 8086/8088 系统各类中断的优先级。

表 7.1 8086/8088 系统各类中断的优先级

中 断 源	优 先 级	中 断 源	优 先 级
除法错、INT n、INTO	最高	INTR	较低
NMI	次之	单步中断	最低

7.2.3 中断源识别

1. 中断向量表

CPU 响应中断，最终目的是执行中断服务子程序，完成对中断事件的服务。由于中断源和中断类型码一一对应，所以 7.2.1 小节 CPU 获取中断类型码后，也就确定了中断源。剩下的关键问题就是怎样找到该中断源中断服务子程序的入口地址，从而转向中断服务程序。8086/8088 系统采用的方法是为 256 个中断源的中断服务程序的入口地址建立一张表格——中断向量表。

所谓中断向量，就是中断服务子程序的入口地址，由 16 位段地址和 16 位偏移地址组成。可见，每个中断源拥有一个中断类型码、一个中断服务子程序、一个中断向量。把系统中全部中断向量集中存放到存储器的某一区域，这个存放中断向量的存储区就是中断向量表。

8086/8088 系统将内存地址为 00000H～003FFH 的前 1K 个单元作为中断向量表，专门存放 256 个中断向量，这 256 个中断向量按照从小到大次序依次存放，如图 7.7 所示。每个中断向量占用内存的四个存储单元，前两个单元存放中断向量(中断服务子程序入口地址)的偏移地址 IP，后两个单元存放中断向量的段地址 CS。从图 7.7 的中断向量存放规律可以看出，各中断向量在向量表中的存放首地址=4*中断类型码 n。

图 7.7 中的 256 个中断分成三类：①专用中断(类型码 0～4)，如前所述，系统已固定分配好，用户不可修改；②系统保留中断(类型码 5～31)，是 8086/8088 系统已使用或预留将来使用的，用户不可自行定义，如类型号 21H 为 DOS 系统调用；③用户定义的中断(类型码 32～255)，由用户根据实际情况自行定义。

根据上面中断向量表的存放规律，CPU 获取中断类型码后，将该中断类型码乘以 4，即左移 2 位，就形成了该中断源中断向量在中断向量表中存放的首地址。从这个首地址开始，连续取四个字节的数据就是中断向量，即该中断源服务子程序的入口地址，将低 2 个字节放入 IP，将高 2 个字节放入 CS，CPU 就可自动跳转到该中断源的服务子程序入口。

【例 7.1】 某中断源的中断类型号为 18H，若其中断服务子程序的入口地址为 1983H:1024H，试指出中断向量表存放该中断向量的 4 个单元的地址及内容。

解：由于中断类型号为 18H，所以中断向量表中存放该中断向量的首地址为 18H×4=60H，故四个字节单元的地址为 0000:0060H～0000:0063H，四个字节单元的内容分别为 24H、10H、83H、19H。

注意： CPU 通过中断向量表方法，就可以根据中断类型码得到中断服务子程序的入口地址，从而完成中断源识别的第二步——找到入口地址。

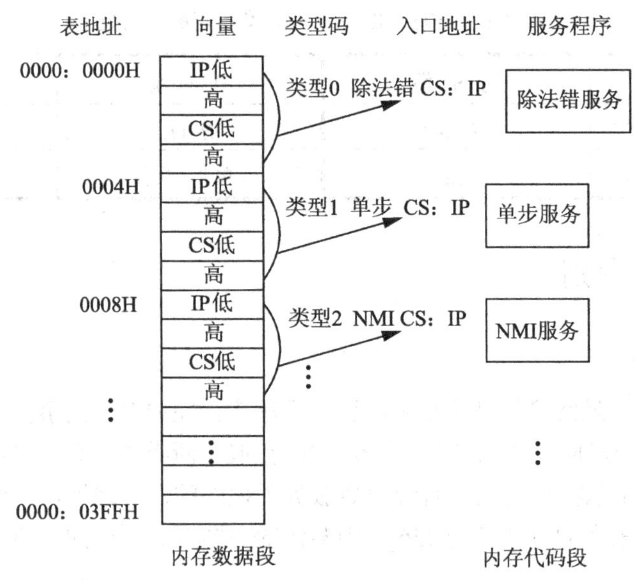

图 7.7　中断向量表

2. 中断向量表初始化

要采用上面的中断向量方法进行中断源识别，必须将用到的所有中断源的服务程序入口地址事先存入中断向量表，以便 CPU 根据中断类型码查表。一般 8086/8088 系统已将专用中断和系统保留中断的中断向量存入中断向量表，但用户定义的中断尚未存入，所以用户在实际使用时如果自定义并使用了其他中断，必须事先将自定义的中断源的中断向量自行存入中断向量表，这就是中断向量表初始化。

中断向量表初始化采用编程方法实现，用户应在主程序的初始化部分编写程序段，将中断向量依次写入中断向量表。

【例 7.2】 设用户自定义中断的类型号为 24H，已编好的中断服务子程序为 ISUB，试完成中断向量表初始化。

解： 中断向量表存放首地址为 24H×4，中断服务子程序段地址为 SEG ISUB，偏移地址为 OFFSET ISUB。所以中断向量表初始化程序段如下。

```
MOV     AX, 00H
MOV     DS, AX                  ;向量表段地址置 0000H
MOV     BX, 24H
SHL     BX
SHL     BX                      ;向量表存放首址=中断类型号*4
MOV     AX, OFFSET ISUB         ;中断服务程序入口偏移地址→AX
MOV     [BX], AX                ;偏移地址存入向量表
MOV     AX, SEG ISUB            ;中断服务子程序入口段地址→AX
MOV     [BX+2],AX               ;段地址存入向量表
```

7.2.4　中断响应过程

8086/8088 系统对一个中断的处理过程主要包括中断请求、中断承认和中断响应三个环

节，其基本流程如图 7.8 所示。从图中可以看出，该流程已经考虑了不同中断源的响应优先级，当多个中断同时申请中断时，CPU 首先响应内部中断，其次响应非屏蔽中断，然后响应可屏蔽中断，最后响应单步中断。在这个中断处理过程中，不同中断有一些区别，详述如下。

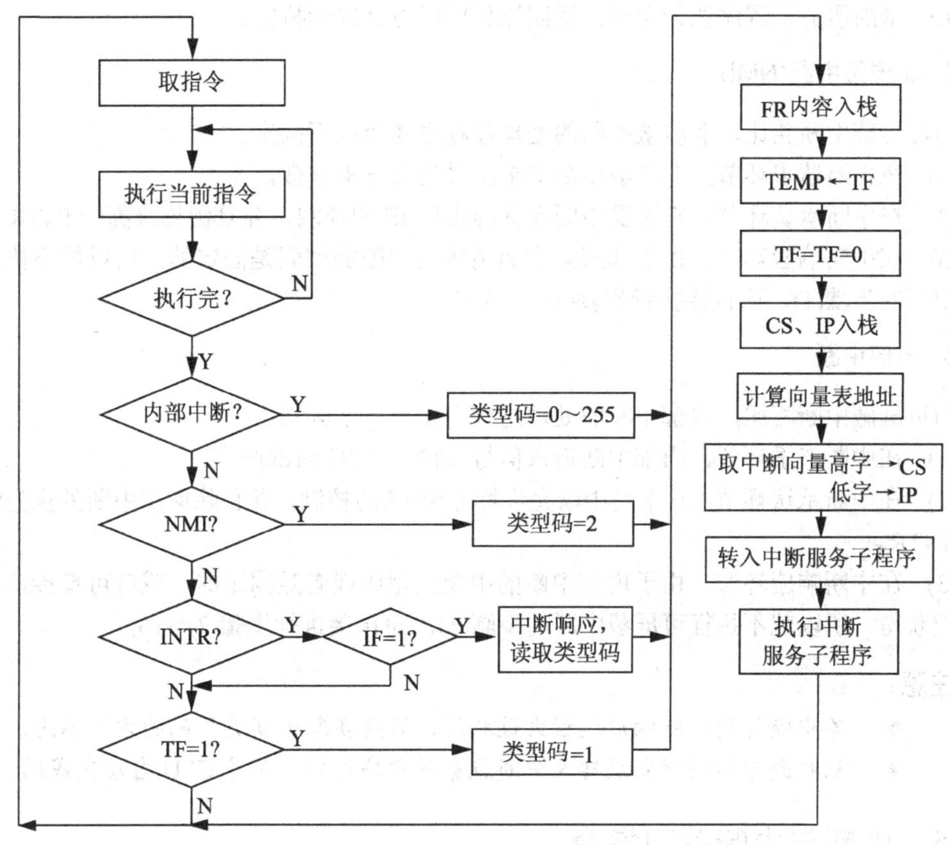

图 7.8 8086/8088 中断处理流程

1. 可屏蔽中断(INTR)

CPU 对可屏蔽中断承认后，就可以响应这一中断请求。这一中断响应过程中，CPU 主要完成以下工作。

(1) 执行两个中断响应周期。执行第一个中断响应周期，CPU 从 INTA 引脚送出中断响应信号(低电平)，通知外部中断系统做好准备；执行第二个中断响应周期，外部中断接口器件自动将该外部中断源的中断类型码 n 送到数据总线 D_0～D_7 上，CPU 接收中断类型号，乘以 4，形成中断向量表地址，存入内存暂存器。

(2) 执行一个总线写周期，将标志寄存器的内容压入堆栈。同时将中断允许标志 IF 和单步标志 TF 清零，这样禁止在中断响应过程中其他可屏蔽中断进入，并且也禁止了单步中断。

(3) 执行两个写总线周期。执行第一个写总线周期，将 CS 的内容压入堆栈；执行第二个写总线周期，将 IP 的内容压入堆栈。

(4) 执行两个读总线周期。执行第一个读总线周期，从(1)得到的中断向量表地址的前

两个单元中读取中断服务子程序的偏移地址，并送 IP 寄存器；执行第二个读总线周期，从中断向量表地址的后两个单元中读取中断服务子程序的段地址，并送 CS 寄存器。

(5) 由 CS 寄存器和 IP 寄存器得到中断服务子程序的物理地址，CPU 自动转向中断服务子程序。

(6) 中断服务子程序执行完毕，返回原程序断点处继续执行。

2. 非屏蔽中断(NMI)

与可屏蔽中断相比，非屏蔽中断的处理过程主要有以下区别。

(1) 在中断请求环节，非屏蔽中断请求信号为上升沿有效。

(2) 在中断承认环节，它不受中断允许标志位 IF 的控制，并且优先级高于 INTR。

(3) 在中断响应环节，由于非屏蔽中断请求的中断类型码是固定的，所以就不执行可屏蔽中断的步骤(1)，而直接执行步骤(2)～(6)。

3. 内部中断

与可屏蔽中断相比，内部中断的处理过程主要有以下区别。

(1) 在中断请求环节，内部中断请求信号直接由 CPU 内部产生。

(2) 在中断承认环节，它不受中断允许标志位 IF 的控制，并且除单步中断外优先级均高于 INTR。

(3) 在中断响应环节，由于内部中断的中断类型码或者是固定的，或者可直接从指令操作数获得，所以就不执行可屏蔽中断的步骤(1)，而直接执行步骤(2)～(6)。

注意：

- 各中断源的中断响应过程大致相同，只是获取中断类型码的方法不同。
- 从收到中断请求到跳转至中断服务子程序入口，都是 CPU 自动完成的。

7.2.5 中断与中断返回指令

1. 中断指令

8086/8088 系统中有两条中断指令，分别是 INTO 和 INT n。

(1) INTO：CPU 测试中断标志位 OF，若 OF=1，执行中断，否则不执行中断。

(2) INT n：执行中断类型号为 *n* 的中断，其中 *n* 的取值范围为 00H～FFH。

执行该指令时，CPU 自动执行以下过程。

(1) 断点保护：SP−2→SP，PSW→[SP+1]∶SP；清 PSW 的 IF 和 TF；SP−2→SP，CS→[SP+1]∶SP；SP−2→SP，IP→[SP+1]∶SP。

(2) 中断源识别与跳转：[n*4+1]∶[n*4]→IP，[n*4+3]∶[n*4+2]→CS；程序将自动跳转到 CS∶IP 处执行该中断服务子程序。

2. 中断返回指令 IRET

在中断服务子程序中，最后一条指令必须是 IRET。CPU 遇到此命令，自动恢复断点，把[SP+1]∶[SP]→IP，SP+2→SP；然后[SP+1]∶[SP]→CS，SP+2→SP；最后[SP+1]∶

[SP]→PSW，SP+2→SP。程序将跳转至原来的断点 CS：IP 处继续执行原程序。

7.3 可编程中断控制器 8259A

8086/8088 系统只有一个 INTR 输入端口，如果有多个中断源，如何与 INTR 相连？中断向量如何区分？它们的中断优先级又怎么判断？可编程中断控制器 8259A 就是为解决这些问题而设计的。它可以接受多个外部中断源的中断请求，并进行优先级的判定，选出优先级最高的中断请求，同时将这个请求送到 CPU 的 INTR 端口。CPU 进入中断服务子程序，8259A 中断控制器仍然负责外部中断请求的管理，例如利用 8259A 可以实现中断嵌套。

中断控制器 8259A 是一种可编程的、具有强大中断管理功能的大规模集成电路芯片。一个 8259A 可以管理 8 个中断源，通过级联方式最多可扩展到 64 个，每一个中断源均可通过编程实现屏蔽和开放。CPU 响应中断后，8259A 能在中断响应周期内向 CPU 提供中断类型号，从而使 CPU 执行中断服务程序。8259A 有多种工作方式，我们可以通过命令改变它的工作方式，所以它的使用非常灵活。

7.3.1 外部引线和内部结构

1. 8259A 的外部引线

8259A 为 28 引脚的双列直插芯片，其引脚如图 7.9 所示。

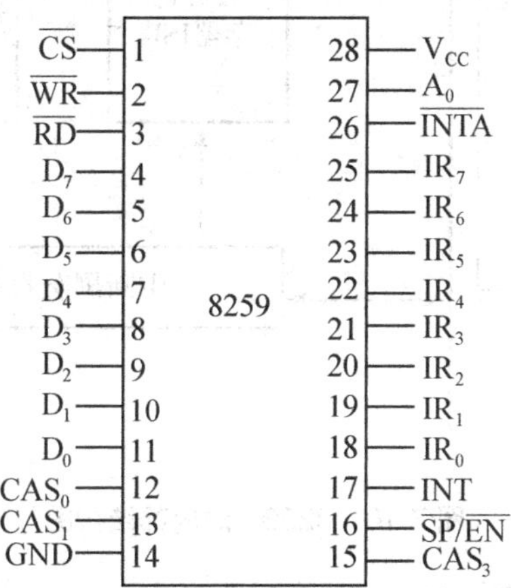

图 7.9 8259A 引脚图

1) 与 CPU 相连的引脚信号

$\overline{CS}$：片选信号，低电平有效。有效时，CPU 可以对 8259A 进行读写操作。

$\overline{RD}$：读信号，低电平有效。$\overline{CS}$ 和 $\overline{RD}$ 都有效，允许 CPU 读 8259A 的状态信息。

$\overline{WR}$：写信号，低电平有效。$\overline{CS}$ 和 $\overline{WR}$ 都有效，允许 8259A 接收 CPU 送来的命令字。

A_0：地址线。选择 8259A 内部的 2 个可编程地址。

D_0～D_7：双向数据总线。用来传送控制命令字、状态和中断类型号。

INT：中断请求信号。由 8259A 向 CPU 发出中断请求信号。

$\overline{\text{INTA}}$：中断响应信号，低电平有效。接收 CPU 发来的中断响应信号 $\overline{\text{INTA}}$。

2) 与中断源相连的引脚信号

IR_0～IR_7：中断源输入信号，高电平或上升沿有效。用于接收外设的中断申请。

3) 级联扩展时的引脚信号

CAS_0～CAS_2：级联信号。8259A 级联时使用，对于主片，CAS_0～CAS_2 为输出；对于从片，CAS_0～CAS_2 为输入。

$\overline{\text{SP}}/\overline{\text{EN}}$：从片/允许缓冲器信号。当 8259A 处于缓冲方式时，8259A 通过总线收发器和数据总线相连，此时该引脚用于输出，用于总线收发器的使能信号；当 8259A 处于非缓冲方式时，该引脚用于输入，$\overline{\text{SP}}$=1 表示该 8259A 是主片，$\overline{\text{SP}}$=0 表示该 8259A 是从片。

2. 8259A 的内部结构

8259A 的内部结构如图 7.10 所示，主要由 8 个功能模块组成。

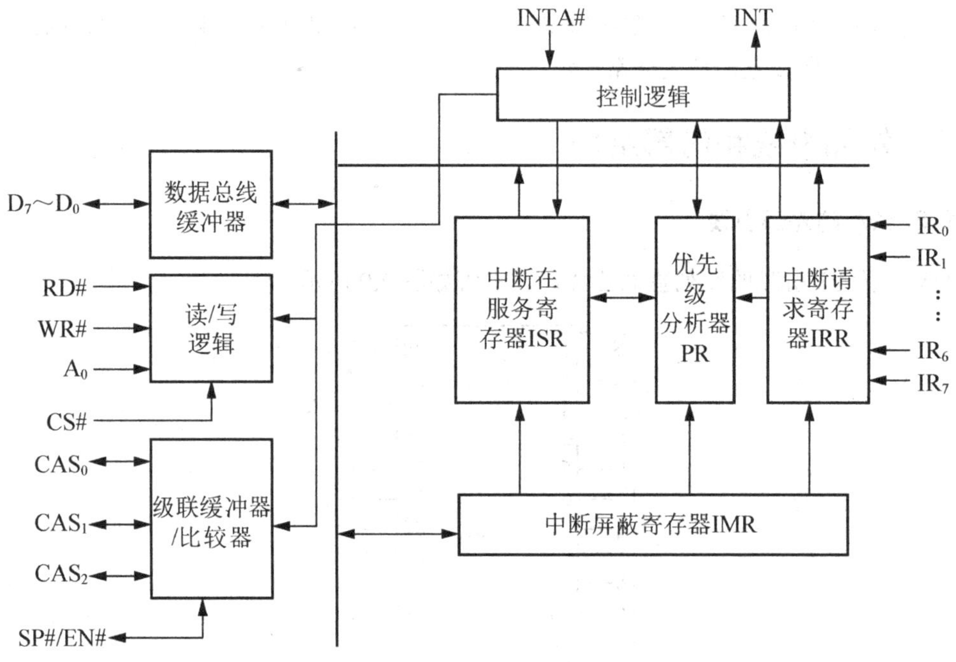

图 7.10 8259A 的内部结构图

1) 中断请求寄存器 IRR(interrupt register)

IRR 是具有锁存功能的 8 位寄存器，它的 0～7 位分别对应 IR_0～IR_7，有中断请求相应位置“1”，没有中断请求相应位置“0”。

2) 中断服务寄存器 ISR(interrupt service)

ISR 是 8 位寄存器，用于保存所有正在被服务的中断请求。8259A 收到 CPU 发的第一个 $\overline{\text{INTA}}$ 信号后，使被响应的中断请求对应的 ISR 置“1”，相对应的 IRR 置“0”。中断嵌套时，ISR 可能有多个位置“1”。

3) 中断屏蔽寄存器 IMR(interrupt mask register)

IMR 是 8 位寄存器，用于保存需要屏蔽的中断。“1”表示屏蔽相应中断请求；“0”

表示开放相应中断请求。

4) 优先级分析器PR(priority register)

有可能多个中断请求信号同时加到IR_0～IR_7，可以由PR来判别它们的优先级，以保证响应优先级最高的中断请求。

5) 数据总线缓冲器

它是一个双向三态缓冲器，在CPU给8259A写入控制字、读取8259A的状态信息、读取中断类型码时提供数据缓冲。

6) 读/写逻辑

用来接收来自CPU的读/写控制命令和片选控制信号。当CPU执行IN指令时，CPU的读信号$\overline{RD}$与A_0配合，将8259A的内部寄存器的内容通过数据总线传给CPU；当执行OUT指令时，CPU的写信号$\overline{WR}$与A_0配合，将数据总线上的控制命令字写到8259A的控制寄存器中。

7) 控制逻辑

控制逻辑按照初始化的工作方式控制8259A的全部工作。控制逻辑根据IRR和PR向CPU发出INT中断请求，并且接收CPU发的$\overline{INTA}$响应信号，从而使8259A进入中断状态。

8) 级联缓冲比较器

用于实现多个8259A的级联，使得中断源可由8个扩展到64个。

7.3.2 中断处理过程

单片8259A的中断处理过程包括以下五个步骤。

(1) 中断源外设在IR_0～IR_7上产生n条中断请求，8259A把IRR中对应的位置“1”。

(2) PR对中断优先级和IMR的状态进行判断，得到最高优先级，如果此时中断允许，那么8259A向CPU发出INT信号，请求中断服务。

(3) CPU收到INT响应中断，随后连续发送两个总线周期的$\overline{INTA}$信号。8259A收到第一个$\overline{INTA}$，该中断源对应的IRR位复位，ISR置位，从而禁止较低优先级的中断；8259A收到第二个$\overline{INTA}$，从D_0～D_7送出中断类型号。

(4) 8259A中断结束。在8259A发送中断类型码的第二个$\overline{INTA}$脉冲期间，如果中断结束是自动结束方式(AEOI)，8259A在第二个$\overline{INTA}$结束自动复位ISR的相应位；如果中断结束是非自动结束方式(EOI)，只有收到中断结束命令EOI，ISR的相应位才会复位。

(5) CPU收到中断类型号，通过查中断向量表，获得中断服务子程序的入口地址，去执行中断服务程序。

注意： 8259A中断结束的概念是相应的ISR复位，表示8259A可以接收比复位的ISR更低级的中断申请，而不是中断服务程序的结束。中断服务程序执行到命令IRET才会结束。

7.3.3 中断优先级管理方式

8259A有多种工作方式，可以通过初始化命令字和操作命令字来设定。用户可以根据

自己的实际情况，选择相应的工作方式，然后通过初始化命令字和操作命令字确定 8259A 的工作方式。8259A 的工作方式可分为中断优先级管理方式、中断屏蔽方式、中断结束方式和中断触发方式。具体介绍如下。

1. 中断优先级管理方式

1) 固定优先级方式(完全嵌套排序方式)

固定优先级方式是 8259A 最常用的一种工作方式。优先级的次序固定：IR0>IR1>…>IR7。当 ISR 的第 i 位为 1 时，表示 CPU 正在处理从 IRi 引入的中断请求，此时 8259A 禁止同优先级和优先级低于此级的中断请求。中断请求处理结束时，CPU 向 8259A 发中断结束命令 EOI，使 ISR 相应位复位。

2) 自动循环优先级方式(等优先级方式)

在自动循环优先级方式下，任何一级中断处理完后，CPU 都会向 8259A 发送 EOI 命令，使 ISR 中最高优先级复位，并且使它变为最低优先级，比它低一级的中断请求设为最高级，就这样依次循环下去。例如，把 IR0 的中断请求处理完，8259A 接收到 EOI 命令，把 ISR 的第 0 位复位，使 IR0 优先级变到最低，而使 IR1 的优先级升到最高。现在优先级的顺序为 IR1、IR2、IR3、IR4、IR5、IR6、IR7、IR0。

3) 特殊全嵌套优先级方式

基本上与固定优先级方式相同，不同的是 CPU 处理某一优先级的中断请求时，不仅允许优先级比它高的中断请求进入，而且允许同级的中断请求进入。

4) 特殊循环优先级方式

通过命令可以指定优先级，使用比较灵活。例如指定 IR2 优先级最低，则优先级次序为 IR3>IR4>…>IR7>IR0>IR1>IR2。

2. 中断屏蔽方式

1) 一般屏蔽方式

将 IMR 中的某一位或几位置“1”，就屏蔽了与之相对应的中断请求。例如把 IMR 的第 3 位置“1”，则在 IR3 的中断请求就被屏蔽。

2) 特殊屏蔽方式

在某些场合，执行某一中断服务程序时，要求允许中断优先级比它低的中断能被响应，这时可以采用特殊屏蔽方式。这种方式，可在中断服务程序中用中断命令字来屏蔽当前高优先级的中断服务，同时把高优先级中断对应的 ISR 位复位，这样不但屏蔽了正在服务的高优先级中断，同时开放其他低优先级的中断。

3. 中断结束方式 EOI

EOI 是指 8259A 对本次中断源处理过程的结束，实质上是该中断源对应的 ISR 位清零，允许新的中断源请求。8259A 有两种中断结束方式。

1) 非自动结束方式(EOI)

必须软件发送命令 EOI，来结束 8259A 的中断处理过程。非自动中断结束方式通常可分为一般中断结束和特殊中断结束。

- 一般中断结束方式：清除 ISR 中已置位的优先级高的位，适用于固定优先级和自动循环优先级方式。

- 特殊中断结束方式：清除命令指定的ISR位，适用于所有优先级方式，特别是特殊循环优先级方式。

2)　自动结束方式(AEOI)

CPU响应中断请求后，向8259A连发两个$\overline{INTA}$周期，在第二个$\overline{INTA}$结束时8259A自动执行一般中断结束方式的工作。

注意： 在自动结束方式下，CPU进入中断服务程序之前，相应的ISR位已经复位，这时如果8259A有低优先级的中断申请，8259A会产生新的INT信号向CPU请求中断，所以该中断服务程序会被低优先级的中断嵌套。因为INTR的优先级与CPU无关，而是由8259A管理的。这通常是不合理的，并可能会产生严重的后果。所以，只有确定不会产生这样的问题，才能采用自动结束方式。

4. 中断触发方式

8259A有两种中断触发方式，分别是电平触发方式和边沿触发方式。

1)　电平触发方式

用高电平请求中断，响应中断后应及时清除高电平，以免产生多次中断。

2)　边沿触发方式

用上升沿请求中断，上升后保持高电平，就不会再产生中断。

7.3.4　初始化命令字(ICW)

8259A是按照事先设置好的命令字进行工作的。8259A的命令字分为两部分，一部分是初始化命令字(Initialization Command Word)ICW1～ICW4，另一部分是操作命令字(Operation Command Word)OCW1～OCW3。8259A有两个内部端口地址：一个是偶地址(A0=0)，另一个是奇地址(A0=1)，用来选择不同的寄存器。

1. 初始化命令字ICW1

ICW1应写入偶地址端口，A0=0，ICW1主要用于设置IRi端口输入是高电平触发还是上升沿触发，是单片8259A还是多片8259A，以及是否需要ICW4。格式如图7.11所示。

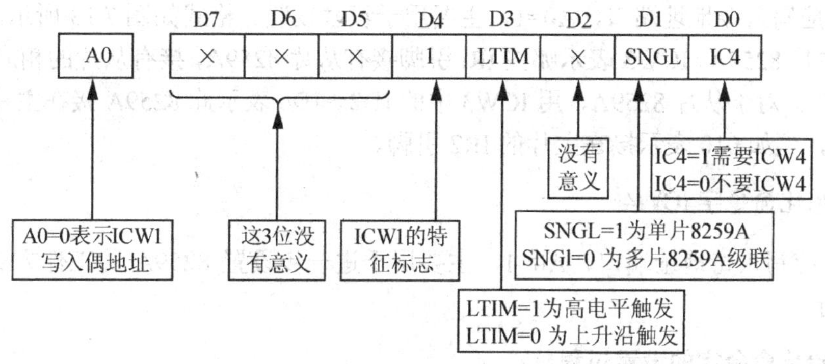

图7.11　ICW1的格式

【例 7.3】 某 8086 系统中，使用单片 8259A，中断请求信号为高电平触发，需要设置 ICW4，8259A 端口地址为 20H、21H，写出初始化命令字 ICW1 以及设置 ICW1 的命令。

解： 高电平触发、单片 8259A 以及需要设置 ICW4，初始化命令字为 00011011B= 1BH。写 ICW1 的命令如下。

```
MOV  AL,1BH
OUT  20H,AL ;写 ICW1 用偶地址
```

2. 初始化命令字 ICW2

ICW2 应写入奇地址端口，A0=1，主要用于设置 8259A 管理的中断源的中断类型码。格式如图 7.12 所示。

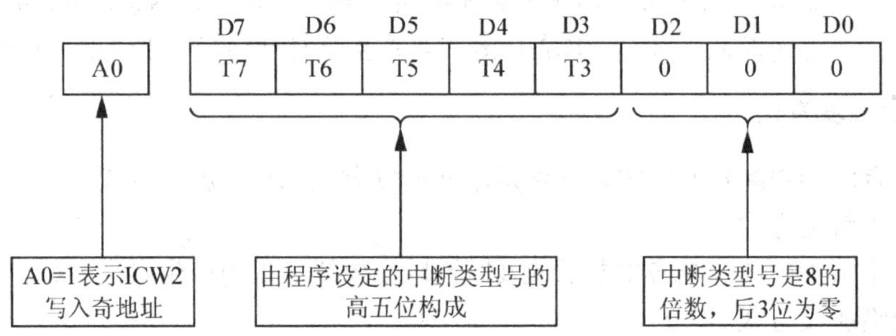

图 7.12 ICW2 的格式

IR0 的中断类型号必须是 8 的倍数，所以 D2D1D0 这三位是 000。IR1～IR7 的中断类型号在 IR0 的基础上依次加一。D7～D3 位由用户给出。

【例 7.4】 某 PC 中有 8 个可屏蔽中断(IR0～IR7)，其中 IR0 的中断类型号为 18H，8259A 端口地址为 20H、21H，请问 ICW2 是怎样设置的？用指令设置 ICW2。

解： 由于 IR0 的中断类型号是 18H，所以 ICW2 的内容是 00011000B=18H。写 ICW2 的命令如下。

```
MOV  AL,18H
OUT  21H,AL            ;写 ICW2 用奇地址
```

3. 初始化命令字 ICW3

ICW3 应写入奇地址端口，A0=1，主要用于级联设置。格式如图 7.13 所示。

对于主片 8259A，ICW3 表示哪些 IRi 引脚接有从片 8259A，接有从片的相应位置“1”，没有置“0”。对于从片 8259A，用 ICW3 中的 ID2～ID0 表示此 8259A 接在主片 8259A 的 IRi 引脚上，例如 010 表示接在主片的 IR2 引脚。

4. 初始化命令字 ICW4

ICW4 应写入奇地址端口，A0=1，主要用于进一步设置 8259A 的工作方式。格式如图 7.14 所示。

5. 初始化命令字的设置过程

初始化命令字的设置过程如图 7.15 所示。

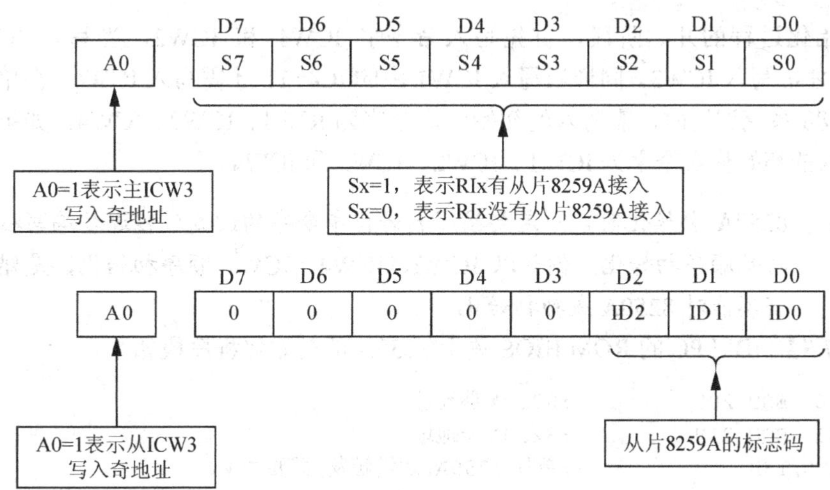

图 7.13　ICW3 的格式

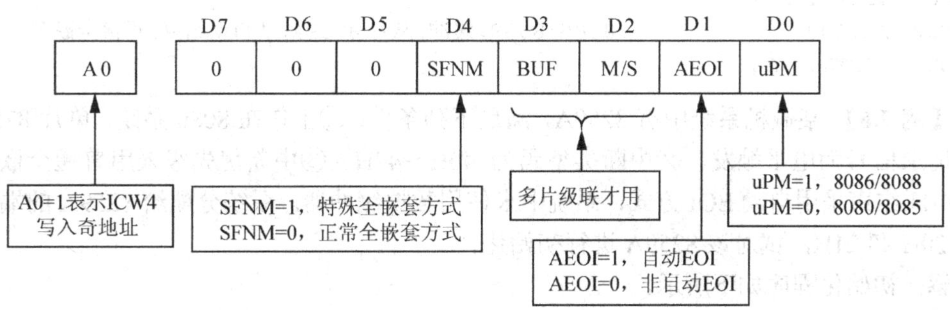

图 7.14　ICW4 的格式

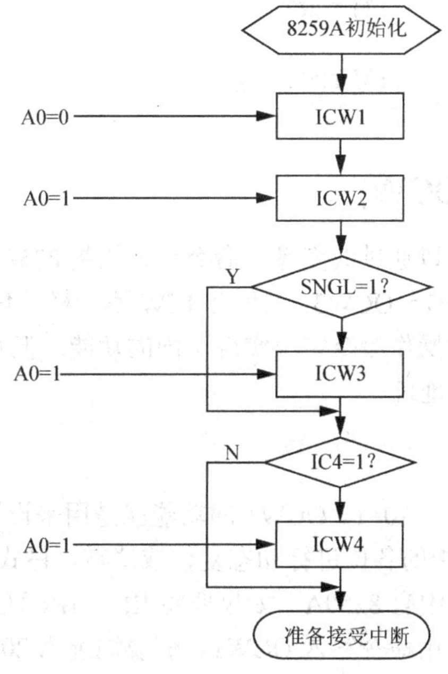

图 7.15　8259A 初始化流程图

在初始化过程的开始阶段，首先写入命令字 ICW1 和 ICW2。当写入 ICW1 中的 SNGL=0，才需写入 ICW3。同样当写入 ICW1 中的 IC4=1，才需写入 ICW4。在单片 8259A 与 8086/8088 系统配置时，需写入的初始化命令字为 ICW1、ICW2、ICW4。如果是级联方式，需写入的初始化命令字为 ICW1、ICW2、ICW3 和 ICW4。

注意： 8259A 初始化时，一定要按照初始化命令字的设置过程逐步编写程序，不能打乱顺序初始化。例如以 ICW2、ICW4、ICW1 顺序初始化，是错误的，这将不能对 8259A 成功初始化。

【例 7.5】 IBM PC 的 ROM BIOS 关于 8259A 的初始化程序段如下。

```
INTA00  EQU 20H            ;8259A 偶地址
INTA01  EQU 21H            ;8259A 奇地址
MOV  AL,13H                ;单片 8259A,边沿触发,需要 ICW4
OUT  INTA00,AL
MOV  AL,08H                ;中断类型号 8H
OUT  INTA01,AL
MOV  AL,09H                ;8086/8088,缓冲,从片 8259A,非自动结束,正常全嵌套
OUT   INTA01,AL
```

【例 7.6】 某微机系统中有 8259A，满足下列条件：①工作在 8086 系统，单片 8259A，中断请求信号为电平触发。②中断类型码为 40H～47H。③中断优先级采用普通全嵌套方式，中断结束采用自动 EOI 方式，系统中未使用数据缓冲器。系统分配给 8259A 的端口地址为 20H 和 21H，试对该 8259A 进行初始化。

解： 初始化程序如下所示。

```
MOV  AL,00011011B          ;写 ICW1
OUT   20H,AL
MOV  AL,01000000B          ;写 ICW2
OUT  21H,AL
MOV  AL,00000011B          ;写 ICW4
OUT  21H,AL
```

7.3.5　操作命令字(OCW)

在 8259A 工作期间，可以通过改变操作命令字来控制 8259A 的工作状态。8259A 一共有 3 个操作命令字，即 OCW1～OCW3。它们和 ICW 不一样，不需要按照规定的顺序设定，使用时可以灵活选择不同的操作命令字，实现不同的功能。但是有一点也需要注意，写入操作命令字时要分清奇、偶地址。

1. 操作命令字 OCW1

OCW1 写入奇地址端口，A0=1。OCW1 的功能就是用来设置中断源的屏蔽状态，换句话说就是对 8259A 的 IMR 中的各位进行动态复位或清零。格式如图 7.16 所示。

【例 7.7】 某微机系统中有 8259A，如果要将 IR1、IR6 两个引脚上的中断请求屏蔽，请问应如何设置 OCW1？并用命令写入 OCW1。假设地址为 20H、21H。

解： 由于 IR1 和 IR6 上的中断请求被屏蔽，所以 OCW1 的第 0 位和第 6 位应该置“1”。

OCW1 为 01000010B。写入程序如下所示。

```
MOV  AL, 01000010B
OUT  21H, AL
```

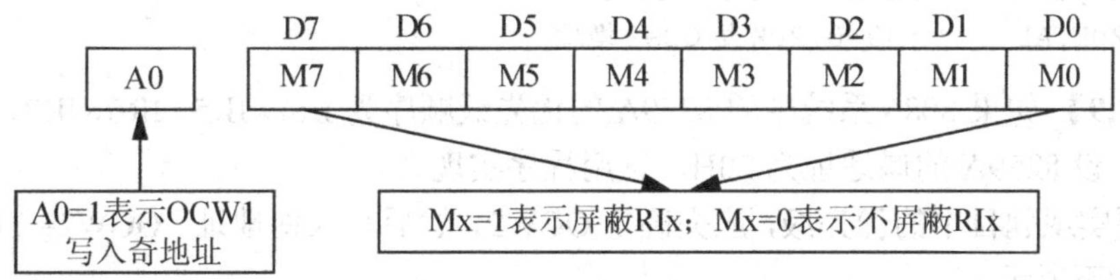

图 7.16　OCW1 的格式

2. 操作命令字 OCW2

OCW2 写入偶地址端口，A0=0。OCW2 的主要功能是设置中断结束方式和优先级循环方式。格式如图 7.17 所示。

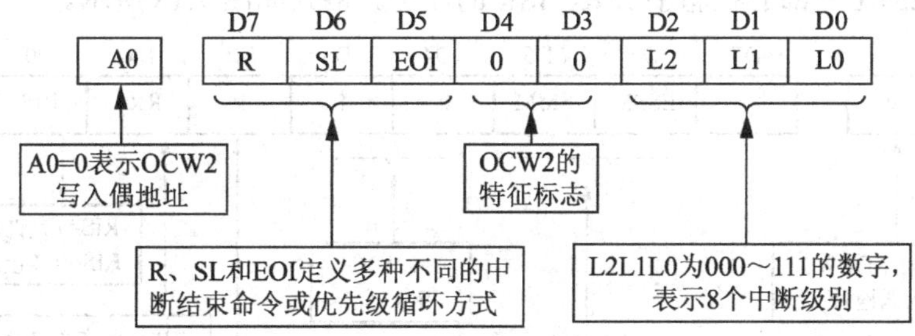

图 7.17　OCW2 的格式

在 OCW2 中，R 位表示中断优先级是采用循环优先级还是固定优先级；SL 位表示 OCW2 中的 L2、L1、L0 是否有效，SL=1，有效，反之，无效；EOI 表示 OCW2 是否作为中断结束命令。所以，R、SL 和 EOI 的不同组合将产生 8 种不同的操作功能，表 7.2 为这 8 种功能的说明。

表 7.2　R、SL 和 EOI 不同组合的操作功能

R，SL，EOI	L2～L1 意义	命令的意义与应用
000	无	用于完全嵌套方式的设置
001	无	结束命令，用于完全嵌套方式的中断结束
010	无	不用
011	有	结束命令，用于完全嵌套方式对 ISR 中指定位的中断结束
100	无	用于自动循环方式排序的设置
101	无	用于结束自动循环方式中的中断，优先级次序移动一次
110	有	用于指定最低级的循环排序方式设置
111	有	结束命令，结束中断，指定新的最低级

【例 7.8】 非自动 EOI 下用 OCW2 发布结束命令撤销 ISR 中断标志结束中断。假设地

址为 20H 和 21H。

解：程序如下所示。

```
MOV  AL,20H       ;20H 是命令字,EOI=1
OUT  20H,AL       ;A0=0,20H 是 OCW2 地址
```

【例 7.9】 如果 8086 系统中的 8259A 的优先级顺序为 IR4、IR5、IR6、IR7、IR0、IR1、IR2、IR3，设 8259A 的偶地址为 20H，试用程序实现之。

解：要实现题目中的优先级，应先确定 OCW2，然后写入偶地址。OCW2= 11000011B。程序如下所示。

```
MOV  AL,11000011B
OUT  20H,AL
```

3. 操作命令字 OCW3

OCW3 写入偶地址端口，A0=0。OCW3 的主要功能是设置特殊屏蔽方式和查询方式，并用来控制 8259A 内部的状态字 IRR、ISR 的读出。格式如图 7.18 所示。

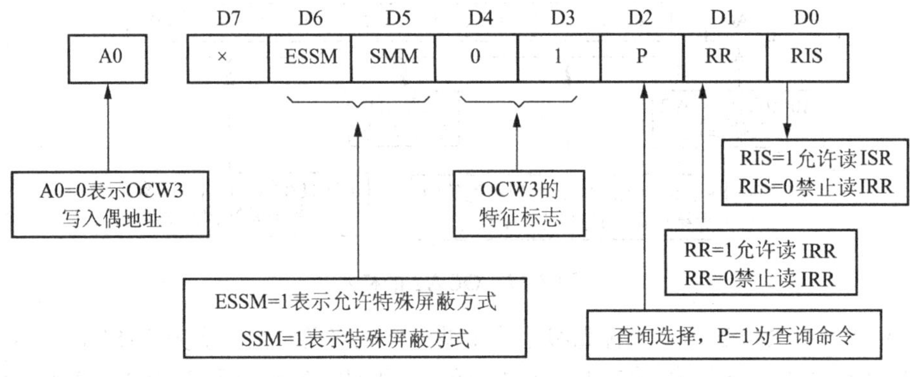

图 7.18　OCW3 的格式

【例 7.10】 设 8259A 的 IR3 输入引脚上有中断请求，但此时 8086 CPU 的 IF=0，8086 CPU 如何才能知道 8259A 的 IR3 上有中断请求？设偶地址为 20H。

解：可用中断查询命令来解决这个问题，先发查询命令 OCW3，然后读偶地址，就可以知道 IR3 是否有中断申请。OCW3 应该取 00001100B。程序如下所示。

```
MOV  AL, 00001100B  ;P=1,查询命令
OUT   20H,AL        ;输出查询命令
IN   AL,20H         ;读 8259A 的查询字
```

读到的信息如下：

```
0*******       表示 IR3 上没有中断请求。
1**** 0 1 1    表示 IR3 上有中断请求。
```

【例 7.11】编写一段程序，将 8086 系统中 8259A 的 IRR、ISR、IMR 3 个寄存器的内容读到后，写入存储器从 0090H 开始的数组中，设 8259A 的端口地址为 20H 和 21H。

解：从题目中可以看到，要求读 IRR、ISR、IMR 的内容。通过设置操作命令字 OCW3，可以通过 IN 命令读取 IRR 和 ISR 的内容。而对 IMR 的读出，不需要事先发出指定命令，直接读奇地址端口就可以。读 IRR，OCW3 为 00001010B；读 ISR，OCW3 为 00001011B。

程序如下所示。

```
MOV  AL,00001010B     ;指出读 IRR,OCW3=00001010B
OUT 20H,AL
IN  AL,20H            ;读 IRR 的内容
MOV  [0090H],AL       ;将 IRR 的内容写入数组中
MOV  AL,0BH
OUT 20H,AL            ;指出读 ISR,OCW3=00001011B
IN  AL,20H
MOV  [0091H],AL       ;将 ISR 的内容写入数组中
IN  AL,21H            ;直接从奇地址端口读取 IMR 的内容
MOV  [0092H],AL       ;将 IMR 的内容写入数组中
```

7.3.6　8259A 寄存器的访问控制

CPU 要对 8259A 初始化，就必须写入初始化命令字，对 8259A 进行操作时需要写入操作命令字，以及有时要知道 IRR、ISR、IMR 的内容，就要读 8259A 的状态寄存器。这些操作都需要各自的地址，那么 8259A 地址是如何分配的？表 7.3 为 8259A I/O 地址分配表。

表 7.3　8259A I/O 地址分配表

A0	D4	D3	$\overline{RD}$	$\overline{WR}$	$\overline{CS}$	操　作
0	1	*	1	0	0	写入 ICW1
1	*	*	1	0	0	写入 ICW2，ICW3，ICW4，OCW1
0	0	0	1	0	0	写入 OCW2
0	0	1	1	0	0	写入 OCW3
1			0	1	0	读 IMR
0			0	1	0	上次 OCW3 中 P=0，读 ISR 或 IRR P=1，读状态信息

7.3.7　中断系统的应用方法

中断系统是中断控制机构，利用中断系统可以实现数据的实时传输，也可以用它实现某些危险情况的提示。无论用于数据的传输控制，还是用于其他操作，应用中断系统时要完成以下几项任务。

(1) 分配合适的中断级：要实现中断请求就必须把中断源请求信号连接到中断系统的某个 IR 引脚上。分配 IR 引脚的依据是：首先，中断系统有空余的中断引脚 IR；其次，按照完成任务的紧急程度，设置适当的中断优先级。

(2) 设计中断请求逻辑：在中断请求输入引脚 IR0～IR7 上，加上中断请求信号，用什么形式的信号，是由 8259A ICW1 中的 LTIM 来决定的。8259A 根据所加中断信号的不同，

能给出中断信号所对应的中断类型号。

(3) 对8259A初始化。

(4) 编写中断服务子程序。

(5) 中断向量表初始化。

7.4 8259A的应用

7.4.1 8259A和系统总线的连接与寻址

8259A和CPU系统总线的连接可以按照外设接口与总线的统一连接方式，将数据线、地址线、控制线分类进行连接，典型连接如图7.19所示。

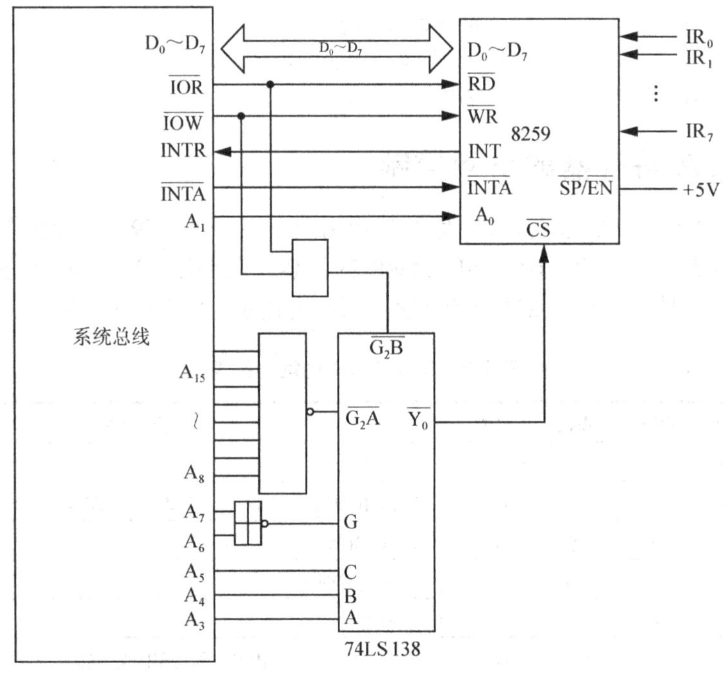

图7.19 8259A和系统的连接图

CPU系统的数据总线D_0～D_7与8259A的数据口D_0～D_7直接连接，控制线$\overline{IOR}$、$\overline{IOW}$分别与8259A的$\overline{RD}$、$\overline{WR}$相连，实现对8259A的读写操作。由于写入ICW和OCW寄存器时要分奇/偶地址，系统必须有一根地址线与8259A的A0相连。同时CPU通过74LS138译码器完成对8259A的片选。8259A把引脚INT连接到系统的INTR端口，可以向CPU发出中断请求信号，CPU通过$\overline{INTA}$信号来向8259A回答中断请求是否响应。从图7.19中，可以确定8259A的各个寄存器的地址如下。

A_{15}	A_{14}	A_{13}	A_{12}	A_{11}	A_{10}	A_9	A_8	A_7	A_6	A_5	A_4	A_3	A_2	A_1	A_0
1	1	1	1	1	1	1	1	0	0	0	0	0	*	*	*

由于A_2、A_0没有接，所以为部分地址译码。

8259A的偶地址：A_1=0，地址为0FF00H、0FF01H、0FF04H、0FF05H中的任意一个。

8259A 的奇地址：A_1=1，地址为 0FF02H、0FF03H、0FF06H、0FF07H 中的任意一个。

7.4.2 初始化及操作控制

8259A 和 CPU 相连后，就可以通过命令字对 8259A 进行初始化，以及通过操作命令字对其工作进行操作控制。

基于图 7.19 所示的连接，8259A 的初始化程序如下。

```
SET8259A: MOV  DX,0FF00H          ;A0=0,偶地址
          MOV  AL,00010011B       ;ICW1: D3 的 LTIM=0 边沿触发,D1=1
                                  ;单片,D0=1 要 ICW4
            OUT  DX,AL
          MOV  DX,0FF02H          ;A0=1,奇地址
          MOV  AL,00011000B       ;ICW2: 中断源 IR0 ～IR7 类型码 18H～1FH
          OUT  DX,AL
          MOV  AL,00000011B       ;ICW4: 8086/8088,自动 EOI,非缓冲,正常
                                  ;全嵌套
          OUT  DX,AL
```

在某些情况下，如果不希望看到某些中断发生，我们可以通过操作命令字 OCW1 的设置来屏蔽那些中断。同时也可以检查对某些中断的屏蔽是否成功。程序如下。

```
MOV  DX,0FF02H
MOV  AL,0                     ;OCW1 为 00H,没有屏蔽中断
OUT  DX,AL
IN   AL,DX                    ;读 IMR
OR  AL,AL                     ;检查是否屏蔽
JNZ     IMERR                 ;不为 0 出错
MOV  AL,0FFH                  ;OCW1 为 FFH,全部屏蔽
OUT  DX,AL
IN  AL,DX                     ;读 IMR
ADD  AL,1                     ;检查是否有屏蔽
JNZ    IMERR                  ;不为全 1 出错
```

8259A 连接到 CPU 上，通过数据总线可以读取 ISR、IRR 的内容，命令如下。

```
MOV  DX,0FF00H                ;OCW3 用偶地址
MOV  AL,00001011B             ;OCW3 的 P=0,设置读 ISR
OUT  DX,AL
IN  AL,DX                     ;读出 ISR
MOV  AL,00001010B             ;OCW3 的 P=0,设置读 IRR
OUT  DX,AL
IN  AL,DX                     ;读出 IRR
```

7.5 小型案例实训

案例 1——用 8259A 实现数字电子钟

电子钟硬件的连接示意图如图 7.20 所示，把定时器外设产生的周期为 20ms 的方波加到 IR0 上，利用 20ms 一次的定时中断服务程序，建立时、分、秒数字电子钟。画出程序

流程图并编写完整的程序。

分析：编程的关键是数 20ms 一次的中断次数，中断次数累加到 50 次，则时间到 20ms×50=1s；其次累加秒值，累加到 60，则时间到 60×1s=1min；然后累加分值，累加到 60，则时间到 60×1min=1h；最后累加小时值，由于不要求日期值，所以小时值累加到 24 清零。这样就可自动获得时、分、秒的值，实现数字电子钟。为此，需要在内存数据区预留 4 个单元，分别保存动态的 20ms 次数值 n1，秒值 Second，分值 Minute，小时值 Hour，为了便于以后显示，时、分、秒值用压缩 BCD 码形式，如图 7.20 所示。

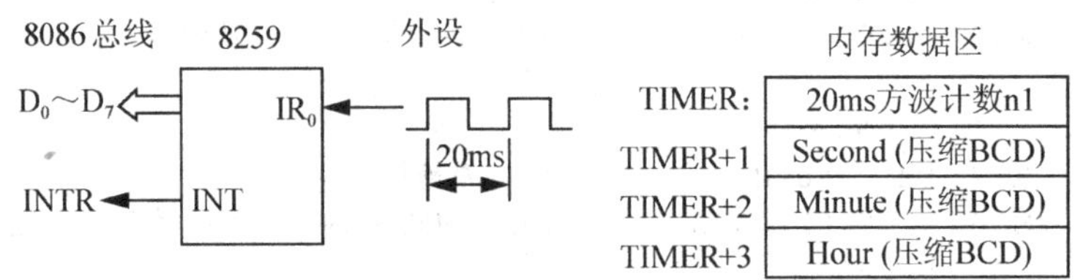

图 7.20　电子钟的连接图

解：

(1) 编写 20ms 中断服务子程序。

上述 20ms、秒、分、时的累加是在中断服务子程序中实现的，因为该事件是由外部定时器 20ms 到的事件触发的。图 7.21 是中断服务子程序的流程图。

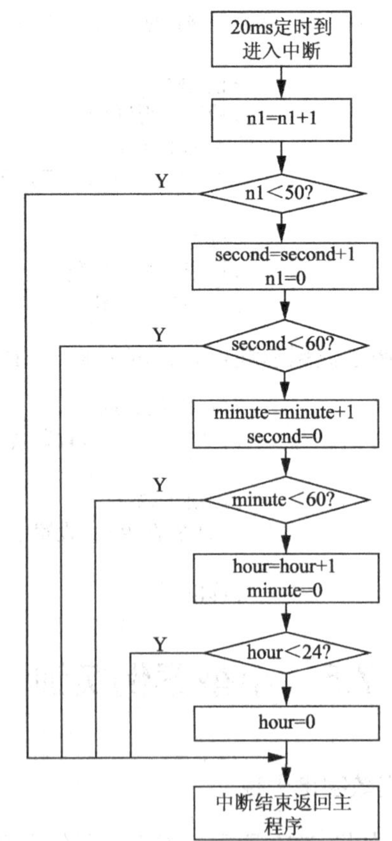

图 7.21　电子钟的中断服务程序流程图

中断服务子程序如下。

```
 CLOCK  PROC  FAR
           PUSH  AX                    ;现场保护
           PUSH  SI
           MOV  AX,SEG  TIMER          ;内存预留单元
           MOV  DS,AX
           MOV  SI,OFFSET TIMER
           MOV  AL,[SI]                ;从内存预留单元取 n1
           INC  AL                     ;n1+1
           MOV  [SI],AL                ;保存新 n1
           CMP  AL,50                  ;判断是否 1 秒到
           JNZ  TRNED
           MOV  AL,0                   ;1 秒到，则 n1=0
           MOV  [SI],AL
           MOV  AL,[SI+1]              ;从内存预留单元取秒值 Second
           ADD  AL,1                   ;Second+1
           DAA
           MOV  [SI+1],AL              ;保存新 Second
           CMP  AL,60H                 ;判断一分钟到
           JNZ  TRNED
           MOV    AL,0                 ;一分钟到,Second=0
           MOV  [SI+1],AL
           MOV  AL,[SI+2]              ;从内存预留单元取分值 Minute
           ADD  AL,1                   ;Minute+1
           DAA
           MOV  [SI+2],AL              ;保存新的 Minute
           CMP  AL,60H                 ;判断是否一小时到
           JNZ  TRNED
           MOV  AL,0                   ;一小时到,Minute=0
           MOV  [SI+2],AL
           MOV  AL,[SI+3]              ;从内存预留单元取小时值 Hour
           ADD  AL,1                   ;Hour+1
           DAA
           M OV  [SI+3],AL             ;保存新的 Hour
           CMP  AL,24H                 ;判断是否 24 小时到
           JNZ  TRNED
           MOV  AL,0                   ;24 小时到,Hour=0
           MOV  [SI+3],AL
TRNED:     POP  SI                     ;现场恢复
           POP  AX
           STI                         ;开中断
           IRET                        ;中断返回
CLOCK  ENDP
```

(2) 确定中断类型码，初始化 8259A。

假设 8259A 的偶地址为 0FF00H，奇地址为 0FF01H，IR0 的中断类型码设置为 18H，IR0 采用上升沿触发，自动结束中断，正常嵌套，则初始化程序段如下所示。

```
ET8259A: MOV  DX,0FF00H         ;偶地址
         MOV  AL,00010011B      ;ICW1: D3 的 LTIM=0 边沿触发,D1=1
                                ;单片,D0=1 要 ICW4
         OUT  DX,AL
         MOV  DX,0FF01H         ;奇地址
         MOV  AL,00011000B      ;ICW2: 中断源 IR0～IR7 类型码 18H～1FH
         OUT  DX,AL
         MOV  AL,00000011B      ;ICW4: 8086/8088,自动 EOI,非缓冲,正常
                                ;全嵌套
         OUT  DX,AL
```

(3) 初始化中断向量表。

```
INITB:  MOV  AX,0
        MOV  DS,AX
        MOV  SI,18H
        SHL  SI,1               ;中断类型码*4
        SHL  SI,1
        MOV  DX,OFFSET CLOCK
        MOV  [SI],DX
        MOV  DX,SEG  CLOCK
        MOV  [SI+2],DX
```

(4) 完整的程序如下。

```
DATA    SEGMENT
TIMER   DB  4 DUP(0)
DATA    ENDS
STACK   SEGMENT  PARA  STACK  'STACK'
        DB  100 DUP (0)
STACK   ENDS
CODE    SEGMENT
        ASSUME  DS: CODE,DS: DATA,SS: STACK
START:  MOV  AX,0               ;主程序初始化中断向量表程序段
        MOV  DS,AX              ;初始化中断向量表程序段
        MOV  SI,18H
        SHL  SI,1
        SHL  SI,1
        MOV  DX,OFFSET CLOCK
        MOV  [SI],DX
        MOV  DX,SEG  CLOCK
        MOV  [SI+2],DX
        MOV  DX,0FF00H          ;初始化 8259A 程序段
        MOV  AL,00010011B
        OUT  DX,AL
        MOV  DX,0FF01H
        MOV  AL,00011000B
        OUT  DX,AL
        MOV  AL,00000011B
        OUT  DX,AL
```

```
        STI                         ;开中断
WAIT:   HLT                         ;等待 20ms 中断请求
        JMP     WAIT
CLOCK   PROC  FAR                   ;中断服务子程序
            PUSH  AX
            PUSH  SI
            MOV  AX,SEG  TIMER
            MOV  DS,AX
            MOV  SI,OFFSET TIMER
            MOV  AL,[SI]
            INC  AL
            MOV  [SI],AL
            CMP  AL,50
            JNZ  TRNED
            MOV  AL,0
            MOV  [SI],AL
            MOV  AL,[SI+1]
            ADD  AL,1
            DAA
            MOV  [SI+1],AL
            CMP  AL,60H
            JNZ  TRNED
            MOV   AL,0
            MOV  [SI+1],AL
            MOV  AL,[SI+2]
            ADD  AL,1
            DAA
            MOV  [SI+2],AL
            CMP  AL,60H
            JNZ  TRNED
            MOV  AL,0
            MOV  [SI+2],AL
            MOV  AL,[SI+3]
            ADD  AL,1
            DAA
            MOV  [SI+3],AL
            CMP  AL,24H
            JNZ  TRNED
            MOV  AL,0
            MOV  [SI+3],AL
TRNED:  POP  SI
            POP  AX
            STI
            IRET
CLOCK   ENDP
CODE        ENDS
            END  START
```

案例 2——用 8259A 实现中断级联

某系统中两片 8259A 采用中断级联方式组成中断系统，从片的 INT 端连 8259A 主片的 IR3 端。若当前 8259A 主片从 IR1、IR5 端引入两个中断请求，中断类型号为 31H、35H。中断服务程序的段基址为 1000H，偏移地址分别为 2000H 及 3000H。8259A 从片由 IR4、IR5 端引入两个中断请求，中断类型号为 44H 和 45H，中断服务程序段基址为 2000H，偏移地址为 3600H 及 4500H，编写实现该功能的程序。

解：

(1) 分析：依据题意，画出中断向量表，填入对应的中断服务程序入口地址，如表 7.4 所示。

表 7.4 各中断源对应的中断向量表

000C4H	00	IP	主片 IR1 引入中断类型 31H 入口地址	主 8259A 引入的中断请求
	20			
000C6H	00	CS		
	10			
	…			
	…			
000D4H	00	IP	主片 IR5 引入中断类型 35H 入口地址	
	30			
000D6H	00	CS		
	10			
	…			
	…			
00110H	00	IP	从片 IR4 引入中断类型 44H 入口地址	从 8259A 引入的中断请求
	36			
00112H	00	CS		
	20			
00114H	00	IP	主片 IR5 引入中断类型 45H 入口地址	
	45			
00116H	00	CS		
	20			

(2) 中断向量的形成，将 4 个中断入口地址写入中断向量表。

```
MOV AX, 1000H ;送入主片段地址
MOV DS, AX
MOV DX, 2000H ;送入主片偏移地址
MOV AL, 31H    ;中断类型号 31H
MOV AH, 25H
INT 21H         ;DOS 功能调用,设置中断向量为 DS:DX
MOV DX, 3000H ;中断类型号 35H
MOV AL, 35H
```

```
INT 21H          ;DOS 功能调用,设置中断向量为 DS:DX
MOV AX, 2000H ; 送入从片段地址
MOV DS, AX
MOV DX, 3600H ;
MOV AL, 44H     ;中断类型号 44H
MOV AH, 25H
INT 21H          ;DOS 功能调用,设置中断向量为 DS:DX
MOV DX, 4500H ;中断类型号 45H
MOV AL, 45H
INT 21H    ;DOS 功能调用,设置中断向量为 DS:DX
```

(3) 主片初始化编程：8259A 主片端口地址为 FFC8H 和 FFC9H。

```
MOV AL, 00010001B ;定义 ICW1,主片级联使用,边沿触发
MOV DX, 0FFC8H
OUT DX, AL
MOV AL, 30H ;定义 ICW2,中断类型号 30H～37H
MOV DX, 0FFC9H
OUT DX, AL
MOV AL, 00001000B ;定义 ICW3, IR3 端接从片 8259A 的 INT 端
OUT DX, AL
MOV AL, 00010001B ; 定义 ICW4,特殊全嵌套方式,非缓冲方式
OUT DX, AL ; 非自动 EOI 结束方式
MOV AL, 11010101B ; 定义 OCW1,允许 IR1、IR3、IR5 中断
OUT DX, AL ; 其余端口中断请求屏蔽
```

(4) 从片初始化编程：8259A 从片端口地址为 FFCAH 和 FFCBH。

```
MOV AL, 00010001B ;定义 ICW1, 级联使用, 边沿触发
MOV DX, 0FFCAH
OUT DX, AL
MOV AL, 40H ;定义 ICW2,中断类型号为 40H～47H
MOV DX, 0FFCBH
OUT DX, AL
MOV AL, 00000011B ;定义 ICW3, 从片接在主片的 IR3 端
OUT DX, AL
MOV AL, 00000001B ; 定义 ICW4, 完全嵌套方式, 非缓冲方式
OUT DX, AL ; 非自动 EOI 结束方式
MOV AL, 11001111B ; 定义 OCW1, 允许 IR4、IR5 中断
OUT DX, AL ; 其余端口中断请求屏蔽
```

7.6 小　　结

本章首先概括介绍了中断以及和中断相关的概念，然后详细介绍了 8086/8088 中断系统和中断控制器 8259A。

本章需要掌握的知识要点如下。

(1) 中断的基本概念和中断源的分类。

(2) 中断的处理过程：中断请求、中断确认、中断响应。其中中断响应又包括关中断、

断点保护、中断源识别、中断服务。

(3) 中断优先级及中断嵌套。可根据实际情况，对中断信号分级并设计中断嵌套。

(4) 8086/8088 中断系统。8086/8088 系统可处理 256 种不同的中断申请，对应的中断类型号为 0～255。这些中断可分为两大类，即内部中断(软件中断)和外部中断(硬件中断)。内部中断的优先级最高(除单步中断外)，接下来是 NMI，其次是 INTR，优先级最低的是单步中断。8086/8088 CPU 获取中断类型码后，通常采用中断向量方法，查询中断向量表得到中断服务程序的入口地址，从而可自动转向中断服务子程序。

(5) 中断控制器 8259A 是中断控制的集成芯片，应用相当广泛。ICW 是它的初始化命令字，通过写入 ICW 可以设置 8259A 的各种工作方式；OCW 是它的操作命令字，写入它可以实现对 8259A 的操作控制。

7.7 习 题

一、简答题

1. 8086 CPU 有哪几种中断？

2. 简要解释下列术语的含义。

(1) 中断　　(2) 中断类型号

(3) 中断向量表　　(4) 非屏蔽中断、可屏蔽中断

3. 简要说明 8086 中断的特点。

4. 简述 8086 可屏蔽中断的响应过程。

5. 在基于 8086/8088 的微机系统中，中断类型码和中断向量之间有什么关系？

6. 简要说明 8259A 的主要功能。内部有哪些寄存器？用来完成什么样的任务？

7. 8259A 有哪几个初始化命令字和操作命令字？说明它们的格式、功能及各自的寻址特点。

8. 8259A 的优先级管理方式和中断结束方式各有哪些？说明全嵌套方式和特殊全嵌套方式的区别。

9. 中断类型号为 24H，其中断服务子程序名为 INT24，试编写其中断向量表初始化程序段。

二、分析题

1. 下列为某中断源初始化中断向量表的程序段。

```
MOV  AX, 00H
MOV  ES, AX
MOV  BX, 25H*4
MOV  AX, 2000H
MOV  ES: [BX], AX
MOV  AX,1000H
MOV  ES: [BX+2], AX
```

指出中断类型号和中断服务子程序的入口地址。

2. 有一 8086 中断电路如习图 7.1 所示，请回答下列问题。

(1) 根据图中给出的条件，写出五种内部中断 1、2、3、4、5 的名称(1、2 两项次序不能颠倒)。

(2) 写出 8086 三条引脚 6、7、8 的符号及名称。

(3) 写出芯片 9 的名称，并简述其功能。

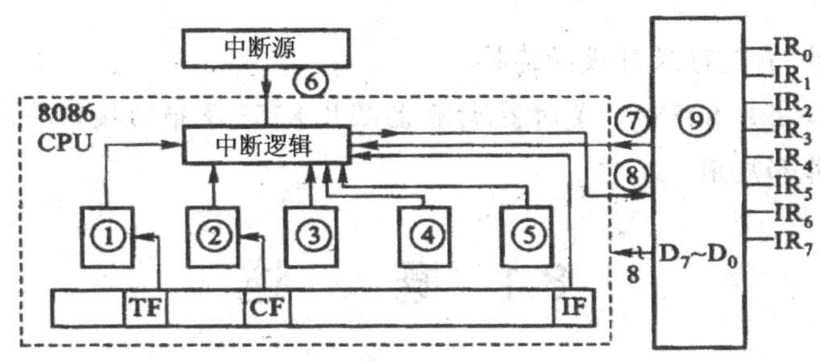

习图 7.1　8086 中断电路

三、编程题

在 8086 系统中，采用一片 8259A 进行外部中断管理。设 8259A 工作在全嵌套方式，需要发送专门的 EOI 命令来结束中断，高电平触发，非缓冲方式，IR0 的中断类型码为 88H。8259A 的端口地址为 FF00H、FF01H。试编写 8259A 的初始化程序段和结束中断程序段。

第 8 章　可编程接口芯片

本章要点

- 接口芯片与 CPU 及外设的连接
- 并行接口芯片 8255A、定时器/计数器芯片 8253 及串行接口芯片 8251 的组成、结构、功能和应用

8.1　概　　述

如第 6 章所述，CPU 与外部设备之间的数据交换是通过各种接口实现的。一般接口电路中应具有如下基本电路单元。

1)　数据输入、输出寄存器(数据锁存器)

用来解决 CPU 和外设之间速度不匹配的矛盾，实现数据缓冲功能。

2)　控制寄存器 CR

用来接收和存放 CPU 的各种控制命令，以实现 CPU 对外设的具体操作的控制。

3)　状态寄存器 SR

用来存放反映外设的当前工作状态信息或接口电路本身的工作状态信息，用 SR 中的某一位反映外设的状态，常用的两个状态位是准备就绪信号 READY 和忙信号 BUSY。

4)　定时与控制逻辑

用来提供接口电路内部工作所需要的时序及向外发出各种控制信号或状态信号，如读/写控制逻辑、中断控制逻辑等，是接口电路的核心部件。

5)　地址译码器

用于正确选择接口电路内部各不同端口寄存器的地址，以便处理器正确无误地与指定外设交换信息。

随着大规模集成电路技术的迅速发展，微型计算机系统中 CPU 与外设之间的接口电路已由早期的逻辑电路板(由中、小规模集成电路芯片组成)发展为以大规模集成电路芯片为主的接口芯片。接口芯片可简化为一系列存储单元(端口)，故接口芯片的引脚及连接可类比内存芯片。接口芯片作为 CPU 和外设之间联系的“桥梁”，它一方面要与 CPU 打交道，要接收 CPU 进行输入/输出所发出的一系列信息；另一方面又要与外设打交道，要向外设收/发数据及一些联络信号等。因此，它的连接涉及接口芯片与 CPU 的连接以及接口芯片与外设的连接。图 8.1 为通用接口芯片引脚及连接简图。

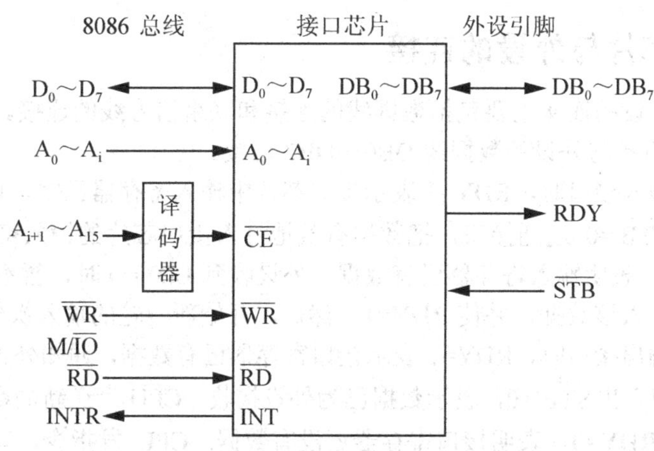

图 8.1 通用接口芯片引脚及连接简图

8.1.1 接口芯片与 CPU 的连接

接口芯片与 CPU 的连接主要包括数据线的连接、地址线的连接和控制线的连接。将接口芯片的数据线 D_0～D_7(假设为 8 位数据线)与 CPU 的 D_0～D_7 直接连接。设 A_0～A_i 为接口芯片的片内端口地址线，一般将片内端口地址线直接与 CPU 对应的地址线连接。CPU 剩余的地址线 A_{i+1}～A_{15} 经译码器与接口芯片的片选 $\overline{CE}$ 连接。接口芯片的读 $\overline{RD}$ 、写 $\overline{WR}$ 、中断请求 INT 控制线分别与 CPU 的对应控制线连接。

当 CPU 读接口中对应端口的数据时，首先送出地址信息，经地址译码后接通芯片的片选端 $\overline{CE}$ ，然后发出 $\overline{RD}$ =0 和 M/$\overline{IO}$ =0，通知接口芯片，片选信号 $\overline{CE}$ 已稳定，输入数据已与数据总线接通，CPU 就将外设的数据 DB_0～DB_7 经 D_0～D_7 读入。CPU 读端口使用如下指令。

```
IN  AL,端口地址
```

执行该指令时，CPU 内的指令寄存器和指令译码器首先分析此指令，知道是 I/O 设备的读操作，就将端口地址送上地址总线，经 CPU 外的地址译码器译码后，产生片选信号，送入 $\overline{CE}$ 端，同时将 $\overline{RD}$ =0 和 M/$\overline{IO}$ =0 送入端口，接口芯片就将数据送上数据总线，由 CPU 读入 AL。

当 CPU 对端口写数据时，首先送出地址信息，经地址译码后接通芯片的片选端 $\overline{CE}$ ，然后发出 $\overline{WR}$ =0 和 M/$\overline{IO}$ =0，通知接口芯片，片选信号 $\overline{CE}$ 已稳定，输出数据已与外设数据总线接通，CPU 就将 D_0～D_7 数据送至 DB_0～DB_7。CPU 写端口使用如下指令。

```
OUT 端口地址,AL
```

执行该指令时，CPU 内的指令寄存器和指令译码器首先分析此指令，知道是 I/O 设备的写操作，就将端口地址送上地址总线，经 CPU 外的地址译码器译码后，产生片选信号，送入 $\overline{CE}$ 端，同时将 $\overline{WR}$ =0 和 M/$\overline{IO}$ =0 送入端口，由 CPU 将 AL 数据送至接口芯片中对应端口。

8.1.2　接口芯片与外设的连接

接口芯片与外设的连接主要包括数据线的连接和联络信号线的连接。将接口芯片的数据线 DB0～DB7 直接与外设的数据线 DB0～DB7 连接。

当接口作为输入接口时，RDY=1 表示接口芯片中输入寄存器已空，可接收外部信息，外设向接口发出 $\overline{\text{STB}}$=0 选通接口，把数据有效地打入接口芯片的输入寄存器，在 $\overline{\text{STB}}$ 的后沿，使 RDY=0，表明输入寄存器已有数据，外设收到 LDY=0 时，暂不送数据。CPU 发指令，读端口，读入该数据，并使 RDY=1，然后，开始新一轮的输入操作。

当接口作为输出接口时，RDY=1 表示接口寄存器已有数据，通知外设来取。当外设取走数据后，向接口发出 $\overline{\text{STB}}$=0，表示数据已为外设接收，CPU 可送新的数据到寄存器。在 $\overline{\text{STB}}$ 的后沿，使 RDY=0，表明接口寄存器还没有数据。CPU 发指令，写端口，写入数据后，使 RDY=1，然后，开始新一轮的输出操作。RDY 信号有时用 $\overline{\text{OBF}}$ (输出缓冲器满)表示，$\overline{\text{STB}}$ 信号有时用 $\overline{\text{ACK}}$ (响应)表示。

8.1.3　可编程接口的概念

目前所使用的接口芯片大部分是多通道、多功能的。所谓多通道指的是一个接口芯片一面与 CPU 连接，一面可以接多个外设。所谓多功能指的是一个接口芯片可以实现多种功能。所谓可编程指的是接口中各硬件单元不是固定接死的，可由用户在使用中通过编程来选择不同的通道和不同的电路功能。如图 8.2 所示，CPU 给接口的控制端口写控制信息(控制字)来接通某个开关，选中某通道或选择某种功能。把这种接口电路的组态可由计算机指令来控制的接口芯片称为“可编程接口芯片”。

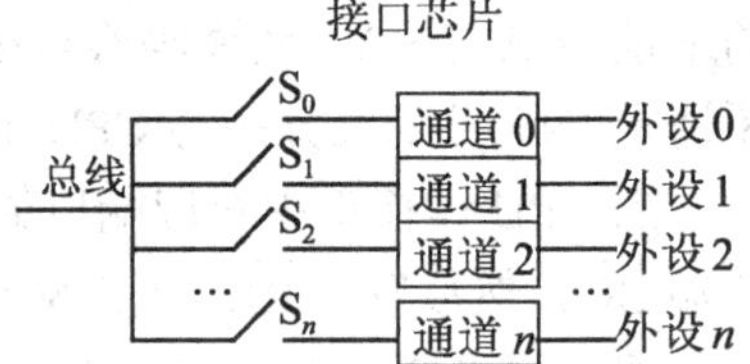

图 8.2　可编程的概念

8.2　并行接口 8255A

CPU 与外设之间的信息传送都是通过接口电路来进行的。计算机与外部设备、计算机与计算机之间交换信息称为计算机通信。计算机通信可分为两大类：并行通信和串行通信。所谓并行通信是指 8 位或 16 位或 32 位数据同时传输，具有速度快、信息传输率高，成本高的特点。所谓串行通信是指数据一位一位传送(在一条线上顺序传送)，具有成本低的优点。实现并行通信的接口就是并行接口。常见的并行接口有打印机接口，A/D、D/A 转换器接口，IEEE-488 接口，开关量接口，控制设备接口等。在并行接口中，8 位或 16 位是一起使用的，因此，当采用并行接口与外设交换数据时，即使只用到其中的一位，也是一次输入/输出 8 位或 16 位。

注意：

- Intel 8255A 是一种通用的可编程并行 I/O 接口芯片，可由程序来改变其功能，通用性强、使用灵活，是应用最广泛的并行 I/O 接口芯片。

- 并行接口电路中每个信息位有自己的传输线，一个数据字节的各位可并行传送，速度快，控制简单。

8.2.1　内部结构和引脚功能

1. 内部结构

图 8.3 所示为 8255A 的结构框图和引脚图，由图可知，8255A 主要由 4 部分组成，三个数据端口、两组控制电路、读/写控制逻辑电路和数据总线缓冲器。

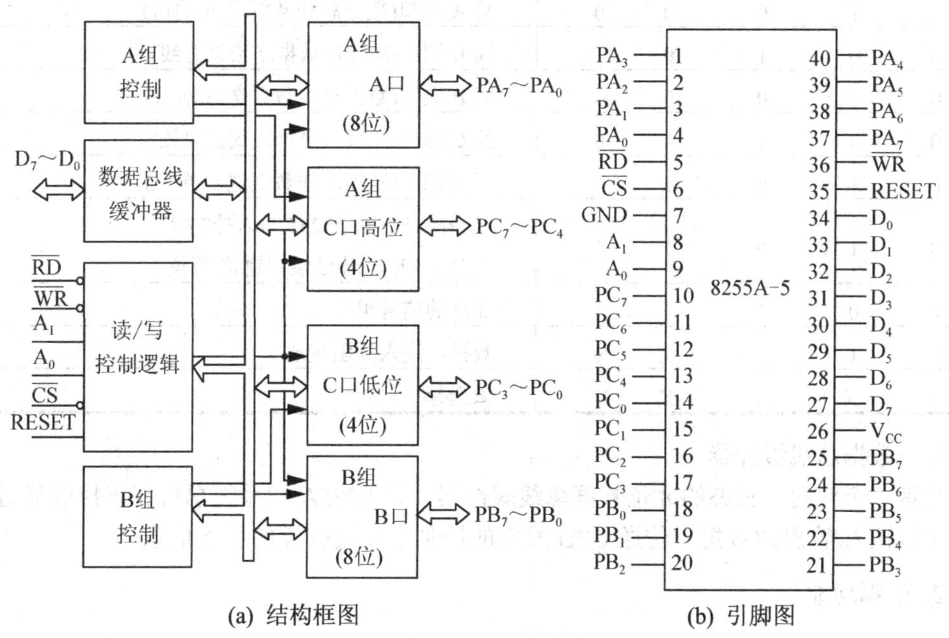

(a) 结构框图　　(b) 引脚图

图 8.3　8255A 的结构框图和引脚图

具体结构及功能如下。

1)　三个数据端口

三个独立的 8 位 I/O 端口：A 口、B 口、C 口。

A 口有输入、输出锁存器及输出缓冲器。

B 口与 C 口有输入、输出缓冲器及输出锁存器。

在实现高级的传输协议时，C 口的 8 条线分为两组，每组 4 条线，分别作为 A 口与 B 口在传输时的控制信号线。

C 口的 8 条线可独立进行置 1 或置 0 的操作。

2)　两组控制电路

A 组和 B 组，由它们的控制寄存器接收 CPU 输出的方式控制命令字，还接收读写控制逻辑电路的读/写命令，根据控制命令决定 A 组和 B 组的工作方式和读/写操作。

A 组控制电路控制 A 端口和 C 端口的高 4 位(PC_4～PC_7)。

B 组控制电路控制 B 端口和 C 端口的低 4 位(PC_0～PC_3)。

A 口、B 口、C 口及控制字口共占 4 个地址。

3) 读写控制逻辑电路

完成三个数据端口和一个控制端口的译码，管理数据信息、控制字和状态字的传送，接收来自 CPU 地址总线的 A_1、A_0 和有关控制信号，向 8255A 的 A、B 组控制部件发送命令。其基本操作如表 8.1 所示。

表 8.1 8255A 的基本操作

$\overline{CS}$	$\overline{RD}$	$\overline{WD}$	A_1	A_0	执行的操作
0	0	1	0	0	读 A 端口(A 端口数据送数据总线)
0	1	0	0	0	写 A 端口(数据总线数据送 A 端口)
0	0	1	0	1	读 B 端口(B 端口数据送数据总线)
0	1	0	0	1	写 B 端口(数据总线数据送 B 端口)
0	0	1	1	0	读 C 端口(C 端口数据送数据总线)
0	1	0	1	0	写 C 端口(数据总线数据送 C 端口)
0	1	0	1	1	当 D_7=1 时，对 8255 写入控制字 当 D_7=0 时，对 C 端口置位/复位
0	0	1	1	1	非法的信号组合
0	1	1	X	X	数据线进入高阻状态
1	X	X	X	X	未选择

4) 数据总线缓冲器

它是一个双向、三态的 8 位数据总线缓冲器，是 8255A 和系统总线相连接的通道。作用是传送输入/输出的数据，传送 CPU 发出的控制字以及外设的状态信息。

2. 引脚功能

引脚信号可以分为两组，一组是面向 CPU 的信号，一组是面向外设的信号。

1) 面向 CPU 的引脚信号及功能

D_0～D_7：8 位，双向，三态数据线，用来与系统数据总线相连。

RESET：复位信号，高电平有效，输入，用来清除 8255A 的内部寄存器，并置 A 口、B 口、C 口均为输入方式。

$\overline{CS}$：片选信号，输入，用来决定芯片是否被选中。

$\overline{RD}$：读信号，输入，控制 8255A 将数据或状态信息送给 CPU。

$\overline{WR}$：写信号，输入，控制 CPU 将数据或状态信息送给 8255A。

A_1、A_0：内部口地址的选择，输入，这两个引脚上的信息组合决定对 8255A 内部的哪一个口或寄存器进行操作。两个引脚的信号组合如表 8.1 所示。

$\overline{CS}$、$\overline{RD}$、$\overline{WR}$，A_1、A_0，这几个信号的组合决定了 8255A 的所有具体操作。

2) 面向外设的引脚信号及功能

PA_0～PA_7：A 端口的输入/输出引脚，用来连接外设。

PB_0～PB_7：B 端口的输入/输出引脚，用来连接外设。

PC_0～PC_7：C 端口的输入/输出引脚，用来连接外设或者作为控制信号。

8.2.2 工作方式

1. 方式 0

这是基本的输入/输出方式，具有如下特点。

(1) 通常不用联络信号，或不使用固定的联络信号。此时 CPU 与外设之间的数据传送可以为查询方式传送或无条件传送。

(2) A 口、B 口、C 口高四位、C 口低四位均可工作于此方式，均可独立设置为输入口或输出口，如设置 A 口为输入、B 口为输入、C 口高四位为输入、C 口低四位为输出等，共有 16 种不同的输入/输出组合，如图 8.4 所示。

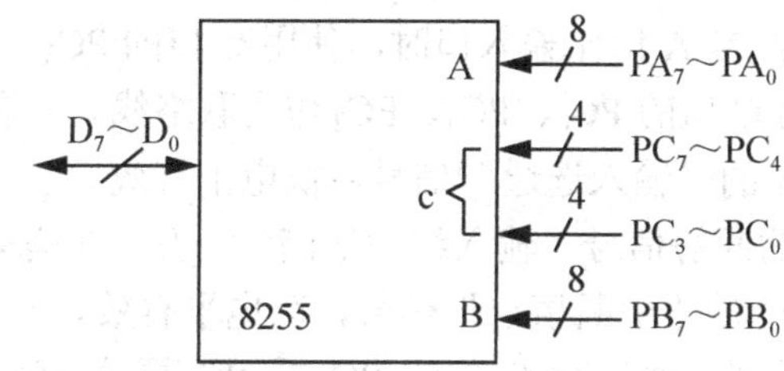

图 8.4 8255A 不同端口在工作方式 0 下的组合示意图

(3) 不设置专用联络信号线，但当需要联络时，可由用户任意指定 C 口中的哪根线完成某种联络功能，这与后面要讨论的在方式 1、方式 2 下设置固定的专用联络信号线不同。

(4) 是单向 I/O，一次初始化只能指定端口(A 口、B 口、C 口高四位、C 口低四位)作输入或输出，不能指定端口同时既作输入又作输出。

2. 方式 1

其称选通输入/输出方式，或称应答式，具有如下特点。

(1) 需设置专用的联络信号线或应答信号线，以便对外设和 CPU 两侧进行联络。此时 CPU 与外设之间的数据传送可以为查询传送或中断传送。数据的输入输出都有锁存功能。

(2) A 口和 B 口可工作于此方式，此时 C 口的大部分引脚分配作专用(固定)的联络信号，作为联络信号的 C 口引脚，用户不能再指定作为其他用途。图 8.5 所示为联络信号线定义，其中(a)、(b)、(c)、(d)分别表示 A 口输入、B 口输入、A 口输出、B 口输出。

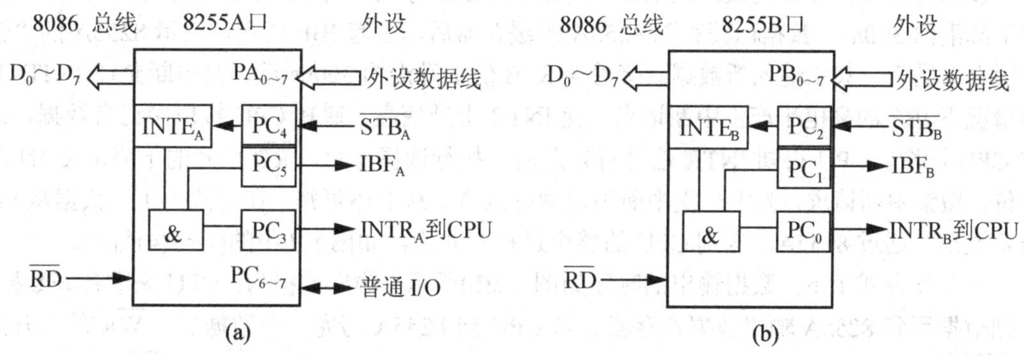

图 8.5 8255A 工作于方式 1 下的联络信号线定义

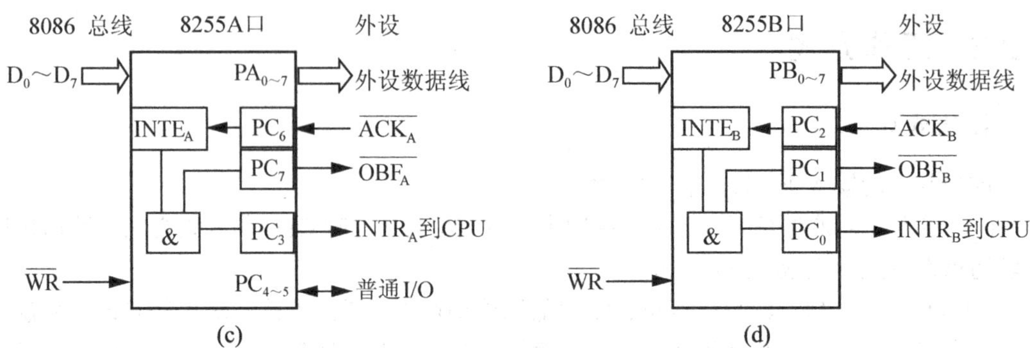

图 8.5　8255A 工作于方式 1 下的联络信号线定义(续)

从图 8.5 中可以看出，当 A 口作输入口时，使用 C 口的 PC_3、PC_4、PC_5 作为联络线，当 B 口作输入口时，使用 C 口的 PC_0、PC_1、PC_2 作为联络线。各联络线的具体含义如下。

$\overline{STB}$：外设给 8255A 的“输入选通”信号，低电平有效。

IBF：8255A 给外设的回答信号“输入缓冲器满”，高电平有效。

INTR：8255A 给 CPU 的“中断请求”信号，高电平有效。

INTE：中断允许触发器，通过对 C 口的 PC_4 或 PC_2 置位/复位来控制是否允许送出中断请求。当该位为“1”时，允许对应的端口 A 或 B 送出中断请求。

当 A 口作输出口时，使用 C 口的 PC_3、PC_6、PC_7 作为联络线，当 B 口作输出口时，使用 C 口的 PC_0、PC_1、PC_2 作为联络线。各联络线的具体含义如下。

$\overline{OBF}$：输出缓存器满信号，低电平有效，表示 CPU 已经将数据输出到指定端口，通知外设可以将数据取走。

$\overline{ACK}$：响应信号，低电平有效，由外设送来，表示 8255A 数据已经为外设所接收。

其他信号的含义同输入口。

(3)　各联络信号线之间有固定的时序关系，传送数据时，要严格按照时序进行。

(4)　输入/输出操作过程中，产生固定的状态字，这些状态信息可作为查询或中断请求之用。状态字从 PC 口读取。

(5)　单向传送。一次初始化只能设置在一个方向上传送，不能同时作两个方向的传送。

在工作方式 1 下，数据输入的时序如图 8.6(a)所示。输入过程为：外设处于主动地位，当外设准备好数据并放到数据线上后，首先发 $\overline{STB}$ 信号，由它把数据输入到 8255A。在 $\overline{STB}$ 的下降沿约 300ns，数据已锁存到 8255A 的缓存器后，引起 IBF 变高，表示 8255A 的“输入缓存器满”，禁止输入新数据。接着在 STB 的上升沿约 300ns 后，在中断允许(INTE=1)的情况下 IBF 的高电平产生中断请求，使 INTR 上升变高，通知 CPU 接口中已有数据，请求 CPU 读取。CPU 得知 INTR 信号有效之后，执行读操作时，$\overline{RD}$ 信号的下降沿使 INTR 复位，撤销中断请求，为下一次中断请求做好准备。从上述可知，在方式 1 下，数据从 I/O 设备发出，通过 8255A，送到 CPU 的整个过程有 4 步，如图 8.7 中的(1)～(4)所示。

在工作方式 1 下，数据输出的时序如图 8.6(b)所示。输出过程为：CPU 先准备好数据，并把数据写到 8255A 输出数据寄存器。当 CPU 向 8255A 写完一个数据后，$\overline{WR}$ 的上升沿使 $\overline{OBF}$ 有效，表示 8255A 的输出缓存器已满，通知外设读取数据。并且 $\overline{WR}$ 使中断请求

INTR 变低，封锁中断请求。外设得到$\overline{\text{OBF}}$有效的通知后，开始读数。当外设读取数据后，用 ACK 回答 8255A，表示数据已收到。ACK 的下降沿将$\overline{\text{OBF}}$置高，使$\overline{\text{OBF}}$无效，表示输出缓存器变空，为下一次输出做准备，在中断允许(INTE=1)的情况下 ACK 上升沿使 INTR 变高，产生中断请求。CPU 响应中断后，在中断服务程序中，执行 OUT 指令，向 8255A 写下一个数据。从上述分析可知，在方式 1 下，数据从 CPU 通过 8255A 送到 I/O 设备有 4 步，如图 8.8 中的(1)～(4)所示。

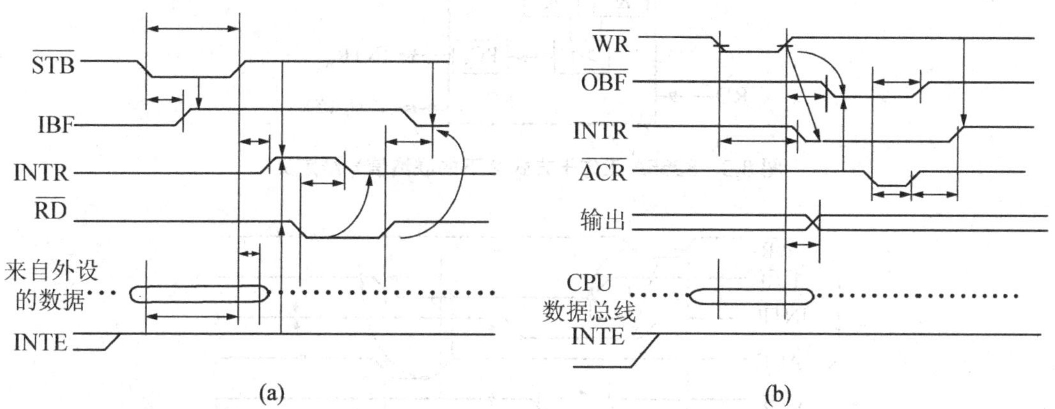

图 8.6　8255A 于工作于方式 1 时的时序图

图 8.7　8255A 于工作方式 1 时的数据输入过程

图 8.8　8255A 于工作方式 1 时的数据输出过程

3. 方式 2

它是一种双向选通输入/输出方式，只有 A 口可设成此方式，或叫双向应答式输入/输出。具有如下特点。

(1) 一次初始化可指定 A 口既作输入口，又作输出口。

(2) 设置专用的联络信号线和中断请求信号线，用 C 口的 5 位进行联络。可采用中断方式和查询方式与 CPU 交换数据。

(3) 各联络线的定义及其时序关系和状态基本上是在方式 1 下输入和输出两种操作的组合。图 8.9 为联络信号线定义。方式 2 的状态字的含义是在方式 1 下输入和输出状态位的组合，具体含义见方式 1 中描述。时序如图 8.10 所示。

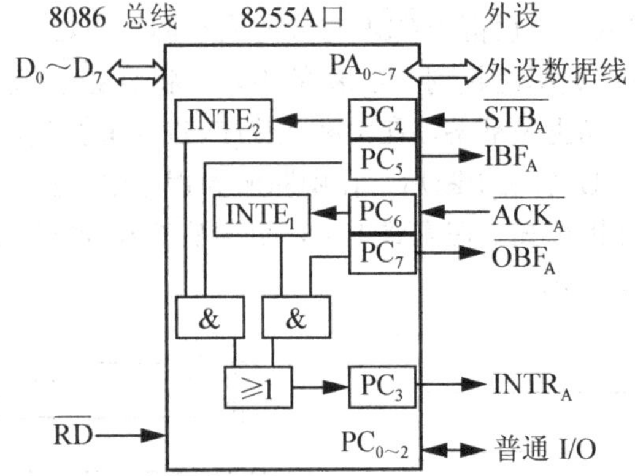

图 8.9　8255A 工作于方式 2 下的联络信号线定义

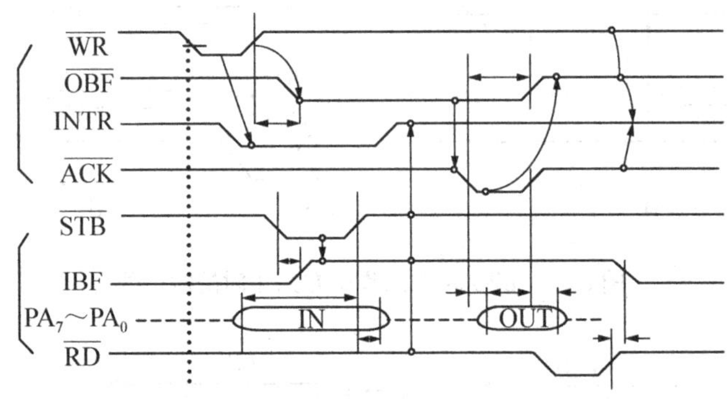

图 8.10　8255A 工作于方式 2 下的时序图

8.2.3　控制命令字和状态字

1. 控制命令字

在使用 8255A 时，首先要由 CPU 对它写入控制命令字，指定 8255A 的工作方式及该方式下 3 个并行端口(A 口、B 口、C 口)的功能，是作输入还是作输出。有两种控制命令字：方式选择控制字和 C 口按位置位/复位控制字。

1)　方式选择控制字(D_7=1)

用来设置各个端口的工作方式，在 A1A0=11 时写入，格式如图 8.11 所示。

D_7	D_6	D_5	D_4	D_3	D_2	D_1	D_0
=1 特征位	A组方式 00=方式0 01=方式1 10=方式2 11=不用		PA 0=输出 1=输入	PC4～7 0=输出 1=输入	B组方式 0=0方式 1=1方式	PB 0=输出 1=输入	PC0～3 0=输出 1=输入

图 8.11　方式选择控制字

例如要把A口指定为方式1，输入，C口上半部为输出；B口指定为方式0，输出，C口下半部定为输入，则工作方式命令代码是：10110001B 或 B1H。若将此命令代码写到8255A 的命令寄存器，即实现了对 8255A 工作方式及端口功能的指定，或者说完成了对8255A 的初始化。初始化的程序段如下。

```
MOV  DX,PORTCN              ;8255A命令口地址
MOV  AL,0B1H                ;初始化命令
OUT  DX,AL                  ;送到命令口
```

2) C口按位置位/复位控制字(D_7=0)

最高位是特征位，一定要写0，其余各位的定义如图8.12所示。

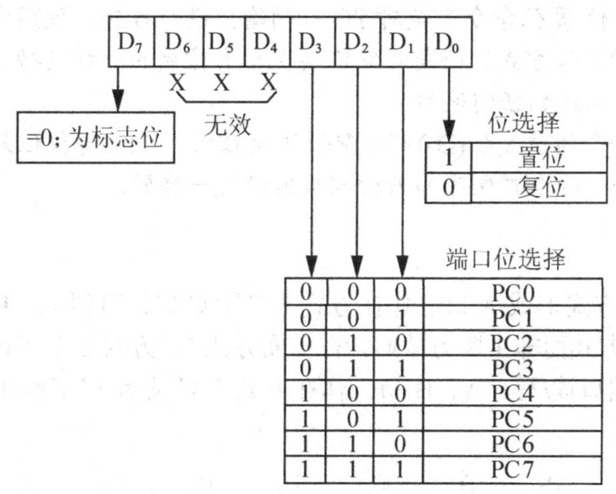

图 8.12　C口按位置位/复位控制字

【例8.1】

(1) 把C口的PC2引脚置成高电平输出，编写程序。

(2) 使引脚PC2输出低电位，编写程序。

解：(1) 命令字应该为00000101B或05H。将该命令的代码写入8255A的命令寄存器，就会从PC口的PC2引脚输出高电平，其程序段如下。

```
MOV  DX,203H                ;8255A命令口地址
MOV  AL,05H                 ;使PC2=1的命令字
OUT  DX,AL                  ;送到命令口
```

(2) 如果要使引脚PC2输出低电位，则程序段如下。

```
MOV  DX,203H                ;8255A命令口地址
MOV  AL,04H                 ;使PC2=0的命令字
OUT  DX,AL                  ;送到命令口
```

利用C口的按位控制特性还可以产生负脉冲或方波输出，对外设进行控制。

【例8.2】 利用8255A的PC7产生负脉冲，作打印机接口电路的数据选通信号，编写程序。

解：其程序段如下。

```
MOV  DX,203H             ;8255A 命令口
MOV  AL,00001110B        ;置 PC7=0
OUT  DX,AL
NOP                      ;维持低电平
NOP
MOV  AL,00001111B        ;置 PC7=1
OUT  DX,AL
```

注意：

- 方式命令用于对 8255A 的 3 个端口的工作方式及功能进行指定，即进行初始化，初始化工作要在使用 8255A 之前做。
- 按位置位/复位命令只是对 PC 口的输出进行控制，使用它不会破坏已经建立的 3 种工作方式，而是对它们实现动态控制的一种支持。此命令可放在初始化程序以后的任何地方。
- 两个命令的最高位(D_7)都分配做了特征位，设置特征位是为了识别两个不同的命令。两个控制字写入的端口地址是一样的。

2. 状态字

A、B 口工作在方式 1 或 A 口工作在方式 2 时读 C 口，可得 A、B 口的工作状态字。当 8255 工作在查询方式而非中断方式时，在前面方式 1、方式 2 工作过程中，CPU 需先读状态字决定是否对端口读/写。A、B 口工作在方式 1 以及 A 口工作在方式 2 的状态字如图 8.13 所示。

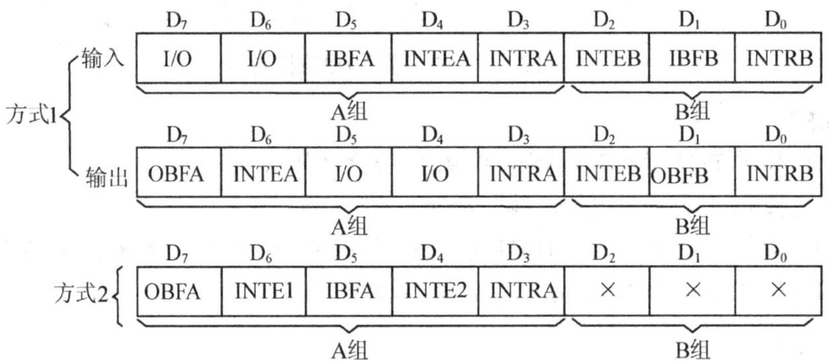

图 8.13　方式 1 与方式 2 状态字

注意：

- 状态字是在 8255A 输入/输出操作过程中由内部产生，从 C 口读取的，因此从 C 口读出的状态字是独立于 C 口的外部引脚的，或者说与 C 口的外部引脚无关。
- 状态字中供 CPU 查询的状态位有：用于输入的 IBF 位和 INTR 位；用于输出的 OBF 位和 INTR 位。
- 状态字中的 INTE 位，是控制标志位，控制 8255A 能否提出中断请求，因此它不是 I/O 操作过程中自动产生的状态，而是由程序通过按位置位/复位命令来设置或清除的。

8.2.4　应用举例

1. LED 开/关接口(方式 0，A 出 B 入)

发光二极管是一种当外加电压超过额定电压时发生击穿，因此产生可见光的器件。数码显示管通过多个发光二极管组成 7 段或 8 段笔画显示器。当段组合发亮时，便可显示某一数码或字符。图 8.14 所示为 LED 显示与 CPU 的接口。图中，8255 作为开关输入、LED 输出的接口，将 4 位二进制开关组合信息显示在 7 段码 LED 上，编写程序。

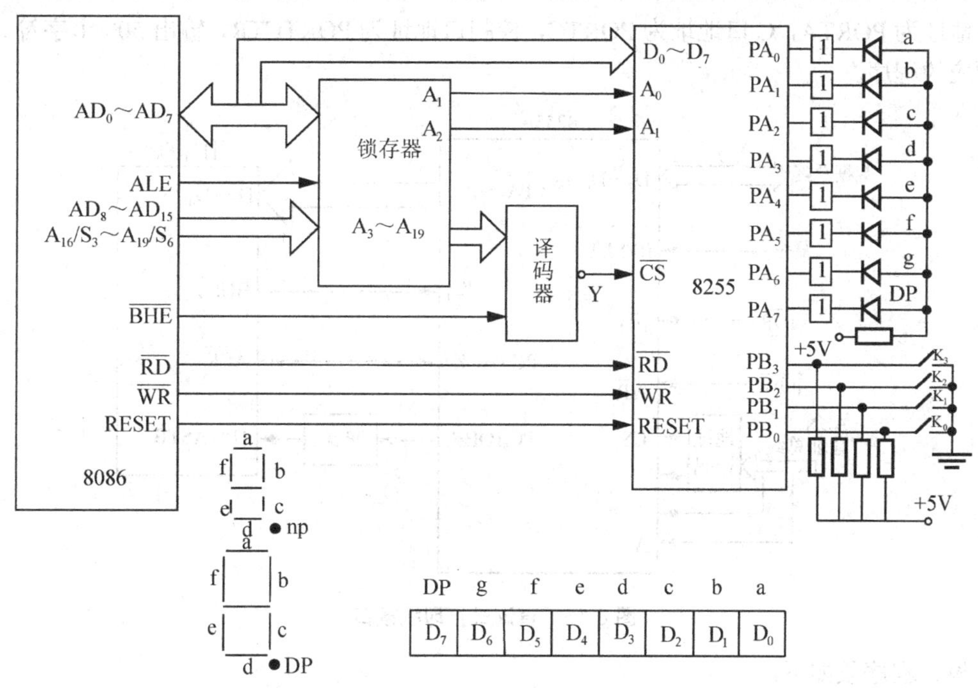

图 8.14　LED 显示与 CPU 的接口

解： 程序如下。

```
         ORG2000H
         MOVAL,82H                  ;A 出 B 入,方式 0,方式字 10000010B
         MOVDX,0FFFEH               ;端口地址取 FFF8H～FFFFH 的偶地址
         OUTDX,AL
RDPORTB: MOV DL,0FAH                ;读入 B 口开关信息
         IN AL,DX
         ANDAL,0FH                  ;取低四位
         MOVBX,OFFSET SSEGCODE      ;LED 码值首址
         XLAT                       ;查表,AL=(BX+AL)对应码值
         MOVDL,0F8H                 ;A 口输出
         OUTDX,AL
         MOVAX,56CH                 ;延时,使 LED 显示保持
         DELAY: DEC AX
         JNZ    DELAY
```

```
        JMP    RDPORTB
        HLT
        ORG2500H
SSEGCODE DB 0C0H,0F9H,0A4H,0B0H
        DB 99H,92H,82H,0F8H
        DB 80H,98H,88H,83H
        DB 0C6H,0A1H,86H,8EH
```

2. 打印机接口(方式 1，A 出，查询式传送)

通过 8255A 将 CPU 中的数据输出到打印机上，图 8.15 所示为查询式打印机接口。设 A 口地址为 PORTA，C 口地址为 PORTC，控制口地址为 PORTCTR，输出 500 个字符。编写相应的程序。

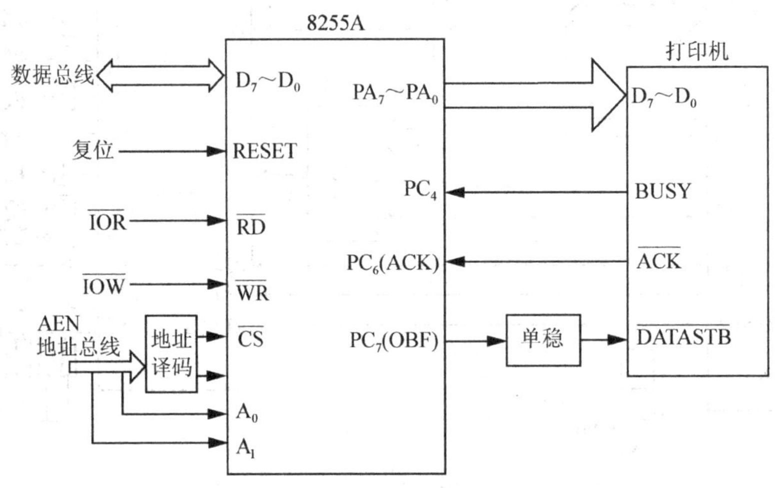

图 8.15　查询式打印机接口

解：程序段如下。

```
        MOV AL,10101000B        ;A 口方式 1 输出,PC4 输入
        MOV DX,PORTCTR          ;控制口送 DX
        OUT DX,AL               ;输出控制字
        MOV CX,500              ;输出 500 个字符
        MOV DI,BUFFER           ;送字符缓冲区首地址
        LOOP1: MOV AL,[DI]      ;从缓冲区取一个字符
        MOV DX,PORTA            ;A 口地址送 DX
        OUT DX,AL               ;从 A 口输出一个字符
        MOV DX,PORTC            ;C 口地址送 DX
NEXT:   IN  AL,DX               ;从 C 口读入打印机状态
        TEST AL,00010000B       ;测试 Busy 信号
        JNZ NEXT                ;如果打印机忙,等待
        INC DI                  ;缓冲区地址加 1
        LOOP LOOP1              ;继续输出下一个字符
```

8.3 定时/计数器 8253

微机系统在实时控制及数据采集中，都可以使用定时器/计数器器件，它可以作为计数器对外部事件计数，也可以作为实时时钟对各种设备实现定时控制。

定时器：在时钟信号作用下，进行定时的减“1”计数，定时时间到(减“1”计数回零)，从输出端输出周期均匀、频率恒定的脉冲信号。定时器强调的是精确的时间。如一天 24 小时的计时，称为日时钟；在监测系统中，对被测点的定时取样；在读键盘时，为去除抖动，一般延迟一段时间，再读；在微机控制系统中，控制某工序定时启动。

计数器：在时钟信号作用下，进行减“1”计数，计数次数到(减“1”计数回零)，从输出端输出一个脉冲信号。如对零件和产品的计数；对大桥和高速公路上车流量的统计等。

本节将要介绍一种可编程定时器/计数器芯片 8253。它在微机系统中可用作定时器和计数器。定时时间与计数次数由用户事先设定。

8.3.1 主要性能

(1) 每片 8253 内部有 3 个 16 位的计数器(相互独立)。

(2) 每个计数器的内部结构相同，可通过编程手段设置为 6 种不同的工作方式来进行定时/计数，并且都可以按照二进制或十进制来计数。

(3) 每个计数器在开始工作前必须预制时间常数(时间初始)。

(4) 每个计数器在工作过程中的当前计数值可被 CPU 读出(注：时间常数也可在计数过程中更改)。

(5) 每个计数器的时钟频率可达 2MHz，最高的计数时钟频率为 2.6MHz。

(6) 所有的输入/输出频率都是 TTL 电平，便于与外围接口电路相连接。

(7) 单一的+5V 电源。

8.3.2 内部模型

8253 定时/计数器的内部模型如图 8.16 所示，由图可以看出，8253 有三个结构相同又相互独立的计数单元，我们称其为计数器 0、计数器 1 和计数器 2。

每个计数器内含：一个 8 位的控制寄存器，用程序控制其工作方式；一个 16 位的计数寄存器 CR，用来保存计数初值 Count Register；一个 16 位的输出锁存器 OL，返回当前计数器值 Output Latch；一个 16 位的计数工作单元 CE，执行减 1 计数 Counting Element。

每个计数器有三个输入/输出信号。

CLK：各计数器外部时钟(计数脉冲)输入端，CE 对此脉冲计数。

GATE：门控，控制各计数器工作。

OUT：计数结束后输出，产生不同工作方式时的输出波形。

计数器本质为计数，当脉冲周期固定时则为定时。

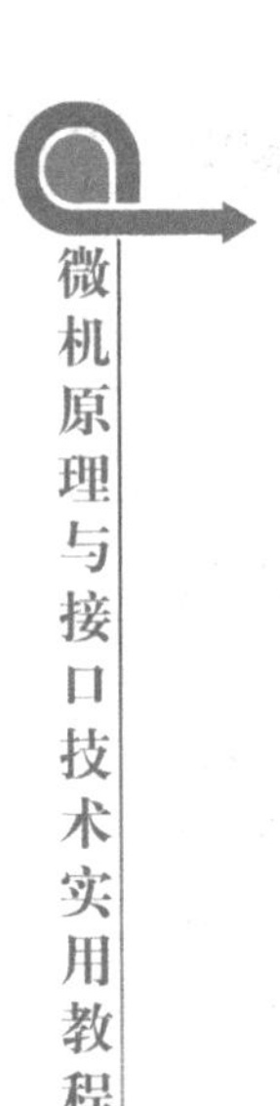

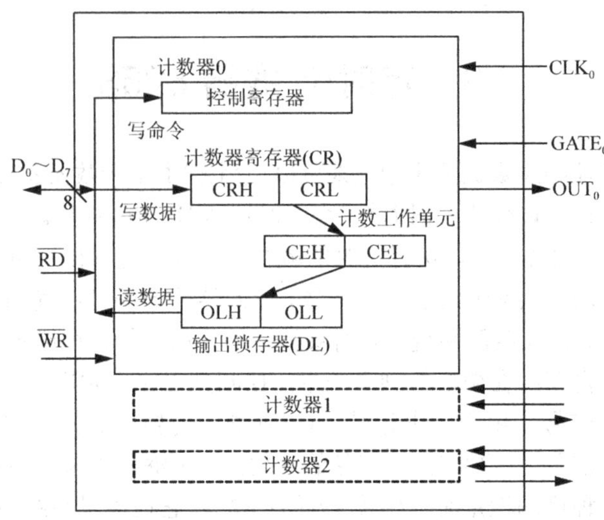

图 8.16　8253 定时/计数器的内部模型

8.3.3　外部引脚

8253 定时/计数器的外部引脚如图 8.17 所示，各引脚的含义如下。

信号	引脚	8253	引脚	信号
D_7	1		24	V_{CC}
D_6	2		23	$\overline{WR}$
D_5	3		22	$\overline{RD}$
D_4	4		21	$\overline{CS}$
D_3	5		20	A_1
D_2	6		19	A_0
D_1	7		18	CLK_2
D_0	8		17	OUT_2
CLK_0	9		16	$GATE_2$
OUT_0	10		15	CLK_1
$GATE_0$	11		14	$GATE_1$
GND	12		13	OUT_0

图 8.17　8253 定时/计数器的外部引脚

D_7～D_0：双向，8 位三态数据线，用以传送数据(计数器的计数值)和控制字。

CLK_0～CLK_2：计数器 0、1、2 的时钟输入，CE 对此脉冲计数。

OUT_0～OUT_2：计数器 0、1、2 的输出。

$GATE_0$～$GATE_2$：计数器 0、1、2 的门控输入。

$\overline{CS}$：输入，片选信号。

$\overline{RD}$：输入，读信号。

$\overline{WR}$：输入，写信号。

A_1、A_0：输入，2 位地址选择。

当 $\overline{WR}$=0 时，写控制寄存器或写 CR，$\overline{RD}$=0 读 OL，芯片内部使用 4 个端口地址，

其内部寄存器地址如表 8.2 所示，选择的地址输入信号 A1 和 A0 决定了 CPU 的访问对象。

表 8.2　8253 的内部寄存器地址

$\overline{CS}$	A_1	A_0	选　中
0	0	0	计数器 0
0	0	1	计数器 1
0	1	0	计数器 2
0	1	1	控制寄存器

8.3.4　初始化命令字

1. 控制命令字

控制字寄存器是一种只写寄存器，在对 8253 进行编程时，由 CPU 用输入指令向它写入控制字，来选定计数器通道，规定各计数器的工作方式、读写格式和数制。控制字的格式如图 8.18 所示。

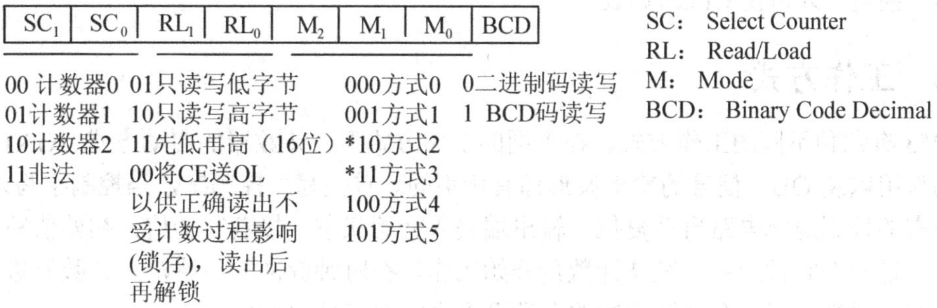

SC_1	SC_0	RL_1	RL_0	M_2	M_1	M_0	BCD

00 计数器0　01只读写低字节　000方式0　0二进制码读写
01计数器1　10只读写高字节　001方式1　1 BCD码读写
10计数器2　11先低再高（16位）*10方式2
11非法　00将CE送OL以供正确读出不受计数过程影响(锁存)，读出后再解锁　*11方式3　100方式4　101方式5

SC：Select Counter
RL：Read/Load
M：Mode
BCD：Binary Code Decimal

图 8.18　8253 的控制字格式

SC_1、SC_0：计数通道选择位。由于 8253 的内部有三个计数通道，需要有三个控制字寄存器分别规定相应的工作方式，但这三个控制字寄存器只能使用同一个端口地址，在对 8253 进行初始化编程，设置控制字时，需由这两位来决定向哪一个通道写入控制字。SC_1SC_0=00、01、10 分别表示向计数器 0、1、2 写入控制字。SC_1SC_0=11 时无效。

RL_1、RL_0：读/写操作位，用来定义对选定通道中的计数器的读/写操作方式。当 CPU 向 8253 的某个 16 位计数器装入计数初值时，或向 8253 的 16 位计数器读入数据时，可以只读写它的低 8 位字节或高 8 位字节。RL_1RL_0 组成 4 种编码，表示不同的 4 种读/写操作方式，如下所示。

RL_1RL_0=01，表示只读/写低 8 位字节数据，只写入低 8 位时，高 8 位自动置为 0。

RL_1RL_0=10，表示只读/写高 8 位字节数据，只写入高 8 位时，低 8 位自动置为 0。

RL_1RL_0=11，允许读/写 16 位数据。由于 8253 的数据线只有 D_7～D_0，一次只能传送 8 位数据，故读/写 16 位数据必须分两次进行，先读/写计数器的低 8 位字节，后读/写计数器的高 8 位字节。

RL_1RL_0=00，把通道中当前的数据寄存器的值送到 16 位锁存器中，供 CPU 读取该值。

M_2、M_1、M_0：工作方式选择位。8253 的每个通道都有 6 种不同的工作方式，即方式 0～5，当前工作于哪种方式，由这三位来选择。

BCD：计数方式选择位。当该位为 1 时，采用 BCD 码计数，写入计数器的初值用 BCD 码表示，初值范围为 0000H～9999H，表示最大值 10000，即 10^4。例如，当我们预置的初值 n=1200H 时，表示预置了一个十进制数 1200。当 BCD 位为 0 时，则采用二进制格式计数，写入计数器中的初值用二进制表示。

2. 初始值命令

控制命令字写入 8253 后，应给计数器写初始值。计数器的初始值可以是 8 位，也可以是 16 位。如果是 16 位，则要用两条指令来完成计数初值的设定，先写入低 8 位字节，后写入高 8 位字节。如果是 8 位，在计数器内部全部当成 16 位的两字节处理，缺少的字节自动补 0。

3. 锁存命令

当给 8253 设置初值后就可开始工作。锁存命令是为了配合 CPU 读计数器当前值而设置的。在读计数器时必须先用锁存命令(当控制字的 D5D4 位为 00 时)将当前计数值在输出锁存器中锁定，才可由 CPU 输入。

8.3.5 工作方式

8253 有六种不同的工作方式，在不同的工作方式下，计数器的启动方式、GATE 输入信号的作用以及 OUT 信号的输出波形都有所不同。首先写入控制字，当控制字写入 8253 时，所有的控制逻辑电路自动复位，输出端进入初始状态。接着写初值，初始值写入计数器后，经过一个时钟周期，减法计数器开始工作，在时钟脉冲的下降沿，计数器进行减 1 计数。在一般情况下，在时钟脉冲的上升沿采样门控信号 GATE。

1. 工作方式 0(计数结束中断方式)

工作方式 0 又称为“计数结束中断”工作方式，计数器计数期间，输出低电平，计数结束时，输出高电平。该高电平可以用作向 CPU 发出中断请求信号。具体工作情况如下。

(1) 一般情况下，如图 8.19(a)所示，初始状态 GATE=OUT=1，写入控制字 CW 置方式 0 后，OUT=0，接着写入计数初值，在下一 CLK 的下降沿初值从计数初值寄存器 CR 读到计数单元 CE，就启动了计数。计数过程中，在每一 CLK 的下降沿 CE 减 1，当 CE 减到 0 时，计数结束，OUT=1，可作中断请求信号。

(2) 在计数过程中，当 GATE=0 时，暂停计数，直到 GATE=1 后继续计数，计数结束时，OUT=1，如图 8.19(b)所示。

(3) 在计数过程中写入另一初值时，将停止原计数，启动新计数，直到新的计数结束，OUT=1，如图 8.19(c)所示。

注意： 写入初值后，初值即在下一 CLK 的下降沿从 CR 装入 CE，同时启动计数，是软件启动；减到 0，OUT 由低变高，OUT 脉宽≥初值 n+1；CLK 上升沿检测 GATE，下降沿减 1；GATE=1，允许计数；GATE=0，禁止计数。

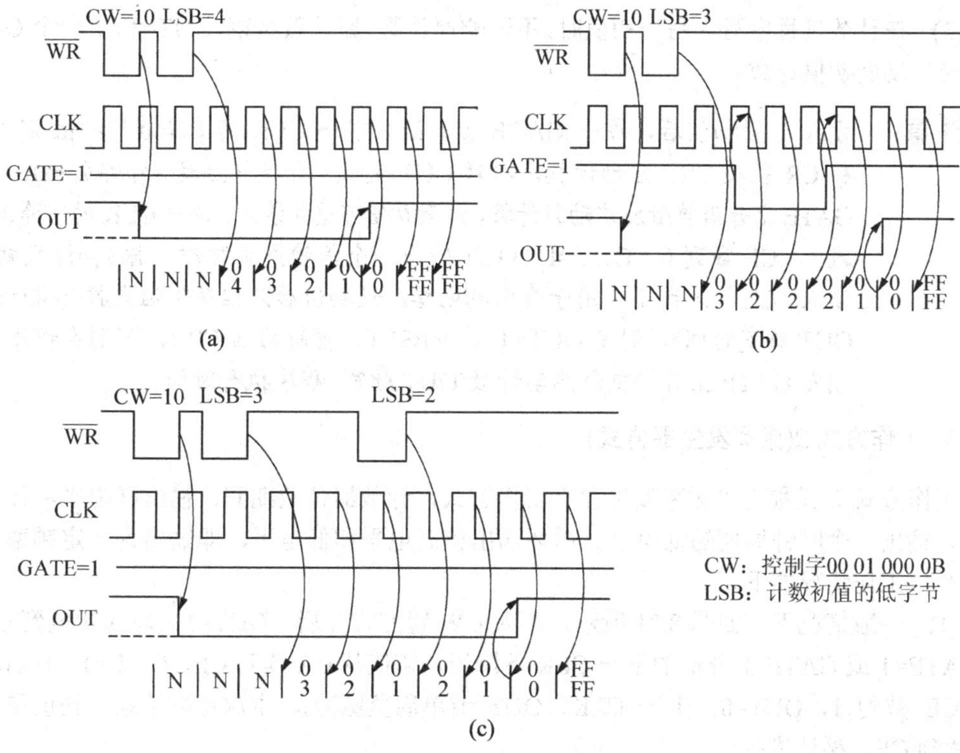

图 8.19 工作方式 0 时序图

2. 工作方式 1(硬件 GATE 可重触发的可编程单稳态方式)

工作方式 1 又称为“硬件 GATE 可重触发的可编程单稳态”工作方式，计数由 GATE 的上升沿控制，计数结束时，输出一个时钟周期的低电平。具体工作情况如下。

(1) 一般情况下，如图 8.20 所示，写入 CW 置方式 1 后，OUT=1，写入初值到 CR，在 GATE 上升沿的下一 CLK 下降沿，初值从 CR 读到 CE，OUT=0，并启动计数，CE 减到 0，计数结束，OUT=1。

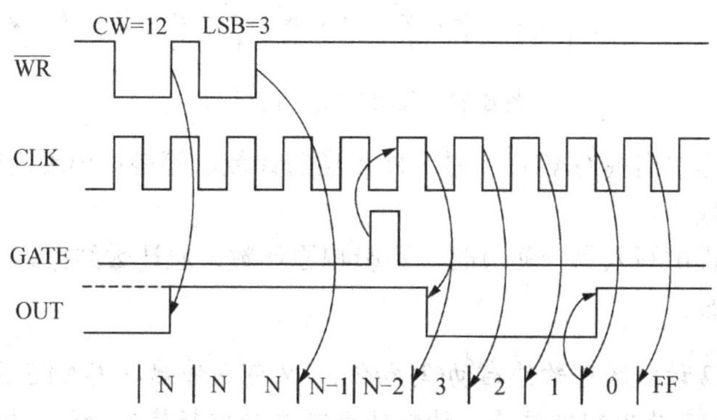

图 8.20 工作方式 1 时序图

(2) 在计数过程中出现 GATE 的上升沿时，暂停当前计数，重置原初值重新计数 (重触发)，计数结束时，OUT=1。

(3) 在计数过程中写入另一初值时，不影响原计数，原计数结束，OUT=1。下一个 GATE 上升沿启动新初值计数。

注意： 方式 1 置初值后，每一 GATE 上升沿后下一 CLK 的下降沿将初值(新、旧)从 CR 装入 CE，启动计数，同时 OUT 变低，是硬件启动 (外部引脚)；可由 GATE 上升沿重触发启动新计数，计数初值可重新装入；每一 CLK 的下降沿 CE 减 1，CE 减到 0，OUT=1，OUT 输出一个单稳态负脉冲，脉宽=计数初值×CLK 宽度；方式 1 可用于看门狗电路，设初值后若程序飞溢失控 (执行超过 OUT 脉宽时间)，则发 OUT=1 到 RESET，重新启动 CPU，否则在程序中定期发 GATE 上升沿重新启动计数(OUT 脉宽>程序执行时间)。

3. 工作方式 2(频率发生器方式)

工作方式 2 又称为“频率发生器”工作方式，计数器计数期间，输出高电平，计数结束时，输出一个时钟周期的低电平。循环输出该高电平和低电平，即输出为一定频率的信号。具体工作情况如下。

(1) 一般情况下，如图 8.21 所示，写入 CW 置方式 2 后，OUT=1，写入初值到 CR，在 GATE=1 或 GATE 上升沿的下一 CLK 下降沿，初值从 CR 读到 CE，OUT=0，并启动计数，CE 减到 1，OUT=0，下一 CLK，OUT=1(单周负脉冲)，本次计数结束，初值重新从 CR 读到 CE，循环进行。

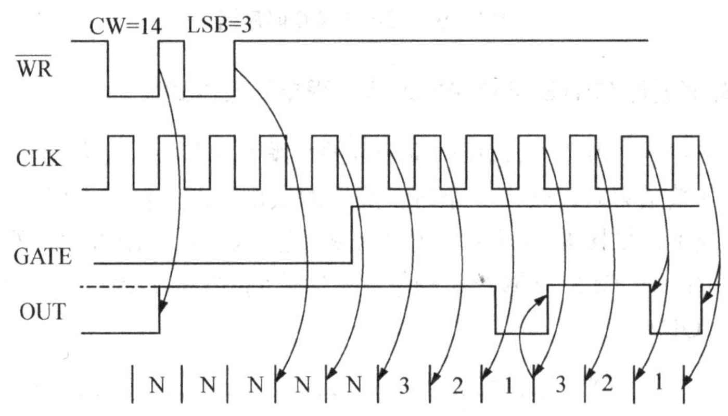

图 8.21 工作方式 2 时序图

(2) 在计数过程中出现 GATE=0 时，停止当前计数，等待；出现新的 GATE 上升沿，重置原初值重新计数。

(3) 在计数过程中写入另一初值时，不影响原计数，原计数结束，OUT=1，装入新初值，启动新初值计数。

注意： 方式 2 计数既可软件启动(写初值)，又可硬件启动(GATE 上升沿)，一般情况下 OUT 为周期性信号，计数结束可自动重新装入初值，输出脉冲周期 T=计数初值 n*CLK 周期 T_{CLK}，即输出脉冲频率 $f=f_{CLK}/n$，n 称为分频频率发生器。这里计数周期 n=正脉冲宽度 n-1+负脉冲宽度 1。GATE=0，停止计数且强制 OUT=1，GATE=1，对 CLK 减 1 计数，GATE 上升沿重新启动。

4. 工作方式 3(方波发生器方式)

同方式 2，但 OUT 产生的是对称或近似对称方波脉冲，如图 8.22 所示。若初值为偶数，第一次初值装入，OUT=1，每个 CLK 减 2，减到 0，OUT=0；第二次初值装入，每个 CLK 减 2，减到 0，OUT=1，循环进行。若初值为奇数，第一次初值装入，OUT=1，先减 1，随后逐次减 2，直到为 0，OUT=0；第二次初值装入，先减 3，随后逐次减 2，直到为 0，OUT=1，循环进行。

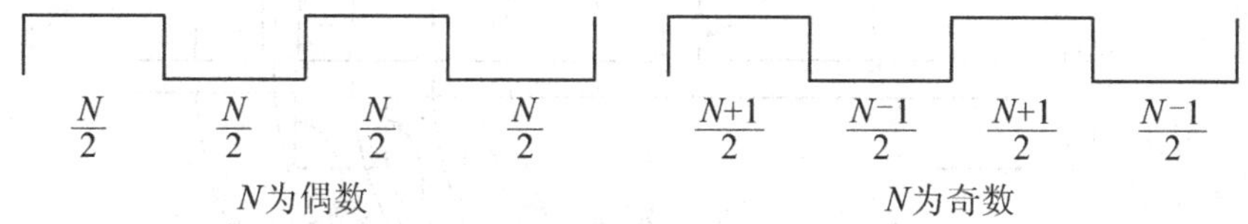

图 8.22 工作方式 3 输出波形图

5. 工作方式 4(软件触发选通)

置工作方式 4 后，OUT=1，置初值后下一个 CLK 的下降沿初值从 CR 读到 CE，并启动计数。GATE=0，停止计数，GATE=1，对 CLK 减 1 计数，减到 0，OUT=0，一个 CLK 后，OUT=1，本次计数结束，时序如图 8.23 所示。

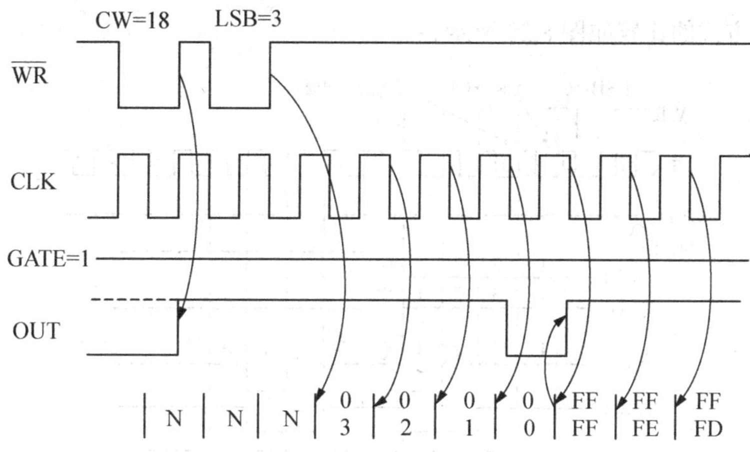

图 8.23 工作方式 4 时序图

注意： 与方式 0 相似，初值设置启动计数，软件启动(触发)。区别在于：开始及计数期间，方式 0 下 OUT=0，而方式 4 下 OUT=1；计数结束时，方式 0 下 OUT 变高，方式 4 下输出 1 个负脉冲；计数期间及最后输出负脉冲宽度，方式 0 为 n+1 个 CLK，方式 4 为 1 个 CLK。

6. 工作方式 5(硬件触发选通)

如图 8.24 所示，写入 CW 置方式 5 后，OUT=1，写入初值到 CR，在 GATE 上升沿的下一 CLK 下降沿，初值从 CR 读到 CE，并启动计数，CE 减到 0，OUT 变低一个 CLK 后，OUT 又变高，本次计算结束。出现新的 GATE 上升沿，下一个 CLK 下降沿重新装入初值

到 CE，且启动新的减 1 计数。

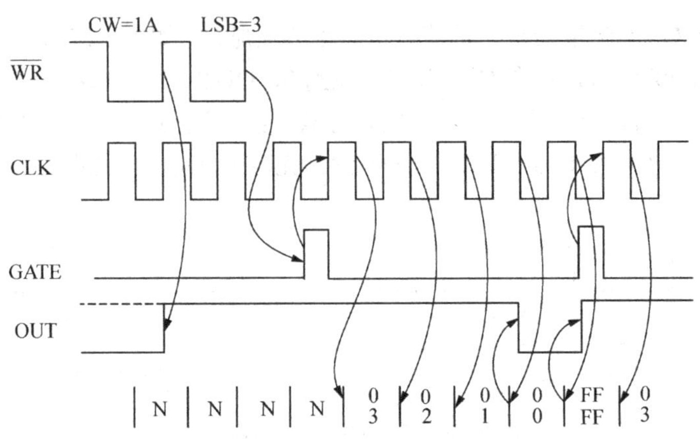

图 8.24　工作方式 5 时序图

注意： 与方式 1 相似，GATE 上升沿启动计数，硬件启动(触发)；区别在于开始及计数期间，对方式 1 OUT=0，对方式 5 OUT=1；计数结束时，对方式 1 OUT 变高，而对方式 5 输出 1 个负脉冲；输出负脉冲的宽度，方式 1 为 *n* 个 CLK，方式 4 为 1 个 CLK。另外，其输出波形与方式 4 相似，只是启动方式不同。

六种工作方式的比较如图 8.25 所示。

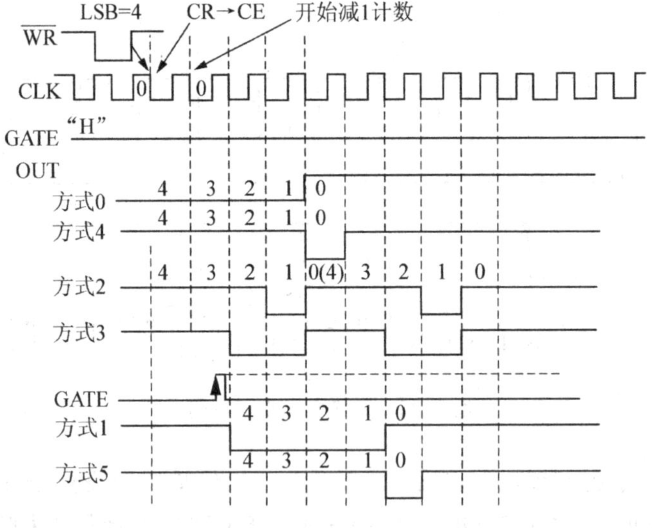

图 8.25　六种工作方式的比较

8.3.6　初始化编程举例

一般可编程接口芯片在工作前必须进行初始化，完成通道、工作方式、初值、功能的设定。8253 的初始化，主要包括写入工作方式控制字、写入计数初值，需要读取当前计数值时，需要写入锁存命令。初始化方法有两种，一种是逐个对计数器初始化，如图 8.26 所示。另外一种是先写所有计数器的方式字，再对各计数器装入计数值，如图 8.27 所示。

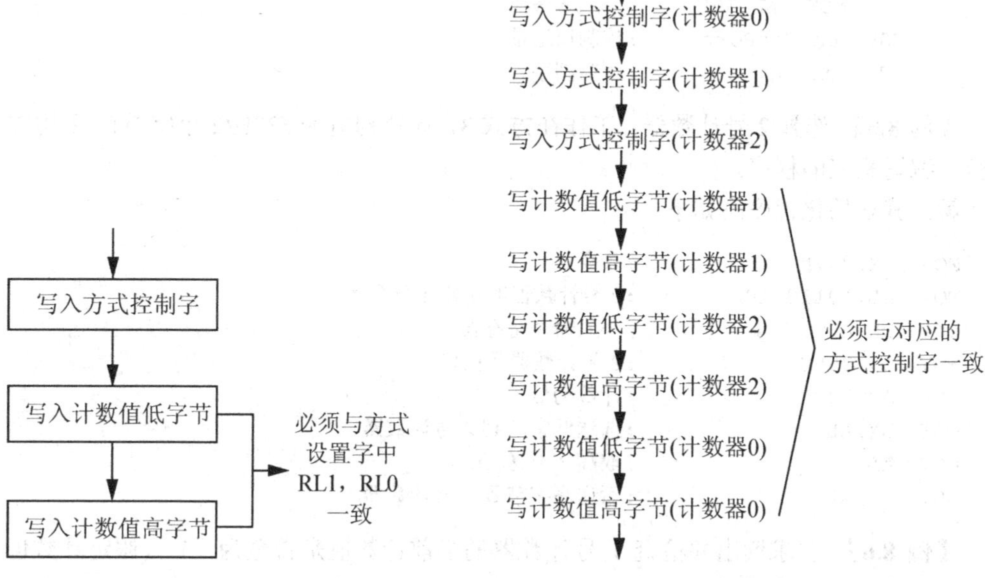

图 8.26　计数器逐个初始化流程

图 8.27　所有计数器先控制字后初值的初始化流程

【例 8.3】 编写程序，先设置三个计数器工作方式，再设置初值。

解： 程序段如下。

```
    MOV DX, 0FF07H
    MOV AL,36H            ;00 11 011 0B
    OUT DX,AL             ;计数器 0,方式 3,二进制,先低后高
    MOV AL,71H            ;01 11 000 1B
    OUT DX,AL             ;计数器 1,方式 0,BCD,先低后高
    MOV AL,0B5H           ;10 11 010 1B
    OUT DX,AL             ;计数器 2,方式 2,BCD,先低后高
    MOV DX,0FF04H         ;计数器 0
    MOV AL,0A8H           ;61A8H
    OUT DX,AL
    MOV AL,61H
    OUT DX,AL
    MOV DX,0FF05H         ;计数器 1
    MOV AL,0              ;200
    OUT DX,AL
    MOV AL,02H
    OUT DX,AL
    MOV DX,0FF06H         ;计数器 2
    MOV AX,0050H          ;50
    OUT DX,AL
    MOV AL,AH
    OUT DX,AL
RET
```

【例 8.4】 编写程序，设置计数器 0 工作在方式 3，按二进制计数，计数值为 200。

解： 确定控制字为 00110110B=36H。实现的程序段如下。

```
        MOV  AL,36H          ;控制字
     MOV  DX,CtrPort      ;控制口地址
     OUT  DX,AL           ;写控制字
```

【例 8.5】 选择 2 号计数器，工作在方式 3，计数初值为 533H(2 个字节)，采用二进制计数，编写相应的程序。

解：其初始化程序段如下。

```
MOV  DX,307H          ;命令口
MOV  AL,10110110B     ;2 号计数器的初始化命令字
OUT  DX,AL            ;写入命令寄存器
MOV  DX,306H          ;2 号计数器数据口
MOV  AX,533H          ;计数初值
OUT  DX,AL            ;选送低字节到 2 号计数器
MOV  AL,AH            ;取高字节送 AL
OUT  DX,AL            ;后送高字节到 2 号计数器
```

【例 8.6】 要求读出并检查 1 号计数器的当前计数值是否全为“1”(假定计数值只有低 8 位)，编写相应的程序。

解：其程序段如下。

```
    MOV  DX,307H          ;命令口
L : MOV  AL,01000000B     ;1 号计数器的锁存命令
    OUT  DX,AL            ;写入命令寄存器
    MOV  DX,305H          ;1 号计数器数据口
    IN   AL,DX            ;读 1 号计数器的当前计数值
    CMP  AL,0FFH          ;比较
    JNE  L                ;非全“1”,再读
    HLT                   ;是全“1”,暂停
```

【例 8.7】 设对计数器 1 已设定的控制字中 RL1RL0 (D5D4) =11，编写程序，在计数器不停止工作时，再读(飞读)。

解：需要先发锁存命令，具体程序如下：

```
MOV DX,TIM+3           ;设计数器 0 的地址是 TIM
MOV AL,01000000B    ;控制字锁存计数器 1 的计数值
OUT DX,AL
MOV DX,TIM+1        ;读,先低再高
IN  AL,DX
MOV AH,AL
IN  AL,DX
XCHG  AL,AH
```

注意： 从计数器读字计数值的方法是对同一地址读 2 次，先低后高。读计数值也可以停止计数器的工作(GATE 禁止或阻断 CLK)，再读。

8.3.7 寻址及连接

PC 主板用 1 片 8253，连接如图 8.28 所示，采用部分译码，占用 4 个端口地址：040H～

05FH 中连续的 4 个。图中 $\overline{CS}$、A_0、A_1 寻址，$\overline{RD}$、$\overline{WR}$ 实现读写。

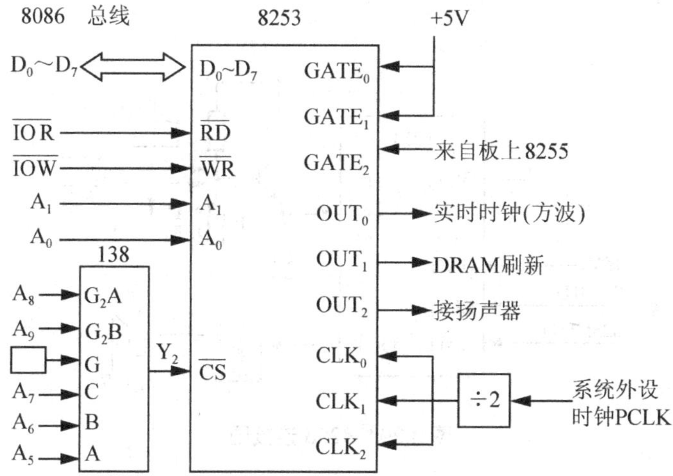

图 8.28　8253 的寻址与连接

【例 8.8】 要求计数器 0 输出 2kHz 方波，计数脉冲输入频率为 2.5 MHz，BCD 计数，试写出初始化程序段。设 8253 的地址取 40H～43H。

解： 计数器初值=2.5MHz/2kHz=1250，故工作于方式 3，16 位计数长度，方式控制字是 <u>00</u> <u>11</u> <u>011</u> <u>1</u>B=37H，程序如下。

```
MOV AL,37H
OUT 43H,AL
MOV AL,50H
OUT 40H,AL
MOV AL,12H
OUT 40H,AL
RET
```

8.3.8　应用举例

【例 8.9】 用 8253 监视生产流水线：每通过 50 个工件，扬声器响 5 秒，频率为 2000Hz。设外部时钟频率为 2.5MHz。8253 的连接如图 8.29 所示，编程实现相应的功能。

解： 经分析，本例中计数器 0：循环计数，工作于方式 2，CLK_0 输入工件的计数脉冲，初值 50，BCD 码。方式字 <u>00</u> <u>01</u> <u>010</u> <u>1</u> B=15H。计数器 1 工作于方式 3，初值 2.5MHz/2000Hz=1250，BCD 码。方式字 <u>01</u> <u>11</u> <u>011</u> <u>1</u> B=77H。 GATE1 由 8255PA0 变高 5 秒发声。

程序：设 8253 地址的 40～43H，8255 的 A 口地址的 80H。

主程序如下。

```
MOV AL,15H
OUT 43H,AL                 ;计数器 0 方式设置
MOV AL,50H                 ;初值 50
OUT 40H,AL
STI
```

```
LOP:     HLT
JMP LOP
```

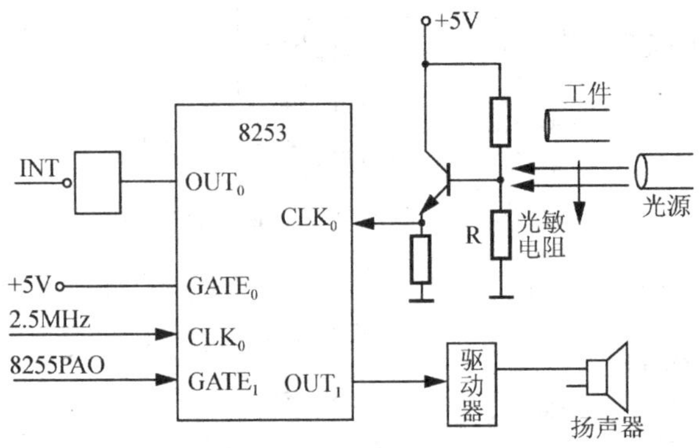

图 8.29　8253 连接图

中断服务程序如下。

```
MOV   AL,01H              ;PA0=1 产生上升沿
OUT 80H,AL
MOV AL,77H                ;计数器 1 方式设置
OUT 43H,AL
MOV AL,50H                ;初值 1250
OUT 41H,AL
MOV AL,12H
OUT 41H,AL
CALL DL5S
MOV AL,0                  ;GATE1=0
OUT 80H,AL
IRET
```

【例 8.10】 用 8253 设计一个定时器，每 5 秒输出一个负脉冲。设外部时钟频率为 2.5MHz，画出硬件连接并编写相应的程序。

解： 计数初值为 $n=5/T_{CK}=5\times f_{CK}=12.5$，采用两级计数器，用计数器 0 输出 OUT0，接计数器 1 的输入 CLK1。计数器 0 的计数值为 50000，计数器 1 的计数值为 250。硬件连接如图 8.30 所示。

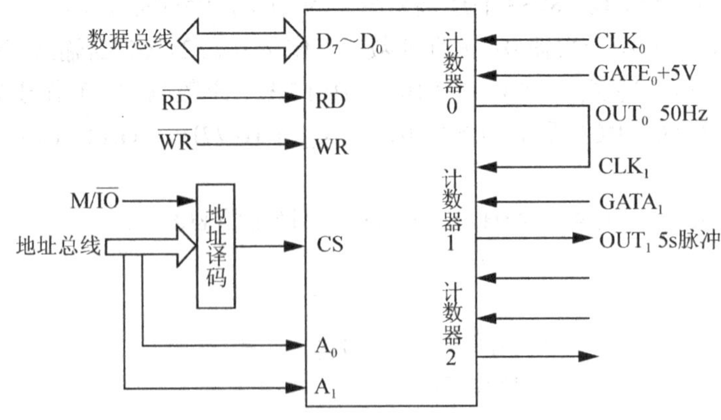

图 8.30　硬件连接图

2 个计数器的工作方式如下。

计数器 0 工作于方式 3(方波)，控制字为 00110110。

计数器 1 工作于方式 2(分频器)，控制字为 01010100。

控制口地址：Portctr。

0 号计数器地址：Port0。

1 号计数器地址：Port1。

实现上述过程的程序：

```
MOV    AL,36H
OUT    portctr,AL
MOV    AL,50H
OUT    potr0,AL
MOV    AL,C3H
OUT    potr0,AL
MOV    AL,54H
OUT    portctr,AL
MOV    AL,0FAH
OUT    potr1,AL
```

8.4　串行通信及串行接口芯片 8251

如前 8.2 节所述，计算机与外部设备、计算机与计算机之间交换信息称为计算机通信。计算机通信可分为两大类：并行通信和串行通信。如图 8.31 所示，所谓并行通信是指 8 位或 16 位或 32 位数据同时传输，具有传输速度快、信息传输率高、成本高的特点。前面的 8255A 就是一种实现并行通信的接口芯片。所谓串行通信是指数据一位一位传送(在一条线上顺序传送)，具有成本低的优点。

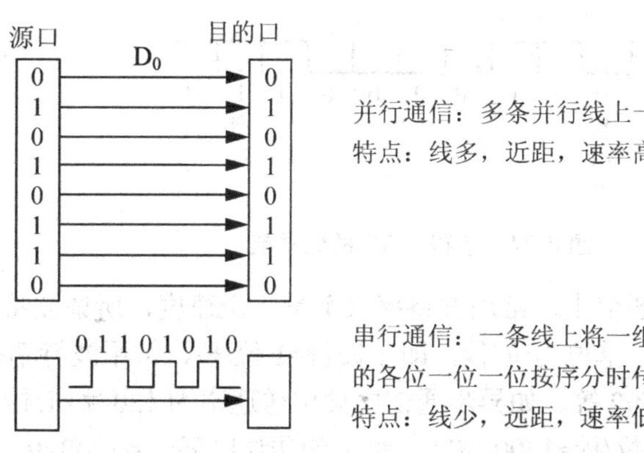

图 8.31　并行与串行通信框图

8.4.1　串行通信概述

1. 分类

串行通信作为主机与外设交换信息的一种方式，广泛应用在通信及计算机网络系统中。

依据通信方式的不同，它可以分为同步通信和异步通信。

1) 同步通信

在约定波特率下，收发双方所用时钟频率完全一致(同步)，信息传输组成数据包(数据帧)。每帧头尾是控制代码，中间是数据块，可有数百字节。不同的同步传输协议有不同的数据帧格式，如图 8.32 所示。包头由同步字符、控制字符、地址信息等组成。包尾由校验码、控制字符等组成。同步串行数据传输过程中数据间不允许有间隙，数据供不上时接口自动插入同步字符。具有传送数据位数不受限制、速度快、设备较复杂、成本高的特点。

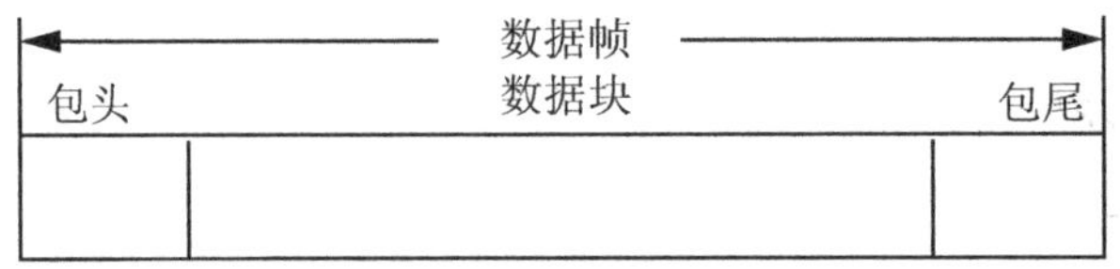

图 8.32 同步通信数据帧格式

2) 异步通信

在约定波特率下，两端时钟频率不需要严格同步，允许 10%的相对延迟误差。传送的信息以一个字符数据为单位，每个字符传送时，前面必须加一个起始位，中间为数据位，接着为校验位、停止位。停止位可以为 1 位、1.5 位、2 位，如图 8.33 所示。

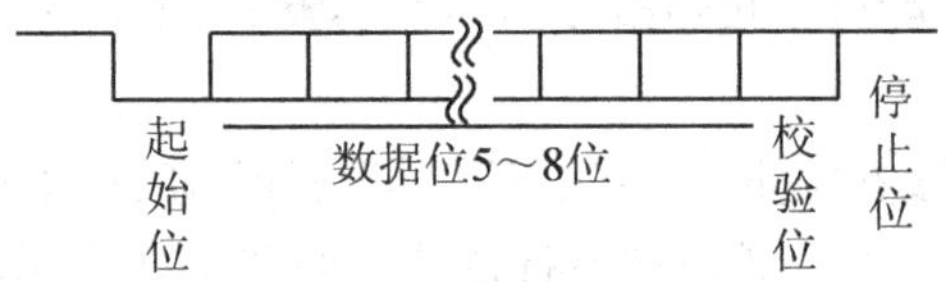

图 8.33 异步通信数据帧格式

如传送“C”的 ASCII 码字符，用偶校验，一个停止位，因“C”的 ASCII 码是 43H，则数据帧如图 8.34 所示。

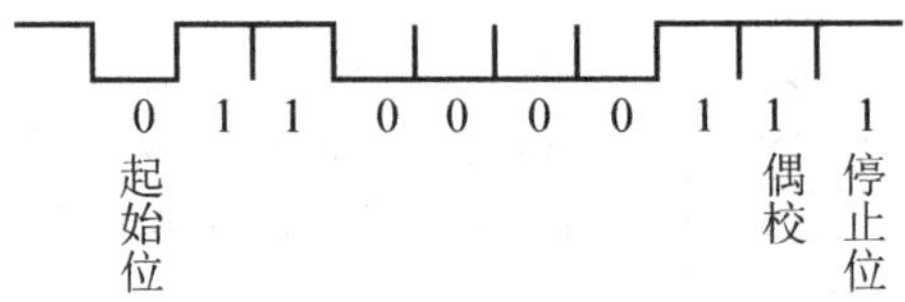

图 8.34 字符“C”的数据帧

需要说明的是，在同步通信中，常用波特率来衡量传送速度，所谓波特率是指串行通信时每秒传送的二进制位数，单位为位/秒，即 1 波特=1 位/秒，常用波特率有 110、300、600、1200、2400、4800、9600 等。如异步通信中设传送速率为 120 字符/秒，10 位/字符，则传送波特率=10*120=1200 位/秒=1200 波特，每位的传送时间=1s/1200=0.833ms。

2. 工作方式

1) 单工

一根线，数据只能从 A 送往 B，单方向传送；每个传送站(设备)只有单功能(发送或接收)，如图 8.35 所示。

2) 半双工

一根线，数据能从 A 送往 B，也能从 B 送往 A，可交替双向传送；每个传送站(设备)具有双功能(发送或接收)，但在某一时刻只能选一种，如图 8.36 所示。

图 8.35 单工方式　　　　图 8.36 半双工方式

3) 全双工

两根线，数据能从 A 送往 B，也能从 B 送往 A，两站能同时双向传送；每个站具有双功能，可同时实现，如图 8.37 所示。

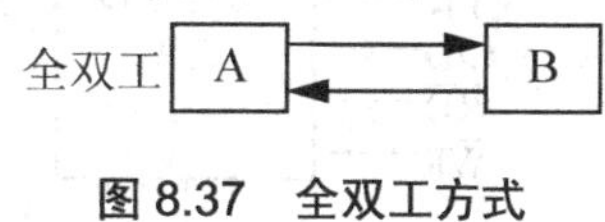

图 8.37 全双工方式

3. 信号的调制与解调

计算机发送的是数字信号，要求传输线的频带很宽，当通过电话线长距离传送时会发生畸变失真，如图 8.38 所示。通常先将数字信号转变为模拟信号，在电话线上发送，再在另一端将模拟信号转变成数字信号接收。完成这种转换的是调制解调器，常称 MODEM(MOdulator-DEModulator)。常用的调制方法有调频，0 与 1 用不同的频率信号表示，如图 8.39 所示。除了调频外，还有调幅与调相。

畸变失真

图 8.38 传送中的信号畸变

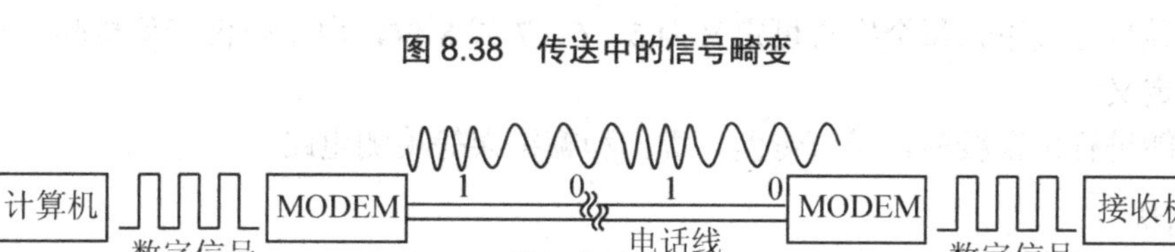

图 8.39 信号调频

4. 串行接口应该具有的功能

(1) 设置数据传送格式及有关参数，如波特率、位数等。

(2) 把并行码转换成串行码发送出去。

(3) 接收串行码，最后转换为并行码保存供 CPU 读取。

(4) 监视通信接口状态，判定错误并实现联络同步。

常用的典型接口芯片有 8251(同步/异步)、8250(异步)。

8.4.2 8251 结构及引脚

8251 是 Inter 公司生产的通用同步/异步收发器 USART(Universal Synchronous/Asynchronous Receiver/Transmitter)，既能实现异步通信也能实现同步通信，其结构和引脚

如图 8.40 所示。

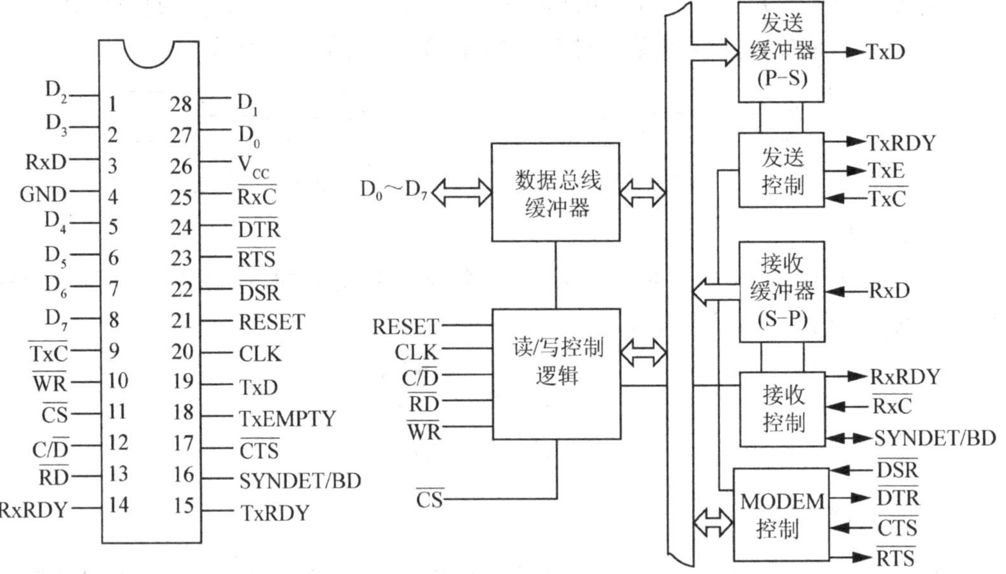

图 8.40　8251 结构及引脚图

1. 基本性能

(1) 同步波特率为 0～64Kbps，异步波特率为 0～18.2Kbps。

(2) 同步方式下，每个字符可为 5、6、7 或 8 位。两种方法实现同步，可进行奇/偶校验。

(3) 异步方式下，每个字符可定义为 5、6、7 或 8 位，用 1 位做奇偶校验。时钟频率可用软件定义。

(4) 能进行出错校验，带有奇偶、溢出和帧错误等检测电路。

2. 结构

主要有数据总线缓冲器、读/写控制逻辑、发送缓冲器与发送控制电路、接收缓冲器与接收控制电路、MODEM 控制电路。各个模块的功能如下。

1) 数据总线缓冲器

通过 8 位数据线 D_7～D_0 把接收到的信息送 CPU，接收 CPU 发来的信息给发送端口；把状态信息送 CPU；把方式字送方式寄存器，把控制字送控制寄存器，把同步字送同步字符寄存器。

2) 读/写控制逻辑

接收与读/写有关的控制信号 $\overline{CS}$、C/$\overline{D}$、$\overline{RD}$、$\overline{WR}$，组合产生出 8251 所执行的操作。

3) 发送缓冲器与发送控制电路

来自 CPU 中的数据，当发送移位寄存器空时，数据输出寄存器的内容送给移位寄存器。发送控制电路对串行数据实行发送控制。发送缓冲器包括发送移位寄存器和数据输出寄存器。发送移位寄存器通过 8251 芯片的 TxD 脚将串行数据发送出去。数据输出寄存器寄存的内容送给移位寄存器。发送控制电路对串行数据实行发送控制。

4)　接收缓冲器与接收控制电路

接收缓冲器包括接收移位寄存器和数据输入寄存器。串行输入的数据通过 8251 芯片的 RxD 脚逐位进入接收移位寄存器，然后变成并行格式进入数据输入寄存器，等待 CPU 取走。接收控制电路用来控制数据接收工作。

5)　MODEM 控制电路

为 MODEM 提供控制信号。

3. 引脚

8251 为 28 脚芯片，各引脚的信号定义如下。

1)　与 CPU 连接的信号

$D_7 \sim D_0$：双向的数据信号。

$\overline{CS}$：片选信号。

$\overline{RD}$：读信号，为低电平且 $\overline{CS}$ 有效时，CPU 从 8251 读取数据或状态信息。

$\overline{WR}$：写信号，为低电平且 $\overline{CS}$ 有效时，CPU 向 8251 写入数据或控制字。

$C/\overline{D}$：控制/数据信号，分时复用。为高电平时写入方式字、控制字或同步字符；为低电平时写入数据。

RESET：复位信号，为高时强迫 8251 进入空闲状态，等待接收模式字。

CLK：时钟输入，内部定时用。

TxRDY：发送器准备好，输出，表明 8251 的状态。

TxEMPTY：发送缓冲器空，输出，表明 8251 的状态。

$\overline{TxC}$ $\overline{RxC}$：接收发送的时钟，一般用同一脉冲源。在异步方式下，此频率为波特率的若干倍(波特率因子)；在同步方式下此频率与波特率相同。

RxRDY：接收器准备好，输出，表明 8251 的状态。

SYNDET/BD：同步检测/断路检测，双向。

$\overline{RxC}$：接收器时钟信号。

2)　与外设之间的接口信号

TxD：发送数据输出端，CPU 送来的数据经并串转换后通过 TxD 脚输出给外设。

RxD：接收数据输入端，接收外设送来的串行数据，数据进入 8251 后转换为并行数据。

$\overline{RTS}$ (Request to Send)：请求发送信号、输出、低电平有效。这是 8251 向 MODEM 或外设发送的控制信息，初始化时由 CPU 向 8251 写控制命令字来设置。该信号有效时，表示 CPU 请求通过 8251 向 MODEM 发送数据。

$\overline{CTS}$ (Clear to Send)：发送允许信号、输入、低电平有效。是调制解调器或外设送给 8251 的信号，是对 $\overline{RTS}$ 的响应信号。只有当 $\overline{CTS}$ 为有效低电平时，8251 才执行发送操作。

$\overline{RTS}$ 和 $\overline{CTS}$ 是 8251 与通信对方的一对联络信号。

$\overline{DTR}$ (Data Terminal Ready)：本方准备好，输出。

$\overline{DSR}$ (Data Set Ready)：对方准备好，输出。

$\overline{DTR}$ 和 $\overline{DSR}$ 是 8251 与通信对方的另一对联络信号。

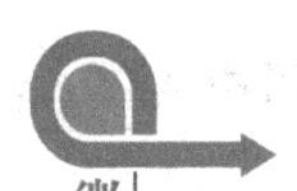

8.4.3 8251 的初始化

8251 使用前必须进行初始化，以确定工作方式、传送速率、字符格式以及停止位长度等，改变 8251 的工作方式时必须再次进行初始化编程。8251 初始化主要包括工作方式控制字的写入、命令字的写入和状态字的读出。方式选择控制字用于规定 8251 的工作方式，命令控制字使 8251 处于规定的工作状态，以准备接收或发送数据，状态字用于寄存 8251 的工作状态。

1. 异步方式控制字

如图 8.41 所示，波特率因子用于描述时钟频率与数据波特率之间的关系。如要求 8251 芯片作为异步通信，波特率因子为 64，字符长度 8 位，奇校验，2 个停止位的方式选择控制字为 11011111B。复位后对 $C/\overline{D}=1$ 时写入。

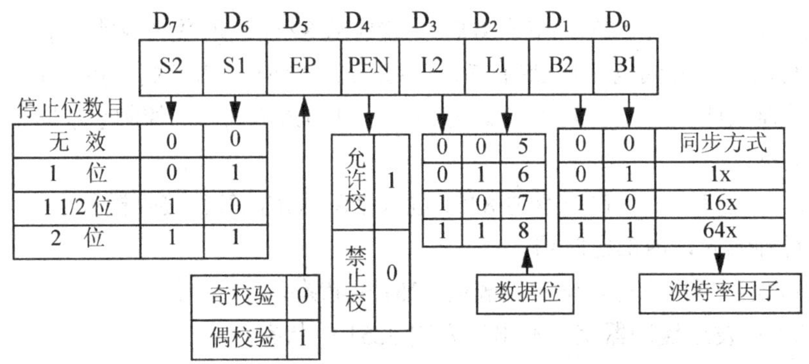

图 8.41 异步方式控制字

2. 同步方式控制字

如图 8.42 所示，如要求 8251 作为外同步通信接口，数据位 8 位，2 个同步字符，偶校验，其方式字为 01111100B。复位后 $C/\overline{D}=1$ 时写入。

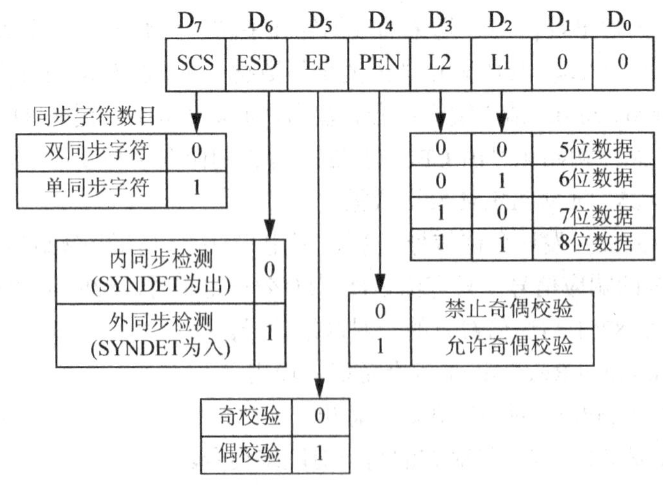

图 8.42 同步方式控制字

3. 命令控制字

如图 8.43 所示，通信过程中 C/$\overline{D}$=1 时写入。

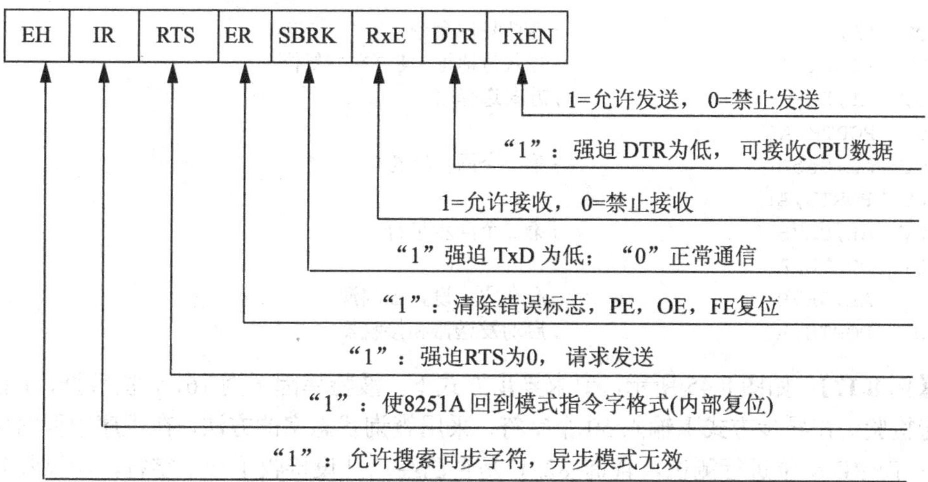

图 8.43　命令控制字

注意： 方式指令和命令指令都由 CPU 作为控制字写入，写入时端口地址相同，为免混淆，用顺序控制，复位后写入的控制字为方式指令，以后为命令指令，且复位以前，所有写入的控制字均为命令指令。

4. 状态字

如图 8.44 所示，C/$\overline{D}$=1 时读出。

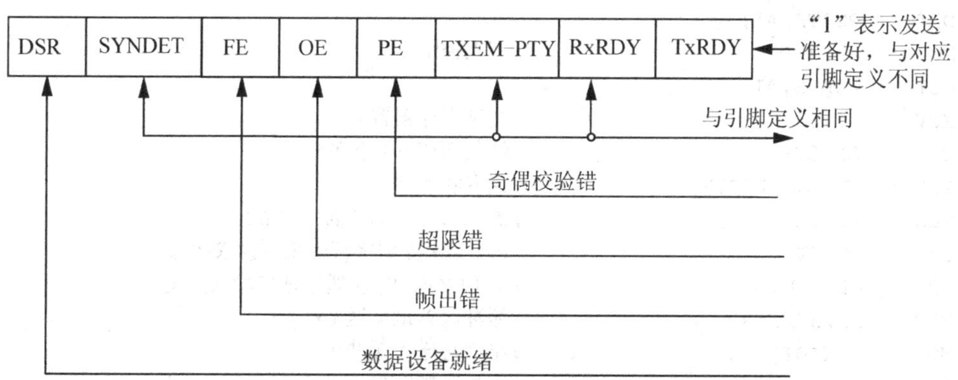

图 8.44　状态字格式

8.4.4　8251 的初始化编程

初始化之前，系统可靠复位(总清)，具体方法是先在 C/$\overline{D}$=1 时送三个 00H，再在 C/$\overline{D}$=0 时送两个 00H。然后发布复位命令，即 C/$\overline{D}$=1 送 40H，C/$\overline{D}$ 通常与地址线的最低位连接。复位后对 C/$\overline{D}$=1 的写操作则是初始化命令。

【例 8.11】 同步方式下的通信，要求 2 个同步字符，第一个同步字符为 A5H，第二个同步字符为 0E7H；外同步奇校验，每个字符 8 位，编写相应的程序。

解：方式选择字=01011100=5CH，控制字=10110111=0B7H。程序段如下。

```
MOV  AL,40H                ;内部复位命令
OUT  PORTE,AL              ;写入奇地址,使 8251 复位
MOV  AL,5CH                ;方式选择字
OUT  PORTE,AL
MOV  AL,0A5H               ;第一个同步字符
OUT  PORTE,AL
MOV  AL,0E7H               ;第二个同步字符
OUT  PORTE,AL
MOV  AL,0B7H               ;命令字，设置控制源
OUT  PORTE,AL              ;启动发送器和接收器
```

【例 8.12】 如图 8.45 所示，要求异步方式下，波特率因子为 16，8 位数据，1 位停止位，奇检验。在异步方式下输入 50 个字符，采用查询状态字的方法，在程序中要对状态寄存器的 RxRDY 位进行测试，查询 8251 是否已经从外设接收了一个字符，如果收到，D_1 位 RxRDY 变为有效的“1”，CPU 用输入指令从偶地址取回数据送入数据缓冲区中，当 CPU 读取字符后，RxRDY 自动复位，变为“0”。除检测 RxRDY 位外，还要检测 D_3 位(PE)、D_4 位(OE)、D_5 位(FE)是否出错，如果出错则转错误处理程序，各种状态要求同上例同步方式，编写相应的程序。

解：方式选择字=01011110=5EH，控制字=00110111=037H，程序如下。

```
MOV     AL,40H             ;复位 8251
OUT     PORTE,AL
MOV     AL,5EH             ;写入异步方式选择字
OUT     PORTE,AL;
MOV     AL,37H             ;写入控制字
OUT     PORTE,AL
MOV     DI,0               ;变址寄存器置 0
MOV     CX,32H             ;计数初值 50 个字符
INPUT: IN   AL,PORTE       ;读取状态字
TEST    AL,02H             ;测试状态字第 2 位 RxRDY
JZ      INPUT              ;8251 未受到字符则重新读取状态
IN      AL,PORTO           ;RxRDY 有效,从偶地址口输入数据
MOV     DX,BUFFER          ;缓冲区首地址送 DX
MOV     [DX+DI]            ;将字符送入缓冲区
INC     DI                 ;缓冲区指针加 1
IN      AL,PORTE           ;再读状态字
TEST    AL,38H             ;测试有无三种错误
JNZ     ERROR              ;有错转出错处理
LOOP    INPUT              ;无错,又不够 50 个字符,转 INPUT
EEROR: …
EXIT:  …
```

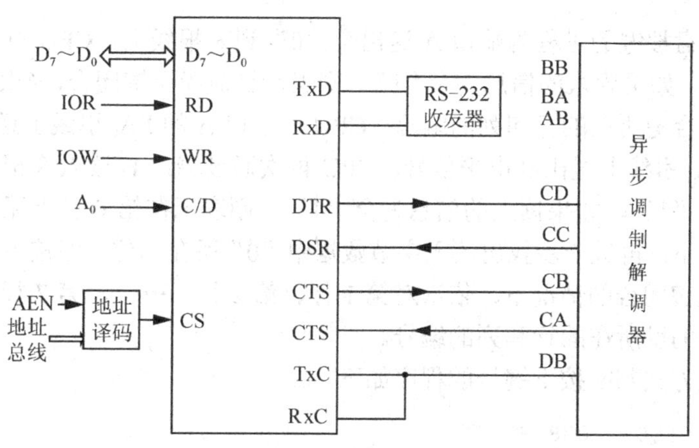

图 8.45 异步外部接口

8.5 小型案例实训

案例 1——8255A 作为键盘接口(方式 0，A 出 B 入)

图 8.46 所示为非编码键盘和微处理器的接口电路，图中 8255A 端口 A 工作在方式 0，用作输出口，端口 B 也工作在方式 0，用作输入口。8255 内部有 4 个端口地址：A 口、B 口、C 口、控制寄存器，本例中采用部分译码，地址可选 380H～383H(对应 A、B、C、控制)。在按下一个键时，与它对应的行和列短接，形成了通路，通过查找闭合键所在的行和列的位置，程序就能决定被按下的键所代表的代码(称为“键号”，本例中键号为 0～63)。编写程序扫描键号。

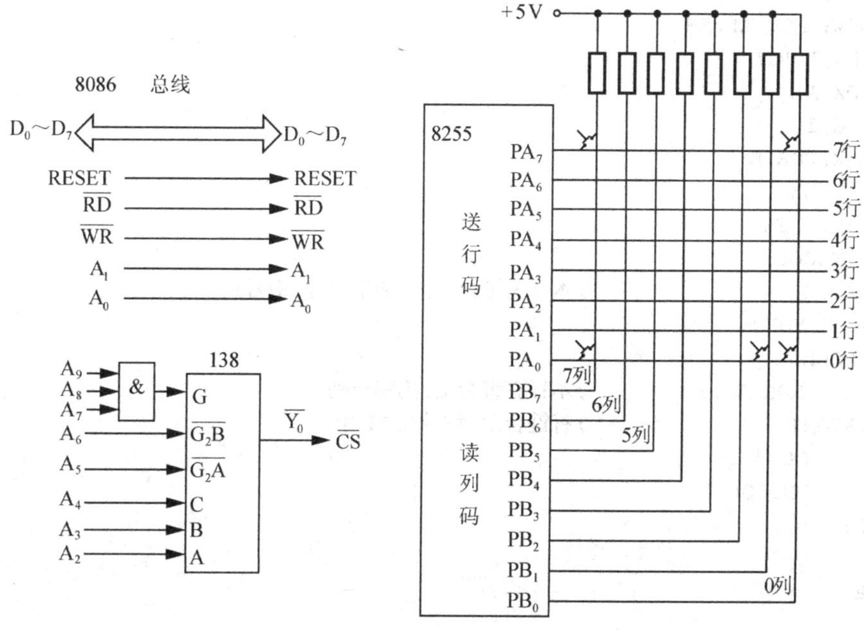

图 8.46 非编码键盘和微处理器的接口

解：检测键盘按键的过程为端口 A 送出全“0”到 8 根线上，CPU 再从端口 B 读入 8 根列线上的信息。如果读入的信息为全“1”，则表示目前尚无键闭合，否则表示有键按下。为进一步查找闭合键所在的行和列的编码，CPU 在端口 A 的 PA_0 引线上送出低电平信号，其余的 PA_7～PA_1 引线上送出高电平信号。CPU 再次通过端口 B 读入 8 根列线上的信息，并判断是否为全“1”，如果读入的信息为全“1”，则表示在第 0 行上无键闭合，否则在第 0 行上有键按下。再进一步找出读入字节数据中“0”所在的位，即按下键所在的列的位置。在第 0 行无键闭合的情况下，依次对第 1 行、第 2 行、……、第 7 行进行上述操作，直到找到被按下的键所在的行和列的编号。

使用行扫描方式判断按下键号的程序如下。

```
PORTA       EQU    0380H
PORTB       EQU    0381H
PORTC       EQU    0382H
PORTCN    EQU      0383H
MOV     DX,PROTCN           ;方式字
MOV     AL,10000010B        ;A 出 B 入,均方式 0
OUT   DX,AL
WAITK:  MOV  DX,PORTA       ;扫描全 0 输出
MOV AL,0
OUT DX,AL
MOV DX,PORTB
IN  AL,DX
CMP AL,0FFH
JZ  WAITK                   ;无键合上,继续等待
MOV BL,0                    ;键合上,用扫描法查键号
MOV BH,11111110B            ;从 PA0 起扫描
MOV CX,8
FNDROW: MOV AL,BH
MOV DX,PORTA
OUT DX,AL
ROL BH,1
MOV DX,PORTB
IN  AL,DX
CMP AL,0FFH
JNZ FNDCOL;
ADD BL,8                    ;本行无键合上,扫描下一行,键号加 8
LOOP   FNDROW
JMP DONE
FNDCOL: ROR AL,1            ;本行有键合上,判哪一列
JNC RIGHT                   ;有键合上,键号在 BL 中
INC     BL
JMP     FNDCOL
RIGHT: …
        …
DONE:   …
```

案例 2——8255A 作为打印机接口(方式 1，A 出，中断式传送)

通过 8255A 将 CPU 中的数据输出到打印机上，图 8.47 所示为中断式打印机接口。由 CPU 控制 PC_4 产生选通脉冲，PC_4 作输出用，这里 OBF 没有用。PC_3 作为中断请求 INTR，由 ACK 信号上升沿产生，使用 IRQ3，中断向量为 0BH。编写程序完成数据输出的功能。

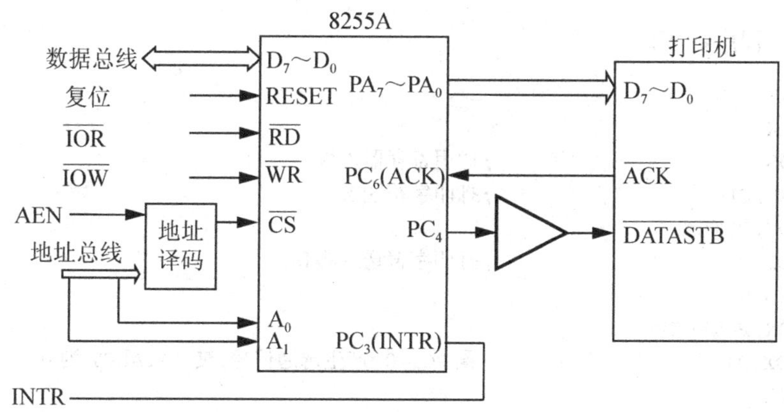

图 8.47 中断式打印机接口

解：在编写有关中断的程序时，中断服务程序应尽可能短，把其他的处理工作放在主程序中。主程序如下。

```
MOV   AL,10100000B
MOV   DX,PORTCTR
OUT   DX,AL                  ;A端口,方式1输出方式,PC4作输出
MOV   AL,00001000B           ;置PC4=1,令DATASTB=1,选通无效
OUT   DX,AL
CLI                          ;关中断
MOV   AH,35H
MOV   AL,0BH
INT   21H                    ;将0BH中断向量取到ES、BX中
PUSH  ES
PUSH  BX                     ;保存中断向量
PUSH  DX
MOV   DX,OFFSET INTSERV      ;中断子程序偏移地址送DX
MOV   AX,SEG  INTSERV
MOV   DS,AX                  ;中断子程序段地址送DS
MOV   AL,0BH
MOV   AH,25H                 ;设置0BH中断向量,即将DS和
INT   21H                ;DX的内容传送到中断向量表
POP   DS
MOV   AL,00001101B
MOV   DX,PORTCTR
OUT   DX,AL              ;将PC6置1,使INTE为1,允许端口A中断
STI                          ;开中断,允许中断请求信号送入CPU
…
CLI
```

```
POP   DX
POP   DS                                ;将开始压栈的ES、BX的内容送入DS、BX中
MOV   AL,0BH
MOV   AH,25H
INT      21H
…
```

中断服务程序如下。

```
INTSERV:
PUSH  AX
PUSH  DS                                ;通用寄存器进栈
MOV   AL,CL                             ;打印字符送AL
MOV   DX,POTRA
OUT   DX,AL                             ;打印字符送A端口
MOV   AL,0
MOV   DX,POTRCTR
OUT   DX,AL                             ;置PC4=0,产生选通信号,使DATASET为0
INC   AL
OUT   DX,AL                             ;使PC4=1,撤销选通信号
MOV   DX,20H
OUT   DX,20H                            ;发EOI命令
POP   DS                                ;通用寄存器出栈
POP    AX
IRET                                    ;中断返回
                                        ;恢复0BH原中断向量
STI
…
```

案例3——8253三个通道的组合使用

如图8.48所示，三个计数通道组合应用，画出当K打到+5V时各信号的波形，并写出初始化程序。

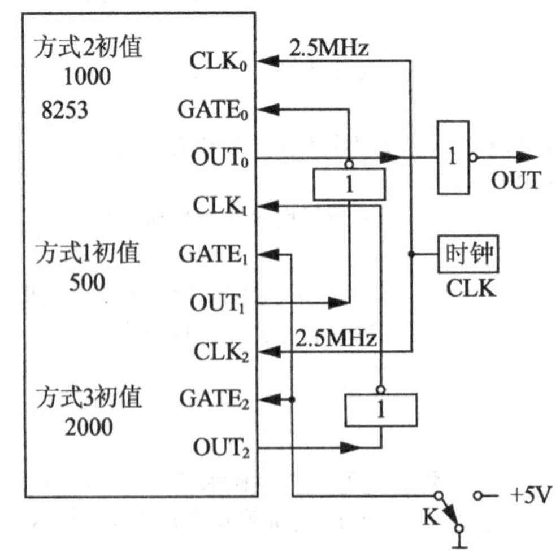

图8.48　8253连接图(三个通道组合应用)

解：分析如下。

(1) 组合应用时应首先搞清因果链，由已知条件依次顺序推出各输出和波形。具体顺序为 CLK，K 上升沿 → CLK_0、CLK_2、$GATE_1$、$GATE_2$ → 计数器 2 工作 → OUT2 输出方波 → CLK_1($GATE_1$)→ 计数器 1 工作 → OUT_1 负脉冲→ $GATE_0$ 上升沿(CLK_0) → 计数器 0 工作 → OUT_0 周期负脉冲 → OUT。

(2) CLK 时钟频率为 2.5MHz，周期 T=0.4μs。

(3) 计数器 2：工作于方式 3，初值 2000，CLK_2=CLK → OUT_2 对称方波，周期 T_2=2000*T=800μs(频率是 1250Hz)。

(4) 计数器 1：工作于方式 1，初值 500，CLK_1=OUT_2 → OUT_1 单稳态负脉冲，宽度 T_1=500*T_2=0.4s。

(5) 计数器 0：工作于方式 2，初值 1000，CLK_0=CLK → OUT_0 周期性负脉冲，周期 T_0=1000*T=400μs(频率 2500Hz)，(1000−1)T 高 ＋1T 低；$GATE_0$ 在 OUT_1 负脉冲期间为 1，故周期性方波持续时间为 0.4s；其他时间 GATE0=0，OUT_0 输出高电平。

(6) OUT 为 OUT_0 反相波形，周期 T_3=T_0，持续时间为 0.4s。

因此，各信号的波形如图 8.49 所示。

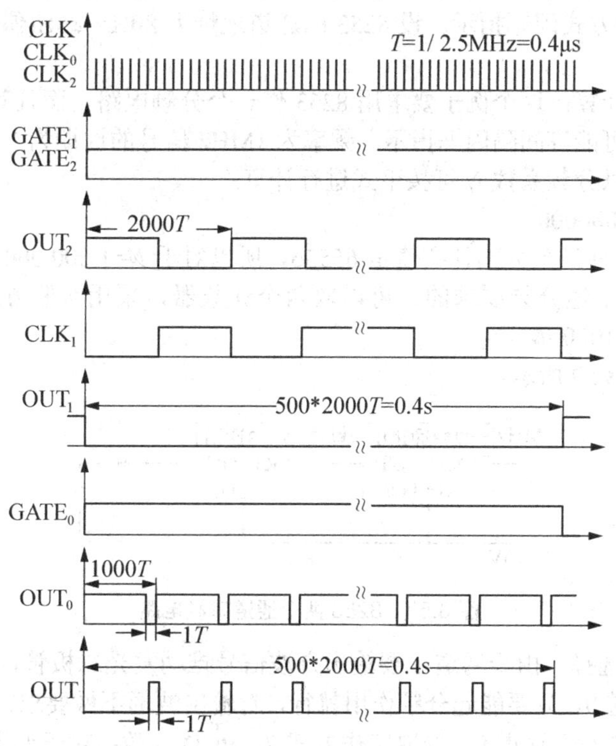

图 8.49　各信号的波形图

初始化程序如下(8253 地址是 80H～83H)。

```
MOV AL,00 11 010 1B        ;通道 0 方式 2
OUT 83H,AL
MOV AL,0;通道 0 初值
OUT 80H,AL
```

```
MOV AL,10H
OUT 80H,AL
MOV AL,01 11 001 1B       ;通道 1 方式 1
OUT 83H,AL
MOV AL,0                  ;通道 1 初值
OUT 81H,AL
MOV AL,5
OUT 81H,AL
MOV AL,10 11 011 1B       ;通道 2 方式 3
OUT 83H,AL
MOV AL,0                  ;通道 2 初值
OUT 82H,AL
MOV AL,20H
OUT 82H,AL
```

案例 4——8253 用作信号发生器

现有一个高精密晶体振荡电路，输出信号是脉冲波，频率为 1MHz。使用该晶振作为 8253 的时钟输入，要求利用 8253 做一个秒信号发生器，其输出接一发光二极管，以 0.5 秒点亮，0.5 秒熄灭的方式闪烁指示。设 8253 的通道地址为 80H～86H(偶地址)。

解：分析如下。

(1) 时间常数计算：这个例子要求用 8253 作一个分频电路，而且其输出应该是方波，否则发光二极管不可能等间隔闪烁指示。频率为 1MHz 信号的周期为 1 微秒，而 1Hz 信号的周期为 1 秒，所以分频系数 N 可按下式进行计算：

N=1 秒/微秒=1000000

由于 8253 一个通道最大的计数值是 65536，所以对于 N=1 000 000 这样的大数，一个通道是不可能完成上述分频要求的。可以取两个计数器，采用级联方式，分配分频系数 $N=1\ 000\ 000=1000\times1000=N_1\times N_2$。

(2) 电路如图 8.50 所示。

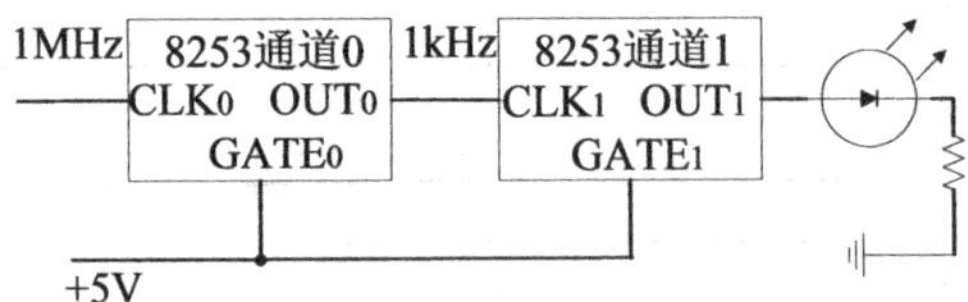

图 8.50 8253 两个通道串联电路

(3) 工作方式选择：由于通道 1 要输出方波信号推动发光二极管，所以通道 1 应选工作方式 3。对于通道 0，只要能起分频作用就行，对输出波形不做要求，所以方式 2 和方式 3 都可以选用。这样对于通道 0，选取工作方式 2，BCD 计数；对于通道 1，选取工作方式 3，二进制计数(当然也可选 BCD 计数)。

(4) 程序如下。

```
MOV AL, 00110101B    ;通道 0 控制字
OUT 86H, AL
MOV AL, 00           ;通道 0 初始计数值
OUT 80h, AL
```

```
MOV AL, 10H
OUT 80h, AL
MOV AL, 01110110B    ;通道 1 控制字
OUT 86H, AL
MOV AL, 0E8H         ;通道 1 初始计数值,03E8H=1000BCD
OUT 82H, AL
MOV AL, 03H
OUT 82H, AL
```

案例 5——利用 8251 实现两台电脑通信

利用 8251 实现两台微型计算机的远距离通信，如图 8.51 所示。设采用半双工查询方式，异步传送，一方定义为发送器，另一方定义为接收器。当发送端 CPU 查询到 TxRDY 有效时，向 8251 并行输出一字节数据；接收端 CPU 每查询到 RxRDY 有效，就从 8251 并行输入一个字节数据，一直进行到全部数据传送完为止，编写相应的程序。

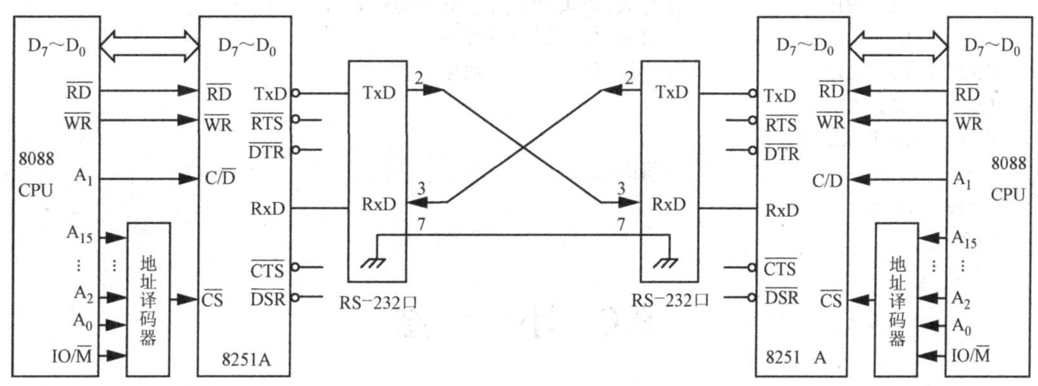

图 8.51　两台计算机异步通信

解：设发送端 8251 数据口地址为 TDATA，控制口/状态口地址为 TCONT，发送数据块首地址为 TBUFF，字节数为 80。程序段如下。

```
STT:  MOV  DX,TCONT      ;将 8251A 定义为异步方式,8 位数据,1 位
MOV  AL,7FH              ;停止位,偶校验,波特率系数 64
OUT   DX,AL
MOV  AL,01H              ;允许发送
OUT   DX,AL
MOV  DI,TBUFF            ;发送数据块首地址送 DI
MOV  CX,80               ;计数器赋初值
NEXT: MOV  DX,TCONT      ;读取状态字
IN     AL,DX
AND   AL,01H             ;TxRDY 有效否
JZ     NEXT              ;无效,继续等待
MOV  DX,TDATA            ;有效,向 8251 输出一字节数据
MOV  AL,[DI]
OUT   DX,AL
INC    DI                ;修改指针
LOOP  NEXT
```

```
HLT
```

设接收端 8251 数据口地址为 RDATA，控制口/状态口地址为 RCONT，接收数据缓冲区首地址为 RBUFF，程序段如下。

```
SRR: MOV   DX,RCONT      ;送方式选择控制字
MOV   AL,7FH
OUT   DX,AL
MOV   AL,14H             ;清除错误标志,允许接收
OUT   DX,AL
MOV   DI,RBUFF           ;接收数据缓冲区首地址送 DI
MOV   CX,80              ;计数器赋初值
COMT: MOV   DX,RCONT     ;读取状态字
IN    AL,DX
TEST  AL,02H             ;RxRDY 有效否
JZ    COMT               ;无效,继续等待
AND   AL,38H             ;有效,查询接收过程有无错误?
JNZ   ERR                ;有错,转出错处理程序
MOV   DX,RDATA           ;无错,输入一字节数据
IN    AL, DX
MOV   [DI],AL
INC   DI                 ;修改指针
LOOP  COMT
HLT
```

8.6 小　　结

本章主要介绍了三种常用 I/O 接口芯片的结构与功能及典型的应用实例：8255A、8253 和 8251。

8255A 是一种并行 I/O 接口芯片，包含三个数据端口：A 口、B 口、C 口；两组控制：A 组和 B 组，A 组控制 A 口和 C 口高四位，B 组控制 B 口和 C 口低四位；三种工作方式，工作方式 0、方式 1、方式 2。其中 A 口可以工作于方式 0、方式 1、方式 2；B 口可以工作于方式 0、方式 1；C 口工作于方式 0，C 口的 8 条线可独立进行置 1 或置 0 的操作。当 A 口和 B 口可工作于方式 1、A 口工作于方式 2 时，C 口的大部分引脚分配作专用(固定)的联络信号，作为联络信号的 C 口引脚，用户不能再指定作为其他用途，没有作为联络信号的引脚可工作于方式 1。A 口、B 口、C 口及控制字口共占 4 个地址。

8253 定时/计数器，每片 8253 内部有 3 个 16 位的计数器：计数器 0、计数器 1、计数器 2。每个计数器的内部结构相同，可通过编程手段设置为 6 种不同的工作方式来进行定时/计数，并且都可以按照二进制或十进制来计数。每个计数在开始工作前必须预制时间常数。计数器 0、计数器 1、计数器 2、控制字寄存器共占 4 个地址。从启动方式上看，工作方式 0、方式 4 为软件启动；方式 2、方式 3 可以软件启动，也可以硬件启动；方式 1、方式 5 为硬件启动。从输出波形看，方式 0、方式 1 计数期间输出低电平，计数结束时变为高电平；方式 2 输出为频率发生器；方式 3 输出为方波信号；方式 4、方式 5 输出为负脉冲。

8251 串行通信接口芯片，可工作于同步方式或异步方式。同步波特率为 0～64Kbps，异步波特率为 0～18.2kbps；在同步方式下，每个字符可为 5、6、7 或 8 位。异步方式下，每个字符可定义为 5、6、7 或 8 位，用 1 位作奇偶校验。

8.7　习　　题

一、简答题

1. 简述并行输入/输出接口的基本工作原理。
2. 简述 8255A 的基本组成及各部分的功能。
3. 8255A 有哪几种工作方式？各用于什么场合？端口 A、端口 B 和端口 C 各可以工作于哪几种工作方式？
4. 8253 有哪些工作方式？各有何特点？
5. 串行口通信中，什么叫单工、半双工、全双工工作方式？
6. 什么叫波特率？常用的波特率有哪些？
7. 什么是同步通信？什么是异步通信？二者有哪些重要区别？
8. 8253 工作方式 1 和 5 各有什么特点？
9. 试说明 8251 芯片控制信号 $\overline{CS}$ 和 $C/\overline{D}$ 的功能。
10. 说明 8255A 在方式 1 下输入时的工作过程。

二、计算题

1. 定时器 8253 输入时钟频率为 1MHz，设定为按 BCD 码计数，若写入的计数初值为 1080H，则该通道定时时间是多少？
2. 如果 8251 的工作方式寄存器内容为 01111011，那么发送的字符格式如何？为了使接收的波特率和发送的波特率分别为 300bps 和 1200bps，试问加到 $\overline{RXC}$ 和 $\overline{TXC}$ 上的时钟信号的频率应为多少？
3. 定时器 8253 通道 2 按方式 3(方波发生器)工作，时钟 CLK2 的频率为 1MHz，要求输出方波的频率为 40kHz，此时写入的计数初值应为多少？输出方波的“1”和“0”各占多少时间。
4. 设异步传输时，每个字符对应 1 个起始位、7 个信息位、1 个奇/偶校验位和一个停止位，如果波特率为 9600bps，则每秒钟能传输的最大字符数是多少？
5. 设 8251 为异步方式，1 个停止位，偶校验，7 个数据位，波特率因子为 16。请写出其方式字。
6. 对 8251 进行初始化，要求：工作于异步方式、采用奇校验、指定两个停止位、7 位 ASCII 字符、波特率因子为 16；出错指示处于复位状态、允许发送、允许接收、数据终端就绪，不送出空白字符、内部不复位。设 8251 的端口地址为 80H 和 81H。

三、分析编程题

1. 8255用作查询式打印机接口时的电路连接和打印机各信号的时序如习图8.1所示，8255 的端口地址为 80H～83H，工作于方式 0，试编写一段程序，将数据区中变量 DATA 的 8 位数据送打印机打印，程序以 RET 指令结束，并写上注释。

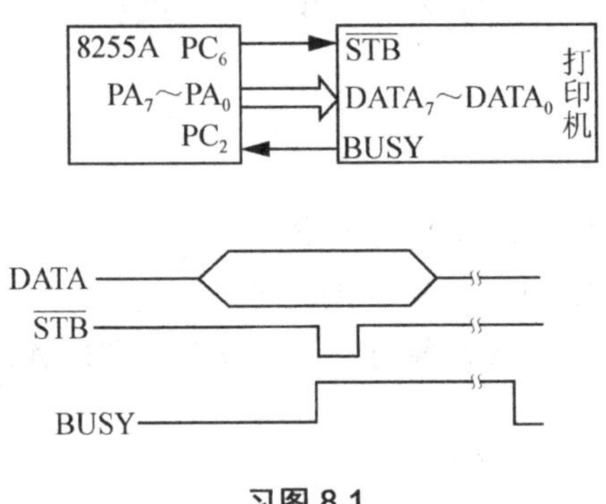

习图 8.1

2. 若用共阴极 LED 数码管作显示器，连接如习图 8.2 所示。写出显示‘5’和‘A’的段选码。

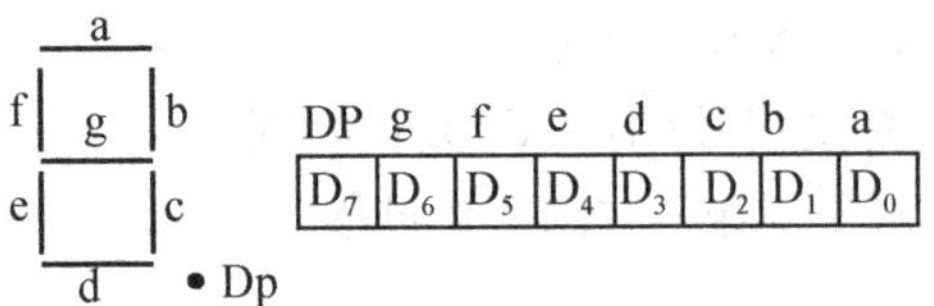

习图 8.2

3. 若输入设备输入的 ASCII 码通过 8255A 端口 B，采用中断方式，将数据送入 INBUF 为首址的输入缓冲区中，连续输入直到遇到$就结束输入。假设此中断类型码为 52H，中断服务程序的入口地址为 INTRP。8255A 的端口地址为 80H～83H。

(1) 写出 8255A 初始化程序(包括把入口地址写入中断向量表)。

(2) 写出完成输入一个数据，并存入输入缓冲区 BUF1 的中断服务程序。

4. 8253-5 的计数通道 0 连接，如习图 8.3 所示。

(1) 计数通道 0 工作于何种工作方式？并写出工作方式名称。

(2) 写出计数通道 0 的计数初值。

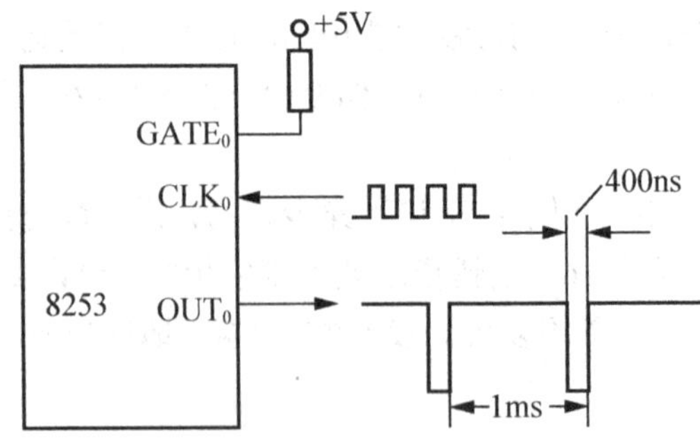

习图 8.3

5.　8253-5 的通道 1 按方式 3 工作，时钟 CLK_1 的频率为 1MHz，要求输出方波的重复频率为 40kHz，此时应如何写入计数值？编写初化程序。

6.　设 8253 与 8086 相连，8253 的时钟频率为 2MHz，其端口地址为 340H～343H，通道 0 工作于定时方式，要求每 10ms 向 8086 发出一中断请求信号，通道 1 要求输出频率为 500Hz 的方波，编写初始化程序。

第9章　模 拟 接 口

本章要点

- D/A 转换的技术指标、工作原理，DAC0832 芯片及接口
- A/D 转换的技术指标、工作原理，ADC0809 芯片、AD574 芯片及接口

9.1 概　　述

在实际工程中大量遇到的是连续变化的物理量，称为模拟量。所谓模拟量是指数值随时间连续变化的物理量，如温度、压力、流量、位移、转速以及连续变化的电压、电流等。而微型计算机只能处理数字量的信息，所谓数字量是指时间和数值上都离散的量。模拟接口的作用就是实现模拟量和数字量之间的转换。模/数(A/D)转换就是把输入的模拟量变为数字量，所用接口称模/数转换器(ADC)。数/模(D/A)转换就是将微型计算机处理后的数字量转换为模拟量形式的控制信号，所用接口称数/模转换器(DAC)，如图 9.1 所示。本章将介绍计算机与 A/D 及 D/A 转换器的接口，以及有关的应用。

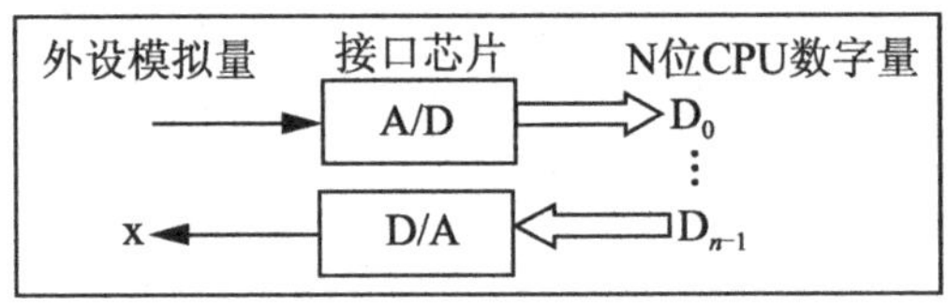

图 9.1　模拟接口简图

9.2 数模(D/A)转换器

9.2.1 主要技术指标

1. 分辨率

分辨率是指 DAC 所能分辨的最小电压增量。它反映了 DAC 对微小输入量变化的敏感性。分辨率的高低通常用二进制输入量的位数来表示，例如分辨率是 8 位、10 位、12 位等。有时，也用最小输出电压与最大输出电压之比的百分数来表示。对于一个 n 位 DAC，其分辨率为 $1/2^n$。对于 8 位 D/A 转换器来说，分辨率为最大输出幅度的 0.39%，即为 1/256。而对于 10 位 D/A 转换器来说，分辨率可以提高到 0.1%，即 1/1024。位数越多，分辨率越高。

2. 转换精度

转换精度用最大的静态转换误差的形式表示，这个转换误差应包括非线性误差、比例

系数误差以及漂移误差等综合误差，它反映了实际输出电压与理论输出电压之间的接近程度，为实际模拟输出与理想模拟输出之间的最大偏差。

除了线性度不好会影响精度之外，参考电源的波动等因素都会影响精度。可以理解为线性度是在一定测试条件下得到的 D/A 转换器的误差，而精度是指在实际工作时的 D/A 转换器的误差。

3. 转换时间

转换时间是指在数字输入端输入满量程代码的变化以后，DAC 的模拟输出稳定到最终值±1/2LSB 时所需要的时间。

4. 线性度

通常用非线性误差的大小表示 DAC 的线性度。在 D/A 转换时，若数据连续转换，则输出的模拟量应该是线性的。即在理想情况下，DAC 的转换特性应是线性的。实际转换中，把理想的输入/输出特性的偏差与满刻度输入之比的百分数，称为非线性误差。

5. 转换速度

转换速度是指每秒钟可以转换的次数，其倒数为转换时间。

6. 输出电平

不同型号的 D/A 转换器件的输出电平相差较大。一般为 5～10V，有的高压输出型 D/A 转换器件的输出电平高达 24～30V。

7. 偏移误差

偏移误差指输入数字量为 0 时，输出模拟量对 0 的偏移值。这种误差一般可在 D/A 转换器外部用电位器调节到最小。

8. 温度灵敏度

温度灵敏度指输入不变的情况下，输出模拟信号随温度的变化。一般 D/A 转换器的温度灵敏度约为$\pm 50\times 10^{-6}$/℃(即 50ppm/℃，ppm 为百万分之一，partspermillion)。

注意： 几个指标中，分辨率、转换时间是最重要的技术指标，其他指标依据用户的实际应用场合而定。

9.2.2 基本原理

D/A 转换器的作用是把二进制数字量转换成相应的模拟量，一般采用如图 9.2 所示的权电阻网络。图中 U_R 为参考电压，V_o 为对应数字量 $a_n\ a_{n-1}\cdots a_2a_1$ 的模拟电压，$I=U_R/R$，对于 n 位数字量，有

$$U_o=-R_f\cdot I\sum_{i=1}^{n}a_i\cdot 2^{-i}=-R_f\cdot\frac{U_R}{R}\sum_{i=1}^{n}a_i2^{-i}\cdots a_i=\begin{cases}0\cdots\text{该数据位为0, 断开}\\1\cdots\text{该数据位为1, 闭合}\end{cases}$$

当 $R_f=R$ 时，

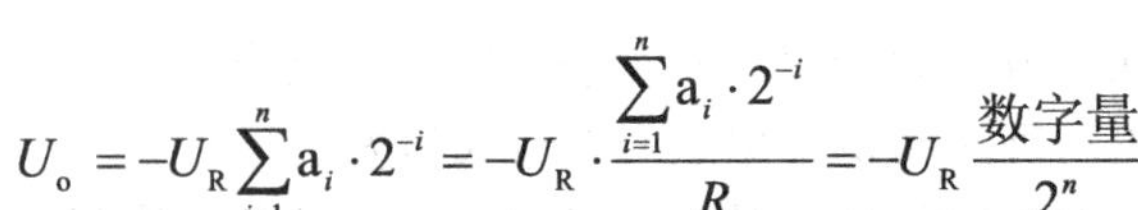

$$U_o = -U_R \sum_{i=1}^{n} a_i \cdot 2^{-i} = -U_R \cdot \frac{\sum_{i=1}^{n} a_i \cdot 2^{-i}}{R} = -U_R \frac{数字量}{2^n}$$

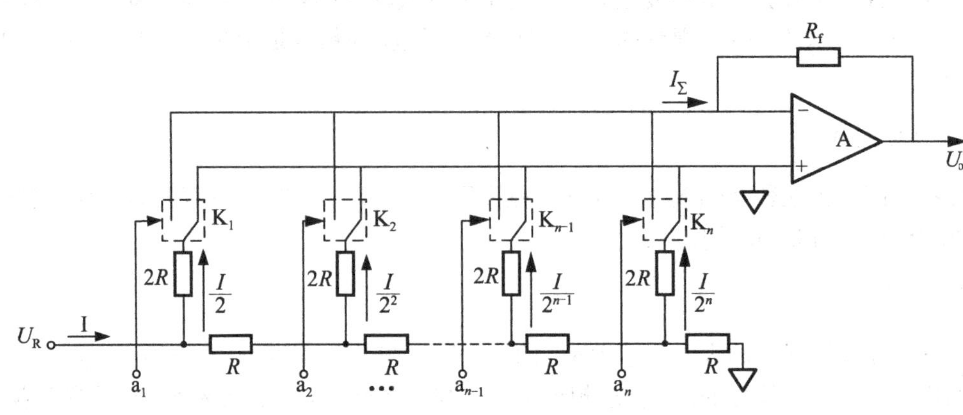

图 9.2　D/A 转换器的权电阻网络

各支路电流开关控制各支路电流流向，由于各支路电流以 2^{-i} 的等比级数下降，并由各数码输入端的数字量控制，因此电路构成了一种数模转换器。设 U_R=5V，n=8，当数字量全为 0 时，U_o=0V，数字量全为 1 时，U_o=−5×255/256V。

9.2.3　典型芯片 DAC0832 及接口

1. 内部结构

DAC0832 是一个 8 位的数/模转换芯片，内部由 8 位数据锁存器、8 位 DAC 寄存器、8 位 D/A 转换电路及转换控制电路构成。D/A 转换器为 T 型转换网络，其内部结构如图 9.3 所示。

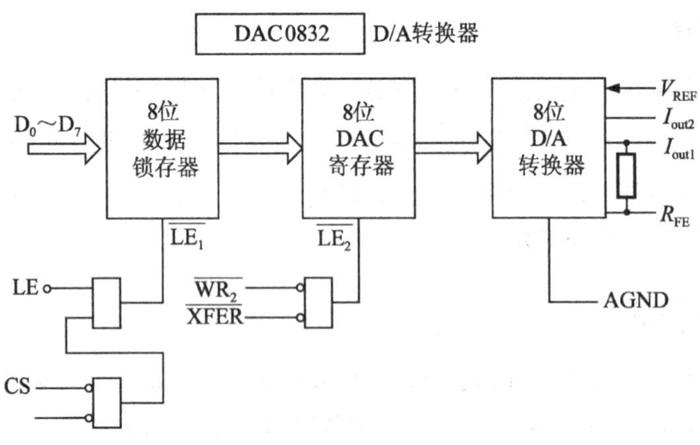

图 9.3　DAC0832 的内部结构

1)　8 位数据锁存器

由 8 个 D 锁存器组成，用来作为输入数据的缓冲寄存器。它的 8 个数据输入可以直接和微机的数据总线相连。$\overline{LE_1}$ 为其控制输入，$\overline{LE_1}$ =1 时，D 触发器接收信号，$\overline{IE_1}$ =0 时，

为锁存状态。

2)　8 位 DAC 寄存器

也由 8 个 D 锁存器组成。8 位输入数据只有经过 DAC 寄存器才能送到 D/A 转换器去转换。它的控制端为 $\overline{LE_2}$，当 $\overline{LE_2}$ =1 时，输出跟随输入，而当 $\overline{LE_2}$ =0 时为锁存状态。DAC 寄存器的输出直接送到 8 位 D/A 转换器进行数模转换。

2. 引脚功能

如图 9.4 所示，DAC0832 是双列直插式 20 引脚。它采用 CMOS 工艺，V_{CC} 电源可以在 5～15V 内变化。典型使用时用 15V 电源。

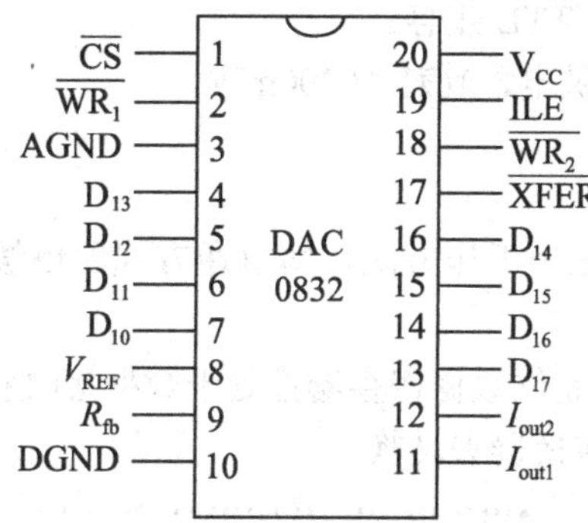

图 9.4　DAC0832 引脚图

AGND：模拟量地线，DGND：数字量地，使用时，这两个接地端应始终连在一起。

V_{REF}：参考电压，接外部的标准电源，V_{REF} 一般可在-10～+10V 范围内选用。

D_{10}～D_{17}：数字量输入信号线，可以直接和微机的数据总线相连。

ILE：输入锁存允许信号，高电平有效。只有当 ILE=1 时，输入数字量才可能进入 8 位输入寄存器。

CS：片选输入，低电平有效。只有当 WR1·CS=0 时，这片 0832 才被选中工作。

WR_1：写信号 1，低电平有效，控制输入寄存器的写入。

XFER：传送控制信号，低电平有效。控制数据从输入寄存器到 DAC 寄存器的传送。

WR_2：写信号 2，低电平有效，控制 DAC 寄存器的写入。

I_{out1}：DAC 电流输出 1，当 DAC 寄存器中为全 1 时，输出电流最大，当 DAC 寄存器中为全 0 时，输出电流为 0。

I_{out2}：DAC 电流输出 2，I_{out2} 与 I_{out1} 之差为一常数，即 $I_{out1}-I_{out2}$=常数。

R_{fb}：运算放大器的反馈电阻，引脚 R_{fb} 则是这个反馈电阻端，接到运算放大器的输出端。

DAC0832 的输出是与数字量成比例的电流，在实际使用时，总是将电流转为电压来使用，即将 I_{out1} 和 I_{out2} 加到一个运算放大器的输入端。

3. 工作过程

D/A 转换可分为以下两个阶段。

(1)　CPU 送 D_0～D_7，ILE=1，$\overline{CS}=\overline{WR_1}$ =0，ILE=1，使输入数据 D_0～D_7 锁存到输入

寄存器。

(2) CPU 送 $\overline{XFER}=\overline{WR_2}=0$，数据锁存到 DAC 寄存器，供 DAC 转换器转换，转换结束后，输出模拟量 I_{out1}、I_{out2}。

4. 特性参数

(1) 分辨率为 8 位。
(2) 可采用双缓冲、单缓冲或直通三种工作方式。
(3) 电流稳定时间为 1μs。
(4) 只需在满量程下调整其线性度。
(5) 所有引脚逻辑电平与 TTL 兼容。
(6) +5～+15V 单一电源供电，功耗为 200mW。

5. 工作方式

DAC0832 转换器可以有三种工作方法，即直通方式、单缓冲方式和双缓冲方式。

1) 直通方式

如图 9.5 所示，图中两个 8 位数据寄存器都处于数据接收状态，即 LE_1 和 LE_2 都为 1。输入数据直接送到内部 D/A 转换器去转换。

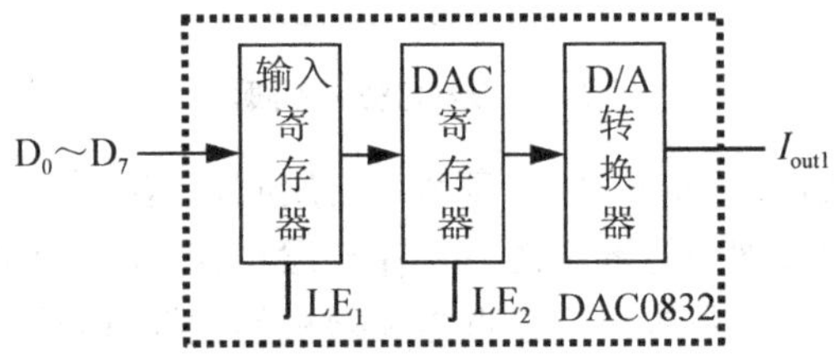

图 9.5 直通方式

2) 单缓冲方式

这时两个 8 位数据寄存器中有一个处于直通方式(数据接收状态)，而另一个则受微机送来的控制信号控制。

注意： *在单缓冲工作方式时，0832 中两个数据寄存器有一个处于直通方式，一般都是将 8 位 DAC 寄存器置于直通方式。*

【例 9.1】 将 DAC0832 的 WR2 和 XFER 接地，使 DAC 寄存器处于直通状态，ILE 接 +5V，WR1 接 CPU 的 IOW，CS 接 I/O 地址译码器的输出，以便为输入锁存器确定地址。编写程序实现一次 D/A 转换。

解： 在这种方式下，数据只要一写入 DAC 芯片，就立即进行 D/A 转换，省去了一条输出指令。执行下面几条指令就能完成一次 D/A 转换。

```
MOV DX,200H        ;DAC0830 的地址为 200H
OUT DX, AL         ;AL 中数据送 DAC 寄存器
```

3) 双缓冲方式

这时两个 8 位数据寄存器都不处于直通方式，微机必须送两次写信号才能完成一次 D/A

转换。当要求多个模拟量同时输出时，可采用双重缓冲方式。

【例 9.2】 设输入锁存器的地址为 200H，DAC 寄存器的地址为 201H，编写在双缓冲方式下完成一次 D/A 转换的程序。

解：完成一次 D/A 转换的参考程序片段如下。

```
MOV DX,200H        ;送输入锁存器地址
OUT DX,AL          ;AL 中的数据送输入锁存器
MOV DX,201H        ;送 DAC 寄存器地址
OUT DX,AL          ;数据写入 DAC 寄存器并转换
```

最后一条指令，表面上看来是把 AL 中的数据送 DAC 寄存器，实际上这种数据传送并不真正进行，该指令只起到打开 DAC 寄存器使输入锁存器中的数据通过的作用。

6. 输出方式

1) 单极性输出(电流输出转换为电压输出)

如果参考电压为 +5V，则当数字量 N 从 00H 至 FFH 变化时，对应的模拟电压 V_{out} 的输出范围是−5～0V，如图 9.6 所示。

$$V_{out}=-I_{out1}\times R_{fb}=-(D/2^8)\times V_{REF}$$

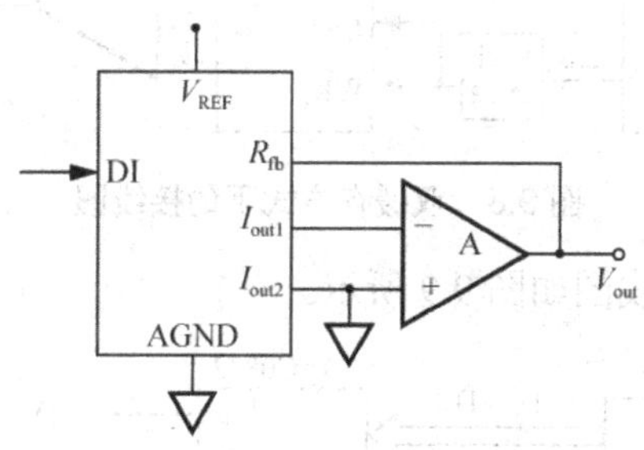

图 9.6 单极性输出

设 V_{REF}=−5V，D=FFH=255 时，最大输出电压：V_{max}=(255/256)×5V=4.98V；D=00H 时，最小输出电压：V_{min}=(0/256)×5V=0V；D=01H 时，一个最低有效位(LSB)电压：V_{LSB}=(1/256)×5V=0.02V。

2) 双极性输出

如果要输出双极性电压，则需在输出端再加一级运算放大器作为偏移电路，如图 9.7 所示。当数字量 N 从 00H 至 FFH 变化时，对应的模拟电压 V_{out2} 的输出范围是−5～+5V。

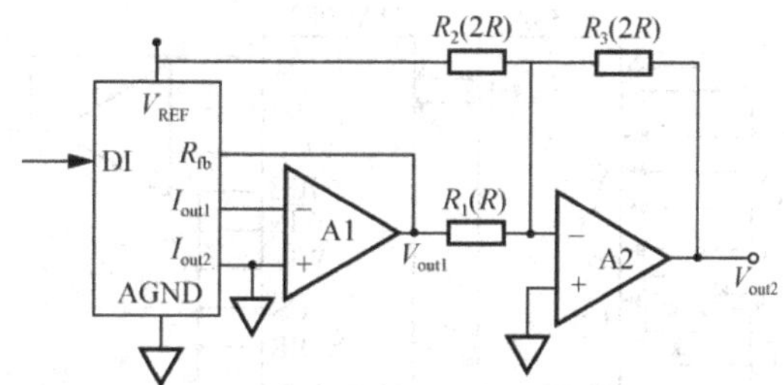

图 9.7 双极性输出

$$I_1 = \frac{V_{REF}}{R_2} + \frac{V_{out2}}{R_3}; \quad I_2 = \frac{V_{out1}}{R_1}$$

取 $R_2=R_3=2R_1$，得 $V_{out2}=-(2V_{out1}+V_{REF})$；因 $V_{out1}=-(D/2^8)\times V_{REF}$，故 $V_{out2}=[(D-2^7)/2^7]\times V_{REF}$。

设 V_{REF}=5V，D=FFH=255 时，最大输出电压：V_{max}=[(255−128)/128]×5V=4.96V；D=00H 时，最小输出电压：V_{min}=[(0−128)/128]×5V=−5V；D=81H=129 时，一个最低有效位电压：V_{LSB}=[(129−128)/128]×5V=0.04V。

9.2.4 DAC0832 与微处理器的连接

DAC 芯片相当于一个“输出设备”，至少需要一级锁存器作为接口电路。当 DAC 内有锁存器，并工作在缓存方式下时，可不外加锁存器；当 DAC 内无锁存器或 DAC 内有锁存器，但工作在直通方式下时，需外加锁存器。各种方式下的接线图如下。

(1) 双缓存方式下的接线图如图 9.8 所示。

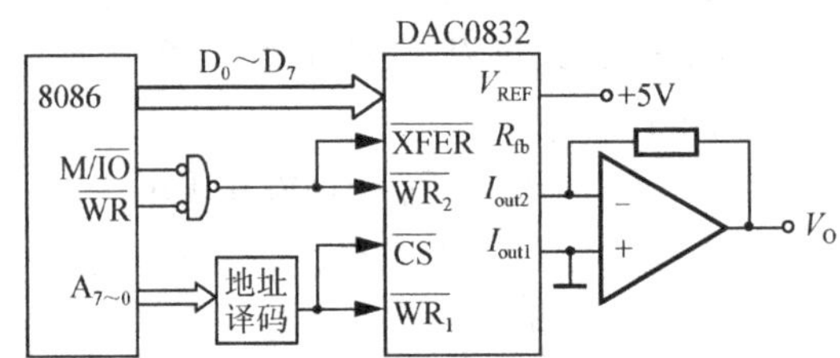

图 9.8　双缓存方式下的接线图

(2) 单缓存方式下的接线图如图 9.9 所示。

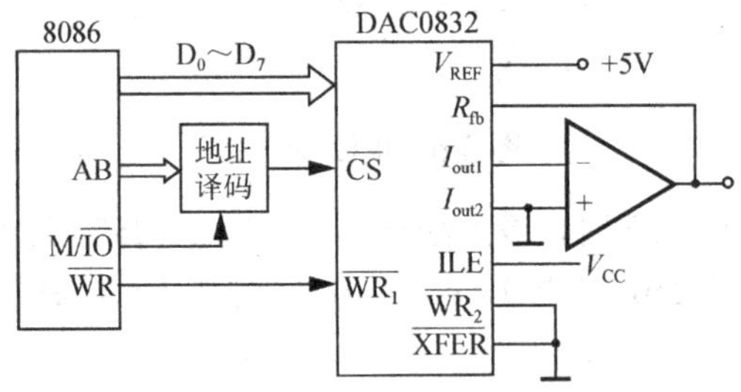

图 9.9　单缓存方式下的接线图

(3) 直通方式下的接线图如图 9.10 所示。

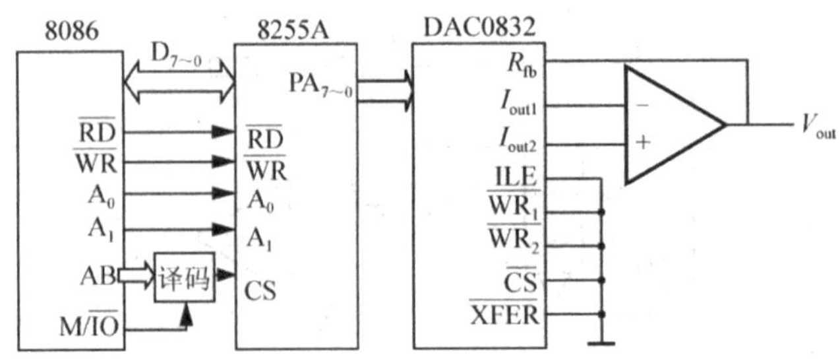

图 9.10　直通方式下的接线图

9.2.5 DAC0832 应用举例

【例 9.3】 对 DAC0832，采用双缓存方式，转换一个数据，试编写程序。

解：转换一个数据的程序段如下。

```
MOV  AL, 0CDH        ;设 0CDH 为待转换的数据
MOV  DX, port1
OUT  DX, AL
MOV  DX, port2
OUT  DX, AL
```

9.3 模数(A/D)转换器

9.3.1 基本原理

A/D 转换用于实现将模拟量转换为对应的数字量，常用的转换方法有计数法、逐次逼近法和双积分法。计数式 A/D 的转换速度慢、价格低，适用于慢速系统；双积分式 A/D 转换的分辨率高、抗干扰性好，但转换速度较慢，适用于中速系统。逐次逼近型 A/D 转换的精度高、转换速度快、易受干扰。微机系统中大多数采用逐次逼近型 A/D 转换方法。图 9.11 所示为逐次逼近型 A/D 转换器的基本组成和原理。

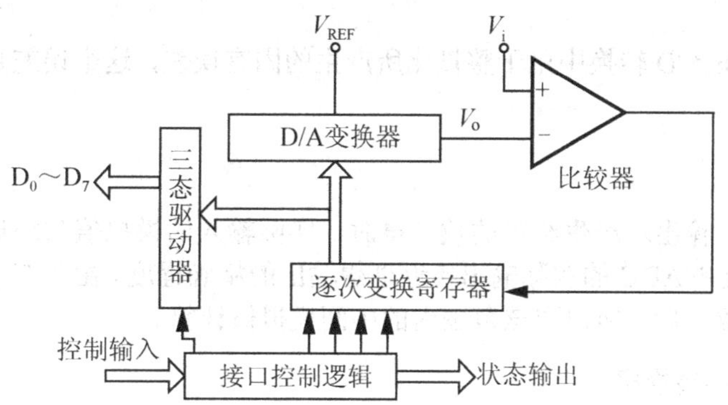

图 9.11 逐次逼近型 A/D 转换组成及原理

如图 9.11 所示，转换器主要由 D/A 转换器、比较器、控制逻辑、逐次变换寄存器组成。从最高位开始通过试探值逐次进行测试，直到试探值经 D/A 转换器输出 V_o 与比较器的输入 V_i 相等或达到允许误差范围为止。则该试探值就为 A/D 转换所需的数字量。

AD 转换器的具体原理非常类似于用天平称重。在转换开始前，先将逐次变换寄存器各位清零，然后设其最高位为 1(对 8 位来讲，即为 10000000B)，就像天平称重时先放上一个最重的砝码一样，逐次变换寄存器中的数字量，经 D/A 转换器转换为相应的模拟电压 V_C，并与模拟输入电压 V_X 进行比较，若 $V_X \geq V_C$，则寄存器中最高位的 1 保留，否则就将最高位清零。就像砝码比物体轻就要保留此砝码，否则去掉此砝码。然后再将次高位置 1，进行相同的过程直到寄存器的所有位都被确定。转换过程结束后，寄存器中的二进制码就是 ADC 的输出。

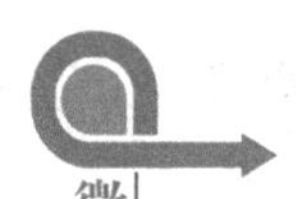

如实现模拟电压 4.80V 相当于数字量 123 的 A/D 转换，具体过程如表 9.1 所示。

表 9.1　A/D 转换过程表

设定试探值	D/A 输出电压 V_o(V)	V_o与 V_i比较	结　果
10000000	5.0	$V_o>V_i$，$D_7=0$	0
01000000	2.5	$V_o<V_i$，$D_6=1$	64
01100000	3.75	$V_o<V_i$，$D_5=1$	64+32=96
01110000	4.375	$V_o<V_i$，$D_4=1$	64+32+16=112
01111000	4.69	$V_o<V_i$，$D_3=1$	64+32+16+8=120
01111100	4.84	$V_o>V_i$，$D_2=0$	64+32+16+8=120
01111010	4.76	$V_o<V_i$，$D_1=1$	64+32+16+8+2=122
01111011	4.80	$V_o<V_i$，$D_0=1$	64+32+16+8+2+1=123

9.3.2　主要技术指标

1. 分辨率

分辨率指 A/D 转换器所能分辨的最小模拟输入量，或指转换器满量程模拟输入量被分离的级数。A/D 分辨率通常用能转换成的数字量位数表示。如：8 位 A/D 转换器的分辨率为 8 位，10 位 A/D 转换器的分辨率为 10 位。

2. 量化误差

量化误差是在 A/D 转换中由于整量化所产生的固有误差，这个误差是量化过程中不可避免的。

3. 转换精度

转换精度指在输出端产生给定的数字量时，实际输入的模拟值与理论输入的模拟值之间的偏差，用于反映 ADC 的实际输出接近理想输出的精确程度。由于在一定范围内的模拟值会产生相同的数字量，所以取该范围内的中间模拟值计算。

4. 转换时间和转换率

转换时间是指完成一次 A/D 转换所需的时间，从启动信号开始到转换结束，得到稳定数字量的时间。转换率是转换时间的倒数。

描述 D/A 转换器性能的参数很多。在选用 A/D 转换器时，主要关心的指标是分辨率、转换速度以及输入电压的范围。分辨率主要由位数来决定。转换时间的差别很大，可以在 100 微秒到几个微秒之间选择。位数增加，转换速率提高，A/D 转换器的价格也急剧上升。故应从实际需要出发、慎重选择。

9.3.3　典型芯片 ADC0809 及接口

1. 内部结构

ADC0809 是一种 8 路模拟输入 8 路数字输出的逐次比较型 A/D 转换器。目前在 8 位单片机系统中有着广泛的使用。其内部结构如图 9.12 所示。

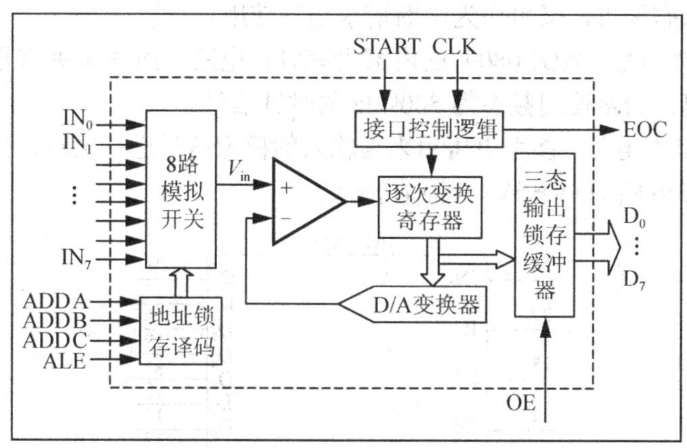

图 9.12 ADC0809 的内部结构

芯片内主要包括：8 路模拟开关、3 位地址锁存和译码、D/A 变换器与逐次变换寄存器、三态输出锁存缓冲器。

(1) 8 路模拟开关：可对 8 路 0～5V 的输入模拟电压信号分时进行转换。

(2) 3 位地址锁存和译码：当地址锁存允许信号 ALE 有效时，将 3 位地址 ADDC～ADDA 锁入地址锁存器中，经译码器选择 8 路模拟量 IN_0～IN_7 中的一路通过 8 位 A/D 转换器转换输出。

(3) D/A 变换器与逐次变换寄存器：实现 D/A 转换的功能。

(4) 三态输出锁存缓冲器：对变换数据进行锁存，因内部有缓冲器，故可以直接与 CPU 系统总线相连接。

2. 引脚功能

如图 9.13 所示，ADC0809 芯片是 CMOS 型单片双列直插式模/数转换器件，具有 28 个引脚。ADC0809 可用单 5V 电源工作，模拟信号输入范围为 0～5V，输出与 TTL 兼容。各引脚的功能如下。

IN_7～IN_0：模拟量输入通道。ADC0809 对输入模拟量的要求主要有：信号单极性，电压范围 0～5V，若信号过小还需进行放大。另外，在 A/D 转换过程中，模拟量输入的值不应变化太快，因此，对变化速度快的模拟量，在输入前应增加采样保持电路。

ADD-A、ADD-B、ADD-C：地址线。ADD-A 为低位地址，ADD-C 为高位地址，用于对模拟通道进行选择。

ALE：地址锁存允许信号。在对应 ALE 上跳沿，ADD-A、ADD-B、ADD-C 地址状态送入地址锁存器中。

START：转换启动信号。START 上跳沿时，所有内部寄存器清零；START 下跳沿时，开始进行 A/D 转换；在 A/D 转换期间，START 应保持低电平。

D_0～D_7：数据输出线。其为三态缓冲输出形式，可以和计算机的数据线直接相连。

OE：输出允许信号。其用于控制三态输出锁存器向单片机输出转换得到的数据。OE=0，输出数据线呈高电阻；OE=1，输出转换得到的数据。

EOC：转换结束状态信号。EOC=0，正在进行转换；EOC=1，转换结束。该状态信号既可作为查询的状态标志，又可作为中断请求信号使用。

CLOCK：时钟信号。ADC0809 的内部没有时钟电路，所需时钟信号由外界提供，因此有时钟信号引脚。通常使用频率为 500kHz 的时钟信号。

V_{REF}(REF)：参考电源。参考电压用来与输入的模拟信号进行比较，作为逐次逼近的基准，其典型值为+5V($V_{REF}(+)$=+5V，$V_{REF}(-)$=0V)。

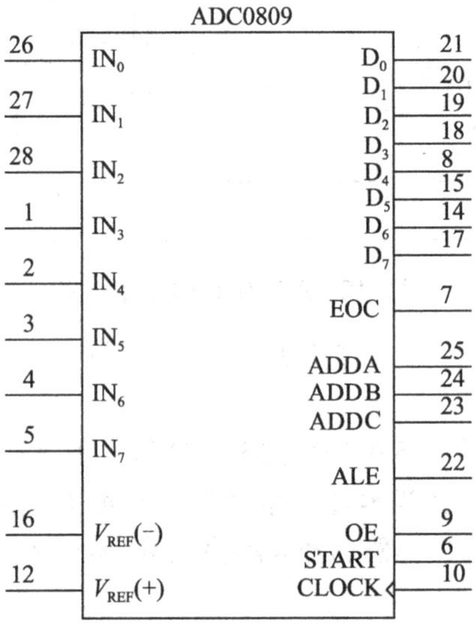

引脚	左侧信号	右侧信号	引脚
26	IN_0	D_0	21
		D_1	20
27	IN_1	D_2	19
		D_3	18
28	IN_2	D_4	8
		D_5	15
1	IN_3	D_6	14
		D_7	17
2	IN_4	EOC	7
3	IN_5	ADDA	25
4	IN_6	ADDB	24
		ADDC	23
5	IN_7	ALE	22
16	$V_{REF}(-)$	OE	9
		START	6
12	$V_{REF}(+)$	CLOCK	10

ADC0809

图 9.13　ADC0809 引脚图

3. 工作过程

CPU 送地址 ADDC～ADDA 和 ALE，外设送模拟 IN_0～IN_7，会选通 IN_i 接到 V_{in}，接着 START、CLK 启动转换，转换结束后，送出 EOC 信号，CPU 中断/查询获取 EOC 后，送出 OE 打开三态门，CPU 从三态门输出口上读取 D_0～D_7，重复下一通道。

对输入 V_{in}，理想转换码：

$$N=\frac{V_{in}-V_{REF}(-)}{V_{REF}(+)-V_{REF}(-)}\times 256$$

4. 特性参数

(1) 分辨率为 8 位。

(2) 最大不可调误差上±1LSB。

(3) 单电源+5V。

(4) 可锁存三态输出，输出与 TTL 电平兼容。

(5) 当用+5V 电源供电时，模拟输入电压范围为 0～5V。

(6) 温度范围为-40～+85℃。

(7) 功耗为 15mW。

(8) 转换速度取决于芯片的时钟频率，其时钟频率范围为 10～1280kHz，若 CLK=500kHz，转换速度为 128μs。

5. ADC0809 与微处理器的连接

1) 直接连接

由于 ADC0809 具有三态输出缓冲器，所以它能同微处理器直接连接，如图 9.14 所示，ADDC、ADDB、ADDA 同数据总线的 D_2、D_1、D_0 相连，$\overline{Y_1}$ 地址为 84H～87H，图中 EOC 信号未用，采用软件延时来等待转换结束。启动 ADC0809 对 IN7 通道模拟量进行转换，延时 100μs 后读入数据，程序如下。

```
MOV      AL, 7
OUT      84H, AL
CALL     DELAY100
IN       AL, 84H
RET
```

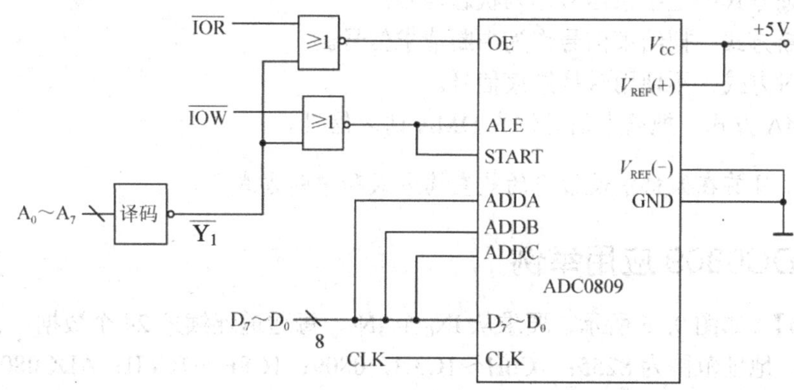

图 9.14 直接与外设连接

2) 通过并口相连

如图 9.15 所示，ADC0809 通过 8255 与 CPU 连接。8255 的地址为 80～83H($\overline{Y_0}$)，ADC0809 的地址为 84～87H($\overline{Y_1}$)，要求将 IN_0 的模拟量输入转换成数字量，程序如下。

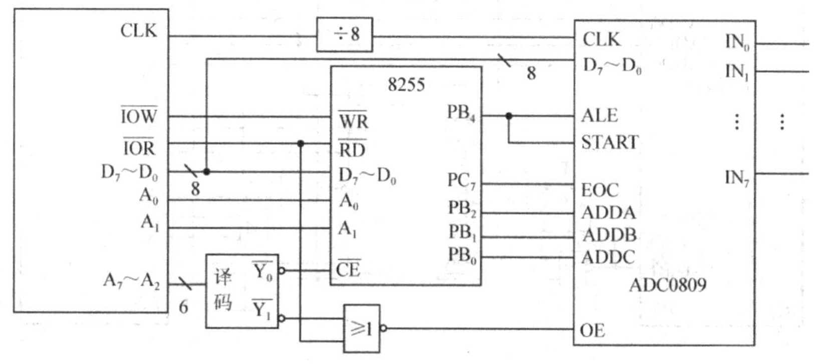

图 9.15 通过并口与外设连接

```
MOV   AL, 88H            ;工作方式设置,方式 0,C 口高 4 入其余出
OUT   83H, AL            ;B 口输出
MOV   AL,0
```

```
        OUT   81H, AL             ;选择 IN0,PB4 低→高→低
        ADD   AL, 10H
        OUT   81H, AL
        SUB   AL, 10H
        OUT   81H,AL
LOP:   IN    AL, 82H           ;PC7 输入测 EOC
        TEST  AL, 80H           ;与操作,结果影响标志位
        JZ    LOP               ;为 0 等待
        IN    AL, 84H           ;为 1 转换结束;使 OE=1,并读入数据
        RET
```

6. ADC0809 转换结束信号的处理

不同的处理方式对应的程序设计方法也不同，有以下四种处理方法。

- 查询方式：把结束信号作为状态信号。
- 中断方式：把结束信号作为中断请求信号。
- 延时方式：不使用转换结束信号。
- DMA 方式：把结束信号作为 DMA 请求信号。

注意： 目前在微机中最常用的是查询方式和中断方式。

9.3.4 ADC0809 应用举例

【例 9.4】 如图 9.16 所示，要求从 IN_0 至 IN_7，每通道连续采 24 个数据，存入 2000H 开始的地址，地址范围为 8255：1C0H～1C3H，0809：1C8H～1CFH；ADC0809 的控制：读(IN)指令，启动转换，再由 8255PB0 查询，为 1，读 8255 的 A 口，编写对应的 程序。

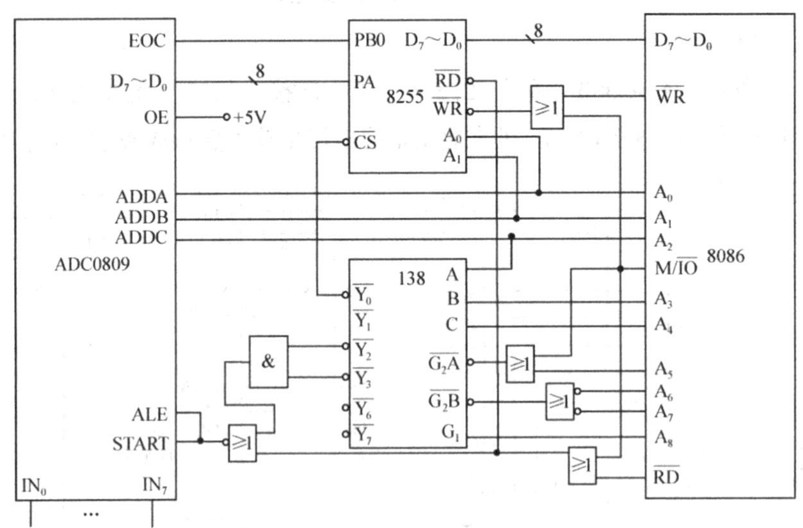

图 9.16 ADC0809 实现数据采集

解： 程序如下。

```
DATA1   SEGMENT
        ORG 2000H
```

```
AREA    DB  200 DUP(?)
DATA1   ENDS
STACK1  SEGMENT STACK
        DB  50 DUP(?)
STACK1  ENDS
CODE1   SEGMENT
    ASSUME  DS: DATA1, SS: STACK1, CS: CODE1
START:  MOV AL, 92H          ;8255 方式 0, A 口 B 口输入
        MOV DX, 1C3H
        OUT DX, AL
        MOV AX, DATA1
        MOV DS, AX
        MOV SI, 2000H
        MOV BL, 8            ;8 个通道
        MOV DX, 1C8H         ;通道 0
LOP1:   MOV CX, 18H          ;每通道采样 24 次
LOP2:   IN  AL, DX           ;启动转换
        PUSH DX
        MOV DX, 1C1H
LOP3:   IN  AL, DX           ;读 B 口测 EOC
        TEST AL, 01H         ; PB0=0?
        JZ  LOP3             ;=0,继续查询
        MOV DX, 1C0H
        IN  AL, DX           ;读结果
        MOV [SI], AL         ;存入缓冲区 2000H~
        INC SI
        POP DX
        LOOP LOP2            ;每通道 24 次循环
        INC DX               ;下一通道
        DEC BL
        JNZ LOP1             ;8 通道循环
        RET
```

9.3.5　典型芯片 AD574 及接口

1. 内部结构

AD574 是一种逐次逼近式 12 位 A/D 转换器，转换精度高、速度快，是目前应用最为广泛的 A/D 转换器，其内部结构如图 9.17 所示。它是由模拟芯片和数字芯片二者混合组成的，功能如下。

(1) 模拟芯片：高性能的 AD656 型，集成快速的 12 位 D/A 转换器和基准电源。

(2) 数字芯片：低功耗的逐次比较寄存器、转换控制电路、时钟、比较器和总线接口等。由于芯片内包含有高精度的参考电压源和时钟电路，使得它可以在不需要任何外部电路和时钟信号的情况下，实现 A/D 转换功能。

2. 引脚功能

如图 9.18 所示，AD574 芯片是双列直插式模/数转换器件，转换精度高，转换速度快，是目前应用最为广泛的 A/D 转换器，具有 28 引脚。各引脚的功能如下。

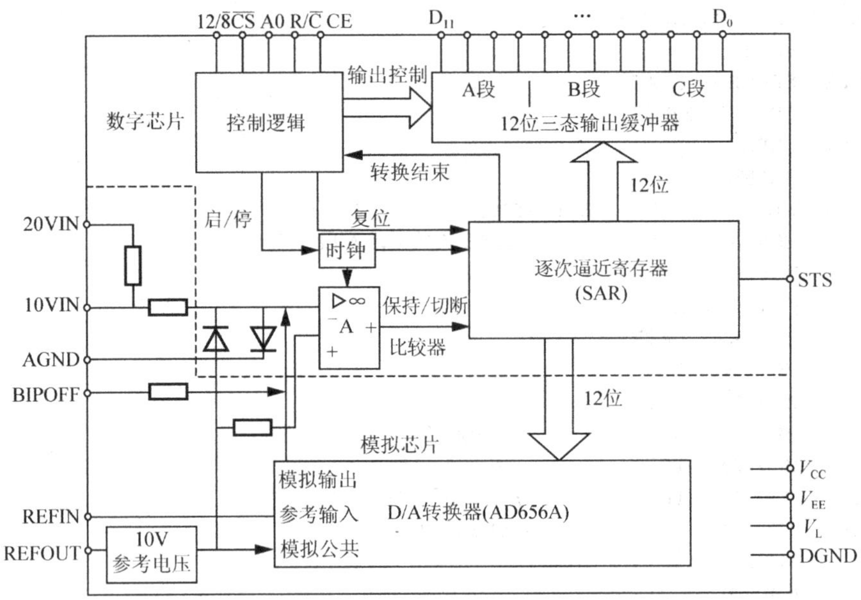

图 9.17　AD574 的内部结构

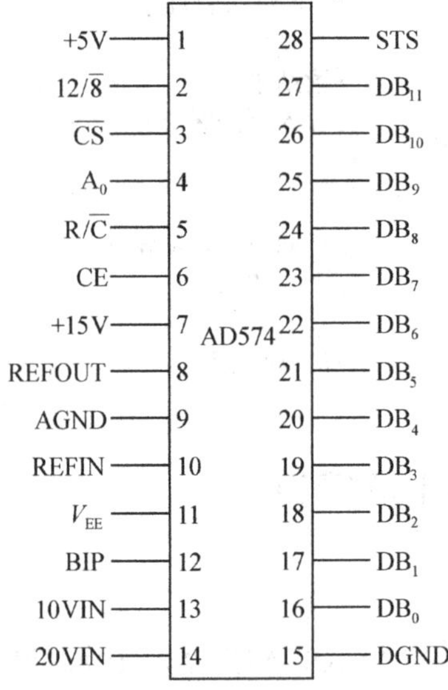

图 9.18　AD574 的引脚图

REFOUT：内部基准电压输出端(+10V)。

REFIN：基准电压输入端，该信号的输入端与 REFOUT 配合，用于满刻度校准。

BIP：偏置电压输入，用于调零。

DB_{11}～DB_0：12 位二进制数的输出端。

STS：“忙”信号输出端，高电平有效。当其有效时，表示正在进行 A/D 转换。

12/$\overline{8}$：用于控制输出字长的选择输入端。当其为高电平时，允许 A/D 转换并行输出 12 位二进制数；当其为低电平时，A/D 转换输出为 8 位二进制数。

R/$\overline{C}$：数据读出/启动 A/D 转换。当该输入脚为高电平时，允许读 A/D 转换器输出转

换结果；当该输入脚为低电平时，启动 A/D 转换。

A_0：字节地址控制输入端。当启动 A/D 转换时，若 A_0=1，仅作 8 位 A/D 转换；若 A_0=0，则作 12 位 A/D 转换。当作 12 位 A/D 转换并按 8 位输出时，在读入 A/D 转换值时，若 A_0=0，可读高 8 位 A/D 转换值；若 A_0=1，则读入低 4 位 A/D 转换值。

CE：工作允许输入端，高电平有效。

$\overline{CS}$：片选输入信号，低电平有效。

10VIN：模拟信号输入端，允许输入电压范围为±5V 或 0～10V。

20VIN：模拟量信号输入端，允许输入电压范围为±10V 或 0～20V。

+5V，+15V，V_{EE}：电源输入端。

AGND：模拟地。

DGND：数字地。

3. 控制逻辑

AD574 的控制逻辑如表 9.2 所示。

表 9.2　AD574 的控制逻辑

CE	$\overline{CS}$	$R/\overline{C}$	$12/\overline{8}$	A_0	操作功能
1	0	0	X	0	启动 12 位转换
1	0	0	0	1	启动 8 位转换
1	0	1	1	X	输出 12 位数字
1	0	1	0	0	输出高 8 位数字
1	0	1	0	1	输出低 4 位数字
0	X	X	X	X	无操作
X	1	X	X	X	无操作

4. 特性参数

(1) 分辨率：12 位 A/D 转换芯片，也可以用作 8 位 A/D 转换。

(2) 转换时间：25μs，若转换成 12 位二进制数，可以一次读出，也可分成两次读出，即先读出高 8 位后读出低 4 位。

(3) 工作温度：0～70℃。

(4) 功耗：390mW。

(5) 输入电压：可为单极性(0～+10V，0～+20V)或双极性(–5～+5V，–10～+10V)。

5. 工作过程

依据模拟电压的范围和输入极性，选择合适的连接方式，然后启动 8 位或 12 位 A/D 转换，转换进行时，STS 为高电平。在 ADC 转换完成后，会发出转换结束信号，STS 从高电平转为低电平，以示主机可以从模/数转换器读取转换后的数据。该结束信号可以用来向 CPU 发出中断申请，CPU 响应中断后，在中断服务子程序中读取 8 位或 12 位数据；也可用查询转换是否结束的方法来读取数据；在采集速度要求不高的情况下，也可以通过延时等待的方法来读取数据，当启动 ADC 转换后，延时等待时间大于 ADC 的转换时间后便可

以读取转换数据。

6. AD574 的模拟输入电路

它有两个模拟输入电压引脚 10VIN 和 20VIN，即分别有 10V 和 20V 的动态范围，而且可以是单极性电压或双极性电压，通过改变 AD574 其他引脚的接法来实现。图 9.19 表示了常用的两种接法。

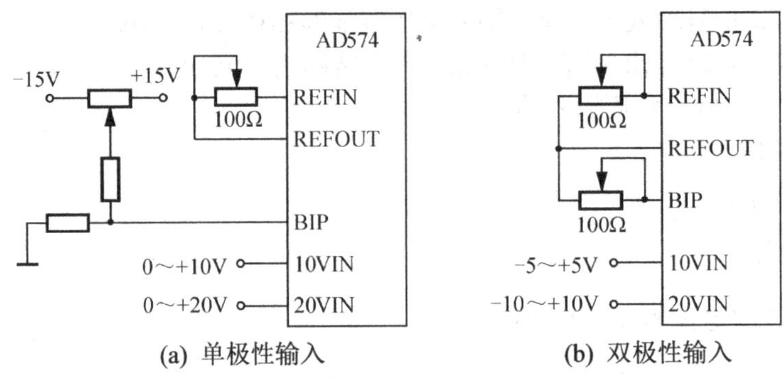

(a) 单极性输入　　(b) 双极性输入

图 9.19　AD574 的模拟电压输入

9.3.6　AD574 应用举例

【例 9.5】 图 9.20 表示了 AD574 通过 8255 与微处理器连接的情况，编写启动 AD 转换并读入数据的程序。

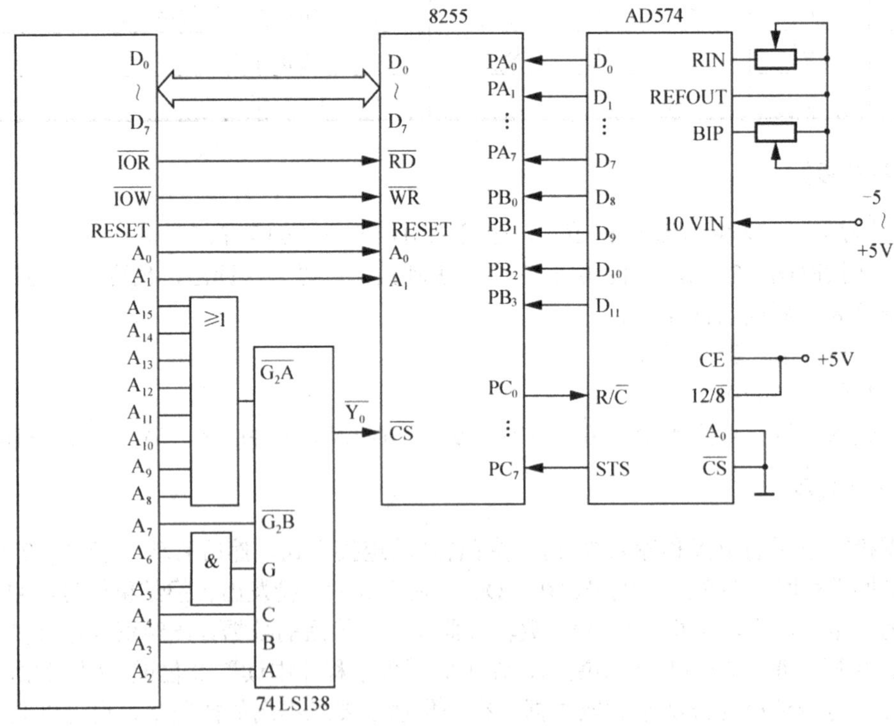

图 9.20　AD574 经 8255 与系统总线连接图

解：启动 AD 转换并读入数据的程序如下。

```
ACQUQ: MOV  DX,0062H
MOV  AL,00H
OUT   DX,AL
MOV  AL,01H
OUT    DX,AL                      ;由 PC0 输出 R/C̄ 脉冲启动变换开始
NOP
NOP
WAITS: IN    AL,DX                ;取 STS 状态
       AND  AL,80H                ;判断变换结束否
       JNZ   WAITS                ;未结束等待
       MOV  DX,0060H
       IN     AL,DX               ;读 A 口,取得 A/D 变换低 8 位
MOV   BL,AL
       MOV    DX,0061H
       IN     AL,DX
       AND  AL,0FH                ;读 B 口,取得高 4 位
       MOV  BH,AL
       RET
```

9.4 小型案例实训

案例 1——DAC0832 输出矩形波

对 DAC0832 采用双缓存方式，编程输出一锯齿波，如图 9.21 所示。

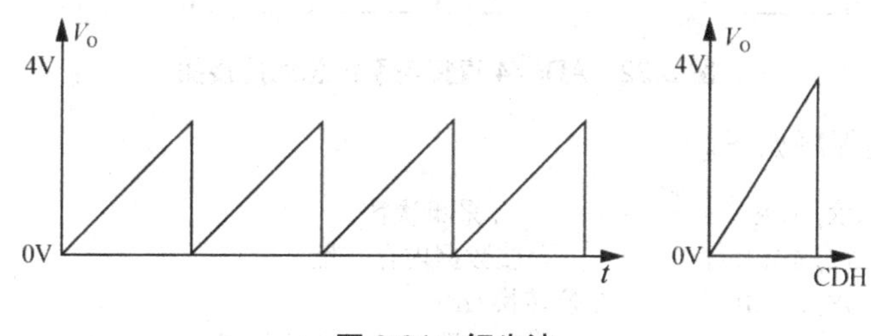

图 9.21 锯齿波

解：程序如下。

```
Code:    SEGMENT
         ASSUME  CS: Code
Start:   MOV    CX,   8000H       ;波形个数
         MOV    AL,   0           ;锯齿谷值
Next:    MOV    DX,   port1       ;打开第一级锁存
         OUT    DX,   AL
         MOV    DX,   port2            ;打开第二级锁存
         OUT    DX,   AL
         CALL   delay                  ;控制锯齿波的周期
         INC    AL                ;修改输出值
   CMP  AL,  0CEH                 ;比较是否到锯齿峰值
```

```
    JNZ    next                 ;未到跳转
    MOV    AL, 0                ;重置锯齿谷值
    LOOP   next                 ;输出个数未到跳转
    MOV    AH, 4CH              ;返回 DOS
    INT    21H
;子程 delay (略)
Code   ENDS
END   Start
```

案例 2——AD574 数据采集

图 9.22 表示了 AD574 直接与微处理器连接的情况，设状态口地址为 310H，数据口的低 4 位口地址为 311H，高 8 位口地址为 312H，编写数据采集程序。

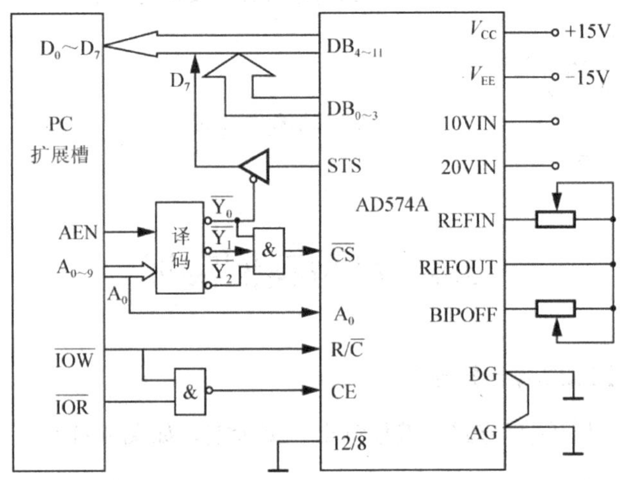

图 9.22　AD574 直接与系统总线连接图

解：数据采集程序如下。

```
        MOV CX,40H                  ;采集次数
        MOV SI,400H              ;存放数据内存首址
START:  MOV DX,312H         ;12 位转换(A0=0)
        MOV AL,0H                ;写入的数据可以取任意值
        OUT DX,AL                ;转换启动
        MOV DX,310H              ;读状态 Y0=0,打开三态门
        L:  IN  AL,DX
        AND AL,80H          ;检查 D7=STS=0?
        JNZ L               ;不为 0,则等待
        MOV DX,312H         ;为 0,读高 8 位(A0=0)
        IN  AL,DX
        MOV [SI],AL         ;送内存
        INC SI              ;内存地址加 1
        MOV DX,311H         ;读低 4 位(A0=0)
        IN  AL,DX
        AND AL,0F0H         ;屏蔽低 4 位
        MOV [SI],AL         ;送内存
        INC SI              ;内存地址加 1
```

```
DEC CX            ;数据个数减 1
JNZ START         ;未完,继续
HLT               ;已完,暂停
```

9.5 小　　结

本章介绍模拟接口的有关知识。内容包括 D/A 转换的技术指标，这些指标包括：分辨率、转换精度、转换时间、线性度、转换速度、输出电平、偏移误差、温度灵敏度；以及 D/A 转换器的基本工作原理，在此基础上以 DAC0832 芯片为例，介绍该芯片的内部结构、引脚功能、工作过程、特性参数、工作方式(直通方式、单缓冲方式、双缓冲方式)、输出方式(单极性输出、双极性输出)和一些典型的应用实例。对于 A/D 转换器，同样介绍了 A/D 转换的技术指标，这些指标包括：分辨率、量化误差、转换精度、转换时间和转换率；A/D 转换器的基本工作原理，在此基础上分别以 ADC0809、AD574 芯片为例，介绍该芯片的内部结构、引脚功能、工作过程、特性参数和一些典型的应用实例。

9.6 习　　题

一、简答题

1. 说明 D/A 转换器的主要技术指标，并解释每项指标的含义。
2. 说明 DAC0832 芯片中 8 位输入寄存器和 8 位 DAC 寄存器的作用及工作过程。
3. DAC0832 的工作方式有哪几种？分别解释每种工作方式的含义。
4. 说明 A/D 转换器的主要技术指标，并解释每项指标的含义。
5. ADC0809 转换结束信号的处理有哪些方法？
6. 什么是 A/D 转换器？有什么作用？举例说明。
7. 试说明 AD574 的基本组成，各组成部件的作用以及工作过程。
8. 什么是 D/A 转换器？有什么作用？举例说明。

二、分析编程题

1. 有一 A/D 转换器 0809 的接口如习图 9.1 所示。

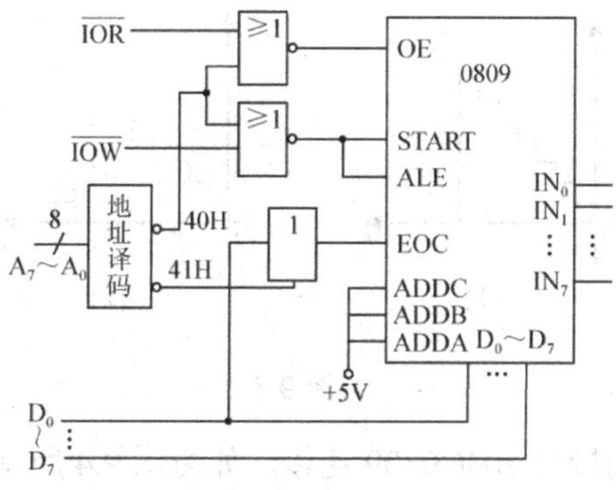

习图 9.1

(1) 试编写启动 0809 转换的程序段。

(2) 试编写检查 0809 转换是否结束的程序段。

(3) 试编写读出 0809 转换后的数字量的程序段。

(4) 按习图 9.1 所示电路连接，此时转换的是哪个模拟通道？

2. 有一 8086 系统同 ADC0809 的接口如习图 9.2 所示。

(1) 试编写启动 ADC0809 模拟通道 IN_7 转换的指令(或指令段)。

(2) 试编写查询 ADC0809 转换是否结束，未结束则继续查询的指令段。

(3) 试编写使 ADC0809 的 OE 有效的指令段。

(4) 若 CLK88 的频率为 4kHz，则 CLOCK 的频率为多少？

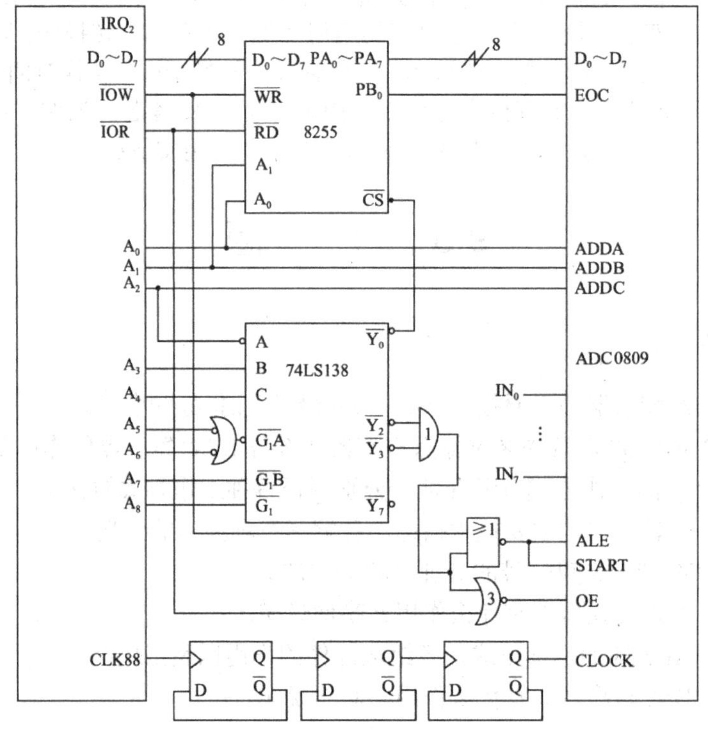

习图 9.2

3. 对 DAC0832，采用单缓存方式，编程输出如习图 9.3 所示的两种波形。

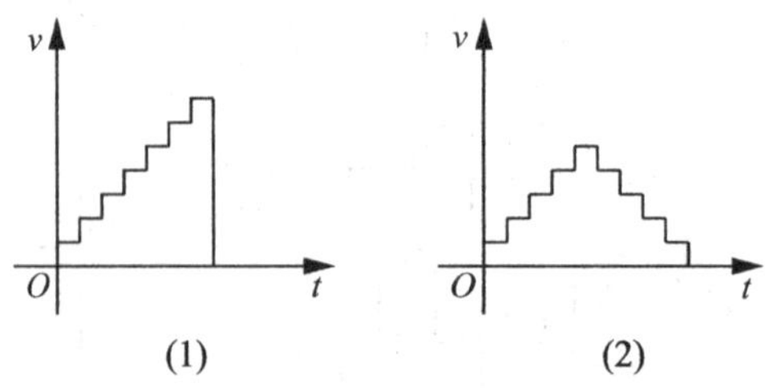

习图 9.3

4. CPU 利用 8255A 间接与 ADC0809 连接，如习图 9.4 所示。请采用查询方式，编写转换通道 IN_5 的模拟量的程序。

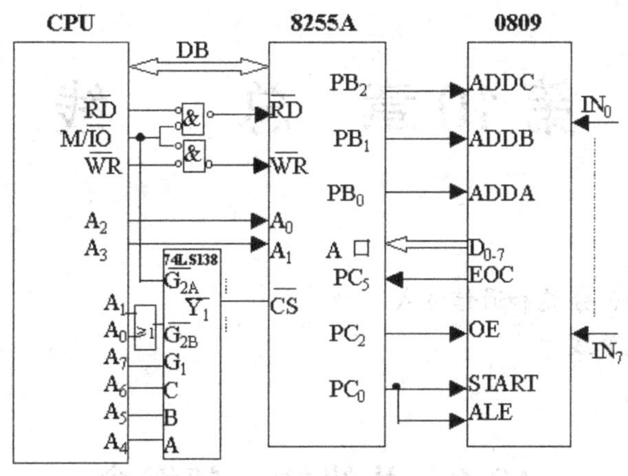

习图 9.4

三、能力拓展训练题

请同学们效仿 DAC0832 的学习方法，查阅资料自学 12 位 D/A 转换器 DAC1210 的相关知识。如习图 9.5 所示，向 DAC1210 连续不断地输入数据，即可得到相应的电压信号。要求：

(1) 熟悉 DAC1210 的内部结构、引脚功能、输出方式。

(2) 理解 DAC1210 的工作过程和工作方式。

(3) 掌握 DAC1210 与微处理的连接方法。

(4) 设端口地址为 PORT，试编写输出连续方波的程序。

(5) 设端口地址为 PORT，试编写输出连续三角波的程序。

(6) 设端口地址为 PORT，试编写输出连续梯形波的程序。

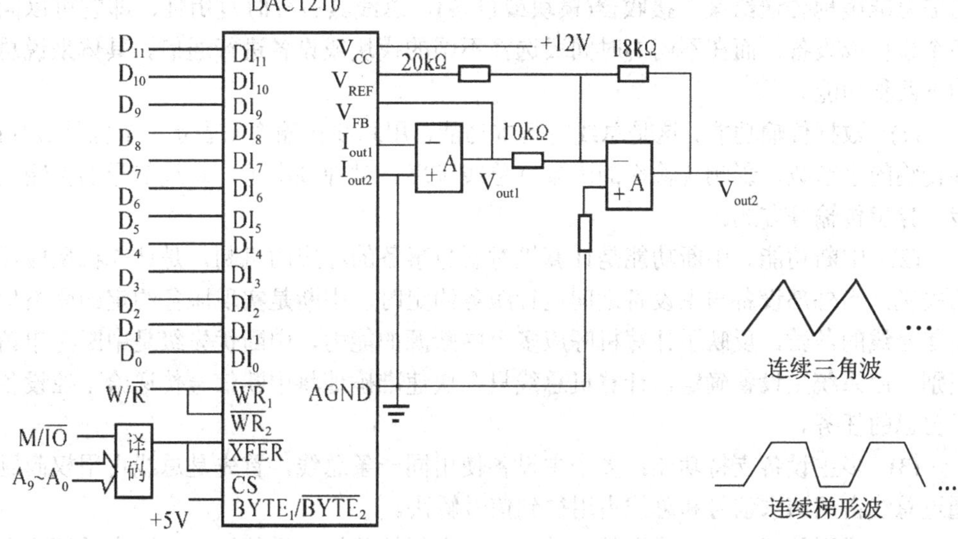

习图 9.5

第 10 章 总 线

本章要点

- 总线的概念、分类和通信方式
- 计算机系统总线
- 常用外总线

10.1 总线的一般概念

计算机总线是计算机各部件和设备之间进行信息传输的公共通道，是一组进行互连和传输信息(指令、数据和地址)的信号线。总线由系统中各部件和设备所共享。总线的特点在于它的公用性，即它可以挂接多个部件和设备。如果是某两个部件和设备之间专用的信号连接，就不能称为总线。

在微型计算机系统中，利用总线实现芯片内部、印刷电路板各部件之间、机箱内各插件板之间、主机与外部设备之间或系统与系统之间的连接与通信。采用总线结构的优点是便于部件和设备的扩充，使不同的设备之间的互连变得更加容易。总线作为不同设备之间联系的桥梁，其重要性已经被广大用户所普遍认识。总线是构成微型计算机应用系统的重要部分，总线设计的好坏会直接影响整个微机系统的性能、可靠性、可扩展性和可升级性。

总线的功能总体来说就是完成计算机各个部件之间的各类信息传送，这些信息包括地址、数据和控制信息。系统在主控制器(模块或设备)的控制下，将发送器(模块或设备)发出的信息准确地传送给某个接收器(模块或设备)，总线具有分时复用性，即它可以同时挂接多个模块或设备，而在不同的时间段选择不同的模块或设备进行通信。具体来说总线具有如下四种功能。

(1) 数据传输功能。这是总线的基本功能，用总线传输率来表示，单位是 MB/s，即每秒传输的字节数，影响传输率的因素有总线宽度、时钟频率等，总线信号的传输类型有同步、异步传输等方式。

(2) 中断功能。中断功能是计算机对紧急事务的呼应的机制，是计算机反应灵敏与否的关键，当外部设备与主设备之间进行服务约定时，中断是实现服务约定的联络信号，中断信号线的条数，反映了计算机呼应多个中断源的能力，中断优先级是中断源申请服务的级别，由系统主设备确定，计算机总线只要快速准确地将中断信号传递给主控设备就完成了自己的任务。

(3) 多主设备支持功能：多个主设备使用同一条总线，首先是总线占用权问题，一般通过总线占用请求信号和总线占用得到信号解决。

(4) 错误处理功能：错误处理功能包含奇偶校验错、系统错、电池失效等错误检测处理及提供相应的保护对策。

随着计算机技术和微电子技术的发展，为了适应不同系统与不同用户的需求，计算机

部件产品(模块)供应出现多元化。为使不同供应商的产品间能够互换，给用户更多的选择，同时模块之间的连接关系要标准化，使模块具有通用性，因此模块设计必须基于一种大多数厂商认可的模块连接关系，即一种总线标准。总线标准是国际正式公布或推荐的计算机系统中互连各个模块的标准，它是把各种不同的模块组成计算机系统(或计算机应用系统)时必须遵守的规范。总线标准的特性通常如下。

(1) 物理特性：包括总线物理连接方式、总线根数、插头和插座形状、引脚排列等。

(2) 功能特性：描述一组总线中每一根线的功能。

(3) 电器特性：定义每根线上信号的传递方向以及有效电平范围。

(4) 时间特性：定义每一根线在什么时候有效，这和总线操作的时序有关。

微机制造厂按统一的总线标准生产各种功能插件板；用户根据自身需要，选用插件板插入主机和总线插槽，构成系统。采用总线标准为计算机接口的软硬件设计提供了方便。

第一个标准化总线 S-100，产生于 1975 年，对微计算机技术的发展起到了推动作用。IBM-PC 个人计算机采用总线结构(Industry Standard Architecture，ISA)并成为工业化的标准。先后出现 8 位 ISA 总线、16 位 ISA 总线以及后来兼容厂商推出的 EISA(Extended ISA)32 位 ISA 总线。到了 20 世纪 90 年代，随着图形处理技术和多媒体技术的广泛应用，在以 Windows 为主的图形用户接口进入 PC 后，对高速的图形描绘和处理及高速 I/O 处理能力有了新的要求，这时的外设速度也有了相当大的提高，如当时的硬盘与控制器之间的数据传输率已经达到 l0MB/s 以上，图形控制器与显示器之间的数据传输率也达到了 70MB/s，这样原有的 ISA、EISA 总线已经远远不能满足系统的需要，成为整个系统的主要瓶颈，在这种情况下，Intel 公司于 1991 年提出了新的总线标准，即 PCI (Peripheral Component Interface) 总线标准，PCI 总线是一种先进的局部总线，它不依附于某个具体的处理器。在结构上，PCI 总线是在 CPU 和原来的系统总线之间插入的一级总线，由一个桥接电路来实现对这两层的管理，实现上下之间的接口以实现数据的传送，PCI 总线支持总线主控技术，即能够允许智能设备在需要时取得总线控制权来加速数据的传送。

在微型计算机系统中，通常是多种总线系统共存。Pentium II 和 Pentium III典型系统总线如图 10.1 所示。典型的几种计算机总线的性能比较如表 10.1 所示。

表 10.1 典型的几种计算机总线的性能比较

名 称	PC/XT 总线	ISA 总线	EISA 总线	PCI 总线
机型	8086	80286，80386 80486	IBM 系列 386、486、586	Pentium II、III Power PC
字长	8 位	8/16 位	8/16/32 位	32/64 位
总线宽度	8 位	16 位	32 位	32 位
总线频率	4.7MHz	8MHz	8.33MHz	33MHz
最大传输率	4MB/s	16MB/s	33MB/s	132MB/s
多任务能力	没有	可以	有	有
地址宽度	20 位	24 位	32 位	32/64 位
自动配置	无	无		可
引脚复用	非多路复用	非多路复用	非多路复用	多路复用

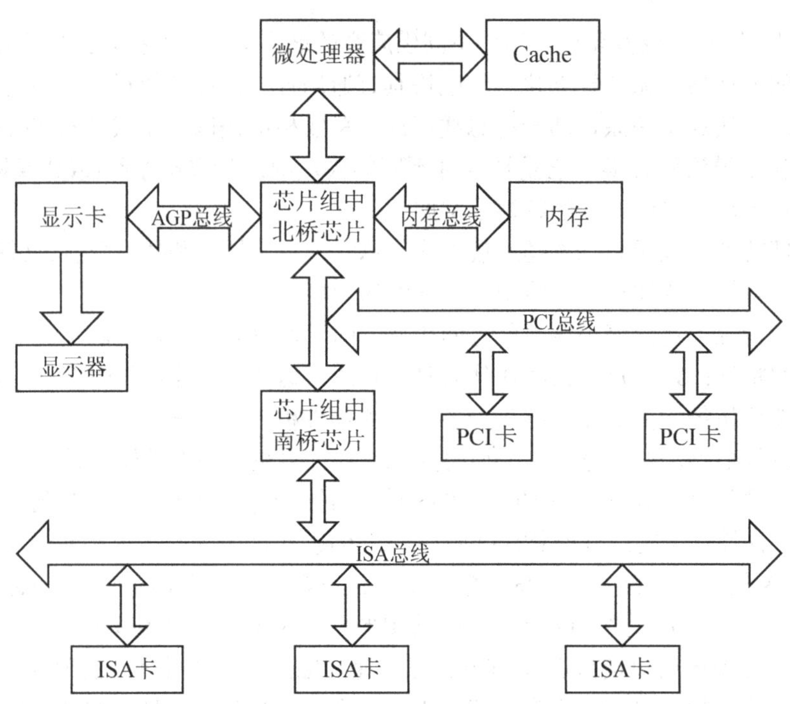

图 10.1　PentiumⅡ和 Pentium Ⅲ典型系统总线

10.1.1　分类

在微机系统中，有各式各样的总线，可以从不同的角度对其进行分类。

(1) 按照总线在微机中的层次位置来分类，可分为片内总线、片总线、系统总线和外总线。

① 片内总线，位于微处理器或 I/O 芯片内部，用于连接芯片内部的各功能模块，有独立的总线周期和总线时序，用户不能更改其总线特性。

② 片总线，又称元件级总线或芯片总线，用于单板计算机或一块 CPU 插件板的电路板内部，用于芯片一级的连接。片总线有并行传送数据的方式，也有串行传送数据的方式。

③ 系统总线，又称内总线或板级总线，用于微机系统中各插件、各模块之间的信息传输，是构成微型计算机的总线。国际上正式公布或推荐的计算机系统总线有 ISA、EISA、MCA、VESA、PCI 等。

④ 外总线，又称设备总线或通信总线，用于系统之间的连接，如微机与外设或仪器之间的连接。不同的应用场合有不同的标准，例如通用串行总线 RS-232C、智能仪表总线 IEEE-488、并行打印机总线 Centronics、并行外部设备总线 SCSI 和通用串行总线 USB 等。这种总线非微处理机专有，一般是利用工业领域专用的标准。

图 10.2 表明了各个不同层次总线的关系。

注意： 本章节主要讨论系统总线和设备总线。

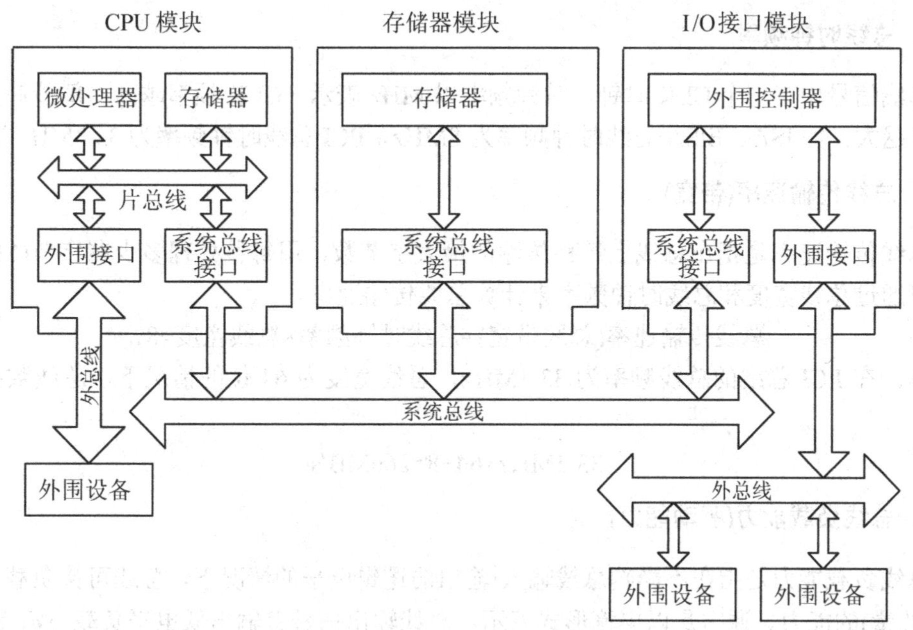

图 10.2 微型计算机的各级总线

(2) 按总线功能来划分，可分为数据总线、地址总线和控制总线三类。我们通常所说的总线都包括上述三个组成部分。

① 数据总线(DATA BUS)，是外部设备与总线主控设备之间进行数据传送的数据通道。数据总线宽度(位数)表明了总线的数据传输能力，数据总线反映了计算机的计算能力。

② 地址总线(ADDRESS BUS)，是外部设备与主控设备之间传送信息的通道。其宽度(位数)表明了该总线的寻址能力，地址总线反映了计算机系统的规模。

③ 控制总线(CONTRAL BUS)，是专供各种控制信号传递的通道，总线操作的各项功能都由控制总线完成。控制总线信号是总线信号中种类最多、变化最大、功能最强的信号，也是最能体现总线特色的信号，一种总线标准与另一种总线标准最大的不同就在于控制总线上。控制总线反映了总线的设计思想，控制技巧。

例如：ISA 总线共有 98 条线(即 ISA 插槽有 98 个引脚)，其中数据线 16 条(构成数据总线)，地址线 24 条(构成地址总线)，其余为控制信号线(构成控制总线)、接地线和电源线。

10.1.2 主要性能指标

计算机主机的性能要想得到迅速提高，各功能模块的性能也要相应提高，这就对总线性能提出了更高的要求。总线的主要性能技术指标有以下几个。

1. 总线宽度

一次操作可以同时传输的数据位数，用位(bit)表示，如总线宽度为 8 位、16 位、32 位和 64 位。常用的 ISA 总线宽度为 16 位，EISA 总线宽度为 32 位，PCI 总线宽度可达 64 位。总线宽度不会超过微处理器外部数据总线的宽度。

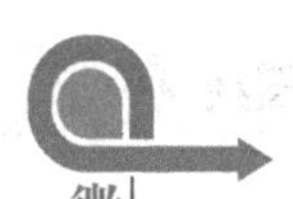

2. 总线时钟频率

总线信号中有一个 CLK 时钟，时钟频率以 MHz 表示。CLK 频率越高，每秒钟传输的数据量越大。如 ISA、EISA 总线时钟频率为 8MHz，PCI 总线时钟频率为 33.3MHz 等。

3. 总线传输速率(带宽)

总线传输速率是指在总线上每秒传输的最大字节数，用每秒处理多少兆字节(MB/s)表示。可通过总线宽度和总线时钟频率来计算总线传输速率。

总线传输速率(总线带宽)=总线时钟频率×总线宽度÷8

例：在 PCI 总线的总线频率为 33.3MHz，总线宽度为 64 位的情况下，总线数据传输率为

$$33.3\text{MHz}\times 64\div 8\approx 266\text{MB/s}$$

4. 总线负载能力(驱动能力)

总线负载能力是指在不影响总线输入/输出的逻辑电平的情况下，总线可接负载、接口设备(数量)的能力。通常是以电流形式表示，总线输出信号有输出低电平负载电流 IOL 和输出高电平负载电流 IOH，总线输入信号有输入低电平负载电流 IIL 和输入高电平负载电流 IIH。总线工作时，接在总线上的负载、接口设备的电流之和不能大于这四个对应的负载电流的绝对值。当总线上所接负载超过总线的负载能力时，必须在总线和负载之间加接缓冲器或驱动器。

5. 信号线数

信号线数用于表明总线拥有多少信号线，是数据、地址、控制线及电源线的总和。信号线数与性能不成正比，但与复杂度成正比。

另外还有同步方式、总线控制方式、数据总线/地址总线是否多路复用、电源电压等级等也是表征总线主要性能技术指标的重要参数。

10.1.3 通信方式

总线通信方式也称总线数据传输方式，是指共享总线的设备之间如何进行通信联络实现数据传输。总线上的通信方式通常有四种：同步方式、异步方式、半同步方式和分离方式。

1. 同步传输方式

同步传输方式是最简单易行的一种数据传输方式。通信双方(主从模块之间)使用统一的时钟信号来同步数据传输过程中的每个步骤，即以该统一时钟作为双方动作的时间标准。每个部件何时发送数据，何时接收数据均在统一的时钟控制下进行。

IBM PC/XT 的存储器读写就使用了一种同步传送方式，CPU 作为主控设备，存储器是从属设备。图 10.3 描述了一个同步读操作时序，其地址、数据和控制信号的产生和改变均与时钟同步，且大多数动作可在一个时钟周期内完成。

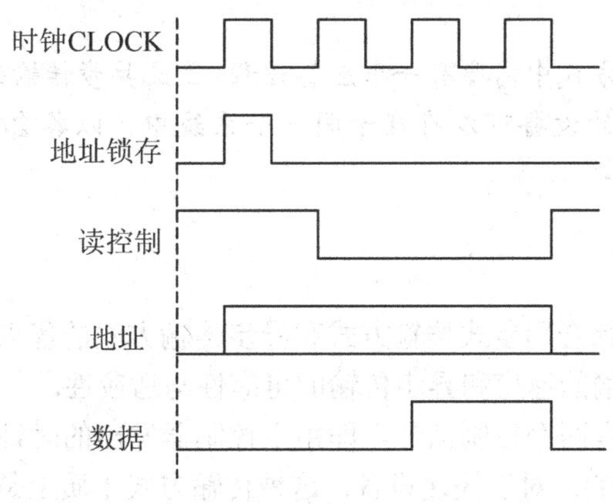

图 10.3 同步读操作时序

注意：

- 同步式传输方式的突出特点是简单，全部系统模块由单一的时钟控制。
- 同步传输中不需要应答，适合高速运行的需要。
- 由于各种不同的从控设备存取数据的时间差异很大，但又必须受统一的同步时钟信号控制，因此只能按系统中响应最慢的设备来决定总线带宽或总线周期的时间，使系统的整体性能大大降低。

2. 异步传输方式

同步传输方式要求总线上的主从设备操作速度要严格匹配，为了能用不同速度的设备组成系统，可采用异步传输的方式来控制数据的传送。异步传输方式需要设置一对信号交换线，即请求(request)和响应(acknowledge)信号线。

图 10.4 描述了一个异步读操作时序。CPU 发出读控制信号并将存储器地址发到地址总线上，待这些信号稳定后，发出一个总线主控制器控制信号(request)；稍延迟后，存储器模块便将数据和应答信号(acknowledge)发送到总线上，并取消当前的主控制器控制信号(request)。

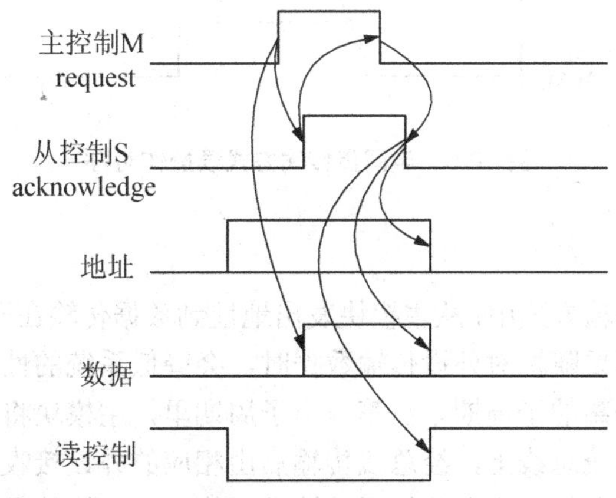

图 10.4 异步读操作时序

注意:

- 异步传输方式中需要有一个应答过程,因此异步传输的速度比同步传输要慢。
- 不同速度的设备可以存在于同一个系统中,以各自最佳的速度来互相传输数据。

3. 半同步传输方式

半同步传输方式是综合同步式传输方式和异步传输方式的优点而设计出来的混合式传输方式,它具有同步传输的速度和异步传输的可靠性与适应性。

在这种传输方式中有两个控制信号,即由主控制器发出的时钟信号(CLOCK)和从属设备发出的等待信号(WAIT)。对于快速设备,这种传输方式本质上是由时钟信号单独控制的同步传输。如果受控设备快得足以在一个时钟周期内作出响应的话,那么它就不发出 WAIT 信号。这时的半同步传输方式像同步传输方式一样工作。如果受控设备不能在一个周期内作出响应,则它就使 WAIT 信号电平变高,而主控设备暂停。只要 WAIT 信号高电平有效,其后的时钟周期就会知道主控设备处于空闲状态,当受控设备能响应时,它使 WAIT 信号电平变低,而主控设备运用标准同步协定的定时信号接收受控设备的回答。图 10.5 描述了一个半同步传输方式下的读操作时序。

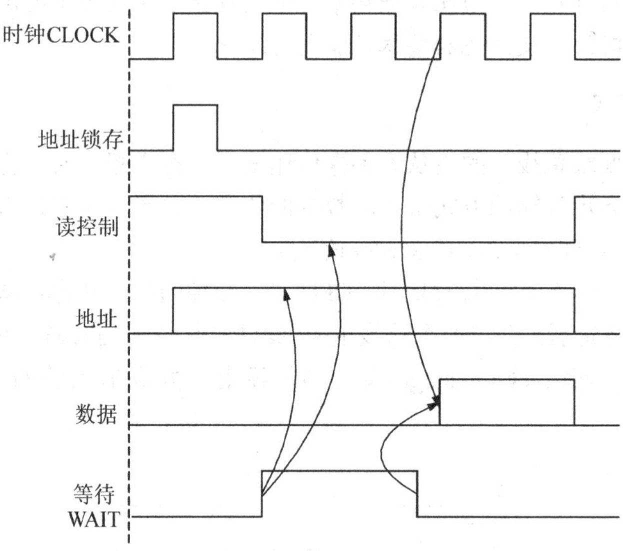

图 10.5　半同步传输方式读操作时序

4. 分离传输方式

在上述三种总线传输方式中,从主模块发出地址到数据传输在一个连续的时间中完成,当外设速度很低,或需要随机对外设传输数据时,会降低系统的性能。分离传输方式把一个读周期分解为两个分离的子周期。在第一个子周期里,主模块将地址、命令以及主模块的编号等一起发送到系统总线上,经总线传输后由相应的外设接收;外设接收到主模块发出的命令后,将数据准备好,再向总线提出请求,将需要传输的数据传输到总线上,由主模块读取,这就是第二个传输周期。这样每一个传输子周期都只有单方向的信息流,主模

块在第一个子周期后，不需要等待第二个子周期(可执行其他指令)，从而提高系统的效率。

注意：对于需要成批传输多个连续地址的读写过程，主模块只需传输一次地址信息，以后的地址可由从模块递增或递减地址来产生，从而节省传输多个地址的写周期，提高传输效率。

10.1.4 控制方式

一般来说，总线上完成一次数据传输要经历以下4个阶段。

1. 申请(Arbitration)占用总线阶段

需要使用总线的主控模块(如CPU或DMAC)向总线仲裁机构提出占有总线控制权的申请。由总线仲裁机构判别确定，把下一个总线传输周期的总线控制权授给申请者。

2. 寻址(Addressing)阶段

获得总线控制权的主模块，通过地址总线发出本次打算访问的从属模块，如存储器或I/O接口的地址。通过译码使被访问的从属模块被选中，并开始启动。

3. 传输(Data Transferring)阶段

主模块和从属模块进行数据交换。数据由源模块发出经数据总线流入目的模块。对于读传送，源模块是存储器或I/O接口，而目的模块是总线主控者CPU；对于写传送，则源模块是总线主控者，如CPU，而目的模块是存储器或I/O接口。

4. 结束(Ending)阶段

主、从模块的有关信息均从总线上撤除，让出总线，以便其他模块能继续使用。

注意：对于只有一个总线主控设备的简单系统，对总线无须申请、分配和撤除。而对于多CPU或含有DMA的系统，就要由总线仲裁机构来授理申请和分配总线控制权。

10.2 XT、ISA与EISA总线

XT总线标准是在以8088为CPU的IBM PC/XT出现时提出的，故又称PC/XT总线，用来扩展没有包含在微型计算机主板上的其他功能。进行功能扩充的标准插槽信号，由分布在插槽A、B两边的62根信号线共同定义。它与8088 CPU兼容，具有20根地址线、8根数据线以及一些控制信号线、电源线、接地信号线等。

ISA总线(Industrial Standard Architecture)，也称工业标准结构总线，是IBM 公司于1984年为推出基于80286 CPU的PC/AT机而建立的系统总线标准，故又称PC/AT总线。它是在PC/XT总线(62芯插槽)的基础上增加了一个36芯的短插槽，使数据线增加到16根，地址线增加到24根，可寻址16MB地址空间。这样既能插入62引脚的PC/XT兼容8位扩展卡，又可利用整个插座插入16位扩展卡。

EISA 总线(Extended Industrial Standard Architecture)又称扩展工业标准总线，是 ISA 总线的扩展，与 ISA 总线完全兼容。EISA 总线是 1988 年由 Compaq 等 9 家公司联合推出的总线标准，它是支持多处理器的高性能 32 位标准总线，在 ISA 总线的基础上使用双层插座，在原来 ISA 总线的 98 条信号线上又增加了 98 条信号线，也就是在两条 ISA 信号线之间添加一条 EISA 信号线。在实际应用中，EISA 总线完全兼容 ISA 总线信号。

10.2.1 接口信号

XT、ISA、EISA 总线系统分别是在以 8088、80286、80386 为 CPU 的微型计算机出现时推出的。因此需要与前一代微型计算机产品保持兼容，所以其接口信号均是在前一种总线的基础上进行扩充得到的，主要表现在地址总线、数据总线和控制总线等方面的扩充。XT 总线定义了 62 根信号线，ISA 总线扩充到了 100 根信号线，而 EISA 总线则扩充到了 190 根信号线。图 10.6 是 XT、ISA、EISA 总线的信号引脚图。表 10.2 是 XT、ISA、EISA 总线的信号定义。图 10.7 是 ISA 总线插槽示意图。

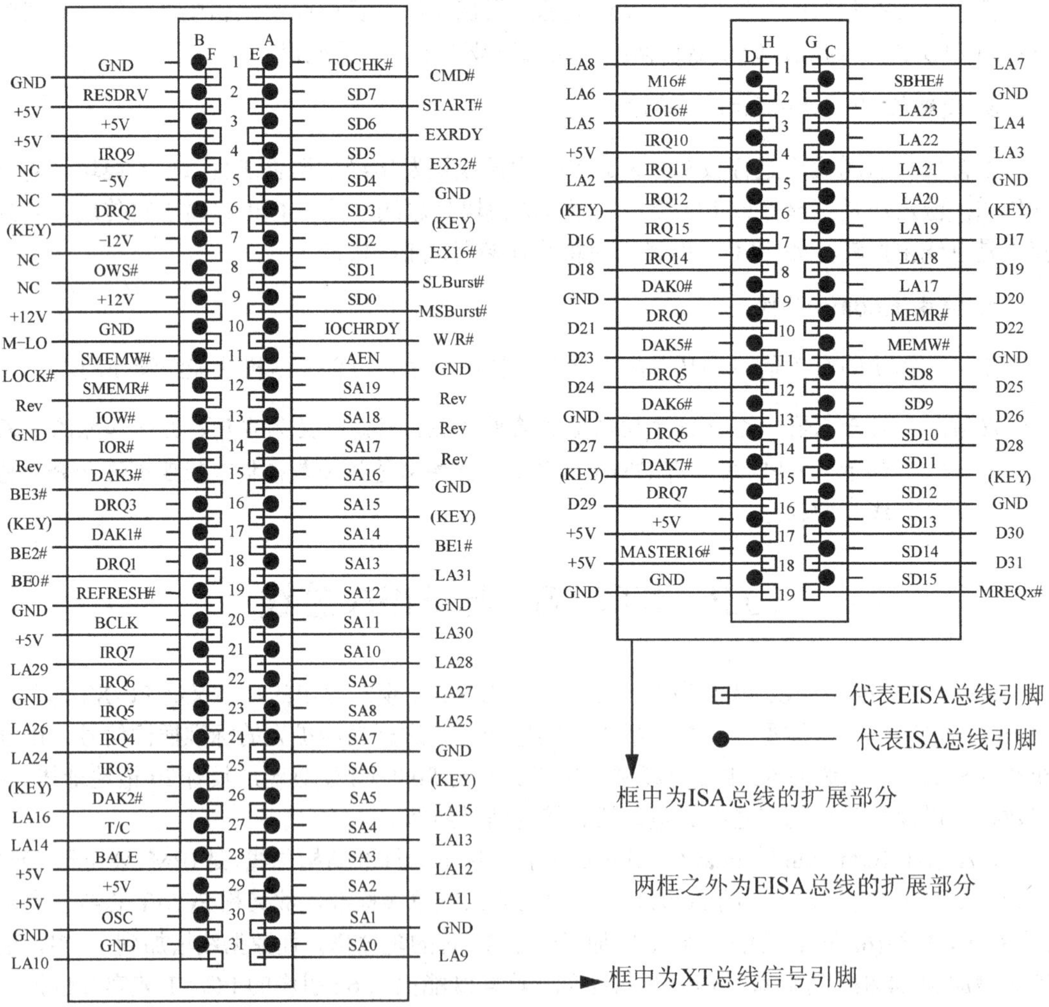

F	B	引脚	A	E
GND	GND	1	TOCHK#	CMD#
+5V	RESDRV	2	SD7	START#
+5V	+5V	3	SD6	EXRDY
NC	IRQ9	4	SD5	EX32#
NC	-5V	5	SD4	GND
(KEY)	DRQ2	6	SD3	(KEY)
NC	-12V	7	SD2	EX16#
NC	OWS#	8	SD1	SLBurst#
+12V	+12V	9	SD0	MSBurst#
M-LO	GND	10	IOCHRDY	W/R#
LOCK#	SMEMW#	11	AEN	GND
Rev	SMEMR#	12	SA19	Rev
GND	IOW#	13	SA18	Rev
Rev	IOR#	14	SA17	Rev
BE3#	DAK3#	15	SA16	GND
(KEY)	DRQ3	16	SA15	(KEY)
BE2#	DAK1#	17	SA14	BE1#
BE0#	DRQ1	18	SA13	LA31
GND	REFRESH#	19	SA12	GND
+5V	BCLK	20	SA11	LA30
LA29	IRQ7	21	SA10	LA28
GND	IRQ6	22	SA9	LA27
LA26	IRQ5	23	SA8	LA25
LA24	IRQ4	24	SA7	GND
(KEY)	IRQ3	25	SA6	(KEY)
LA16	DAK2#	26	SA5	LA15
LA14	T/C	27	SA4	LA13
+5V	BALE	28	SA3	LA12
+5V	+5V	29	SA2	LA11
GND	OSC	30	SA1	GND
LA10	GND	31	SA0	LA9

H	D	引脚	C	G
LA8	M16#	1	SBHE#	LA7
LA6	IO16#	2	LA23	GND
LA5	IRQ10	3	LA22	LA4
+5V	IRQ11	4	LA21	LA3
LA2	IRQ12	5	LA20	GND
(KEY)	IRQ15	6	LA19	(KEY)
D16	IRQ14	7	LA18	D17
D18	DAK0#	8	LA17	D19
GND	DRQ0	9	MEMR#	D20
D21	DAK5#	10	MEMW#	D22
D23	DRQ5	11	SD8	GND
D24	DAK6#	12	SD9	D25
GND	DRQ6	13	SD10	D26
D27	DAK7#	14	SD11	D28
(KEY)	DRQ7	15	SD12	(KEY)
D29	+5V	16	SD13	GND
+5V	MASTER16#	17	SD14	D30
+5V	GND	18	SD15	D31
GND		19		MREQx#

□ 代表EISA总线引脚

● 代表ISA总线引脚

框中为ISA总线的扩展部分

两框之外为EISA总线的扩展部分

框中为XT总线信号引脚

图 10.6 XT、ISA、EISA 总线的信号引脚

表 10.2 XT、ISA、EISA 总线的信号定义

(a) A、B 面信号线定义

类 型	信号名称	功能说明	引 脚 号
时钟与定位	OSC	周期为 70ns 的振荡信号	B30
	CLK	周期为 167ns 的系统时钟	B20
	RESDRV	上电复位或初始化系统逻辑	B2
	OWS#	零等待状态信号	B8
数据总线	SD7～SD0	双向数据线 7～0 位	A2～A9
地址总线	SA19-SA0	地址线 19～0 位	A12～A31
	BALE	地址锁存使能信号	B28
	AEN	允许 DMA 控制器控制地址总线、数据总线、读写命令线	A11
	IRQ9、7～3	I/O 设备的中断请求线	B4、B21～B25
	DRQ3～1	I/O 设备的 DMA 请求线	B16、B6、B18
	DACK#3～1	DMA 应答信号线	B15、B26、B17
控制总线	T/C	DMA 通道结束信号，由 DMA 控制器送出	B27
	IOR#	I/O 读控制信号	B14
	IOW#	I/O 写控制信号	B13
	SMEMR#	存储器读控制信号(小于 1MB 空间)	B12
	SMEMW#	存储器写控制信号(小于 1MB 空间)	B11
	I/OCHK#	向 CPU 提供 I/O 设备或扩充存储器奇偶错	A1
	I/OCHRDY#	I/O 通道准备就绪	A10
	REFRESH#	启动刷新周期的开始	B19
电源与地	+5V	电源	B3、B29
	-5V	电源	B5
	+12V	电源	B9
	-12V	电源	B7
	GND	地	B1、B10、B31

(b) C、D 面信号线定义

类 型	信号名称	功能说明	引 脚 号
数据总线	SD15～SD8	15～8 位双向数据线	C18～C11
	SBHE#	数据高位允许信号	C1
	MEMCS16#	存储器 16 位芯片选择信号	D1
	I/OCS16#	I/O 设备 16 位芯片选择信号	D2
地址总线	LA23～LA17	存储器与 I/O 设备的最高 7 位地址	C2～C8

续表

类　型	信号名称	功能说明	引 脚 号
控制总线	IRQ15～10	I/O 设备的中断请求线	D3～D7
	DRQ7～5，0	I/O 设备的 DMA 请求线	D15、D13、D11、D9
	DAK7～5，0#	DMA 应答信号线	D14、D12、D10、D8
	MEMR#	对所有存储器读控制信号	C9
	MEMW#	对所有存储器写控制信号	C10
	MASTER#	控制系统总线处于三态	D17
电源与地	+5V	电源	D16
	GND	地	D18

(c)　E、F、G、H 面信号线定义

类　型	信号名称	功能说明	引 脚 号
空、保留与定位	NC		F4、F5、F7、F8
	Rev		F12、F14、E12、E14、E13
	(KEY)		F6、F16、F25、E6、E16、E25、H6、H15、G6、G15
数据总线	D31～D16	双向数据线31～16位	G18、G17、H16、G14、H14、G13、G12、H12、H11、G10、H10、G9、G8、H8、G7、H7
地址总线	LA31～LA24	32 位地址线中的31～24位	E18、E20、F21、E21、E22、F23、E23、F24
	LA16～LA2	32 位地址线中的16～2位	F26、E26、F27、E27、E28、E29、F31、E31、H1、G1、H2、H3、G3、G4、H5
	BE3～0#	字节有效使能信号	F15、F17、E17、F18
控制总线	CMD#		E1
	START#		E2
	EXRDY		E3
	SLBurst#		E8
	MSBurst#		E9
	EX32#		E4、E7
	EX16#	读写控制信号	E10
	W/R#	周期锁定信号	F11
	LOCK#		F10
	M-LO		H19
	MAKx#		G19
	MREQx#		
电源与地	+5V	电源	F2、F3、F20、F28、F29、H4、H17、H18
	+12V	电源	F9
	GND	地	F1、F13、F19、F22、F30、E5、E11、E15、E19、E24、E30、H9、H13、G2、G5、G11、G16

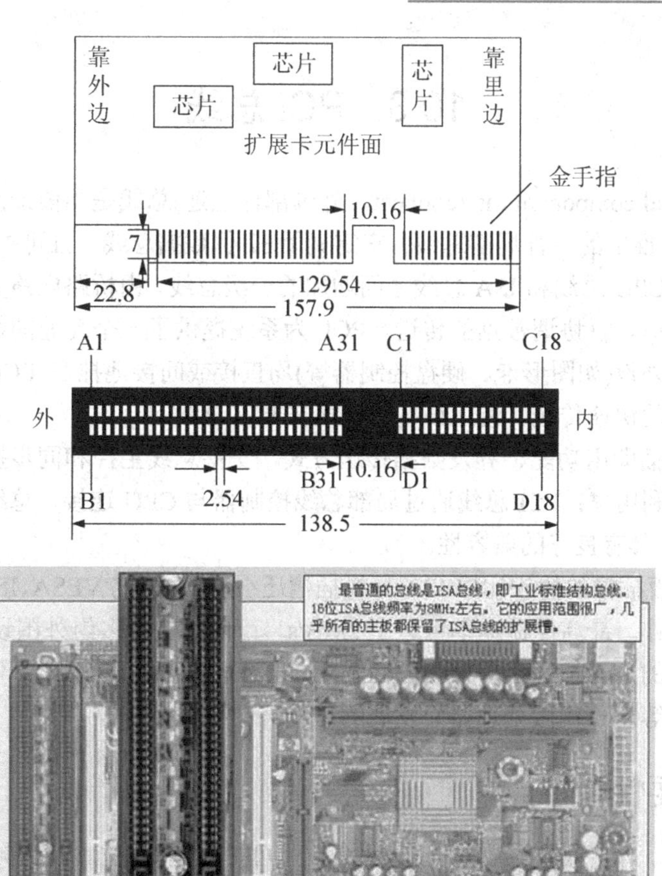

图 10.7 ISA 总线插槽和接口卡示意图

10.2.2 主要特点

XT 总线与 8088 兼容，具有 8 根数据线，20 根地址线；支持 1MB 的存储器空间和 64KB 的 I/O 寻址空间；支持 6 级中断；3 个 DMA 通道；支持 I/O 等待和 I/O 校验等。

ISA 总线与 80286 兼容，具有 16 根数据线，支持 8 位和 16 位的数据存取；20 根地址线，支持 16MB 的存储器空间和 64KB 的 I/O 寻址空间；支持 11 级中断；7 个 DMA 通道；支持主从控制；支持 I/O 等待和 I/O 校验等。

EISA 总线具有 32 根数据线，支持 8 位、16 位和 32 位的数据存取，支持数据突发存取；地址线与字节使能信号共同支持 32 位的寻址，可寻址 4GB 的存储器空间，也支持 64KB 的 I/O 寻址空间；支持 11 级中断；7 个 DMA 通道；支持多主控制器；支持主从控制；支持 I/O 等待和 I/O 校验等。

10.3　PCI 总线

PCI(peripheral component interconnect，外围部件互连)总线是当前最流行的总线之一，它是由 Intel 公司推出的一种局部总线。它定义了 32 位数据总线，且可扩展为 64 位。从结构上看，它是在 CPU 总线和 ISA 总线之间增加的一级总线，由桥路电路实现对这一层的管理及上下层的接口，以协调数据的传送。PCI 为系统提供了一个高速的数据传送通路，系统内的一些高速外设(如图形卡、硬盘控制器等)均直接或间接地挂在 PCI 局部总线上，通过总线完成数据的快速传送。慢速设备仍挂接在 ISA 总线上。

PCI 支持即插即用功能、猝发数据传送方式，支持总线主控和同步操作，并采用多路复用，提高总线利用率；PCI 总线通过局部总线控制器与 CPU 连接，总线和连接的部件都与 CPU 相隔离，具有良好的兼容性。

PCI 总线主板插槽的体积比原 ISA 总线插槽还小，其功能比 VESA、ISA 有极大的改善，支持突发读写操作，最高传输速率可达 132MB/s，可同时支持多组外围设备。 PCI 局部总线不能兼容现有的 ISA、EISA、MCA(micro channel architecture)总线，但它不受制于处理器，是基于奔腾等新一代微处理器而发展的总线。

10.3.1　主要性能特点

(1) 高性能。PCI 总线的数据宽度为 32 位，可扩展到 64 位。时钟频率为 33MHz，与 CPU 时钟无关。数据传输率可达 132～264MB/s。1995 年推出的 PCI 新标准的时钟频率为 66MHz，数据宽度为 64 位，最高数据传输率达 528 MB/s。

(2) PCI 总线支持突发工作方式，并且后面可跟无限个数据周期。这意味着可以从某一地址起读出或写入大量数据；主桥可以将多个存储器写访问在不产生副作用的前提下合并为一次操作。

(3) 减少存取延迟。对于支持 PCI 总线的设备，可以减小存取延迟，能够大幅度减少外围设备取得总线控制权所需的时间，以保证数据传输的畅通。这对以太网接口有非常重要的意义。

(4) 采用总线主控和同步操作。PCI 总线所具有的总线主控和同步操作功能有利于提高 PCI 总线性能。这可以使微处理器与 PCI 上的总线主控制器并行操作。

(5) 不受处理器限制。PCI 总线以一种独特的中间缓冲方式独立于处理器，并将中央处理器子系统与外围设备分开。这样可保证不会因处理器技术的变化而导致其他互连外设系统的设计变更。

(6) 适用于各种机型。PCI 总线适用于各种机型，如台式机、便携机和服务器等。

(7) 成本低。PCI 总线采用多路复用技术，大大减少了引线数和 PCI 部件，其他系统上的扩展卡也可以在 PCI 系统上工作。

(8) 兼容性好，易于扩展。PCI 总线可与 ISA、VESA 等总线兼容。工作电压可以是+5V，也可以是+3.3V。

(9) 自动配置(即插即用，Plug and Play)。PCI 总线具有即插即用功能，可以自动配置，这给用户带来了极大方便。

(10) 规范严格。PCI 总线标准对协议、时序、负载、电气特性和机械特性等都作了严格的规定，这保证了它的可靠性和兼容性。

10.3.2 信号定义

PCI 局部总线的信号线有 100 条，如图 10.8 所示，图中左边是必备信号的引脚，右边是可选信号的引脚。PCI 插槽和 PCI 卡的机械尺寸如图 10.9 所示。

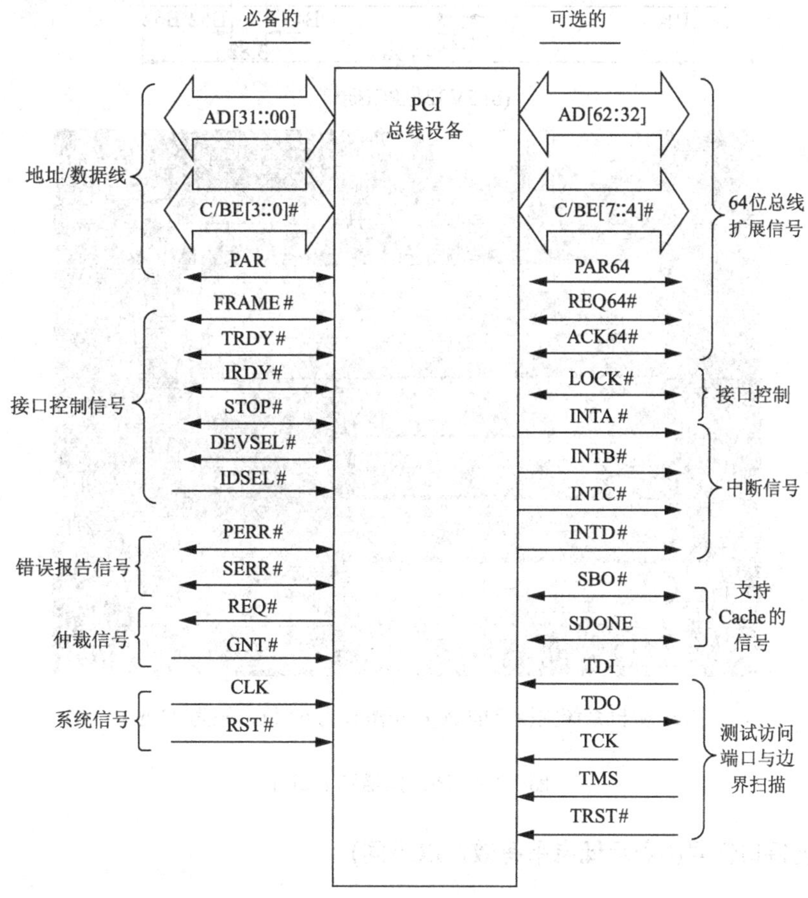

图 10.8 PCI 总线

PCI 局部总线的信号线分为地址和数据线、接口控制线、仲裁线、系统线、中断请求线、高速缓存支持和出错报告信号线等。

在一个 PCI 应用系统中，如果某设备取得了总线控制权，就称为“主设备”，而被主设备选中进行通信的设备称为“从设备”。

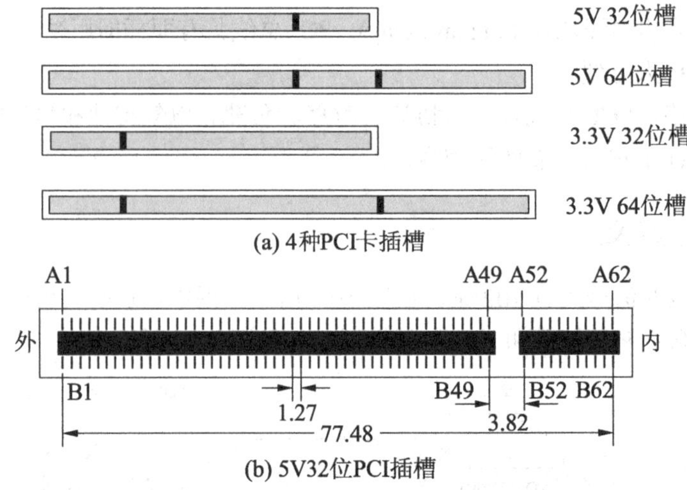

(a) 4种PCI卡插槽

(b) 5V32位PCI插槽

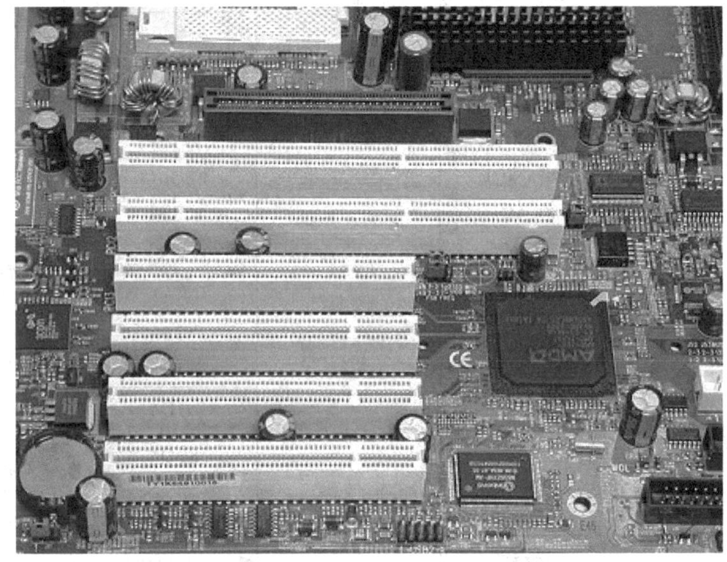

(c) 微机系统主板上的 PCI 插槽(长为 64 位，短为 32 位)

图 10.9 PCI 插槽和 PCI 卡

1. 系统接口信号(#表示低电平有效，以下同)

CLK IN：PCI 系统总线时钟最高 33MHz/66MHz，最低 0Hz。PCI 大部分信号在 CLK 的上升沿有效 (除 RST#、IRQB#、IRQC#、IRQD#外)。

2. 地址与数据接口信号(T/S 表示双向三态输入/输出驱动信号，以下同)

AD[31:00] T/S：它们是地址、数据多路复用的输入/输出信号。在 FRAME#有效的第 1 个时钟，AD[31:00]上传送的是 32 位地址，称为地址期。在 IRDY#和 TRDY#同时有效时，AD[31:00]上传送的为 32 位数据，称为数据期。

一个 PCI 总线的传输过程中包含了一个地址信号周期和一个(或多个)数据周期。地址周期为一个时钟周期；在数据周期，当 IRDY#有效时，表示写数据稳定有效，TRDY#有效时，表示读数据稳定有效。

C/BE[3:0]# T/S：它们是总线命令和字节使能多路复用信号。在地址周期，这四条线上传输的是总线命令；在数据周期，传输的是字节使能信号，用来表示在整个数据期中，AD0～AD31上哪些字节为有效数据。

PAR T/S：针对AD[31:00]和C/BE[3:0]#进行奇偶校验的校验位。

FRAME# S/T/S：帧周期信号。由当前主设备驱动，表示一次访问的开始和持续时间。FRAME# 无效时，是传输的最后一个数据周期。

IRDY# S/T/S：主设备准备好信号。要与TRDY#配合使用，当两者同时有效时，才能进行完整的数据传输，否则即为等待周期。

TRDY# S/T/S：从设备准备好信号。要与IRDY#配合使用，当两者同时有效时，才能进行完整的数据传输，否则即为等待周期。

STOP# S/T/S：停止数据传输请求。从设备发出的要求主设备终止当前数据传送的信号。

LOCK# S/T/S：锁定信号。由PCI总线上当前的主设备控制。如果有几个设备同时在使用总线，该信号表示对总线上某一设备使用的独占性。

IDSEL IN：初始化设备选择信号。在参数配置读写传输期间，用作片选信号。

DEVSEL# S/T/S：设备选择信号。由从设备驱动，该信号有效，表示驱动它的设备已成为当前访问的从设备。

3. 仲裁接口信号

REQ# T/S：总线占用请求信号。该信号一旦有效，表示驱动它的设备要求使用总线。

GNT# T/S：总线占用允许信号。用来向申请占用总线的设备表示其请求已获批准。

4. 错误报告接口信号

PERR# S/T/S：数据奇偶校验错误报告信号。

SERR# O/D：系统错误报告信号。

5. 中断接口信号

PCI有4条中断线，分别是INTA#、INTB#、INTC#、INTD#，电平触发，多功能设备可以任意选择一个或多个中断线，单功能设备只能使用INTA#。

6. 64位总线扩展信号

AD[63:32] T/S：扩展的32位地址和数据多路复用信号。

C/BE[7:4]# T/S：总线命令和字节使能多路复用扩展信号。

REQ64# S/T/S：64位传输请求信号。由当前主设备驱动，表示要用64位通道传输数据，与FRAME#时序相同。

ACK64# S/T/S：64位传输允许信号。由从设备驱动，表示从设备要用64位通道传输数据，与DEVESEL#时序相同。

PAR64 T/S：奇偶双字节校验信号。

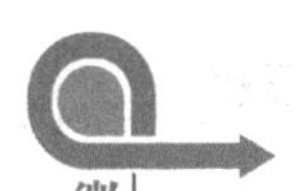

10.3.3 结构联系方式

CPU 总线和 PCI 总线由桥接电路相连。芯片中除了含有桥接电路外，还有 Cache 控制器和 DRAM 控制器等其他控制电路。PCI 总线上挂接高速设备，如图形控制器、IDE 设备或 SCSI 设备、网络控制器等，如图 10.10 所示。

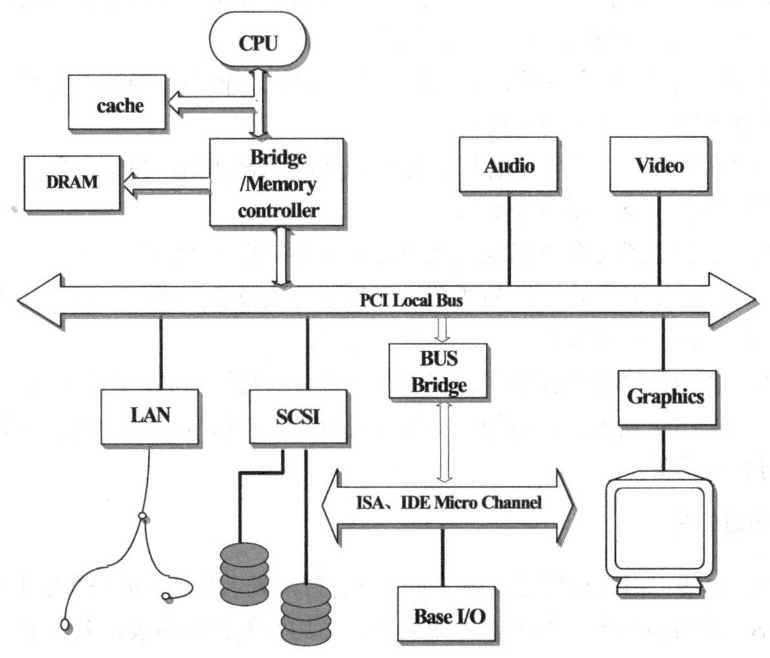

图 10.10　PCI 总线应用

10.4　常用外总线

外总线，又称设备总线或通信总线，用于微型计算机系统之间的连接，或微型计算机系统与外部设备或仪器之间的连接。不同的应用场合有不同的标准，例如通用串行总线 RS-232C、RS-485 总线、智能仪表总线 IEEE-488、并行打印机总线 Centronics、并行外部设备总线 SCSI 和通用串行总线 USB 等。外总线不像系统总线那样以主机板扩展槽形式出现，而是通过某种特殊形状的连接器来互连两个系统，要通过接口来组合总线信号。

外总线以通信方式来分，可分为两种：一种是并行外总线(如 IEEE 488)，另一种是串行外总线(如 RS-232C)。

有些外总线只是定义了其物理层(机械尺寸、电气规范、引脚定义等)，有些则还定义了通信的规约。

10.4.1 IEEE 488 总线

IEEE 488 标准，有时也被称为 GPIB，是一种用来连接计算机和仪器的总线接口。GPIB

最初由惠普公司(Hewlett Packard)开发，并由IEEE协会于1975年批准并以IEEE 488标准公布。一般来讲，IEEE 488.1定义了硬件标准，而IEEE 488.2定义了软件标准。IEEE 488标准被仪器厂商广泛接受。今天，GPIB已经成为计算机与仪器间最通用的总线标准。

IEEE 488总线是并行总线接口标准。它按照位并行、字节串行双向异步方式传输信号，连接方式为总线方式，仪器设备直接并联于总线上而不需中介单元，但总线上最多可连接15台设备。总线最大传输率不得超过1MB/s，任何两个仪器间的连接电缆不得超过4m，总线最长不得超过20m。IEEE 488信号规定使用负逻辑，即逻辑1<0.8V，逻辑0>2.0V。

1. 总线定义

IEEE 488 总线由8条双向数据线、3条信号交换线和5条通用控制线组成。

数据线：IEEE 488 总线没有专门的地址线及完善的控制线，所以地址和控制功能均由这8条数据线来完成，它既用来传送设备命令(7位)，也用来传送地址与数据(8位)。

信号交换线：用来实现设备输入和设备输出时的信息交换。

DAV：数据线上有数据时有效。

NRFD：数据未准备好，NRFD=1说明数据已被接收设备接收。

NDAC：没有收到数据，说明系统组件准备好接收数据。

控制线：用来控制系统的状态。

ATN：引起注意信号。当ATN=0时表明数据线上含有1～8位的数据；ATN=1时表明数据线用来传送地址和命令，既数据线上含有一个7位的地址和命令。

IFC：接口清零，它使系统处于初始状态(系统复位)。

SRQ：服务请求，当SRQ=1时表明总线上有一个设备需要引起注意信号(类似于中断请求信号)。

REN：远程启动，它使设备的方式码与其他代码一起置位，以便远距离操作或本地操作。

EOI：结束标识，告诉控制装置数据传输已经结束。

2. 连接器引脚定义

IEEE 488 总线规定使用24线连接器，其引脚定义和机械尺寸如表10.3和图10.11所示。

表10.3 IEEE488 总线连接器引脚定义

引 线	信 号	引 线	信 号	引 线	信 号	引 线	信 号
1	DIO1	7	NRFD	13	DIO5	19	地
2	DIO2	8	NDAC	14	DIO6	20	地
3	DIO3	9	IFC	15	DIO7	21	地
4	DIO4	10	SRQ	16	DIO8	22	地
5	EIO	11	ANT	17	REN	23	地
6	DAV	12	机壳地	18	地	24	地

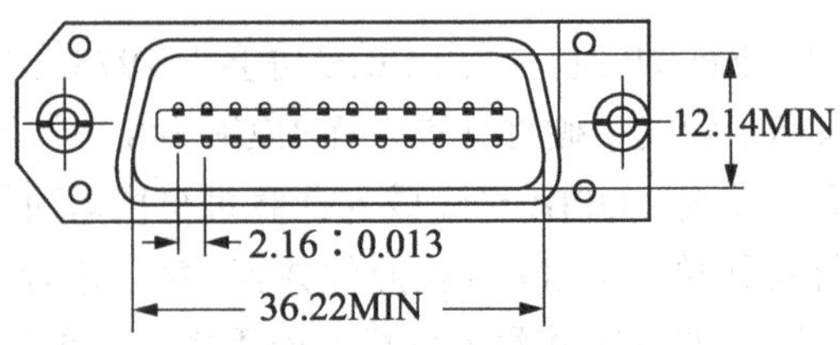

图 10.11　IEEE 488 总线连接器

3. IEEE 488 总线工作方式

连接到 IEEE 488 总线上的任何系统或设备都可按以下三种方式工作。

(1) "听者"方式：当某一设备是从其他设备或控制者接收信息时，称为该设备工作于听者方式，同一时刻可以有两个以上的听者在工作，如打印机、显示器、微机数字仪表等，均可工作于听者方式。

(2) "讲者"方式：可向其他设备发送信息的设备可工作于讲者方式，如磁带(盘)机、数字电压表、微机等。同一时刻总线上只能有一个讲者，但一个设备可以既是讲者，又是听者。

(3) "控者"方式：用于控制其他设备，决定谁是讲者，谁是听者及向其他设备发送地址或命令，处理各种请求服务，系统中可能有几个控制器，但同一时刻只能有一个控者，一般微机为控者。

仪器之间通过 IEEE 488 总线互连的连接示意图如图 10.12 所示，其时序图如图 10.13 所示。

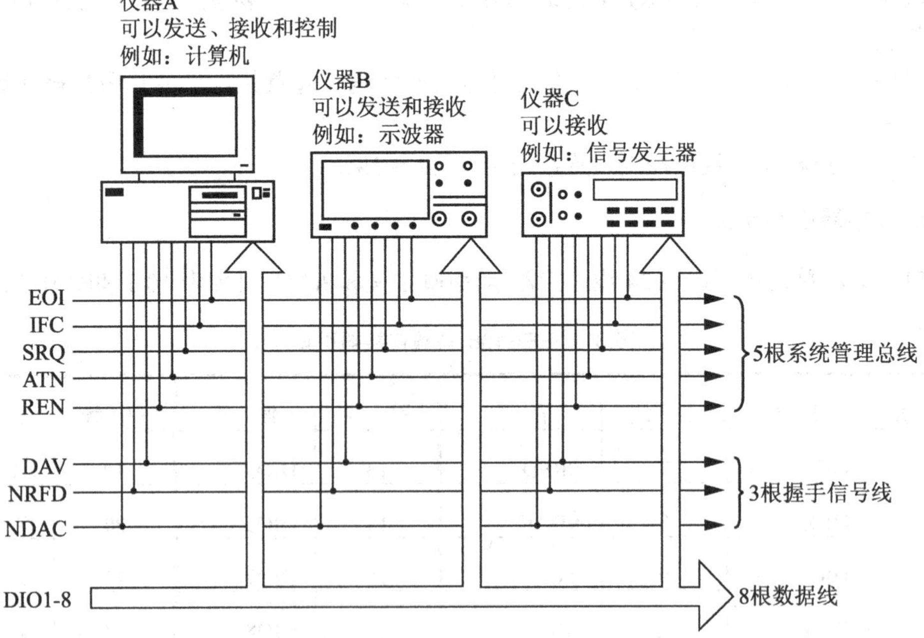

图 10.12　仪器之间通过 IEEE 488 总线互连示意图

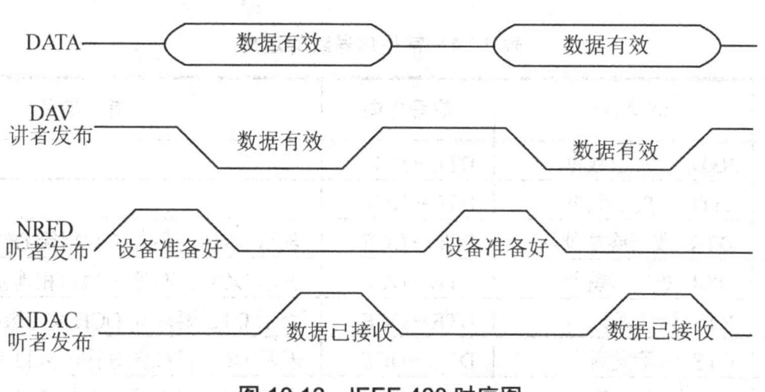

图 10.13 IEEE 488 时序图

10.4.2 RS-232C 串行总线

RS-232C 是美国电子工业协会 EIA(Electronic Industry Association)制定的一种串行物理接口标准。严格地讲，RS-232 接口是 DTE(数据终端设备)和 DCE(数据通信设备)之间的一个接口，DTE 包括计算机、终端、串口打印机等设备，DCE 通常只包括调制解调器(MODEM)和某些交换机。目前 RS-232 广泛应用于计算机之间、计算机与终端或外设间(实际是计算机与串行接口间)的串行数据传送，RS-232C 对串行接口中的连接器规格、引线信号名称、功能、信号电平等均作了统一规定。该标准目前广泛应用于微机串行通信中。

RS-232C 总线标准设有 25 条信号线，包括一个主通道和一个辅助通道。RS-232C 标准规定的数据传输速率为每秒 50、75、100、150、300、600、1200、2400、4800、9600、19200 波特。RS-232C 接口采用负逻辑，此时逻辑 0 相当于对信号地线有+5～+15V 的电压，而逻辑 1 相当于对信号地线有-15～-5V 的电压。RS-232C 标准规定，驱动器允许有 2500pF 的电容负载，通信距离将受此电容限制，例如，采用 150pF/m 的通信电缆时，最大通信距离为 15m；若每米电缆的电容量减小，通信距离可以增加。传输距离短的另一原因是 RS-232 属单端信号传送，存在共地噪声和不能抑制共模干扰等问题，因此一般用于 20m 以内的通信。

RS-232C 总线有 DB-25、DB-15、DB-9 等类型的连接器，其引脚的定义也各不相同。图 10.14 是两种类型连接器的示意图。表 10.4 是常用信号线的定义。

RS-232C 总线的典型连接方式如图 10.15 所示。其中(a)是通过 MODEM 连接；(b)是三线连接，(c)是反馈连接，(d)和(e)是交叉连接。

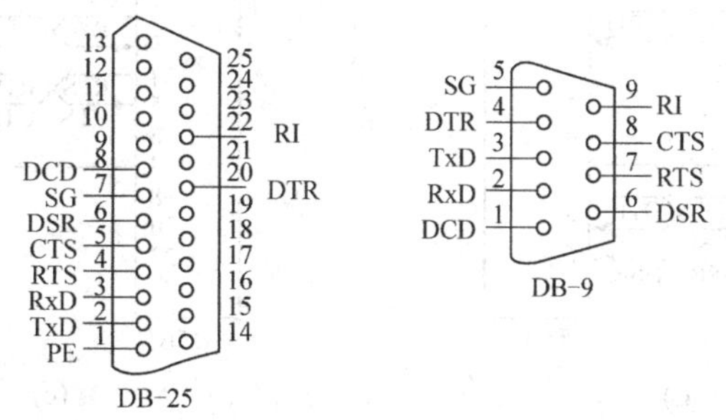

图 10.14 连接器示意图

表 10.4 常用信号线的定义

引脚号 DB25/DB9	信号名称	信号方向	信号定义
3/2	RxD 发送数据	DTE→DCE	
2/3	TxD 接收数据	DTE←DCE	
20/4	DTR 数据终端就绪	DTE→DCE	表示 DTE 准备发送数据给 DCE
6/6	DSR 数传机就绪	DTE←DCE	表示 DCE 已与通信信道相连接
4/7	RTS 请求发送	DTE→DCE	表示 DTE 要求向 DCE 发送数据
5/8	CTS 清除发送	DTE←DCE	表示 DCE 已准备好接收来自 DTE 的数据
22/9	RI 振铃指示	DTE←DCE	表示 DCE 正在接收振铃信号
8/1	DCD 载波信号检测	DTE←DCE	DCE 收到满足要求的载波信号
7/5	GND 信号地		

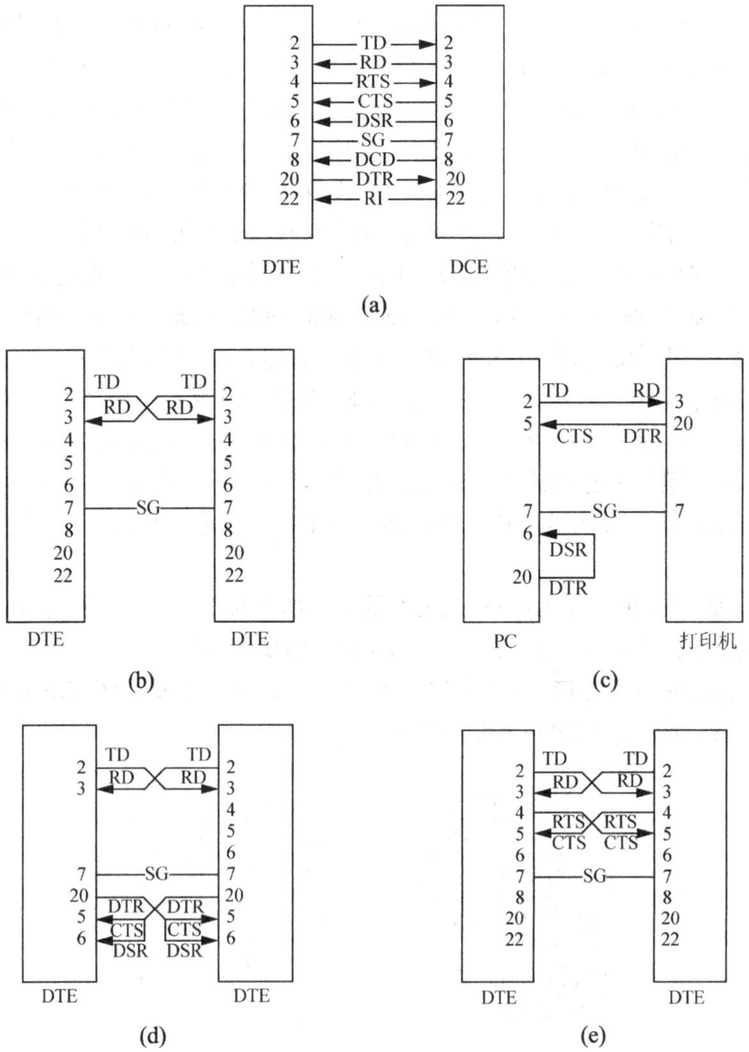

(a)

(b)

(c)

(d)

(e)

图 10.15 RS-232C 总线的典型连接方式

10.4.3 USB总线

通用串行总线USB(universal serial bus)是由Intel、Compaq、Digital、IBM、Microsoft、NEC、Northern Telecom等几家世界著名的计算机和通信公司共同推出的一种新型接口标准。它基于通用连接技术，实现外设的简单快速连接，达到方便用户、降低成本、扩展PC连接外设范围的目的。它可以为外设提供电源，而不像普通的使用串、并口的设备需要单独的供电系统。另外，快速是USB技术的突出特点之一，USB的最高传输率可达12Mb/s，比串口快100倍，比并口快近10倍，而且USB还能支持多媒体。

1. USB的特点

1) 具有热插拔功能

USB提供机箱外的热插拔连接，连接外设不必再打开机箱，也不必关闭主机电源。这个特点为用户提供了很大的方便。(所谓"热插拔" 就是指系统上电后可以自由地插拔USB设备，而不会对系统产生任何影响)。

2) 采用"级联"方式连接各个外部设备

每个USB设备用一个USB插头连接到前一个外设的USB插座上，而其本身又提供一个USB插座供下一个USB外设连接用。通过这种类似菊花链式的连接，一个USB控制器可以连接多达127个外设，而两个外设间的距离(线缆长度)可达5米。

3) 适用于低速外设连接

根据USB规范，USB的传送速度可达12Mbps(每秒12兆位)，除了可以与键盘、鼠标、MODEM等常见外设连接外，还可以与ISDN、电话系统、数字音响、打印机/扫描仪等低速外设连接。

4) 具有良好的可靠性及兼容性

USB总线使用起来十分可靠，因为它在协议层提供了很强的差错控制和恢复功能。而且USB总线是与系统完全独立的。只要有软件的支持，同一个USB设备就可以在任何一种计算机体系中使用。这种良好的兼容性也使得USB技术可以迅速地发展壮大。

2. 物理拓扑结构

USB的物理拓扑结构如图10.16所示。USB系统中的设备与主机的连接方式采用的是星形连接。通过使用集线器(Hub)扩展可外接多达127个外设。USB的电缆有四根线，两根连接5V电源，另外的两根是数据线。功率不大的外围设备可以直接通过USB总线供电，而不必外接电源。USB总线最大可以提供5V 500mA电流，并支持节约能源的挂机和唤醒模式。

USB主机在USB系统中处于中心地位，对连接的USB设备进行控制。主机控制所有USB的访问，一个USB外设只有主机允许才有权访问USB总线。

3. 传输方式

USB提供了四种传输方式，以适应各种设备的需要。这四种传输方式分别如下。

1) 控制传输方式

控制传输是双向传输，数据量通常较小，主要用来进行查询、配置和给USB设备发送

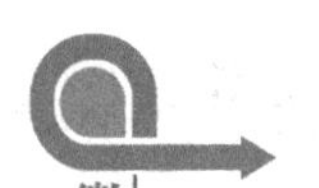

通用的命令。

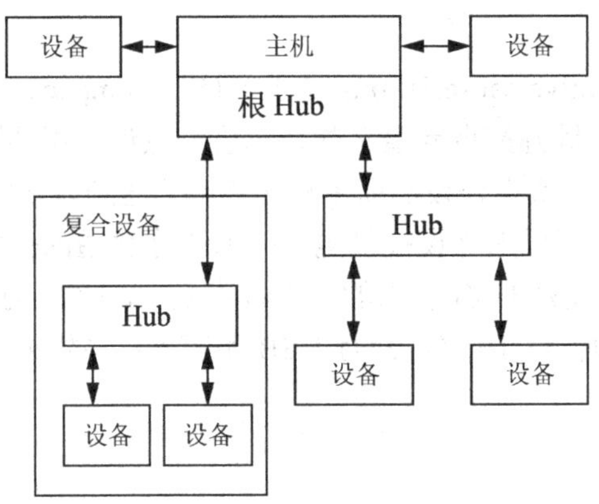

图 10.16　USB 的物理拓扑结构

2)　等时传输方式

等时传输提供了确定的带宽和间隔时间。它被用于时间严格并具有较强容错性的流数据传输，或者用于要求恒定的数据传送率的即时应用中。例如进行语音业务传输时，使用等时传输方式是很好的选择。

3)　中断传输方式

中断传输方式是单向的并且对于主机来说只有输入的方式。中断传输方式主要用于定时查询设备是否有中断数据要传送，该传输方式应用于少量的、分散的、不可预测的数据传输。

4)　大量传输方式

主要应用于没有带宽和间隔时间要求的大量数据的传送和接收，它要求保证传输。

在 USB 传输中，任何操作都是从主机开始，主机以预先安排的时序，发出一个描述操作类型、方向、外设地址以及端点号的包(令牌包)，然后在令牌中指定数据发送者发出一个数据包或指出它没有数据传输。而 USB 外设要以一个确认包作出响应，表明传输成功。

10.5　小　　结

本章首先介绍了微机总线的基本概念，然后介绍了常用的计算机系统总线——XT 总线、ISA 总线、EISA 总线和 PCI 总线，常用的外总线——IEEE 488 总线、RS-232C 总线和 USB 总线。

本章需要掌握的知识点总结如下。

(1)　微机总线的定义、分类、通信方式和控制方式。

(2)　计算机系统总线—XT 总线、ISA 总线、EISA 总线的演变和适用范围。

(3)　RS-232C 总线标准和连接方式。

(4)　了解 PCI 总线和 USB 总线。

10.6　习　　题

简答题

1. 名词解释：微机总线，系统总线，外总线。
2. 微机中的总线可分为哪几类？简述各类总线的特点和使用场合。
3. 内总线(系统总线)与外总线(通信总线)有何不同？微机系统总线不断发展(从 XT 总线到 PCI 总线)的目的是什么？
4. 计算机系统为何大都采用总线结构？
5. 微机总线的通信方式有哪几种？各有什么特点？
6. 简述微机总线的控制方式。
7. USB 串行通信总线的特点是什么？
8. 试述总线时钟频率、总线宽度和总线传输速率的基本含义。

附录 A　ASCII 码表

<table>
<tr><th>十六进制</th><th>高三位</th><th>0</th><th>1</th><th>2</th><th>3</th><th>4</th><th>5</th><th>6</th><th>7</th></tr>
<tr><th>低四位</th><th>二进制</th><th>000</th><th>001</th><th>010</th><th>011</th><th>100</th><th>101</th><th>110</th><th>111</th></tr>
<tr><td>0</td><td>0000</td><td>NUL</td><td>DEL</td><td>SP</td><td>0</td><td>@</td><td>P</td><td>`</td><td>p</td></tr>
<tr><td>1</td><td>0001</td><td>SOH</td><td>DC1</td><td>!</td><td>1</td><td>A</td><td>Q</td><td>a</td><td>q</td></tr>
<tr><td>2</td><td>0010</td><td>STX</td><td>DC2</td><td>"</td><td>2</td><td>B</td><td>R</td><td>b</td><td>r</td></tr>
<tr><td>3</td><td>0011</td><td>ETX</td><td>DC3</td><td>#</td><td>3</td><td>C</td><td>S</td><td>c</td><td>s</td></tr>
<tr><td>4</td><td>0100</td><td>EOT</td><td>DC4</td><td>$</td><td>4</td><td>D</td><td>T</td><td>d</td><td>t</td></tr>
<tr><td>5</td><td>0101</td><td>ENQ</td><td>NAK</td><td>%</td><td>5</td><td>E</td><td>U</td><td>e</td><td>u</td></tr>
<tr><td>6</td><td>0110</td><td>ACK</td><td>SYN</td><td>&</td><td>6</td><td>F</td><td>V</td><td>f</td><td>v</td></tr>
<tr><td>7</td><td>0111</td><td>BEL</td><td>ETB</td><td>'</td><td>7</td><td>G</td><td>W</td><td>g</td><td>w</td></tr>
<tr><td>8</td><td>1000</td><td>BS</td><td>CAN</td><td>(</td><td>8</td><td>H</td><td>X</td><td>h</td><td>x</td></tr>
<tr><td>9</td><td>1001</td><td>HT</td><td>EM</td><td>)</td><td>9</td><td>I</td><td>Y</td><td>i</td><td>y</td></tr>
<tr><td>A</td><td>1010</td><td>LF</td><td>SUB</td><td>*</td><td>:</td><td>J</td><td>Z</td><td>j</td><td>z</td></tr>
<tr><td>B</td><td>1011</td><td>VT</td><td>ESC</td><td>+</td><td>;</td><td>K</td><td>[</td><td>k</td><td>{</td></tr>
<tr><td>C</td><td>1100</td><td>FF</td><td>FS</td><td>,</td><td><</td><td>L</td><td>\</td><td>l</td><td>|</td></tr>
<tr><td>D</td><td>1101</td><td>CR</td><td>GS</td><td>-</td><td>=</td><td>M</td><td>]</td><td>m</td><td>}</td></tr>
<tr><td>E</td><td>1110</td><td>SO</td><td>RS</td><td>.</td><td>></td><td>N</td><td>^</td><td>n</td><td>~</td></tr>
<tr><td>F</td><td>1111</td><td>SI</td><td>US</td><td>/</td><td>?</td><td>O</td><td>_</td><td>o</td><td>DEL</td></tr>
</table>

附录B 8086/8088 的 DOS 功能调用一览表(INT 21H)

说明：DOS 功能调用也称系统功能调用，为用户使用微机系统的硬软件资源提供了方便。其使用过程是：将功能号(调用号)放入 AH 中，设置入口参数，然后执行软中断语句 INT 21H。

功能描述	AH	调用参数(入口参数)	返回参数
程序终止(同 INT 20H)	00	CS=程序段前缀	
键盘输入并回显	01		AL=输入字符
显示输出	02	DL=输出字符	
异步通信输入	03		AL=输入数据
异步通信输出	04	DL=输出数据	
打印机输出	05	DL=输出字符	
直接控制台 I/O	06	DL=FF(输入) DL=字符(输出)	AL=输入字符
键盘输入(无回显)	07		AL=输入字符
键盘输入(无回显) 检测 Ctrl-Break	08		AL=输入字符
显示字符串	09	DS：DX=串地址 '$'结束字符串	
键盘输入到缓冲区	0A	DS：DX=缓冲区首地址 (DS：DX)=缓冲区最大字符数	(DS：DX+1)=实际输入的字符数
检验键盘状态	0B		AL=00 有输入 AL=FF 无输入
清除输入缓冲区并 请求指定的输入功能	0C	AL=输入功能号 (1,6,7,8,A)	
磁盘复位	0D		清除文件缓冲区
指定当前默认的磁盘驱动器	0E	DL=驱动器号 0=A,1=B,...	AL=驱动器数
打开文件	0F	DS：DX=FCB 首地址	AL=00 文件找到 AL=FF 文件未找到
关闭文件	10	DS：DX=FCB 首地址	AL=00 目录修改成功 AL=FF 目录中未找到文件

续表

功能描述	AH	调用参数(入口参数)	返回参数
查找第一个目录项	11	DS：DX=FCB 首地址	AL=00 找到 AL=FF 未找到
查找下一个目录项	12	DS：DX=FCB 首地址 (文件中带有*或?)	AL=00 找到 AL=FF 未找到
删除文件	13	DS：DX=FCB 首地址	AL=00 删除成功 AL=FF 未找到
顺序读	14	DS：DX=FCB 首地址	AL=00 读成功 =01 文件结束，记录中无数据 =02 DTA 空间不够 =03 文件结束，记录不完整
顺序写	15	DS：DX=FCB 首地址	AL=00 写成功 =01 盘满 =02 DTA 空间不够
建文件	16	DS：DX=FCB 首地址	AL=00 建立成功 =FF 无磁盘空间
文件改名	17	DS：DX=FCB 首地址 (DS：DX+1)=旧文件名 (DS：DX+17)=新文件名	AL=00 成功 AL=FF 未成功
取当前默认磁盘驱动器	19		AL=默认的驱动器号 0=A,1=B,2=C,…
置 DTA 地址	1A	DS：DX=DTA 地址	
取默认驱动器 FAT 信息	1B		AL=每簇的扇区数 DS：BX=FAT 标识字节 CX=物理扇区大小 DX=默认驱动器的簇数
取任一驱动器 FAT 信息	1C	DL=驱动器号	同上
随机读	21	DS：DX=FCB 首地址	AL=00 读成功 =01 文件结束 =02 缓冲区溢出 =03 缓冲区不满
随机写	22	DS：DX=FCB 首地址	AL=00 写成功 =01 盘满 =02 缓冲区溢出
测定文件大小	23	DS：DX=FCB 首地址	AL=00 成功(文件长度填入 FCB) AL=FF 未找到
设置随机记录号	24	DS：DX=FCB 首地址	

续表

功能描述	AH	调用参数(入口参数)	返回参数
设置中断向量	25	DS：DX=中断向量 AL=中断类型号	
建立程序段前缀	26	DX=新的程序段前缀	
随机分块读	27	DS：DX=FCB 首地址 CX=记录数	AL=00 读成功 =01 文件结束 =02 缓冲区太小，传输结束 =03 缓冲区不满
随机分块写	28	DS：DX=FCB 首地址 CX=记录数	AL=00 写成功 =01 盘满 =02 缓冲区溢出
分析文件名	29	ES：DI=FCB 首地址 DS：SI=ASCIIZ 串 AL=控制分析标志	AL=00 标准文件 =01 多义文件 =02 非法盘符
取日期	2A		CX=年 DH：DL=月：日(二进制)
设置日期	2B	CX：DH：DL=年：月：日	AL=00 成功 =FF 无效
取时间	2C		CH：CL=时：分 DH：DL=秒：1/100 秒
设置时间	2D	CH：CL=时：分 DH：DL=秒：1/100 秒	AL=00 成功 =FF 无效
置磁盘自动读写标志	2E	AL=00 关闭标志 AL=01 打开标志	
取磁盘缓冲区的首址	2F		ES：BX=缓冲区首址
取 DOS 版本号	30		AH=发行号，AL=版本
结束并驻留	31	AL=返回码 DX=驻留区大小	
Ctrl-Break 检测	33	AL=00 取状态 =01 置状态(DL) DL=00 关闭检测 =01 打开检测	DL=00 关闭 Ctrl-Break 检测 =01 打开 Ctrl-Break 检测
取中断向量	35	AL=中断类型	ES：BX=中断向量

续表

功能描述	AH	调用参数(入口参数)	返回参数
取空闲磁盘空间	36	DL=驱动器号 0=缺省,1=A,2=B,...	成功：AX=每簇扇区数 BX=有效簇数 CX=每扇区字节数 DX=总簇数 失败：AX=FFFF
置/取国家信息	38	DS：DX=信息区首地址	BX=国家码(国际电话前缀码) AX=错误码
建立子目录(MKDIR)	39	DS：DX=ASCIIZ 串地址	AX=错误码
删除子目录(RMDIR)	3A	DS：DX=ASCIIZ 串地址	AX=错误码
改变当前目录(CHDIR)	3B	DS：DX=ASCIIZ 串地址	AX=错误码
建立文件	3C	DS：DX=ASCIIZ 串地址 CX=文件属性	成功：AX=文件代号 错误：AX=错误码
打开文件	3D	DS：DX=ASCIIZ 串地址 AL=0 读 =1 写 =2 读/写	成功：AX=文件代号 错误：AX=错误码
关闭文件	3E	BX=文件代号	失败：AX=错误码
读文件或设备	3F	DS：DX=数据缓冲区地址 BX=文件代号 CX=读取的字节数	读成功： AX=实际读入的字节数 AX=0 已到文件尾 读出错：AX=错误码
写文件或设备	40	DS：DX=数据缓冲区地址 BX=文件代号 CX=写入的字节数	写成功： AX=实际写入的字节数 写出错：AX=错误码
删除文件	41	DS：DX=ASCIIZ 串地址	成功：AX=00 出错：AX=错误码(2,5)
移动文件指针	42	BX=文件代号 CX：DX=位移量 AL=移动方式(0：从文件头绝对位移，1：从当前位置相对移动，2：从文件尾绝对位移)	成功：DX：AX=新文件指针位置 出错：AX=错误码
置/取文件属性	43	DS：DX=ASCIIZ 串地址 AL=0 取文件属性 AL=1 置文件属性 CX=文件属性	成功：CX=文件属性 失败：CX=错误码

续表

功能描述	AH	调用参数(入口参数)	返回参数
设备文件 I/O 控制	44	BX=文件代号 AL=0 取状态 =1 置状态 DX =2 读数据 =3 写数据 =6 取输入状态 =7 取输出状态	DX=设备信息
复制文件代号	45	BX=文件代号 1	成功：AX=文件代号 2 失败：AX=错误码
人工复制文件代号	46	BX=文件代号 1 CX=文件代号 2	失败：AX=错误码
取当前目录路径名	47	DL=驱动器号 DS：SI=ASCIIZ 串地址	(DS：SI)=ASCIIZ 串 失败：AX=出错码
分配内存空间	48	BX=申请内存容量	成功：AX=分配内存首值 失败：BX=最大可用内存
释放内容空间	49	ES=内存起始段地址	失败：AX=错误码
调整已分配的存储块	4A	ES=原内存起始地址 BX=再申请的容量	失败：BX=最大可用空间 AX=错误码
装配/执行程序	4B	DS：DX=ASCIIZ 串地址 ES：BX=参数区首地址 AL=0 装入执行 AL=3 装入不执行	失败：AX=错误码
带返回码结束	4C	AL=返回码	
取返回代码	4D		AX=返回代码
查找第一个匹配文件	4E	DS：DX=ASCIIZ 串地址 CX=属性	AX=出错代码(02,18)
查找下一个匹配文件	4F	DS：DX=ASCIIZ 串地址 (文件名中带有?或*)	AX=出错代码(18)
取盘自动读写标志	54		AL=当前标志值
文件改名	56	DS：DX=ASCIIZ 串(旧) ES：DI=ASCIIZ 串(新)	AX=出错码(03,05,17)
置/取文件日期和时间	57	BX=文件代号 AL=0 读取 AL=1 设置(DX：CX)	DX：CX=日期和时间 失败：AX=错误码

续表

功能描述	AH	调用参数(入口参数)	返回参数
取/置分配策略码	58	AL=0 取码 AL=1 置码(BX)	成功：AX=策略码 失败：AX=错误码
取扩充错误码	59		AX=扩充错误码 BH=错误类型 BL=建议的操作 CH=错误场所
建立临时文件	5A	CX=文件属性 DS：DX=ASCIIZ 串地址	成功：AX=文件代号 失败：AX=错误码
建立新文件	5B	CX=文件属性 DS：DX=ASCIIZ 串地址	成功：AX=文件代号 失败：AX=错误码
控制文件存取	5C	AL=00 封锁 =01 开启 BX=文件代号 CX：DX=文件位移 SI：DI=文件长度	失败：AX=错误码
取程序段前缀地址	62		BX=PSP 地址

注：文件操作时，成功：CF=0，失败：CF=1。

附录C 8086/8088的指令格式及功能表

表1 数据传送类指令

指令类型	指令格式	指令功能	状态标志位						备 注
			O	S	Z	A	P	C	
通用数据传送	MOV 目的，源	传送字节或字	—	—	—	—	—	—	源：寄存器、存储器、立即数 目的：寄存器、存储器
	PUSH 源	字压入堆栈	—	—	—	—	—	—	源：寄存器、存储器
	POP 目的	字弹出堆栈	—	—	—	—	—	—	目的：寄存器(代码段寄存器CS除外)、存储器
	XCHG 目的，源	交换字节或字	—	—	—	—	—	—	源：通用寄存器、存储器 目的：通用寄存器、存储器
	XLAT	字节翻译	—	—	—	—	—	—	
目的地址传送	LEA 目的，源	装入有效地址	—	—	—	—	—	—	源：内存操作数 目的：16位通用寄存器
	LDS 目的，源	装入数据段指针到DS	—	—	—	—	—	—	
	LES 目的，源	装入附加段指针到ES	—	—	—	—	—	—	
标志位传送	LAHF	FR低字节装入AH	—	—	—	—	—	—	FR：标志寄存器
	SAHF	AH内容装入FR低字节	—	·	·	·	·	·	
	PUSHF	FR内容入堆栈	—	—	—	—	—	—	
	POPF	堆栈弹出FR内容	·	·	·	·	·	·	
I/O数据传送	IN 累加器，端口	输入字节或字	—	—	—	—	—	—	累加器：AL或AX(16位外部总线用AX) 端口：地址0～255或间址寄存器DX
	OUT 端口，累加器	输出字节或字	—	—	—	—	—	—	

说明：“·”表示运算结果影响标志位，“*”表示标志位为任意值，“—”表示运算结果不影响标志位，“0”表示将标志位置0。

表 2　算术运算类指令

指令类型	指令格式	指令功能	状态标志位						备　注
			O	S	Z	A	P	C	
加法	ADD 目的，源	加法(字节/字)	·	·	·	·	·	·	源：通用寄存器、存储器、立即数
	ADC 目的，源	带进位加法(字节/字)	·	·	·	·	·	·	
	INC 目的	加 1(字节/字)	·	·	·	·	·	—	目的：通用寄存器、存储器
减法	SUB 目的，源	减法(字节/字)	·	·	·	·	·	·	源：通用寄存器、存储器、立即数
	SBB 目的，源	带借位减法(字节/字)	·	·	·	·	·	·	
	DEC 目的	减 1(字节/字)	·	·	·	·	·	—	目的：通用寄存器、存储器
	NEG 目的	取补	·	·	·	·	·	·	
	CMP 目的，源	比较	·	·	·	·	·	·	
乘法	MUL 源	无符号数乘法(字节/字)	·	*	*	*	*	·	源：通用寄存器、存储器
	IMUL 源	带符号整数乘法(字节/字)	·	*	*	*	*	·	
除法	DIV 源	无符号数除法(字节/字)	*	*	*	*	*	*	源：通用寄存器、存储器
	IDIV 源	带符号整数除法(字节/字)	*	*	*	*	*	*	
符合扩展	CBW	字节转换成字	—	—	—	—	—	—	
	CWD	字转换成双字	—	—	—	—	—	—	
十进制调整	AAA	加法的 BCD 码调整	*	*	*	·	*	·	
	DAA	加法的十进制调整	*	·	·	·	·	·	
	AAS	减法的 BCD 码调整	*	*	*	·	*	·	
	DAS	减法的十进制调整	—	·	·	·	·	·	
	AAM	乘法的 BCD 码调整	*	·	·	*	·	*	
	AAD	除法的 BCD 码调整	*	·	·	—	·	*	

说明：“·”表示运算结果影响标志位，“*”表示标志位为任意值，“—”表示运算结果不影响标志位，“1”表示将标志位置 1。

表 3　逻辑运算和移位类指令类型

指令类型	指令格式	指令功能	状态标志位						备　注
			O	S	Z	A	P	C	
逻辑运算	NOT　目的	非(字节/字)	—	—	—	—	—	—	目的：通用寄存器、存储器
	AND 目的，源	与(字节/字)	0	·	·	*	·	0	源：通用寄存器、存储器、立即数
	OR　目的，源	或(字节/字)	0	·	·	*	·	0	
	XOR 目的，源	异或(字节/字)	0	·	·	*	·	0	
	TEST 目的，源	测试(字节/字)	0	·	·	*	·	0	源：8 位或者 16 位立即数 目的：通用寄存器、存储器
移位	SHL 目的，计数值	逻辑左移(字节/字)	·	·	·	*	·	·	目的：通用寄存器、存储器 计数值：1 或者 CL 中的数作为移位次数
	SAL 目的，计数值	算术左移(字节/字)	·	·	·	*	·	·	
	SHR 目的，计数值	逻辑右移(字节/字)	·	·	·	*	·	·	
	SAR 目的，计数值	算术右移(字节/字)	·	·	·	*	·	·	

续表

指令类型	指令格式	指令功能	状态标志位						备　注
			O	S	Z	A	P	C	
循环位移	ROL 目的，计数值	循环左移(字节/字)	·	—	—	*	—	·	目的：通用寄存器、存储器
	ROR 目的，计数值	循环右移(字节/字)	·	—	—	*	—	·	计数值：1 或者 CL 中的数
	RCL 目的，计数值	带进位循环左移(字节/字)	·	—	—	*	—	·	作为移位次数
	RCR 目的，计数值	带进位循环右移(字节/字)	·	—	—	*	—	·	

说明：“·”表示运算结果影响标志位，“*”表示标志位为任意值，“—”表示运算结果不影响标志位，“0”表示将标志位置 0。

表 4　串操作指令和重复前缀

功　能	指令格式	执行操作
串传送	MOVS　DST，SRC	由操作数类型决定是字节或字操作，其余同 MOVSB 或 MOVSW
	MOVSB	[(ES：DI)]←[(DS：SI)]；SI=SI±1，DI=DI±1
	MOVSW	[(ES：DI)]←[(DS：SI)]；SI=SI±2，DI=DI±2 不影响标志位
串比较	CMPS　DST，SRC	由操作数类型决定是字节或字操作，其余同 CMPSB 或 CMPSW
	CMPSB	[(ES：DI)]-[(DS：SI)]；SI=SI±1，DI=DI±1
	CMPSW	[(ES：DI)]-[(DS：SI)]；SI=SI±2，DI=DI±2 比较结果影响所有状态标志位
串搜索	SCAS　DST	由操作数类型决定是字节或字操作，其余同 SCASB 或 SCASW
	SCASB	AL-[(ES：DI)]；DI=DI±1
	SCASW	AX-[(ES：DI)]；DI=DI±2 搜索结果影响所有状态标志位
存串	STOS　DST	由操作数类型决定是字节或字操作，其余同 STOSB 或 STOSW
	STOSB	AL→[(ES：DI)]；DI=DI±1
	STOSW	AX→[(ES：DI)；DI=DI±2 不影响标志位
取串	LODS　SRC	由操作数类型决定是字节或字操作，其余同 LODSB 或 LODSW
	LODSB	[(DS：SI)]→AL；SI=SI±1
	LODSW	[(DS：SI)]→AX；SI=SI±2 不影响标志位

续表

功　能	指令格式	执行操作
重复前缀	REP　MOVS/STOS	若寄存器 CX=0，则退出重复；否则，CX←CX-1 且继续执行串操作指令
	REPE　CMPS/SCAS REPZ　CMPS/SCAS	若寄存器 CX=0 或标志位 ZF=0，则退出重复；否则，CX←CX-1 且继续执行串操作指令
	REPNE　CMPS/SCAS REPNZ　CMPS/SCAS	若寄存器 CX=0 或标志位 ZF=1，则退出重复；否则，CX←CX-1 且继续执行串操作指令

说明：所有串操作指令中的 SI 和 DI 指针的“±”操作均由标志寄存器中的方向标志位 DF 的状态来决定，DF＝0 为“+”，DF＝1 为“-”。

表 5　条件转移指令

指令格式	测试条件	操　　作
标志位转移指令		
JZ/JE　OPRD JNZ/JNE　OPRD	ZF=1 ZF=0	结果/等于为 0　转移 结果不为/不等于 0　转移
JS　OPRD JNS　OPRD	SF=1 SF=0	符号标志位为 1　转移 符号标志位为 0　转移
JP/JPE　OPRD JNP/JPO　OPRD	PF=1 PF=0	奇偶位为 1/为偶　转移 奇偶位为 0/为奇　转移
JO　OPRD JNO　OPRD	OF=1 OF=0	结果溢出　转移 结果不溢出　转移
JC　OPRD JNC　OPRD	CF=1 CF=0	进位位为 1　转移 进位位为 0　转移
不带符号数比较转移指令		
JA/JNBE　OPRD	CF=0 且 ZF=0	高于或不低于等于　转移
JAE/JNB　OPRD	CF=0 或 ZF=1	高于等于或不低于　转移
JB/JNAE　OPRD	CF=1 且 ZF=0	小于或不大于等于　转移
JBE/JNA　OPRD	CF=1 或 ZF=1	小于等于或不大于　转移
带符号数比较转移指令		
JG/JNLE　OPRD	ZF=0 且 OF⊕SF=0	高于或不低于等于　转移
JGE/JNL　OPRD	SF⊕OF=0 或 ZF=1	高于等于或不低于　转移
JL/JNGE　OPRD	SF⊕OF=1 或 ZF=0	小于或不大于等于　转移
JLE/JNG　OPRD	SF⊕OF=1 或 ZF=0	小于等于或不大于　转移

表 6　循环指令

指令格式	指令名称	指令功能
LOOP　OPRD	循环指令	CX←CX-1；若 CX≠0，则继续循环，转移到指令中所给的标号处

续表

LOOPNZ OPRD LOOPNE OPRD	不相等或结果不为零时循环	CX←CX-1，若 CX≠0 且 ZF=0，则继续循环，转移到指令中所给的标号处
LOOPZ OPRD LOOPE OPRD	相等或结果为零时循环	CX←CX-1，若 CX≠0 且 ZF=1，则继续循环，转移到指令中所给的标号处
JCXZ OPRD	若 CX 为 0 跳转	若 CX=0 则转移到指令中所给的标号处 注：它不对 CX 寄存器进行自动减 1 的操作

表 7 无条件转移、过程调用及中断指令

指令格式	指令名称	备 注
JMP OPRD	无条件转移	OPRD：标号、寄存器、存储器
CALL OPRD	过程调用	OPRD：寄存器、存储器
RET exp	调用返回	exp：可有可无
INT n	中断	n：8 位中断类型码
INTO	溢出中断	若 OF=1 时，执行 INT 4；否则，顺序执行。
IRET	中断返回	

表 8 标志操作和 CPU 控制指令

指令类型	指令格式	指令功能说明
标志操作	STC	进位标志置 1 ，即 CF ←1
	CLC	进位标志置 0 ，即 CF ←0
	CMC	进位标志置取反，即 CF ← $\overline{CF}$
	STD	方向标志置 1 (地址减量)，即 DF ←1
	CLD	方向标志置 0 (地址增量) ，即 DF ←0
	STI	中断允许标志置 1（开中断），即 IF ←1
	CLI	中断允许标志置 0（关中断），即 IF ←0
CPU 控制	ESC	交权
	WAIT	等待
	LOCK	封锁总线
	HLT	暂停
	NOP	空操作（3 个时钟）

附录 D　BIOS 中断调用

说明：BIOS 中断功能调用为用户使用微机系统的硬件资源提供了方便，其使用过程是：将功能号放入 AH 中，并设置调用参数，然后执行软中断语句 INT n。

INT	AH	功　能	调用参数	返回参数
10	0	设置显示方式	AL=00 40×25 黑白方式 AL=01 40×25 彩色方式 AL=02 80×25 黑白方式 AL=03 80×25 彩色方式 AL=04 320×200 彩色图形方式 AL=05 320×200 黑白图形方式 AL=06 640×200 黑白图形方式 AL=07 80×25 单色文本方式 AL=08 160×200 16 色图形（PCjr） AL=09 320×200 16 色图形（PCjr） AL=0A 640×200 16 色图形（PCjr） AL=0B 保留(EGA) AL=0C 保留(EGA) AL=0D 320×200 彩色图形（EGA） AL=0E 640×200 彩色图形（EGA） AL=0F 640×350 黑白图形（EGA） AL=10 640×350 彩色图形（EGA） AL=11 640×480 单色图形（EGA） AL=12 640×480 16 色图形（EGA） AL=13 320×200 256 色图形（EGA） AL=40 80×30 彩色文本(CGE400) AL=41 80×50 彩色文本(CGE400) AL=42 640×400 彩色图形(CGE400)	
10	1	置光标类型	$(CH)_{0-3}$=光标起始行 $(CL)_{0-3}$=光标结束行	
10	2	置光标位置	BH=页号 DH,DL=行,列	
10	3	读光标位置	BH=页号	CH=光标起始行 DH,DL=行,列

续表

INT	AH	功　能	调用参数	返回参数
10	4	读光笔位置		AH=0 光笔未触发 =1 光笔触发 CH=像素行 BX=像素列 DH=字符行 DL=字符列
10	5	置显示页	AL=页号	
10	6	屏幕初始化或上卷	AL=上卷行数 AL=0 清屏 BH=卷入行属性 CH=左上角行号 CL=左上角列号 DH=右下角行号 DL=右下角列号	
10	7	屏幕初始化或下卷	AL=下卷行数 AL=0 清屏 BH=卷入行属性 CH=左上角行号 CL=左上角列号 DH=右下角行号 DL=右下角列号	
10	8	读光标位置的字符和属性	BH=页号	AH=属性 AL=字符
10	9	在光标位置显示字符及属性	BH=页号 AL=字符 BL=属性 CX=字符显示次数	
10	A	在光标位置显示字符	BH=显示页 AL=字符 CX=字符显示次数	
10	B	置彩色调板(320×200 图形)	BH=彩色调板 ID BL=和 ID 配套使用的颜色	
10	C	写像素	DX=行(0～199) CX=列(0～639) AL=像素值	

续表

INT	AH	功　能	调用参数	返回参数
10	D	读像素	DX=行(0～199) CX=列(0～639)	AL=像素值
10	E	显示字符 (光标前移)	AL=字符 BL=前景色	
10	F	取当前显示方式		AH=字符列数 AL=显示方式
10	13	显示字符串(适用 AT)	ES:BP=串地址 CX=串长度 DH,DL=起始行,列 BH=页号 AL=0,BL=属性 串:char,char,... AL=1,BL=属性 串:char,char,... AL=2 串:char,attr,char,attr,... AL=3 串:char,attr,char,attr,...	 光标返回起始位置 光标跟随移动 光标返回起始位置 光标跟随移动
11		设备检验		AX=返回值 bit0=1,配有磁盘 bit1=1,80287 协处理器 bit4,5=01,40×25BW(彩色版) =10,80×25BW(彩色版) =11,80×25BW(黑白版) bit6,7=软盘驱动器 bit9,10,11=RS-232 板号 bit12=游戏适配器 bit13=串行打印机 bit14,15=打印机号
12		测定存储器容量		AX=字节数(KB)
13	0	软盘系统复位		
13	1	读软盘状态		AL=状态字节

续表

INT	AH	功　能	调用参数	返回参数
13	2	读磁盘	AL=扇区数 CH,CL=磁盘号,扇区号 DH,DL=磁头号,驱动器号 ES:BX=数据缓冲区地址	读成功：AH=0 AL=读取的扇区数 读失败：AH=出错代码
13	3	写磁盘	同上	写成功：AH=0 AL=写入的扇区数 写失败：AH=出错代码
13	4	检验磁盘扇区	同上(ES:BX 不设置)	成功：AH=0 AL=检验的扇区数 失败：AH=出错代码
13	5	格式化盘磁道	ES:BX=磁道地址	成功：AH=0 失败：AH=出错代码
14	0	初始化串行通信口	AL=初始化参数 DX=通信口号(0,1)	AH=通信口状态 AL=调制解调器状态
14	1	向串行通信口写字符	AL=字符 DX=通信口号(0,1)	写成功：$(AH)_7$=0 写失败：$(AH)_7$=1 $(AH)_{0\sim6}$=通信口状态
14	2	从串行通信口读字符	DX=通信口号(0,1)	读成功：$(AH)_7$=0 (AL)=字符 读失败：$(AH)_7$=1 $(AH)_{0\sim6}$=通信口状态
14	3	取通信口状态	DX=通信口号(0,1)	AH=通信口状态 AL=调制解调器状态
15	0	启动盒式磁带马达		
15	1	停止盒式磁带马达		
15	2	磁带分块读	ES:BX=数据传输区地址 CX=字节数	AH=状态字节 AH=00 读成功 =01 冗余检验错 =02 无数据传输 =04 无引导 =80 非法命令
15	3	磁带分块写	DS:BX=数据传输区地址 CX=字节数	同上
16	0	从键盘读字符		AL=字符码 AH=扫描码

续表

INT	AH	功 能	调用参数	返回参数
16	1	读键盘缓冲区字符		ZF=0 AL=字符码 AH=扫描码 ZF=1 缓冲区空
16	2	读键盘状态字节		AL=键盘状态字节
17	0	打印字符 回送状态字节	AL=字符 DX=打印机号	AH=打印机状态字节
17	1	初始化打印机 回送状态字节	DX=打印机号	AH=打印机状态字节
17	2	取状态字节	DX=打印机号	AH=打印机状态字节
1A	0	读时钟		CH:CL=时:分 DH:DL=秒:1/100 秒
1A	1	置时钟	CH:CL=时:分 DH:DL=秒:1/100 秒	
1A	2	读实时钟		CH:CL=时:分(BCD) DH:DL=秒:1/100 秒(BCD)
1A	6	置报警时间	CH:CL=时:分(BCD) DH:DL=秒:1/100 秒(BCD)	
1A	7	清除报警		

注：表中“列 INT”、“列 AH”中的数均为十六进制数。

附录E　各章习题参考答案

第1章

一、简答题

1. 第一阶段(1971—1973年)是4位或8位低档Intel 4004、Intel 8008微处理器；第二阶段(1974—1978年)是8位中高档Intel 8080/8085等微处理器；第三阶段(1978—1981年)是16位Intel 8086/8088及80286等微处理器；第四阶段(1981—1991年)是32位Intel 80386/80486等微处理器；第五阶段(1992年以后)是高档的32位及64位奔腾系列处理器。

2. CPU主要包括运算器、控制器、寄存器阵列和内部总线。运算器实现算术运算和逻辑运算功能；控制器发出控制信号，实现控制指令执行的功能；寄存器阵列存放参加运算的数据、中间结果、地址等，在CPU内部；内部总线用来连接微处理器的各功能部件并传送微处理器内部的数据和控制信号。

3. 微型计算机的特点是体积小、重量轻、功耗低；可靠性高、使用环境要求低；结构简单灵活、系统设计方便、适应性强；性价比高。主要应用于科学计算与数据处理，工业控制，自动化仪器、仪表及装置，计算机辅助设计，计算机仿真，人工智能，信息管理与办公自动化，文化、教育、娱乐和日用家电。

4. 计算机是由微处理CPU、内存储器和输入/输出接口及总线组成的。CPU是整个计算机的核心，可进行算术和逻辑运算；内存储器用于存放计算机当前执行的程序和需要使用的数据。I/O接口电路是计算机连接外部输入、输出设备及各种控制对象并与外界进行信息交换的逻辑控制电路。总线是连接多个功能部件或多个装置的一组公共信号线，可以分为内部总线和外部总线。

5. 单片机是将CPU、部分存储器、部分I/O接口集成在一个芯片上，一个芯片就是一台微型机。单板机是将CPU、存储器、I/O接口及部分I/O设备安装在一个印刷线路板上。这块印刷线路板就是一台完整的微型机。

6. 总线是连接多个功能部件或多个装置的一组公共信号线。总线可以分为内部总线和外部总线。内部总线是CPU内部各功能部件和寄存器之间的连线；外部总线是连接系统的总线。按所传送信息类型的不同，总线可以分为数据总线DB、地址总线AB和控制总线CB三种类型。AB是用来传送地址信息的信号线。DB是用来传送数据信息的信号线。CB是用来传送控制信号的一组总线。

二、计算题

1. (1) 11011101B　(2) 1100.011B　(3) 1111011.01B　(4) 1111011B
2. (1) 2EH　(2) D2H　(3) 80H　(4) FFH

3. (1) 01011000B，xxxx0101B 或 xxxx1000B
(2) 0001011000100100B, xxxx0001B 或 xxxx0110B 或 xxxx0010B 或 xxxx0100B
4. (1) 2DH, 45 (2) 80H, 128 (3) FFFFH, 65535 (4) FFH, 255
5. (1) 11111010B, 250 (2) 01011011B, 91
(3) 1111111111111110B, 65534 (4) 0001001000110100B, 4660
6. (1) −40 (2) −1 (3) 79 (4) 43
(5)115 (6) 89
7. 01101110B, 01101110B 11010101B, 10101011B
0.1010001B, 0.1010001B 1.1011000B, 1.0101000B
8. (1) 0FH (2) FCH (3) FFH (4) EEH
9. (1) $(1001011101010011)_{BCD}$ (2) $(00100100.01101000)_{BCD}$
10. (1) 81.62 (2) 3327
11. (1) 13, DH (2) 11.625, B.AH (3) 46, 2EH (4) 169, A9H
(5) 255, FFH
12. (1) 10000111.101B, 87.AH, $(000100110101.011000100101)_{BCD}$
(2) 10000111.01B，87.4H，$(001001010100.00100101)_{BCD}$
(3) 1011011110010.101B，16F2.AH，$(0101100001110100.001101110101)_{BCD}$
(4) 117.574，1110101.1001B，75.9H，$(000100010111.010101110100)_{BCD}$
13. (1) 01000001B (2) 11000001B, 10111110B, 10111111B
(3) 01110011B (4) 11111011B, 10000100B, 10000101B
14. (1) 0078H (2) 8091H, FF6EH, FF6FH
(3) 03E7H (4) 81F4H, FE0BH, FE0CH
15. (1) −53 (2) −0.578125 (3) −65 (4) −0.1640625
(5) −0.34375 (6) 83
16. (1) $0.1001010\times2^{+2}$ (2) $0.1010\times2^{+4}$ (3) $-0.1000011\times2^{+5}$

第 2 章

一、简答题

1. 由总线接口部件 BIU 和执行部件 EU 组成。执行部件 EU 负责指令的译码和执行，总线接口部件 BIU 负责与存储器及 I/O 接口之间的数据传送操作。

2. 8086 CPU 中有 14 个 16 位的寄存器，按用途分为四类。①通用寄存器组：数据寄存器，累加器 AX，基址寄存器 BX，计数寄存器 CX，数据寄存器 DX。②指针和变址寄存器；③段寄存器组：段寄存器组由 CS、DS、SS 和 ES 四个 16 位的寄存器组成；④标志寄存器 FR；⑤指令指针 IP。

3. CF 进位标志位：运算中发生进位或借位时，CF=1；否则，CF=0。

AF 辅助进位标志位：运算结果的低 4 位向高 4 位有进位或有借位和低字节向高字节有进位或借位时，则 AF=1；否则 AF=0。

OF 溢出标志位：当运算结果超出机器的表示范围时，OF=1；否则 OF=0。

SF 符号标志位：在有符号运算数的算术运算时，当运算结果为负时，SF=1；否则 SF=0。

ZF 零标志位：运算结果为零时，ZF=1；否则 ZF=0。

PF 奇偶标志位：当运算结果的低 8 位“1”的个数为偶数时，PF=1；否则 PF=0。

DF 方向标志位：控制串操作指令对字符串处理的方向。DF=0 时，变址地址指针 SI，DI 作增量操作，字节操作增量为 1，字操作增量为 2；DF=1 时，作减量操作。IF 中断允许标志位：控制可屏蔽中断的标志。当 IF=1 时，允许 CPU 响应屏蔽中断请求；当 IF=0 时，禁止响应。

TF 陷阱标志位：若 TF=1 时，CPU 每执行完一条指令就产生一个内部中断，以便对每条指令的执行结果进行跟踪调查。

4. 逻辑地址由段地址和段内偏移地址构成，是用户编写程序时所用的地址。物理地址是 CPU 与内存交换数据时所使用的地址。物理地址=段地址×10H+段内偏移地址。

5. 低 16 条地址线给 I/O 编址，能寻址的 I/O 空间为 2^{16}=64KB，端口号取值范围为 0000H～FFFFH。

6. 时钟周期 T：是时钟脉冲的重复周期，是 CPU 的时间基准，由计算机的主频决定。

总线周期：完成一次总线操作所需的时间，一般包含多个 T(典型 4 个)。

指令周期：是执行一条指令所需的时间。一个总线周期至少由 4 个时钟周期组成，一个指令周期由一个或若干个总线周期组成。

7. 基本的读/写周期由 4 个 T 周期组成：T_1、T_2、T_3 和 T_4。当所选中的存储器和外设的存取速度较慢时，在 T_3 和 T_4 之间将插入一个或几个等待周期 T_w。插入 T_w 的个数取决于存储器和外设的存取速度。

8. T_1 状态时，①$M/\overline{IO}$ 有效，用来指出本次读周期是存储器读还是 I/O 读，它一直保持到 T_4 有效。②地址线信号有效，用来指出操作对象的地址，即存储器单元地址或 I/O 端口地址。③ALE 有效，下降沿有效。④$\overline{BHE}$ (对 8088 无用)有效，用来表示高 8 位数据总线上的信息有效，现在通过 A_{15}～A_8 传送的是有效地址信息，$\overline{BHE}$ 常作为奇地址存储器的选通信号，因为奇地址存储器中的信息总是通过高 8 位数据线来传输，而偶地址的选通则用 A_0。T_2 状态时，高四位地址/状态线送出状态信息。⑤低 16 位地址/数据线浮空，为下面传送数据做准备。T_3 状态时，从存储器/I/O 端口读出的数据送数据总线。T_w 状态时，若存储器或外设速度较慢，不能及时送上数据的话，则通过 READY 线通知 CPU，若发现 READY=0，则在 T_3 结束后自动插入 1 个或几个 T_w，并在每个 T_w 的前沿处检测 READY，等到 READY 信号变高电平后，则自动脱离 T_w 进入 T_4。T_4 状态时，采集数据，使各控制及状态线进入无效。

9. 最小模式系统：除 8086 CPU 外，还包括存储器、I/O 接口时钟发生器 8284，地址锁存器 8282 和数据收发器 8286。最大模式系统是将 CPU 引脚 $MN/\overline{MX}$ 接地(GND)。当 CPU 的管脚 $MN/\overline{MX}$ 接高电平时，工作在最小模式；当 $MN/\overline{MX}$ 接低电平时，工作在最大模式。

二、计算题

1. 85H～8AH
2. FFFF1H, 00D9FH, B973FH

3. 1AH，65H，61H，D7H，7BH，00H
4. 16000H，不是

第3章

一、简答题

1. (1) 立即寻址　　(2) 直接寻址，20100H
   (3) 直接寻址，20050H　　(4) 寄存器间接寻址，200A0H
   (5) 寄存器相对寻址，20150H　　(6) 基址变址寻址， 150B0H
2. (1) 源、目的字长不一致
   (2) 源、目的不能同时为存储器寻址方式
   (3) 基址变址方式不能有 SI 和 DI 的组合
   (4) 基址变址方式不能有 BX 和 BP 的组合
   (5) 在 8086 寻址方式中，AX 不能作为基址寄存器使用，而且源、目的不能同时为存储器寻址方式
   (6) 1000 超出一个字节的表示范围
   (7) OFFSET 只用于变量名或标号，应去掉
   (8) CS 不能作为目的寄存器
   (9) 立即数不能直接送入数据段寄存器
   (10) 源与目的操作数不能同为段寄存器寻址方式
3. (1) 正确。立即寻址。
   (2) 正确。寄存器相对寻址。
   (3) 错误。CX、DX 不能作基址寄存器或变址寄存器。
   (4) 错误。操作数不能是两个存储器相加形式“VAR1+VAR2”。
   (5) 错误。源、目的操作数字长不一致。
   (6) 正确。直接寻址。
   (7) 正确。立即寻址。
   (8) 正确。立即寻址。
   (9) 错误。操作数类型不明确。
   (10) 正确。立即寻址。
   (11) 错误。源、目的操作数字长不一致。
   (12) 错误。移位次数大于 1，必须放在寄存器 CL 中。
   (13) 错误。LAB2 前应加 FAR PTR。
   (14) 错误。条件转移指令的操作数只能是短程标号(距离-128～+127)。
   (15) 正确。(存储器)直接寻址。
   (16) 错误。条件转移指令的操作数只能是短程标号(不能是存储器)。
4. SP=00FAH，SS=0300H，IP=0040H，FR=0040H，堆栈内容为

SP=00FAH →	A2H
	00H
	00H
	09H
	40H
	02H
SP=0100H →	xxH

二、分析题

1. (1) CL=[09226H]=0F6H
   (2) [BP][DI]=[1E4F6H]=CX=5678H
   (3) BX=0056H，AX=[09228H]=1E40H
   (4) DS=1E40H，SI=[09226H]=00F6H，[SI]=[1E4F6H]=BX=0024H
   (5) CX=00F6H，AX=5678H，[BX+20H][SI]=[09226H]= 1234H
2. (1) AX=0F05FH，SF=1，ZF=0，OF=0，CF=1
   (2) SF=1，ZF=0，OF=1，CF=1
   (3) AX=0240H，OF=1，CF=1
   (4) AX=0906H，SF=0，ZF=0
   (5) AX=20ACH
   (6) AX=0103H，CF=0
   (7) AX=0DF87H，CF=0，OF=0，SF=1，ZF=0
   (8) [23000H]～[22FFCH]=60H，不影响标志位
   (9) IP=0A006H，不影响标志位
   (10) AX=00B0H，[25060H]=2060H，不影响标志位
3. 将 DX: AX 中的双字左移 4 位(乘 16)
4. (1) CS=2000H；IP=0157H　　(2) CS=2000H；　IP=1771H
   (3) CS=2000H；IP=16C0H　　(4) CS=3000H；　IP=0146H
   (5) CS=2000H；IP=1770H　　(6) CS=3000H；　IP=0146H
5. (1) AL=02H；BL=85H；CF=1　(2) AX=0000H；　CF=0
   (3) AX=0000H；CF=0　　(4) BX=0FFFFH；CF=1
6. (1) 转向 L1　　(2) 转向 L3
7. AX。带符号数(补码)
8. (1)

```
AND  AX,0FFF0H
OR   BX,000FH
XOR  CX,0F000H
```

   (2)

```
TEST DX,0011H
JP   L1
MOV  AL,1
```

```
        JMP  DONE
L1:     MOV  AL, 0
DONE:   ……
```

(3)

```
        MOV   CX,4
L1:     SAR   DX,1
        ROR   AX,1
        ROR   BL,1
        LOOP  L1
```

第4章

一、分析题

1.

地　址	数　据	地　址	数　据
ARRAYB	3FH		42H
	63H		41H
	41H		44H
	42H		43H
	43H		?
	44H		?
	?		01H
	?		00H
	?		03H
	01H		00H
	03H		01H
	01H		00H
	03H		03H
	34H		00H
	12H		
	05H		
	00H		

2. L=6
3. AX=1；BX=2；CX=20；DX=1；SI=40；DI=1
4. 左为助记符，由CPU执行指令时运算；右为运算符，由汇编程序在汇编时运算。
5. AX=0034H，CX=0000H；　　AX=0034H，CX=0FFFFH
6. AX=002CH

7. DA1 DB 'A', 'B',0,0, 'C', 'D',0,0
   DA1 DW 'BA',0, 'DC',0
   DA1 DD 'BA', 'DC'

8.
   (1) DA1 DB 20H DUP (2,3,10 DUP (4),7)
   (2) DA2 DW ‘TS’, ‘DU’ ,’NE’,’ST’
   (3) COUNT EQU DA2-DA1

9. (1) 测试AL，BL两数的符号，如为同号直接返回，如为异号，则AL与BL交换
   (2) AL=77H，BL=9AH

二、填空题

1. MOV CX，10； DAA
2. MOV CX， CUNT； ADD AL，30H
3. CLD； XCHG SI，DI； XCHG SI， DI

三、编程题

1.

```
        MOV  AL,  X
        CMP  AL,  0
        JGE  BIGR
        NEG  AL
BIGR:   MOV  Y,  AL
```

2.

```
        MOV BL, 2               ;平方根的初值,0和1的平方根除外，从2开始
AGAIN:  MOV CX, NUM             ;预计最大循环次数，即原始数据
        MOV AL, BL
        MUL BL                  ;得到平方
        CMP AX, CX              ;是否大于原始数据
        JG  EXIT
        INC BL                  ;平方根数递增
        JMP AGAIN               ;继续作平方
EXIT:   DEC BL                  ;得到平方根的整数部分
        MOV ANS, BL             ;存平方根
        MOV AL,  BL             ;恢复余数
        MUL BL
        SUB CX, AX
        MOV REMAIN, CL
        HLT
```

其中，数据段变量定义如下：

```
NUM     DW  ?
ANS     DB  ?
REMAIN  DB  ?
```

3.

```
SCODE   DB  7, 5, 9, 1, 3, 6, 8, 0 ,2, 4
BUFFER  DB  10 DUP(?)
; …
        MOV     SI,0
        MOV     CX,10
        LEA     BX,SCODE
INPUT:  MOV     AH,01

        INT     21H
        SUB     AL,30H
        CMP     AL,0AH
        JZ      EXIT
        AND     AL,0FH
        XLAT
        MOV     BUFFER[SI],AL
        INC     SI
        LOOP    INPUT
EXIT: RET
```

4.

```
        LEA   SI, SEDAT
        MOV   CX, 50
WAIT1:  MOV   DX, 03FBH
        IN    AL, DX
        TEST  AL, 00100000B
        JZ    SEND
        JMP   WAIT1
SEND:   MOV   DX, 03F8H
        MOV   AL, [SI]
        OUT   DX, AL
        INC   SI
        LOOP  WAIT1
```

5.

```
DATA    SEGMENT
BUF     DB  58H
ASC     DB  2 DUP (?)
DATA    ENDS
STACK1  SEGMENT  PARA  STACK
        DW  20H DUP  (0)
STACK1  ENDS
CODE    SEGMENT
        ASSUME  CS: CODE,DS: DATA,SS:STACK1
START:  MOV  AX,  DATA
        MOV  DS, AX
        MOV  AL, BUF
```

```
        AND  AL, 0F0H
        MOV  CL, 4
        SHR  AL, CL
        OR   AL,  30H
        MOV  ASC,AL
        MOV  AL,BUF
        AND  AL,0FH
        OR   AL, 30H
        MOV  ASC+1,AL
        MOV  AL,4CH
        INT  21H
CODE    ENDS
        END  START
```

6.

```
DATA    SEGMENT
A1       DB  '……'
N       EQU  $-A1
A2       DB  N DUP (?)
SL       DB  ?
DATA     ENDS
STACK   SEGMENT  PARA  STACK
        DW  10H DUP (0)
START   ENDS
CODE    SEGMENT
        ASSUME CS: CODE, DS: DATA, SS: STACK
START:  MOV  AX,  DATA
        MOV  DS, AX
        LEA  SI, A1
        LEA  DI,A2
        MOV  CX,N
        XOR  BL,  BL
AGAIN:  MOV  AL, [SI]
        CMP  AL, 'a'
        JB   EXIT
        CMP  AL, 'z'
        JA   EXIT
        MOV  [DI], AL
        INC  BL
        INC  DI
EXIT:   INC  SI
        LOOP  AGAIN
        MOV  SL, BL
        MOV  AH,4CH
        INT  21H
CODE     ENDS
        END   START
```

7.

```
DSEG    SEGMENT
GRADE   DW  30 DUP(?)
RANK    DW  30 DUP(?)
DSEG    ENDS
CSEG    SEGMENT
MAIN    PROC     FAR
        ASSUME   CS:CSEG, DS:DSEG, ES:DSEG
START:  PUSH     DS
        SUB      AX,AX
        PUSH     AX
        MOV      AX,DSEG
        MOV      DS,AX
        MOV      ES,AX
BEGIN:  MOV      DI,0
        MOV      CX,30
LOOP1:  PUSH     CX
        MOV      CX,30
        MOV      SI,0
        MOV      AX,GRADE[DI]
        MOV      DX,0
LOOP2:  CMP      GRADE[SI],AX
        JBE      GO_ON
        INC      DX
GO_ON:  ADD      SI,2
        LOOP     LOOP2
        POP      CX
        INC      DX
        MOV      RANK[DI],DX
        ADD      DI,2
        LOOP     LOOP1
        RET
MAIN    ENDP
CSEG    ENDS
        END      START
```

8.

```
PJY     PROC     NEAR
        AND      AL, 7FH       ;先清零校验位
        JP       EXIT          ;表示已为偶
        OR       AL, 80H       ;为奇，则校验位加“1”变偶
EXIT:   RET
PJY     ENDP
```

第5章

一、简答题

1. 一类叫作内部存储器，一类叫作外部存储器。内部存储器和CPU直接进行信息交换，内存中的程序和数据要不断地传送到运算器与控制器，处理结果又要不断地存回到内存中。内存的工作速度快、容量小。外存存储的程序或数据等信息要通过专门设备才能传送到内存中。人们把暂时不用的信息存放在外存中，以便保存信息。当需要时，外存的信息通过内存和CPU进行信息交换。

2. SRAM为静态随机读写存储器，DRAM为动态随机读写存储器，ROM为只读存储器，PROM为可编程只读存储器，EPROM为可擦除只读存储器，EEPROM为电可擦除只读存储器。

3. 有线选法，地址重叠更多，但硬件简单，适用于小系统；全译码法，无地址间断和地址重叠现象；部分译码法，地址重叠，译码简单，但会造成内存空间浪费；混合译码法，是将线选法与部分译码法相结合的一种方法。

4. 由于场效应管的栅极电阻并非无穷大，电容器会漏电，存储的电荷逐渐减少，当减少到一定程度，RAM中存入的信息会消失。因此，需要在信息没有消失之前，给电容器充电，以补充已经消失的电荷，即刷新。

二、计算题

1. (1) 64，11　(2) 32，4　(3) 1024，10　(4) 64，9
2. (1) 128　(2) 32　(3) 4096
3. 16，9，12
4. 128，10，6
5. FF000H～FFFFFH，4KB
6. 芯片 U1的地址范围为09000H～09FFFH；芯片 U2和U3的地址范围为0A000H～0A3FFH。总容量为6KB(U1为4KB，U2、U3为1KB，U4、U5为1KB)。
7. C7FFH
8. 3400H

三、分析题

1.

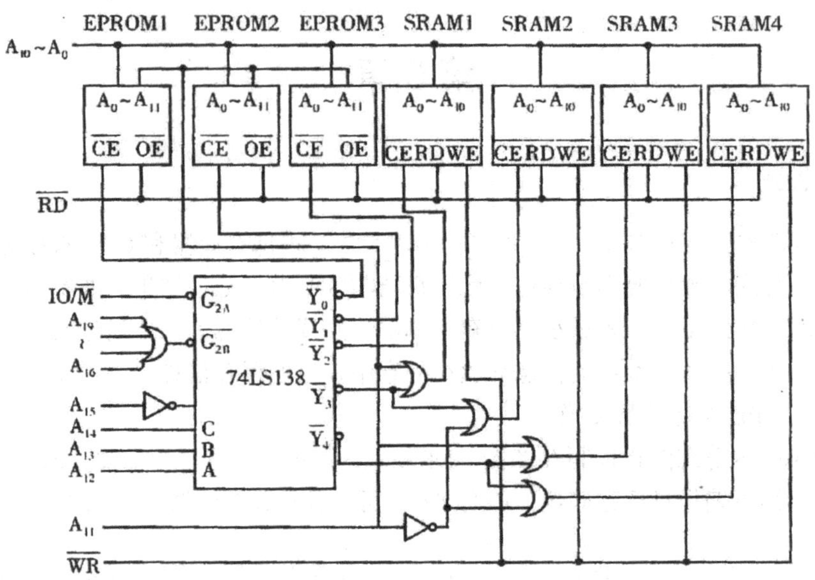

2. EPROM 的地址范围为 FD000H～FDFFFH，存储容量为 4KB；RAM 的地址范围为 F9000H～F97FFH 或 F9800H～F9FFFH，存储容量为 2KB。由于 A_{11} 未参加译码，因而有地址重叠，一个内存单元有两个地址对应。

第 6 章

一、简答题

1. I/O 接口是用来连接微机和外设的中间部件。I/O 接口电路要面对主机和外设两个方面进行协调和缓冲，通过 I/O 接口实现微机和外设之间的信息交换。

I/O 接口应具备数据缓冲功能、信号转换功能、端口选择功能、接收和执行 CPU 命令的功能、中断管理功能和可编程功能。

2. 计算机和输入/输出设备交换信息有下列三种方式。

程序控制方式：在程序控制下进行数据传送，又分为无条件传送和条件传送方式。无条件传送是一种最简单的输入/输出传送，一般只用于简单、低速的外设的操作；条件传送比无条件传送要可靠，但 CPU 要不断地检测外设状态，真正用于数据传送的时间实际很短，大部分时间是在查询等待，CPU 的效率很低，实时性较差。

中断方式：利用中断方式，在一定程度上提高了 CPU 的效率，在那些传送速率要求不高，数据量不大而有一定实时性要求的场合使用中断方式是行之有效的。但在这种方式中，每传送一个数据，CPU 就要执行一次中断操作，CPU 要暂停当前程序的执行，转去执行相应的中断服务程序，而执行中断服务程序的前后以及执行过程中，要做很多辅助操作，这些操作会花费 CPU 的大量时间，这样就可能出现那些任务紧迫而优先级又低的外设不能及时得到服务，而丢失数据，使系统的实时性差。所以中断方式对于高速外设，如磁盘、磁带、数据采集系统等就不能满足传送速率上的要求。

DMA 传送方式：外设与内存间的数据传送不经过 CPU，传送过程也不需要 CPU 干预，

在外设和内存间开设直接通道由一个专门的硬件控制电路来直接控制外设与内存间的数据交换。硬件结构相对复杂。

3. 输入/输出端口的编址方式通常有两种：一种是I/O端口与内存统一编址；另一种是I/O端口与内存独立编址。

I/O端口与内存统一编址的方式可以用访问内存的方式来访问I/O端口。所有用于内存的指令都可以用于外设，不再需要专门的I/O指令，给应用带来了很大的方便，但执行指令时间增加，同时从指令上也不易区分当前是对内存进行操作还是对外设进行操作；外设数目或I/O端口数几乎不受限制，但减少了内存可用的地址范围，因此对内存容量有影响；微机系统读写控制逻辑较简单。

I/O端口与内存独立编址的方式，其I/O端口与内存有各自独立的地址空间，这两个地址空间，互不影响，但外设数目或I/O端口数受限制，以8086/8088为例，可寻址2^{16}=64K个8位端口；使用专用I/O命令，与内存访问命令有明显区别，便于理解和检查，且I/O指令简短，执行速度快，但I/O指令类型少，程序设计灵活性较差；要求系统提供MEMR/MEMW和IOR/IOW两组控制信号，增加了控制逻辑的复杂性。

二、编程题

1. （设要传送的数据已放在AH寄存器中）

```
        MOV  DX,371H
WAIT:   IN   AL,DX
        AND  AL,05H
        CMP  AL,04H               ;判别是否已联机和不忙
        JNZ  WAIT                 ;未联机或处于忙状态,等待
        MOV  DX,370H
        MOV  AL,AH                ;已联机并且不忙,传送数据
        OUT  DX,AL
        RET
```

2. （设要传送的数据已放在AH寄存器中）

```
        MOV   SI,8002H
WAIT:   MOV   AL,[SI]
        TEST  AL,02H                   ;判断是否忙
        JNZ   WAIT                     ;若忙,则等待
        MOV   SI,8001H
        MOV   AL,01H
        MOV   [SI],AL                  ;STB=1
        MOV   AL,AH                    ;AH为要传送的数据
        MOV   SI,8000H
        MOV   [SI],AL                  ;数据锁存到D触发器的输出端
        MOV   SI,8001H
        MOV   AL,00H
        MOV   [SI],AL                  ;STB=0;
        MOV   AL,01H
        MOV   [SI],AL                  ;STB=1
        RET
```

第7章

一 简答题

1. 可屏蔽中断(INTR)、非屏蔽中断(NMI)以及内部中断。

2.

(1) 中断：在CPU执行程序过程中，由于某种事件发生，引起CPU暂时中止正在执行的程序而转去处理该事件(即执行一段事先安排好的程序)；事件处理结束后又回到被中止的程序继续执行。

(2) 中断类型号：每个中断分配的供CPU识别的编号。

(3) 中断向量表：存放所有中断处理程序入口地址的一个默认的内存区域。

(4) 可屏蔽中断：CPU收到可屏蔽中断请求信号后，是否去处理该外部事件，还受CPU内部标志寄存器中IF标志控制，如果IF标志事先设置为0，则CPU不能响应该中断请求；只有当IF标志为1时，CPU才能响应该中断请求、处理该外部事件。

非屏蔽中断：CPU收到非屏蔽中断请求信号后，一定会立即响应中断去处理该外部事件，不受IF标志屏蔽。

3. 8086系统具有一个简单而灵活的中断系统，每个中断都有一个中断类型号，供CPU进行识别，8086中断系统最多能处理256种不同的中断类型。中断可以通过外设驱动，也可由软件中断指令启动，CPU自己也可以启动中断。

4. 当8086收到INTR的高电平信号时，如果满足中断承认条件，则8086在两个总线周期中分别发出INTA有效信号；在第二个INTA期间，8086收到中断源发来的中断类型码；8086完成断点保护操作，PSW、CS、IP内容进入堆栈，清除IF、TF；查中断向量表，得到中断处理程序的入口地址，8086从此地址开始执行程序，完成了INTR中断请求的响应过程。

5. 在8086/8088系统中，中断类型码乘4得到向量表的入口地址，从此处读出4字节内容即为中断向量。

6. 8259A中断控制器可以处理8个中断请求，主要对这些中断请求完成保存、优先级处理、中断屏蔽、嵌套管理、中断结束管理等功能，并向CPU提供中断请求的中断类型码。

中断请求寄存器IRR、中断服务寄存器ISR、中断屏蔽寄存器IMR、ICW1～ICW4内部寄存器、OCW1～OCW3内部寄存器。

中断请求寄存器的作用是锁存中断请求信号。

中断服务寄存器的作用是保存所有正在被服务的中断请求。

中断屏蔽寄存器的作用是保存需要屏蔽的中断。

ICW1～ICW4内部寄存器的作用是初始化命令字。

OCW1～OCW3内部寄存器的作用是操作命令字。

7. 初始化命令字是ICW1～ICW4。操作命令字是OCW1～OCW3。

ICW1应写入偶地址端口，A0=0，主要用于设置8259A的工作方式。

ICW2 应写入奇地址端口，A0=1，主要用于设置 8259A 管理的中断源的中断类型码。它的低 3 位必须是 000。

ICW3 应写入奇地址端口，A0=1，主要用于级联设置。

ICW4 应写入奇地址端口，A0=1，主要用于进一步设置 8259A 的工作方式。

OCW1 应写入奇地址端口，A0=1，主要用于设置 IRi 的屏蔽情况。

OCW2 应写入偶地址端口，A0=0，主要用于设置中断结束方式和优先级管理方式。

OCW3 应写入偶地址端口，A0=0，主要用于设置特殊屏蔽方式和查询方式。

8. 8259A 的优先级管理方式有固定优先级方式、自动循环优先级方式、特殊全嵌套优先级方式、特殊循环优先级方式。

8259A 的中断结束方式有非自动结束方式(EOI)和自动结束方式(AEOI)。

完全嵌套排序方式的优先级的次序固定：IR0>IR1>…IR7。当 ISR 的第 i 位为 1 时，表示 CPU 正在处理从 IR_i 引入的中断请求，此时 8259A 禁止同优先级和优先级低于此级的中断请求。当中断请求处理结束，CPU 向 8259A 发中断结束命令 EOI，使 ISR 相应位复位。特殊全嵌套优先级方式基本上与固定优先方式相同，不同的是 CPU 处理某一优先级的中断请求时，不仅允许优先级比它高的中断请求进入，而且允许同级的中断请求进入。

9.

```
MOV     AX, 00H
MOV     DS, AX                  ;向量表段地址置 0000H
MOV     BX, 24H
SHL     BX, 1
SHL     BX, 1                   ;向量表存放首址=中断类型号*4
MOV     AX, OFFSET INT24        ;中断服务程序入口偏移地址→AX
MOV     [BX], AX                ;偏移地址存入向量表
MOV     AX, SEG INT24           ;中断服务子程序入口段地址→AX
MOV     [BX+2], AX              ;段地址存入向量表
```

二、分析题

1. 中断类型号 25H；中断服务子程序的入口地址为 1000H:2000H 时

2.

(1) 1 为单步中断；2 为溢出中断；3 为断点中断；4 为软中断；5 为除法出错中断(3～5 可互换)

(2) 6 为不可屏蔽中断 NMI；7 为可屏蔽中断 INTR；8 为中断应答 INTA

(3) 9 为可编程中断控制器 8259

三、编程题

中断初始化程序如下。

```
MOV  AL,00011011B        ;写 ICW1
MOV  DX, 0FF00H
OUT  DX,AL
MOV  AL,10001000B        ;写 ICW2
MOV  DX,  0FF01H
OUT  DX,AL
```

```
MOV  AL,00000001B        ;写 ICW4
OUT  DX,AL
```

结束中断程序如下。

```
MOV  AL,20H              ;20H 是命令字,EOI=1
MOV  DX, 0FF00H
OUT  DX,AL
```

第 8 章

一、简答题

1. 接口作为 CPU 和外设之间联系的“桥梁”，一方面接收 CPU 进行输入/输出所发出的一系列信息；另一方面向外设收/发数据及一些联络信号等。数据输入、输出寄存器用来解决 CPU 和外设之间速度不匹配的矛盾，实现数据缓冲功能。

2. 8255A 主要由 4 部分组成：三个数据端口、两组控制电路、读/写控制逻辑电路和数据总线缓冲器。三个数据端口主要完成数据的传输；控制电路 A 组和 B 组，接收 CPU 输出的方式控制命令字和读/写控制逻辑电路的读/写命令来决定 A 组和 B 组的工作方式和读/写操作。读/写控制逻辑电路：完成三个数据端口和一个控制端口的译码，管理数据信息、控制字和状态字的传送，接收来自 CPU 地址总线的 A1、A0 和有关控制信号，向 8255A 的 A、B 组控制部件发送命令。数据总线缓冲器传送输入/输出的数据，传送 CPU 发出的控制字以及外设的状态信息。

3. 方式 0 基本输入/输出方式，CPU 与外设之间的数据传送为查询方式传送或无条件传送，A 口、B 口、C 口高四位，C 口低四位均可工作于此方式。方式 1 选通输入/输出方式，CPU 与外设之间的数据传送为查询传送或中断传送，A 口和 B 口可工作于此方式，此时 C 口的大部分引脚分配作专用的联络信号。方式 2 双向选通输入/输出方式，可采用中断方式和查询方式与 CPU 交换数据，只有 A 口可设成此方式。

4. 工作方式 0(计数结束中断方式)；工作方式 1 (硬件 GATE 可重触发的可编程单稳态方式)；工作方式 2(频率发生器方式)；工作方式 3(方波发生器方式)；工作方式 4(软件触发选通)；工作方式 5(硬件触发选通) 。

5. 单工：一根线, 数据只能单方向传送；半双工：一根线, 数据能交替双向传送，在某一时刻只能选一种方向；全双工：两根线，数据能能同时双向传送。

6. 波特率是指串行通信时每秒传送的二进制位数，单位为“位/秒”，即 1 波特=1 位/秒，最常用的波特率有 110、300、600、1200、2400、4800、9600 位移等。

7. 同步通信是在约定波特率下，收发双方所用时钟频率完全一致。异步通信是在约定波特率下，两端时钟频率不需要严格同步，允许 10%的相对延迟误差。

8. 对方式 1，OUT=0；而方式 5，OUT=1；计数结束时，方式 1 OUT 变高而方式 5 输出 1 个负脉冲；输出负脉冲的宽度，方式 1 为 n 个 CLK，而方式 4 为 1 个 CLK。输出波形不同。

9. $\overline{CS}$：片选信号；C/$\overline{D}$：控制/数据信号，分时复用。为低电平时写入方式字，控制字或同步字符；为高电平时写入数据。

10. 外设处于主动地位，当外设准备好数据并放到数据线上后，首先发$\overline{STB}$信号，由它把数据输入到8255A。在$\overline{STB}$的下降沿约300ns，数据已锁存到8255A的缓冲器后，引起IBF变高，表示8255A的“输入缓冲器满”，禁止输入新数据。接着在STB的上升沿约300ns后，在中断允许(INTE=1)的情况下IBF的高电平产生中断请求，使INTR变高，通知CPU，接口中已有数据，请求CPU读取。CPU得知INTR信号有效之后，执行读操作时，$\overline{RD}$信号的下降沿使INTR复位，撤销中断请求，为下一次中断请求做好准备。

二、计算题

1. 1.08ms

2. 方式字为01111011B，表示8251A设定为异步方式，1位起始位，7位数据位，1位结束位，1位偶校验位，波特率因子为64，若接收和发送的波特率分别为300 b/s 和1200 b/s，则加到RXC和TXC上的时钟频率为300×64Hz和1200×64Hz。

3. 计数初值为f_{CLK0} / f_{OUT0} = 1MHz / 40kHz = 25； ‘1’ 占13μs， ‘0 ’ 占12μs

4. 9600 /(1+7+1+1)=960

5. 01111010

6. 初始化程序为

```
MOV  AL  ,0DAH
OUT  81H , AL
MOV  AL  , 17H
OUT  81H , AL
```

三、分析编程题

1. 打印程序如下：

```
      MOV     AL,0DH             ;置STB为"H"
      OUT     83H,AL
PULL: IN      AL,82H             ;查询BUSY状态
      TEST    AL,04H
      JNZ     PULL
      MOV     AL,DATA            ;将DATA送PA口
      OUT     80H,AL
      MOV     AL,0CH             ;置STB为"L"
      OUT     83H,AL
      MOV     AL,0DH             ;置STB为"H"
      OUT     83H,AL             ;产生负脉冲选通信号
      RET
```

2. 6DH，77H

3.

(1)

```
MOV  AL, 86H
OUT  83H,  AL
MOV  AL,  05H
OUT  83H,  AL
MOV  [ 4×52H ] , OFFSET  INTRP
MOV  [4×52H +2 ], SEG  INTRP
```

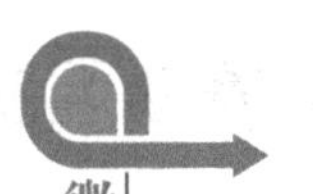


```
STI
…
```

(2)
```
INTRP   PROC   FAR
MOV     BX, OFFSET  INBUF
LOP:    IN  AL ,  81H
CMP     AL, ' $ '
JZ      DONE
MOV    [BX], AL
INC     BX
JMP     LOP
DONE:  IRET
```

4. (1) 方式2，频率发生器；(2) n_0 = 1ms/400ns = 1/0.4 = 2500

5. 通道1　方式3　f_{CLK0} =1MHz　f_{OUT1}=40kHz

   $n_1 = f_{CLK0} / f_{OUT01}$ = 1MHz / 40kHz = 25

```
MOV  AL, 01010111 (57H)
OUT  83H, AL
MOV  AL, 25H
OUT  81H, AL
(设8253的端口地址为80H～83H)
```

6. 8253的端口地址为340H～343H，f_{CLK}=2MHz，T_{CLK} = 0.5μs

   8253计数器0：T_{OUT0} = 10ms

   计数器1：f_{CLK1}=0.5kHz　T_{OUT1} = 2ms

   $n_0 = T_{OUT0} / T_{CLK0}$ = 10ms / 0.5μs = 20000

   $n_1 = T_{OUT1} / T_{CLK0}$ = 2ms / 0.5μs = 4000

```
MOV      AL,00110100B (34H)  ;通道0初始化
MOV      DX,343H
OUT      DX,AL
 MOV     AX,20000
MOV      DX,340H
OUT      DX,AL
MOV      AL,AH
OUT      DX,AL
MOV      AL,01100111  (67H);通道1初始化
MOV      DX,343H
OUT      DX,AL
MOV      AL,40H
MOV      DX,341H
OUT      DX,AL
```

第9章

一、简答题

1. 分辨率：DAC所能分辨的最小电压增量；转换精度：反映了实际输出电压与理论

输出电压之间的接近程度；转换时间是在数字输入端输入满量程代码的变化以后，DAC 的模拟输出稳定到最终值±1/2LSB 时所需要的时间；线性度用非线性误差表示，即理想的输入/输出特性的偏差与满刻度输入之比的百分数；转换速度，每秒钟可以转换的次数，其倒数为转换时间；输出电平，D/A 转换器件的输出电平；偏移误差，指输入数字量为 0 时，输出模拟量对 0 的偏移值；温度灵敏度，输入不变的情况下，输出模拟信号随温度的变化。

2. 数据锁存器：由 8 个 D 锁存器组成，作为输入数据的缓冲寄存器。LE1 为其控制输入，LE1=1 时，D 触发器接收信号，IE1=0 时，为锁存状态。DAC 寄存器：由 8 个 D 锁存器组成，8 位输入数据只有经过 DAC 寄存器才能送到 D/A 转换器去转换。它的控制端为 LE2，当 LE2=1 时，输出跟随输入，而当 LE2=0 时为锁存状态。DAC 寄存器的输出直接送到 8 位 D/A 转换器进行数模转换。

3. 三种工作方法：直通方式、单缓冲方式和双缓冲方式。①直通方式：两个数据寄存器都处于数据接收状态，输入数据直接送到内部 D/A 转换器去转换。②单缓冲方式：两个数据寄存器中有一个处于直通方式，另一个受微机送来的控制信号控制。③双缓冲方式：两个数据寄存器都不处于直通方式，微机必须送两次写信号才能完成一次 D/A 转换。

4. 分辨率：A/D 转换器所能分辨的最小模拟输入量，或指转换器满量程模拟输入量被分离的级数；量化误差是指在 A/D 转换中由于整量化所产生的固有误差；转换精度指在输出端产生给定的数字量，实际输入的模拟值与理论输入的模拟值之间的偏差；转换时间指完成一次 A/D 转换所需的时间，从启动信号开始到转换结束，得到稳定数字量的时间；转换率是转换时间的倒数。

5. 查询方式：把结束信号作为状态信号；中断方式：把结束信号作为中断请求信号；延时方式：不使用转换结束信号；DMA 方式：把结束信号作为 DMA 请求信号。

6. A/D 转换器是实现将模拟量转换为对应的数字量的集成芯片。例如将外界采集的模拟信号通过 A/D 转换器转化为数字信号，计算机才能识别。

7. AD574 由模拟芯片和数字芯片二者混合组成。(1)模拟芯片：集成快速的 12 位 D/A 转换器和基准电源；(2)数字芯片：包括低功耗的逐次比较寄存器。转换控制电路、时钟、电路、比较器和总线接口等。依据模拟电压的范围和输入极性，选择合适的连接方式，然后启动 8 位或 12 位 A/D 转换，转换进行时，STS 为高电平。在 ADC 转换完成后，会发出转换结束信号，STS 从高电平转为低电平，以示主机可以从模/数转换器读取转换后的数据。该结束信号可以用来向 CPU 发出中断申请，CPU 响应中断后，在中断服务子程序中读取 8 位或 12 位数据；也可用查询转换是否结束的方法来读取数据；在采集速度要求并不高的情况下，也可以通过延时等待的方法来读取数据，当启动 ADC 转换后，延时等待时间大于 ADC 的转换时间后便可以读取转换数据。

8. D/A 转换器是实现将数字量转换为对应的模拟量的集成芯片。例如将计算机输出的数字信号转变为模拟信号才能控制某些装置。

二、分析编程题

1. (1) `OUT 40H, AL`

(2)

```
LOP:  IN      AL,41H
      TEST    AL,01H
```

```
        JNZ      LOP
```

或
```
LOP: IN       AL,41H
     SHR      AL,1
     JC       LOP
```

标号 LOP 可用其他名字。

注意：EOC 输出端有一个反相器。

(3) IN　　AL, 40H

(4) IN7

2. 74LS138 译码器 Y2 的地址范围为

A8	A7	A6	A5	A4	A3	A2	A1	A0	
1	0	1	1	0	1	0	×	×	即 168H～16BH

Y_3 的地址范围为 16CH～16FH。

由于 A2A1A0 同 0809 的 ADDC、ADDB、ADDA 相连，则 168H 对应于模拟通道 IN0，169H 对应于模拟通道 IN1，……，16FH 对应于模拟通道 IN7。

(1) 启动通道 IN7 的指令如下：

```
MOV      DX,16FH
OUT      DX,AL
```

注意：因为端口地址为 16FH，大于 8 位，必须采用寄存器间接寻址。

(2) 查询 0809 转换是否结束：查 EOC，即读 8255A 的 PB。

8255A 的端口地址为 160H～163H，PB 口地址为 161H。

```
LOP  : MOV       DX,161H
       IN        BVGAL,DX
       TEST      AL,01H
       JNZ       LOP
```

(3) 使 OE 有效的指令段：

```
MOV      DX,16FH
IN       AL,DX
```

(4) $f_{CLOCK}=f_{CLK88}/8=500kHz$

3. (1)

```
Code:     SEGMENT
ASSUME    CS: Code
Start:    MOV     AL,  1
Next:     MOV     DX,  port2        ;打开第二级锁存
          OUT     DX,  AL
          CALL    delay             ;控制持续时间
          INC     AL                ;修改输出值
          CMP     AL,  8            ;比较是否到峰值，设峰值为 7
          JNZ     next              ;未到跳转
          MOV     AL,  0
          OUT     DX,  AL
```

```
CALL     delay
         MOV   AH, 4CH             ;返回 DOS
         INT     21H
         ;子程 delay (略)
Code     ENDS
END      Start
```

(2)

```
Code:     SEGMENT
           ASSUME  CS: Code
Start:     MOV     AL,  1
Next1:     MOV     DX,  port2          ;打开第二级锁存
           OUT     DX,  AL
           CALL    delay               ;控制持续时间
           INC     AL                  ;修改输出值
           CMP     AL,  5         ;比较是否到峰值 5
           JNZ     Next1               ;未到跳转
Next2:     MOV     DX,  port2          ;打开第二级锁存
           OUT     DX,  AL
           CALL    delay               ;控制持续时间
           DEC     AL
           CMP     AL,  0
           JNZ     Next2
           MOV     AH,  4CH            ;返回 DOS
           INT     21H
           ; 子程 delay (略)
           Code    ENDS
           END     Start
```

4. 解：由接口图分析可知 8255A 的 A 口、B 口、C 口和控制口的地址分别为 90H、94H、98H、9CH，程序片段如下：

```
; 8255 初始化
   MOV  AL,10011000B
   OUT  9CH,AL
; A/D 转换
   MOV  AL,05H
   OUT  94H,AL
   MOV  AL,01H
   OUT  9CH,AL
   MOV  AL,0
   OUT  9CH,AL
   NOP
   NOP
W:IN  AL,98H
   TEST AL,00100000B
   JZ W
   MOV AL,00000101B
   OUT 9CH,AL
```

```
IN AL,90H
MOV BL,AL
MOV AL,00000100B
OUT 9CH,AL
```

三、能力拓展训练题

(1)、(2)、(3)略

(4)

```
        MOV DX,PORT
LP:     MOV AX,0
        OUT  DX,AX
        CALL RLY    ;延时
        MOV AX,0FFFH
        OUT DX,AX
        CALL RLY
        JMP LP
```

(5)

```
        MOV DX,PORT
        XOR AX,AX
    W1: OUT DX,AX
        INC AX
        NOP
        CMP AX,0FFFH
        JNZ W1
W2:   OUT DX,AX
        DEC AX
        NOP
        CMP AX,0
        JNZ W2
        JMP W1
```

(6)

```
        MOV DX,PORT
        XOR AX,AX
        OUT DX,AX
W3:     CALL RLY1
W1:     INC AX
        OUT DX, AX
        NOP
        CMP AX,0FFFH
        JNZ W1
        CALL RLY2
```

```
W2:   DEC AX
      OUT DX,AX
      NOP
      CMP AX,0
      JNZ W2
      JMP W3
```

第 10 章

简答题

1. 微机总线是微型计算机各部件和设备之间进行信息传输的公共通道，是一组进行互连和传输信息(指令、数据和地址)的信号线。

系统总线：又称内总线或板级总线，用于微机系统中各插件、各模块之间的信息传输，是构成微型计算机的总线。

外总线：又称设备总线或通信总线，用于系统之间的连接，如微机与外设或仪器之间的连接。

2. 按照总线在微机中的层次位置来分类，可分为片内总线、片总线、系统总线和设备总线。片内总线用于连接芯片内部的各功能模块；片总线，用于芯片一级的连接；系统总线用于微机系统中各插件、各模块之间的信息传输；外总线，用于系统之间的连接。

3. 内总线用于微机系统中各插件、各模块之间的信息传输；外总线，用于系统之间的连接。微机数据总线位数的不断提高以及数据交换速度的快速提升是促进微机系统总线不断发展的动力。

4. 总线的特点在于它的公用性和标准性，只要遵循总线标准，不同的设备之间的互连就变得非常容易，微机制造厂按统一的总线标准生产各种功能插件板；用户根据自身需要，选用插件板插入主机和总线插槽，构成系统。采用总线标准可以为计算机接口的软硬件设计提供方便，因此计算机系统大都采用总线结构。

5. 总线上的通信方式通常有四种：同步方式、异步方式、半同步方式和分离方式。同步方式以统一时钟作为双方动作的时间标准，总线上的主从设备操作速度要严格匹配；异步方式传输中需要一个应答过程，因此异步传输的速度比同步传输的要慢，但是不同速度的设备可以存在于同一系统中，都能以各自最佳的速度来互相传输数据；半同步方式是综合同步式传输方式和异步传输方式的优点而设计出来的混合式传输方式，它具有同步传输的速度和异步传输的可靠性与适应性；分离方式特别适合需要成批传输多个连续地址的读写过程，主模块只需传输一次地址信息，以后的地址可由从模块递增或递减地址来产生，从而节省传输多个地址的写周期，提高传输效率。

6. 总线上完成一次数据传输要经历以下 4 个阶段：申请占用总线阶段、寻址阶段、传数阶段和结束阶段。

7. USB 串行通信总线具有以下特点：可热插拔；采用“级联”方式连接各个外部设备；即适用与高速外设连接也适用与低速外设连接；具有良好的可靠性及兼容性。

8. 总线时钟频率用 MHz 表示，总线时钟频率越高，每秒钟传输的数据量越大。总线宽度是指一次操作可以同时传输的数据位数，用位(bit)表示。总线传输速率(带宽)是指在总线上每秒钟传输的最大字节数，用每秒处理多少兆字节(MB/s)表示。它们之间的关系为：总线传输速率(总线带宽)=总线时钟频率×总线宽度÷8。

参 考 文 献

1. 孙德文. 微型计算机技术(修订版). 北京：高等教育出版社，2005
2. 冯博琴. 微型计算机原理与接口技术. 北京：清华大学出版社，2002
3. 周荷琴，等. 微型计算机原理与接口技术. 合肥：中国科学技术大学出版社，2011
4. 赵宏伟，等. 微型计算机原理与接口技术. 北京：科学出版社，2011
5. 钱晓捷. 微型计算机原理及应用. 北京：清华大学出版社，2011
6. 刘乐善，等. 微型计算机接口技术及其应用. 武汉：华中科技大学出版社，2000
7. 周明德. 微型计算机原理及应用. 北京：清华大学出版社，2000
8. 洪志全，等. 现代计算机接口技术. 北京：电子工业出版社，2000
9. 艾德才. 计算机硬件技术基础. 北京：中国水利水电出版社，2000
10. 毛六平，王小华，卢小勇. 微型计算机原理与接口技术. 北京：北京交通大学出版社，清华大学出版社，2003
11. 李伯成，侯伯亨，张毅坤. 微型计算机原理及应用. 西安：西安电子科技大学出版社，1999
12. 徐晨、陈继红、毛春明、徐慧. 微机原理及应用. 北京：高等教育出版社，2005